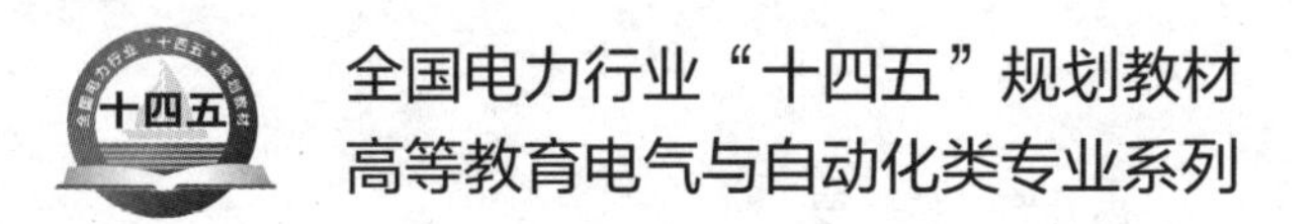

全国电力行业“十四五”规划教材

高等教育电气与自动化类专业系列

控制工程基础

第二版

主　编　何琳琳

副主编　王燕芳　宋　辉

编　写　陈建威　许丽佳　陈晓燕

中国电力出版社

CHINA ELECTRIC POWER PRESS

内 容 提 要

本书为全国电力行业“十四五”规划教材。

全书共分为7章，主要内容包括概述、控制系统的数学模型、时域分析法、根轨迹法、频域分析法、自动控制系统的校正和离散控制系统。本书针对本科院校非控制专业的少学时课程教学需要编写，力求内容简明扼要，通俗易懂，便于教学和自学。

本书主要作为普通高等院校工学本科非控制类专业以及高职高专自动化类专业的自动控制原理课程教材，也可供从事自动化技术的工程人员学习参考。

图书在版编目(CIP)数据

控制工程基础/何琳琳主编．—2版．—北京：中国电力出版社，2022.7

ISBN 978-7-5198-6106-3

Ⅰ.①控…　Ⅱ.①何…　Ⅲ.①自动控制理论　Ⅳ.①TP13

中国版本图书馆CIP数据核字(2021)第219006号

出版发行：中国电力出版社
地　　址：北京市东城区北京站西街19号（邮政编码100005）
网　　址：http://www.cepp.sgcc.com.cn
责任编辑：罗晓莉（010-63412547）
责任校对：黄　蓓　郝军燕
装帧设计：赵姗姗
责任印制：吴　迪

印　　刷：三河市航远印刷有限公司
版　　次：2011年7月第一版　2022年7月第二版
印　　次：2022年7月北京第十三次印刷
开　　本：787毫米×1092毫米　16开本
印　　张：14.5
字　　数：356千字
定　　价：48.00元

前　言

随着科学技术的不断发展，自动控制技术已被广泛应用于工业、农业、交通、生命学科、国防装备、航空航天和科学实践的各个领域，极大地提高了整个社会劳动生产率，改善了人们的劳动条件，推动和促进了现代社会的快速发展。在当今社会，自动控制技术可以说无处不在，无时不有，与相关领域技术相融合又产生了许多新的专业学科。“控制工程基础”是专门研究有关自动控制系统的基本概念、基本原理和基本方法的一门课程，不仅是高等院校自动化专业主修的专业基础课，同时也是与自动化相关专业必修的专业基础课程。

为了适应广大高校非自动化专业学生学习的要求，我们编写的“控制工程基础”一书更注重于：经典控制控制技术和控制理论的基本概念、基本原理和基本方法；控制技术与相关行业技术的融合与应用；利用计算机辅助设计方法解决自动控制领域的一些系统分析和设计问题。书中系统全面地介绍了经典控制理论的基本内容，主要包括：概述、控制系统的数学模型、时域分析法、根轨迹法、频域分析法、自动控制系统的校正、离散控制系统。为了便于读者深入理解本书所述重要概念，每章都选配了一定数量的习题和部分参考答案（数字资源，扫码获取）。

本书可作为高等院校本科非自动化专业及相近专业的“控制工程基础”或类似课程的教材，也可作为各类院校专科层次相关专业类似课程的选用教材，还可作为电子信息类或其他与控制有关专业工程技术人员的参考书。

本书由何琳琳、宋辉、王燕芳、陈建威、许丽佳、陈晓燕编写，全书由何琳琳统稿。本书由上海电力学院杨平教授主审。

编　者

2021 年 3 月

第一版前言

控制理论不仅是高等院校自动化专业主修的专业基础课，同时也是与自动化相关的工科专业必修的一门重要的学科基础课程。对于该门课程，由于专业要求的不同，教材的侧重点也不相同。但是相关的自动控制系统的基本概念、基本原理和基本方法是相同的。

为进一步适应高等院校各相关专业对控制技术和理论的需求，本书比较全面地介绍了自动控制的基本理论，注重于最基本概念和基础知识的讲解，控制技术与相关行业的知识融合与应用，以及利用计算机辅助工具解决自动控制系统的分析和设计问题。本书以经典控制理论的基本内容为主，主要包括自动控制概论、控制系统的数学模型、时域分析法、根轨迹法、频域分析法、系统的综合与校正和离散控制系统。为了便于读者深入理解和掌握书中所述的重要概念，每章都包含了一定数量的例题、习题，书后附有部分参考答案。

本书可作为高等院校本科少学时《控制工程基础》或类似课程的教材，也可作为各类院校专科层次相关专业类似课程的选用教材，还可作为电子信息类或其他与控制有关专业工程技术人员的参考书。

本书由何琳琳和许丽佳主编。第 1 章、第 2 章由何琳琳编写，第 3 章由宋辉编写，第 4 章、第 6 章由王燕芳编写，第 5 章由许丽佳编写，第 7 章由陈晓燕编写。全书由何琳琳统稿。本书由上海电力学院杨平教授主审，并提出许多宝贵意见，在此表示感谢，同时也向为本书出版给予支持和帮助的所有同志致以真诚的谢意。

在编写本书的过程中，参考了许多相关的优秀教材和经典著作，在此，编者向参考文献所列的各位作者表示真诚的感谢。对于本书的错误与不妥之处，敬请读者和专家批评指正。

编　者
2011 年 1 月

目　　录

第1章　概　　述

了解自动控制理论的发展过程与基本概念是学习自动控制技术的基础。本章在介绍自动控制理论发展简史和基本概念的基础上，通过工程实例来阐述自动控制系统的基本原理和研究方法。同时介绍了开环控制系统和闭环控制系统、控制系统的基本原理和组成、控制系统的类型以及对自动控制系统性能的要求。

1.1　控制系统简介

1.1.1　引言

在现代科学技术的众多领域以及工程和技术发展的过程中，自动控制作为一种重要的技术发挥着越来越重要的作用。什么是自动控制呢？所谓自动控制，是指在没有人直接参与的情况下，利用外加设备或装置，使机器、设备或生产过程的某个工作状态或参数（即被控量，如压力、流量、位移、速度等）自动准确地按照预定的规律运行。例如，数控机床自动切削系统、天线雷达自动跟踪系统、导弹发射和制导系统、按照预定航迹飞行和自动升降的无人机、按照规定轨道运行并保持正确姿态的人造卫星等。这些都是以自动控制技术为前提的。在过程控制工业中，对压力、流量、温度、湿度等这些工业参数的操作过程也离不开自动控制技术。自动控制技术的应用范围已经扩展到生物、医学、环境、经济管理等领域。总之，自动控制技术已经成为工业（电力、机械、冶金、化工等）、军事、航空航天、科学研究、医学、企业管理等几乎是一切领域中必不可少的手段。因此，各个领域的科学工作者和工程技术人员都应当具备一定的自动控制工程知识。

1.1.2　自动控制理论的发展简况

自动控制是一门具有较强理论性及工程实践性的技术学科，被称为“控制科学与工程学科”。该学科的理论常称为“自动控制理论”。自动控制在现代工业中起着越来越重要的作用，自动控制技术已成为现代一切领域中必不可少的手段。

自动控制技术的最早应用可追溯到1788年英国人詹姆斯·瓦特（JamsWatt）为控制蒸汽机速度而设计的离心调节器，继而引发了工程界对系统稳定性的讨论。而自动控制理论的创立则应从英国物理学家麦克思威尔于1868年发表的关于用微分方程描述并总结的飞球调速器运动的论文开始。

1877年，英国数学家劳斯（E. J. Routh）提出用劳斯阵列系数判别稳定性的代数判据；德国数学家胡尔维茨（A. Hurwitz）于1895年提出根据胡尔维茨行列式的各阶主子式来判别稳定性的代数判据；1892年，俄国数学家李雅普诺夫（Lyapunov）提出了稳定的严格数学定义并发表了专著；1932年，美国电信工程师N. 奈奎斯特（Nyquist）提出了根据开环系统对正弦输入信号的稳态响应来判定闭环系统的稳定性的方法；1938年，苏联电气工程师A. 米哈伊诺夫提出的根据闭环系统频率特性判定反馈系统稳定性的判据。这些稳定判据再加上1922年N. 米诺尔斯基（Minorsky）的论文“关于船舶自动操舵的稳定性”和1934

年美国 H. 黑曾（Hazen）发表的论文“关于伺服机构理论”，标志着经典控制理论的诞生。其中，李雅普诺夫的稳定性理论至今还是研究分析线性和非线性系统稳定性的重要方法。

自动控制理论是研究自动控制共同规律的技术科学。第二次世界大战期间，为满足军事领域对高性能军事装备系统的需要，设计和建造反馈控制系统的方法有了很大的发展。1948年，控制理论的创始人维纳（N. Viener）发表了著名的“控制论——关于动物和机器中控制和通信的科学”一文，奠定了控制论的基础。维纳发现机器和生命系统都有一个共同的特点，即通过信息的传递、处理和反馈来进行控制。控制理论所具有的信息、反馈与控制三个要素，也是控制论的中心思想。1948 年和 1950 年，埃文斯（Evans）发表了关于控制系统图形分析和综合的论文，用闭环特征方程根在开环参数变化时的轨迹来研究稳定性，提出了根轨迹方法。1954 年我国科学家钱学森对经典控制论进行了全面的总结和提高，出版了《工程控制论》这一经典名著，把控制论推广到其他领域。继而出现了生物控制论、经济控制论、社会控制论等，为控制科学与工程这门学科奠定了理论基础。这些控制理论建立后，极大地推动了近代科学技术的发展，并由此派生出许多新的边缘学科。

经典控制理论的研究对象主要为单输入—单输出的线性定常系统。经典控制理论以传递函数为系统的数学模型，以频率响应法和根轨迹法为核心工具，其在系统分析和设计上的简单、清晰特色，使它至今仍在工程上广泛应用。

一般，采用经典控制理论设计的系统是稳定的、满足系统指标要求的，但不一定是最优的。对于多输入多输出的复杂系统，经典控制理论便表现出它的局限性。随着现代应用数学新成果的推出和数字计算机的出现，自动控制理论进入了一个新阶段，即利用状态变量、基于时域分析的现代控制理论阶段。

现代控制理论主要研究具有高性能、高精度的多变量变参数系统的最优控制问题，以适应现代设备日益增加的复杂性、精度、质量要求。现代控制理论采用的主要方法是以状态为基础的状态空间法。状态空间法比频域的理论更为一般、更为严格，更深刻地反映系统的内在结构。俄国科学家李雅普诺夫（Liapunov）、前苏联的庞特里亚金（Pontryagin）、美国的贝尔曼（R. I. Bellman）和卡尔曼（R. E. Kalman）等都对现代控制理论的发展作出了贡献。目前，现代控制理论的进展主要集中在鲁棒控制、H_∞控制等相关课题的研究。

20 世纪末至今，控制理论向着“大系统理论”和“智能控制理论”发展，并逐渐扩展到非工程系统。控制理论正在与模糊数学、混沌理论、人工智能、神经网络、遗传算法等科学交叉、渗透、结合，不断发展并派生出新的学科。

1.1.3　基本术语

下面介绍自动控制理论中的一些基本术语。

1. 系统

系统是指有相互关联、相互制约、相互影响的部分组成的具有某种功能的有机整体。在工程上，系统通常定义为用来完成一定任务的一些部件的组合。系统环境对系统的作用称为系统输入，系统对环境的作用称为系统输出。实际中系统的概念相当广泛，应理解为包含物理学、生物学、经济学等方面的系统。

2. 工程

工程是指如何应用科学知识，从而使自然资源最好地为人类服务的专门技术。工程不等于技术，它要受到政治、经济、法律、美学等非技术内容的影响，技术存在于工程之中。

3. 被控变量和操作变量

被控变量是一种被测量和被控制的量值或状态。操作变量是一种由控制器改变的量值或状态，从而来影响被控变量。被控变量通常是系统的输出量。控制意味着通过对系统的被控变量进行测量，把操作变量作用于系统来修正测量值对期望值的偏离。

4. 反馈控制

反馈是指将系统的实际输出和期望输出进行比较，形成误差，进而为确定下一步的控制行为提供依据。反馈控制是在对系统被控量进行适时检测，并不断地直接或经过中间变换传递后的全部或部分反送到系统中，力图减小系统输出量与参考输入量之间的偏差。

5. 扰动

对系统输出量产生不利影响的信号称为扰动，如果扰动产生在系统的内部称为内部扰动；反之，如果扰动产生在系统的外部称为外部扰动。

6. 方框图

方框图通常简称为框图，控制系统一般由多个元件和环节构成，在控制工程中，常用方框图表示元件或环节在系统中的功能。控制系统的方框图由方块图单元构成。

1.2 自动控制系统的工作原理及组成

1.2.1 控制系统实例

现代社会中，自动控制已经渗透到从日常生活到生产系统的各个方面。

【例1-1】 龙门刨床速度控制系统。

图1-1所示为龙门刨床速度控制系统原理示意图。刨床主电动机SM为直流电动机，由晶闸管整流装置VZ提供其电枢电压，通过调节触发器CF的控制电压 u_k 来改变电动机的电枢电压，从而改变电动机的转速（被控量）。测速发电机TG用来测量刨床速度并给出与速度成正比的电压 u_t。测速发电机TG将输出的电压 u_t 与给定电压 u_0 反向串联，得到偏差电压 $\Delta u=u_0-u_t$。u_0 是根据刨床工作情况预先设置的给定速度下的电压。偏差电压 Δu 在经过放大器 *FD* 放大后，作为触发器的控制电压，驱动电动机SM。测速发电机TG产生与速度成正比的电压信号 u_t，不断与给定电压信号 u_0 比较。通过这个反馈控制过程使电动机速度与要求速度不断接近，偏差信号越来越小，从而使刨床保持稳定刨削速度。

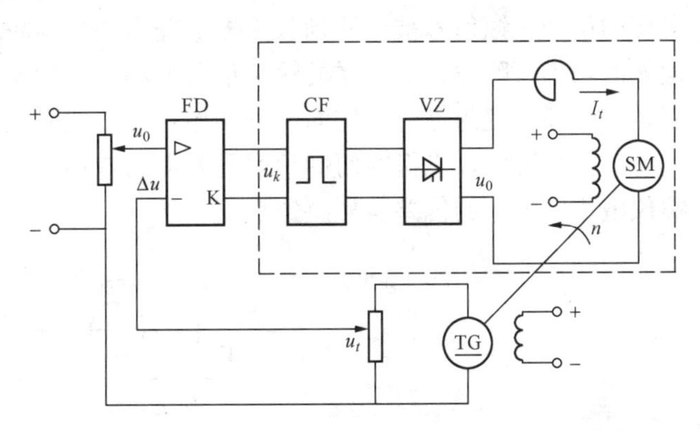

图1-1 龙门刨床速度控制系统原理示意图

【例1-2】 锅炉水位控制系统。

锅炉是电厂和化工厂里常见的生产蒸汽的设备。为了保证锅炉正常运行，需要维持锅炉水位为正常标准值。锅炉水位过低，易烧干锅而发生严重事故；锅炉水位过高，则易使蒸汽带水并有溢出危险。因此，必须严格控制锅炉水位的高低，以保证锅炉正常安全地运行。图1-2所示为锅炉水位控制系统示意图。

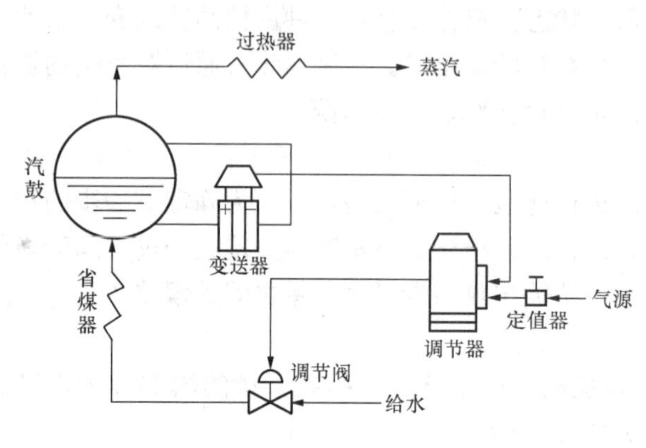

图1-2 锅炉水位控制系统示意图

该系统中，通过调节调节阀的开度来实现对锅炉水位的调节。当锅炉液位较低时，进水调节阀的开度增大，使水位上升，当到达水位上限时，进水调节阀关闭。当蒸汽的耗汽量与锅炉进水量相等时，水位保持为正常标准值。当锅炉的给水量不变，而蒸汽负载突然增加或减少时，水位就会下降或上升；或者，当蒸汽负载不变，而给水管道水压发生变化时，引起锅炉水位发生变化。不论出现哪种情况，只要实际水位高度与正常给定水位之间出现了偏差，水位传感器的输出值就会与给定值有偏差信号，此时，调节器应立即进行控制，去开大或关小给水调节阀门，使锅炉水位恢复到给定值，实现锅炉水位的自动控制。

【例1-3】 飞机俯仰角自动控制系统。

图1-3所示为飞机俯仰角自动控制系统示意图。图中，垂直陀螺仪用来测量飞机的俯仰角。当飞机受到扰动后，如果飞行状态变成机头偏向下方，此时陀螺仪电位器输出一个与俯仰角偏差成正比的信号，经放大器放大后驱动舵机。由于舵机带动升降舵，使升降舵舵面向上偏转，产生一个使机头向上的力矩。同时舵机也带动反馈电位器，产生与舵面偏转角成正比的信号，该信号被送回到放大器的输入端，与陀螺仪电位器信号加以比较。随着俯仰角偏差的减小，陀螺仪电位器的输出信号变小，舵面偏转角变小，反馈电位器信号也减小。最后，当俯仰角变为零时，舵面回到初始位置，此时放大器输入信号为零，飞机保持水平方向飞行。该系统中，飞机的俯仰角由升降舵的转动角度控制，而升降舵的转动角度又由垂直陀螺仪电位器产生的偏差信号决定。

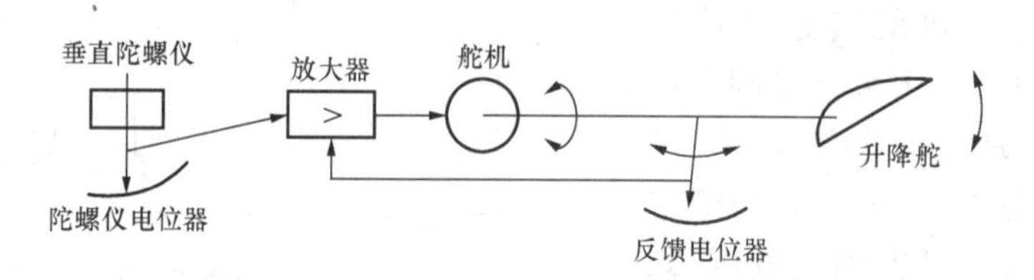

图1-3 飞机俯仰角自动控制系统示意图

1.2.2 开环控制和闭环控制

自动控制系统有两种最基本的控制方式，即开环控制和闭环控制。

1. 开环控制

开环控制是指无被控量反馈的控制系统，即控制装置与被控对象之间只有顺向作用而没有反向联系。其控制的是被控对象的某一量，而被控量对于控制作用没有任何影响。开环控制特点是系统的输出量不对系统的控制作用发生影响。在开环控制系统中，既不要对输出量进行测量，也不需要将输出量反馈到系统的输入端与输入量进行比较。图1-4所示即为开环控制系统结构框图，它表示了这类系统的输入量与输出量之间的关系。开环控制较简单，但有很大缺陷。工作中特性参数的变化和对象或控制系统装置受到干扰时，都会直接影响被控量而且无法实现自动补偿。从而使系统的精度难以保证，抗干扰能力差。但由于结构简单，成本低，在系统要求精度不高的或干扰影响较小的情况下，具有一定的实用价值。目前，用于国民经济各部门的一些自动化装置，如自动售货机、自动洗衣机、产品生产自动线、数控车床、包装机以及指挥交通的红绿灯的转换等，一般都是开环控制系统。

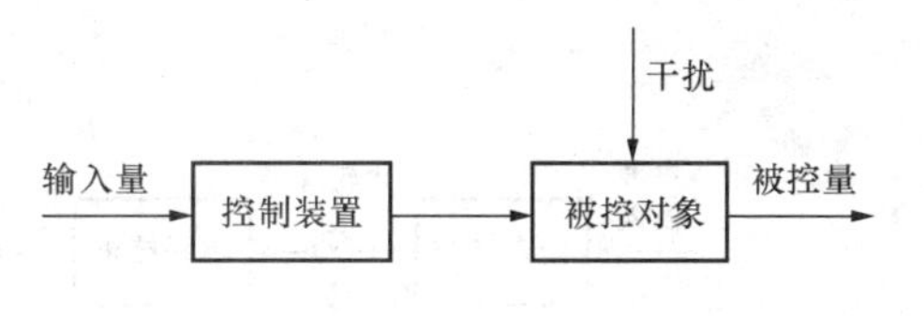

图1-4　开环控制系统结构框图

2. 闭环控制

闭环控制系统也叫反馈控制系统。这种系统的输出端和输入端之间存在反馈回路，即系统的输出量沿反馈通道又回到系统的输入端，构成闭合通道。反馈控制方式是按偏差进行控制的，其特点是当被控量偏离期望值出现偏差时，系统必定会产生一个相应的控制作用去减小或消除这个偏差，从而使被控量与期望值趋于一致。由于闭环控制系统是利用偏差来纠正偏差，因此能使系统达到较高的控制精度。但与开环系统比较，闭环控制系统结构较复杂，构造比较困难。由于在工作过程中系统总会存在偏差，加之元件的惯性，如果设计不当，很容易引起振荡，使系统无法正常和稳定工作。精度和稳定性是闭环系统存在的一对矛盾。闭环控制系统的结构框图如图1-5所示。

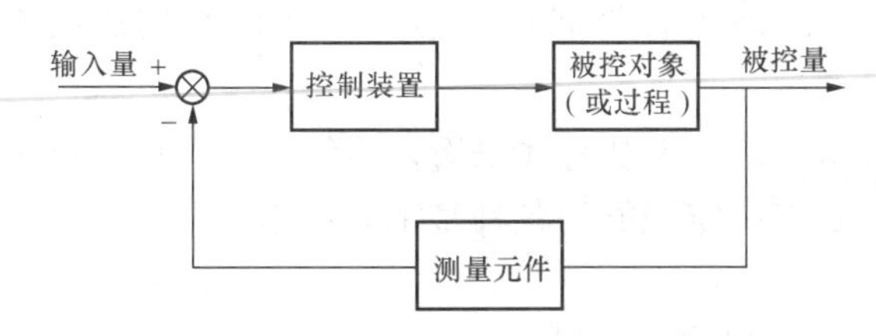

图1-5　闭环控制系统结构框图

在图1-5中，人们将检测出来的输出量送回到系统的输入端，并与输入量进行比较的过程称为反馈。如果反馈与输入信号相减，称为负反馈，反之，若相加，称为正反馈。输入信号与反馈信号之差称为偏差信号。

另外还有一种复合控制方式，即在反馈控制系统基础上增加对主要扰动的前馈补偿作用，这里不过多介绍。总之，闭环控制系统是自动控制原理研究的主要对象。

1.2.3　自动控制系统的组成

反馈控制系统是由各种结构不同的元件组成的。一种典型反馈控制系统的原理框图如图1-6所示，该图表示了这些元件在系统中的位置及其相互间的关系。

(1) 被控对象：它是控制系统所控制和操纵的对象，它接受控制量并输出被控量。

(2) 执行器：其职能是直接推动被控对象，使其被控量发生变化。

(3) 放大变换环节：将比较后的偏差信号进行放大、变换为适合控制器执行的信号后去控制被控对象。它根据控制的形式、幅值及功率来放大变换。

(4) 校正装置：为改善系统动态和静态特性而附加的装置。如果校正装置串联在系统的前向通道中，称为串联校正装置；如果校正装置接成反馈形式，称为并联校正装置，又称局部反馈。校正装置的结构或参数可调整，以改善系统的性能。最简单的校正装置是由电阻、电容组成的无源或有源网络，复杂的则用电子计算机。

(5) 反馈环节：用来测量被控物理量的实际值。经过信号处理，转换为与被控量有一定

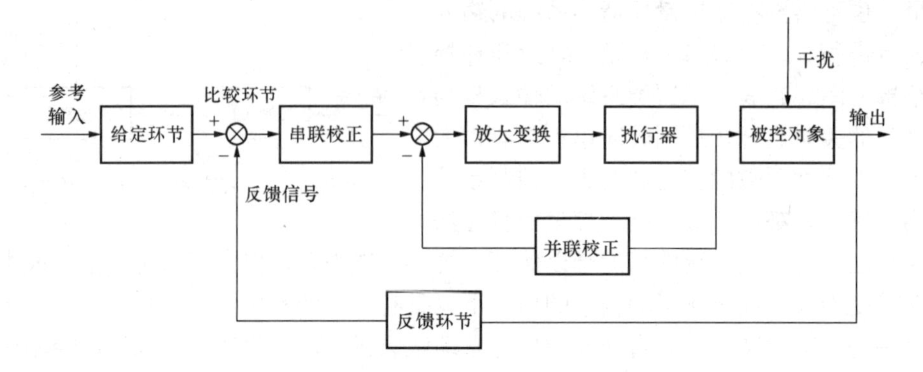

图 1-6 反馈控制系统原理框图

函数关系，且与输入信号为同一物理量的信号。

（6）给定环节：产生与期望的被控量相对应的系统输入控制信号的装置。

图 1-6 中，“⊗”代表比较元件，它将测量元件检测到的被控量与参考输入量进行比较，“－”表示两者符号相反，即负反馈；“＋”表示两者符号相同，即正反馈。方框两边直线及其标注代表该组成部分在控制过程中相互作用的变量。信号从输入端沿箭头方向到达输出端的传输通路称前向通路。系统输出量经测量元件反馈到输入端的传输通路称主反馈通路。前向通路与主反馈通路共同构成主回路。此外还有局部反馈通路以及由它构成的内回路。

尽管一个控制系统有许多起不同作用的环节构成，但从总体来看，系统可看作由控制装置和被控对象两大部分组成，其中控制装置由具有一定职能的各种基本元件组成。

1.3 自动控制系统的类型

自动控制系统的类型很多，它们的结构类型和所完成的功能也各不相同。因此有多种分类方法。例如，根据控制方式可分为开环控制系统、闭环控制系统；根据元件类型或信号传递介质可分为机械系统、电气系统、机电系统、液压系统等；按系统功用可分为温度控制系统、压力控制系统、位置控制系统和速度控制系统等；根据系统性能可分为线性系统和非线性系统、连续系统和离散系统、定常系统和时变系统、确定性系统和不确定性系统等；根据输入信号的变化规律又可分为恒值控制系统、程序控制系统和随动控制系统等。具有反馈控制的线性定常控制系统是最常见的控制系统，下面介绍几种常用的分类。

1.3.1 按系统输入信号的特点分类

1. 恒值控制系统

自动控制系统的任务是保持被控量恒定不变，在控制过程结束时，被控量等于给定值。这是生产过程中用得最多的一种控制系统，如温度控制系统、压力控制系统、液位控制系统等均为恒值控制系统。在工业控制中，如果被控量是温度、流量、压力、液位等生产过程参量时，则这种控制系统称为过程控制系统，它们大多数都属于恒值控制系统。

2. 随动控制系统

随动控制系统又称跟踪系统，这类系统的输入信号随时间变化的规律函数不能预先确定，随动系统的任务是要求被控量能迅速平稳地复现或跟踪输入信号的变化。如，自动跟踪卫星雷达天线控制系统、工业控制中的位置控制系统、函数记录仪等都是典型的随动系统。在随动控制系统中，如果被控量是机械位置或其导数时，又称之为伺服系统。

3. 程序控制系统

程序控制系统输入信号的给定值按事先确定的规律变化，是一个已知的时间函数。其控制的目的是使被控对象的被控量按要求的程序动作。如机械加工使用的数字程序控制机床、加热炉自动温度控制系统等均属于这类控制系统。

程序控制系统和随动系统的输入量都是时间函数，不同之处在于前者是已知的时间函数，后者则是未知的任意时间函数，而恒值控制系统也可视为程序控制系统的特例。

1.3.2　按系统的性能分类

1. 线性连续控制系统

这类系统可用线性微分方程式描述，其一般形式为

$$a_0\frac{d^nc(t)}{dt^n}+a_1\frac{d^{n-1}c(t)}{dt^{n-1}}+\cdots+a_{n-1}\frac{dc(t)}{dt}+a_nc(t)$$
$$=b_0\frac{d^mr(t)}{dt^m}+b_1\frac{d^{m-1}r(t)}{dt^{m-1}}+\cdots+b_{m-1}\frac{dr(t)}{dt}+b_mr(t)$$

其中：$\frac{d^ic(t)}{dt^i}(i=0,1,2,\cdots,i)$为$c(t)$的$i$阶导数；$\frac{d^jr(t)}{dt^j}$（$j=0,1,2,\cdots,j$）为$r(t)$的$j$阶导数；$c(t)$是输出量；$r(t)$是输入量。系数$a_0$，$a_1$，…，$a_n$，$b_1$，$b_2$，…，$b_m$是常数时，称为定常系统；当系数$a_0$，$a_1$，…，$a_n$，$b_1$，$b_2$，…，$b_m$随时间变化时，称为时变系统。

2. 线性定常离散控制系统

离散系统是指系统的某处或多处的信号为脉冲序列或数字量（数码形式）的控制系统，也叫数字控制系统、采样控制系统。离散系统中，数字测量、放大、比较、给定等信息的处理由微处理器实现，控制器用数字计算机实现，所以系统中必须有信号变换装置。计算机的输出经D/A转换后，经过放大后驱动执行元件；或计算机的输出经数字放大器后直接驱动数字执行元件。离散系统的传输信号在时间上是离散的，因此采用差分方程来描述离散系统的运动状态，线性差分方程的一般形式为

$$a_0c(k+n)+a_1c(k+n-1)+\cdots+a_{n-1}c(k+1)+a_nc(k)$$
$$=b_0r(k+m)+b_1r(k+m-1)+\cdots+b_{m-1}r(k+1)+b_mr(k)$$

式中：$m\leqslant n$，n为差分方程的次数；a_0，a_1，…，a_n，b_0，b_1，b_2，…，b_m为常系数；$r(k)$，$c(k)$分别为输入和输出采样序列。

工业计算机控制系统就是典型的离散系统，电炉温度微机控制系统也是离散系统等。

3. 非线性控制系统

系统中只要有一个元部件的输入—输出特性是非线性的，即不能用线性微分方程描述其输入—输出特性关系，这类系统就称为非线性控制系统。这时要用非线性微分（或差分）方程描述其特性。非线性方程的特点是系数与变量有关，或者方程中含有变量及其导数的高次幂或乘积项，例如

$$\ddot{x}(t)+x(t)\dot{x}(t)+x^2(t)=y(t)$$

严格地说，实际物理系统都含有程度不同的非线性元部件，如放大器和电磁元件的饱和特性、运动部件的死区、间隙和摩擦特性等。由于非线性方程在数学处理上较困难，目前对

不同类型的非线性控制系统的研究还没有统一的方法。在经典控制理论中，对非线性程度不太严重的元部件，采用在一定范围内（如零位或稳态值附近）作线性化的处理，从而将非线性控制系统近似为线性控制系统。

1.4 对控制系统的基本要求和研究内容

1.4.1 基本性能要求

控制理论是研究自动控制共同规律的一门科学。尽管控制系统的类型及功能各不相同，但其研究的内容及方法都是类似的。控制系统在没有受到外作用时，其处于一个平衡状态，系统的输出亦保持其原来状态不变。当系统受到各种干扰或人为要求给定值（参考输入）改变时，被控量就会发生相应的变化，偏离给定值。由于系统中总是包含具有惯性或储能特性的元件，因此要经过一个过渡过程，输出量才能恢复到原来的稳态值或稳定到一个新的给定值。当系统从原来的平衡状态过渡到一个新的平衡状态时，把被控量在变化中的过渡过程称为动态过程，把被控量处于平衡时的状态称为静态或稳态。控制系统在不同的外作用下，表现出的不同的过渡过程特性是衡量控制系统动态品质的重要标志。

虽然控制系统的类型及功能各不相同，但对系统被控量变化全过程提出的基本要求都是一样的，可以归结为稳定性、准确性和快速性，即稳、准、快的要求。其中最基本的要求是稳定性。准确性就是要求控制系统被控量的稳态误差为零或在允许的范围内（根据具体要求来定）。但在实际生产过程中，只能要求误差越小越好。

1. 稳定性（稳）

稳定性是对系统的基本要求，是一个系统能否工作的前提条件。不稳定的系统是根本无法完成控制任务的。对于稳定的系统，由于系统工作环境或参数的变动，可能导致系统不稳定，因此，还要求稳定系统具有一定的稳定裕度。线性系统的稳定性由系统的结构、参数决定，与外界因素无关。

对于恒值控制系统，当受到扰动后，要求系统经过一定时间的调整能够回到原来的期望值。这个调整过程一般以振荡形式出现。如果这个振荡过程是逐渐减弱的，系统最后可以达到平衡状态，控制目的得以实现；反之，如果振荡过程逐步增强，系统被控量将失控，则系统不稳定。

2. 准确性（准）

控制系统的准确性一般用稳态误差来评价。当过渡过程结束后，被控量的稳态值与期望值之间的误差称为稳态误差。稳态误差与系统的结构相关，又与输入信号的形式相关。稳态误差越小，表示系统的输出跟随参考输入的精度越高。稳态误差是衡量控制系统控制精度的重要标志，在技术指标中一般都有具体要求。

3. 快速性（快）

在系统稳定的前提下，对过渡过程的形式和快慢也提出了要求，即系统的动态性能要求。一般希望过渡过程进行的越快越好，但如果要求过渡过程时间很短，可能使动态误差过大，因此进行系统设计时，要兼顾这两方面的要求。衡量过渡过程品质的好坏常用单位阶跃信号作用下过渡过程的超调量、过渡过程时间等性能指标来衡量。

对于不同的被控对象，系统对稳、准、快的要求有所侧重。例如，随动系统对快速性要求较高，而调速系统则对稳定性要求较严格。对于同一个系统，稳、准、快是相互制约的。

提高过程的快速性可能会使系统有强烈振荡；改善了平稳性，控制过程有可能过于迟缓，甚至精度变差。分析和解决这些矛盾，是本书讨论的主要内容之一。

1.4.2 研究内容

自动控制系统的种类很多，用途也各不相同。本课程主要从控制理论的观点出发来分析研究自动控制系统中一些带有共性的问题。主要研究的内容可分为三个方面，即控制系统的分析、设计和辨识。

1. 系统分析

所谓系统分析，是指对于一个给定的具体系统，如何从理论上对系统的动态性能和稳态性能进行定性分析和定量计算。根据输入信号的形式不同，可分为时域特性分析和频域特性分析。

2. 系统设计

系统设计就是根据所要求的系统性能指标，合理地构建控制系统的结构和参数，以满足工作及系统性能的要求。系统设计不是一个简单的一次能完成的过程，而是一个逐步试探和完善的过程，所以也称为系统的综合。

3. 系统辨识

在对实际系统施加典型控制信号下检测它的输出信号下，结合输入与输出的典型关系来判定系统性能结构或传递函数的过程就是系统辨识。

1.4.3 典型外作用

在工程实践中，自动控制系统承受的外作用形式多种多样，既有确定性外作用，又有随机性外作用。对不同形式的外作用，系统被控量的变化情况（即响应）各不相同。因此，在研究自动控制系统的响应时，为了便于用统一的方法研究和比较控制系统的性能，往往选择一些典型输入信号，而且以最不利的信号作为系统的输入信号，分析系统在此输入信号作用下，其输出响应是否满足要求，由此来评判系统在比较复杂信号作用下的性能。

作为典型输入信号的函数不但要求函数的数学表达式简单，在现场或实验室中容易得到，而且还应使控制系统在这种函数作用下的性能代表在实际工作条件下的性能。控制工程设计中常用的典型的输入信号有以下几种。

1. 阶跃函数

阶跃函数的数学表达式为

$$f(t)=\begin{cases}0, & t<0\\ R, & t\geqslant 0\end{cases} \tag{1-1}$$

它表示一个在 $t=0$ 时出现的幅值为 R 的阶跃变化函数，如图 1-7 所示。意味着在 $t=0$ 时突然加到系统上的一个幅值不变的外作用信号。

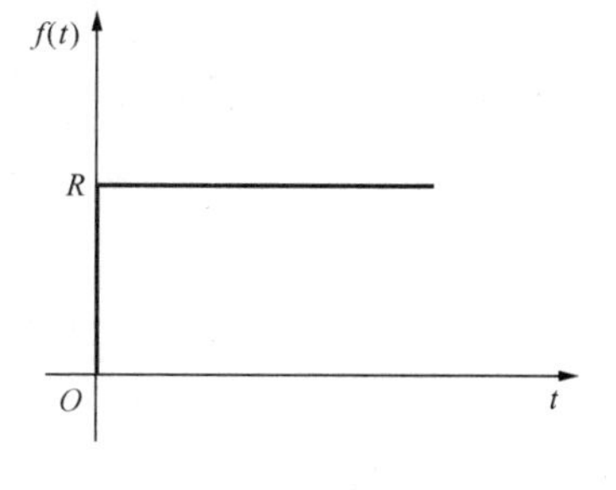

图 1-7 阶跃函数

$R=1$ 时的阶跃函数称单位阶跃函数，记为 $1(t)$。则幅值为 R 的阶跃函数便可表示为

$$f(t)=R\cdot 1(t) \tag{1-2}$$

在任意时刻 t_0 出现的阶跃函数可表示为

$$f(t-t_0)=R\cdot 1(t-t_0)=\begin{cases}0, & t<t_0\\ R, & t\geqslant t_0\end{cases} \tag{1-3}$$

阶跃函数是自动控制系统在实际工作条件下经常遇到的一种外作用形式。在实际系统

中，如电源电压突然跳动；负载突然增大或减小；流量阀门的突然开大或关小；飞机飞行中遇到的常值阵风扰动等，都可近似看成给系统添加阶跃函数形式的外作用。在控制系统的分析设计工作中，一般将阶跃函数作用下系统的响应特性作为评价系统动态性能指标的依据。

2. 斜坡函数

斜坡函数的数学表达式为

$$f(t)=\begin{cases}0, & t<0 \\ Rt, & t\geqslant 0\end{cases} \tag{1-4}$$

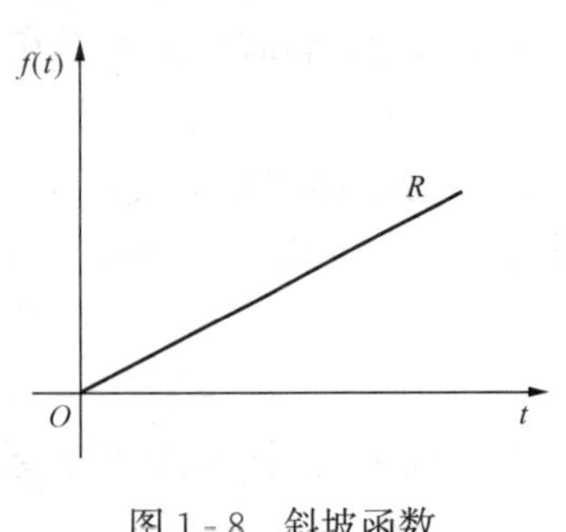

图 1-8　斜坡函数

它表示在 $t=0$ 时刻开始，以恒定速率 R 随时间而变化的函数，如图 1-8 所示。这种函数相当于随动系统中加入一个按恒速变化的位置信号，恒速为 R。如雷达—高射炮防空系统，当雷达跟踪的目标以恒定速率飞行时，就可视为该系统工作于斜坡函数作用之下。当 $R=1$ 时，称为单位斜坡函数。

3. 脉冲函数

脉冲函数定义为

$$f(t)=\lim_{t_0\to 0}\frac{A}{t_0}[1(t)-1(t-t_0)] \tag{1-5}$$

式中，$(A/t_0)[1(t)-1(t-t_0)]$ 是由两个阶跃函数合成的脉动函数，其面积 $A=(A/t_0)t_0$，如图 1-9（a）所示。当宽度 t_0 趋于零时，脉动函数的极限便是脉冲函数，它是一个宽度为零、幅值为无穷大、面积为 A 的极限脉冲，如图 1-9（b）所示。脉冲函数的强度通常用其面积表示。

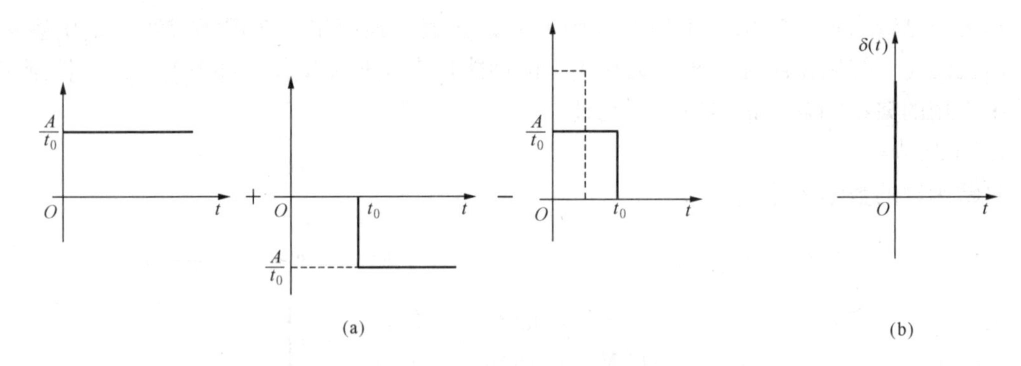

图 1-9　脉动函数和脉冲函数

（a）脉动函数；（b）脉冲函数

当 $A=1$，$t_0\to 0$ 的脉冲函数称为单位脉冲函数，记为 $\delta(t)$，即

$$\delta(t)=\begin{cases}0, & t\neq 0 \\ \infty, & t=0\end{cases} \tag{1-6}$$

有

$$\int_{-\infty}^{\infty}\delta(t)\mathrm{d}t=1$$

于是强度为 A 的脉冲函数可表示为 $A\delta(t)$。在 t_0 时刻出现的单位脉冲函数则表示为

$$\delta(t-t_0)=\begin{cases}0, & t\neq t_0\\ \infty, & t=t_0\end{cases} \tag{1-7}$$

$$\int_{-\infty}^{\infty}\delta(t-t_0)\mathrm{d}t=1$$

单位脉冲函数在现实中是不存在的，只有数学上的意义，但它却是一个重要而有效的数学工具，在自动控制理论研究中，它也具有重要作用。例如，一个任意形式的外作用，可以分解成不同时刻的一系列脉冲函数之和，这样，通过研究控制系统在脉冲函数作用下的响应特性，便可以了解在其他输入作用下的响应特性。

4. 抛物线函数

抛物线函数定义为

$$f(t)=\begin{cases}0, & t<0\\ \frac{1}{2}Rt^2, & t\geqslant 0\end{cases} \tag{1-8}$$

抛物线函数曲线如图 1-10 所示。它相当于系统中加入一个按加速度变化的位置信号，加速度为 R。当 $R=1$ 时，称为单位抛物线函数。

5. 正弦函数

正弦函数的数学表达式为

$$f(t)=A\sin(\omega t-\varphi) \tag{1-9}$$

式中，A 为正弦函数的振幅；ω 为正弦函数角频率 $\omega=2\pi f$；φ 为初始相角。

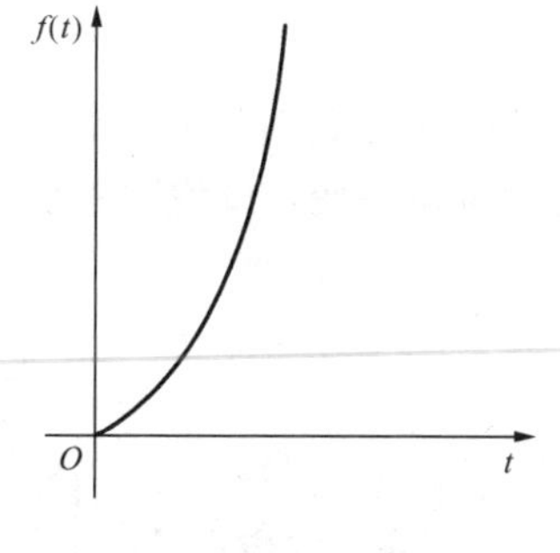

图 1-10　抛物线函数

正弦函数是控制系统常用的一种典型外作用，用正弦函数作输入信号作用于线性系统时，可以求得系统对不同频率的正弦输入函数的稳态响应，可由此判断系统的性能。很多实际的随动系统就是经常在这种正弦函数外作用下工作的。如舰船的消摆系统、稳定平台的随动系统等。

本章小结

本章介绍了自动控制理论发展的简史及控制系统的基本概念和术语；引用工程实例讲述控制系统的工作原理、组成元件及其作用；分析了开环控制系统和闭环控制系统的区别，指出控制系统最基本的控制方式是闭环控制；介绍了关于控制系统的多种分类方法、控制系统的基本要求和研究内容；明确系统的稳定性、准确性和快速性是对自动控制系统的最基本要求。

习　题

1-1　试列举几个日常生活中遇到的开环控制和闭环控制的示例，并说明它们的工作原理。

1-2　开环控制系统和闭环控制系统各有什么优缺点？

1-3　反馈控制系统的动态过程有哪几种类型？希望的生产过程的动态特性是什么？

1-4　函数记录仪的原理示意图如图1-11所示。试分析该系统的工作原理。

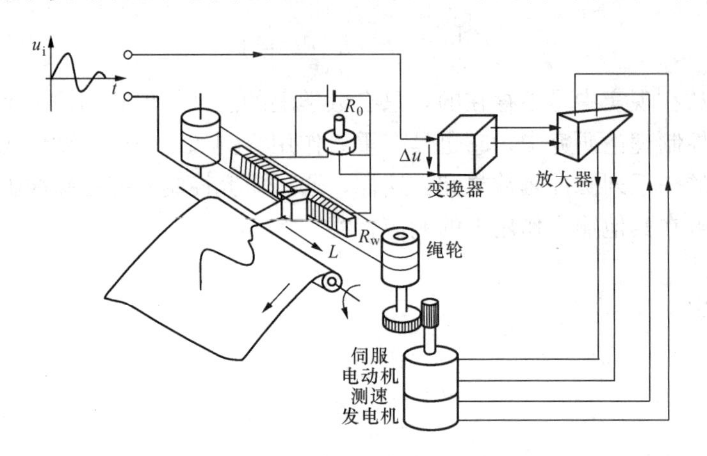

图1-11　题1-4图

1-5　液位自动控制系统原理示意图如题图1-12所示。在任何情况下，都希望液面高度C维持不变，试说明系统工作原理，并画出系统方框图。

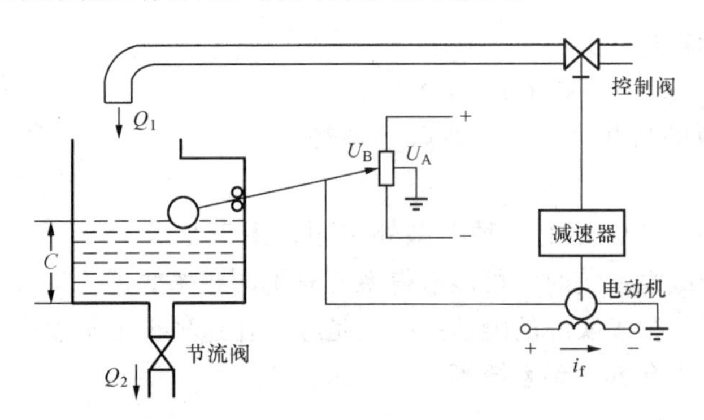

图1-12　题1-5图

1-6　仓库大门自动控制系统原理如图1-13所示，试说明大门自动开启和关闭的工作原理。如果不能全开或关闭，如何调整？

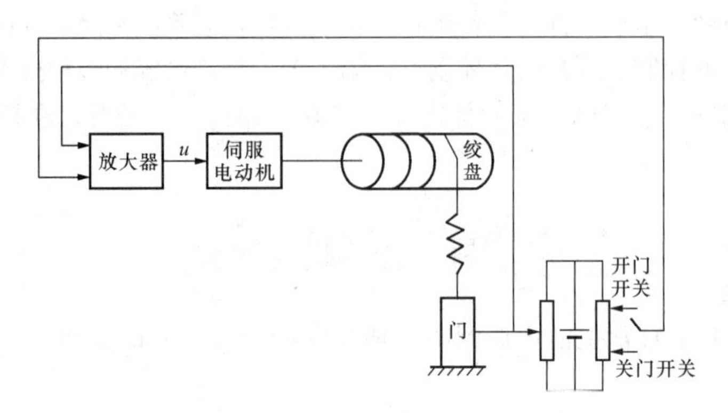

图1-13　题1-6图

1-7 图1-14所示为电炉温度控制系统的原理示意图。试分析系统保持电炉温度恒定的工作过程，并指出系统的被控对象、被控量以及各部件的作用，画出系统的方框图。

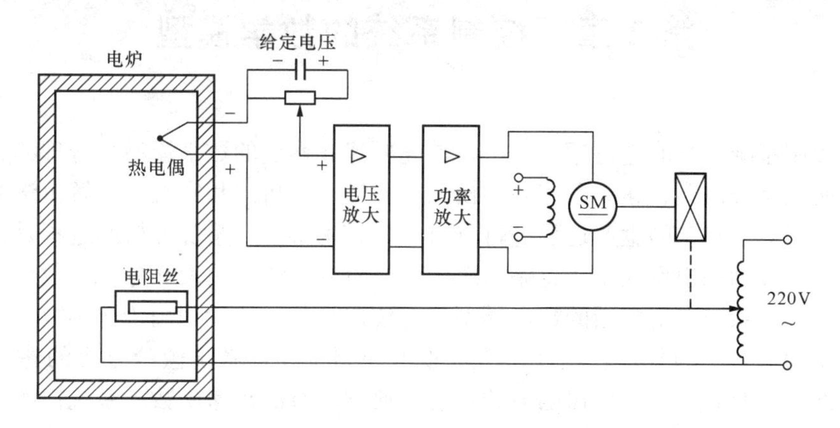

图1-14 题1-7图

1-8 导弹发射架自动定位系统原理如图1-15所示。试说明发射架位置角是如何达到希望位置角的？期望位置角的角度通过转换后用电位器R_1上的电压表示。

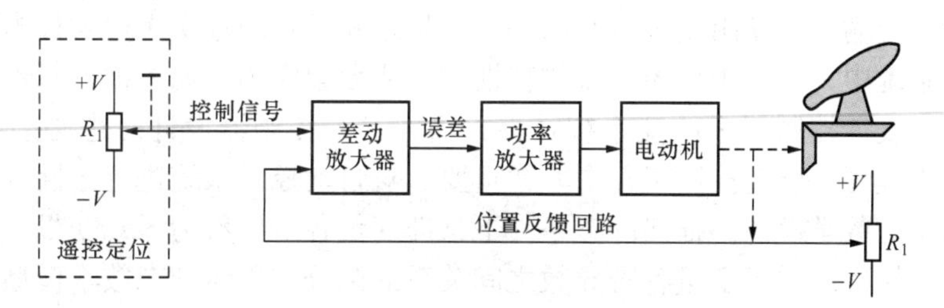

图1-15 题1-8图

第 2 章　控制系统的数学模型

为了对控制系统的性能进行理论分析，首先要建立系统的数学模型，合理的数学模型对系统的分析研究至关重要。建立系统数学模型的方法有解析法和实验法。解析法可获得精确的数学模型，但对于复杂的生产过程进行分析却比较困难。对系统分析的过程是：从微分方程描述的系统时域动态模型入手，忽略系统中存在着的非线性因素和分布参数，经过拉普拉斯变换，得到控制系统在复数域的数学模型——传递函数；然后利用传递函数来求解系统的特征参数，实现对系统的分析、设计。本章重点介绍了线性系统微分方程的建立及其线性化、拉普拉斯变换及其性质、传递函数的概念、典型环节的传递函数、系统框图和信号流图的建立、等效变换和梅逊公式的应用。

2.1　控制系统的微分方程及其线性化

描述控制系统输入、输出变量以及内部各变量之间关系的数学表达式称为系统的数学模型。自动控制系统中，在分析被控对象的特性时需要数学模型，如果被控对象的特性不能满足要求，就必须设计控制器来改变系统特性，而在进行控制器设计时也必须根据系统的模型。因此，数学模型在研究控制工程中非常重要。对自动控制系统进行定性分析和定量计算首先要建立系统的数学模型。描述静态条件下（即变量各阶导数为零）变量之间关系的代数方程叫静态数学模型；描述变量各阶导数之间关系的微分方程叫动态数学模型。常用的数学模型有微分方程、差分方程、传递函数、脉冲函数以及状态空间表达式等。

获得数学模型的过程称为建立模型，简称建模。建立系统的数学模型，一般采用解析法或实验辨识法。解析法建模，就是依据系统及元件的各变量之间遵循的物理规律（如力学、电磁学、运动学、热学等）来推导出变量之间的数学关系式，从而建立数学模型。实验辨识法是对内部变量关系未知的实际系统施加典型输入信号，获取输出信号，通过实验数据推导系统的数学模型。这里只讨论建立线性定常系统数学模型的解析法。

2.1.1　系统微分方程模型描述

微分方程是描述系统输出量与输入量之间关系的数学模型。一个控制系统，不管它是机械系统、电气系统、热力系统、压力系统，还是化学的，都可以用微分方程描述。如果对这些微分方程求解，就可以获得系统对给定输入作用下的输出（响应）。当对这些系统的输入端施加相同形式的信号时，虽然这些对象的物理结构和被控变量属性不同，其输出量的变化形式却完全相同，原因是它们可以用同一个数学模型来描述。

下面通过举例来介绍列写微分方程式的步骤和方法。

【例 2-1】 图 2-1 所示为由电阻、电感和电容器构成的 *RLC* 无源网络，$u_i(t)$是外加电压，$u_o(t)$ 是输出电压。试写出输入电压 $u_i(t)$ 与输出电压 $u_o(t)$ 之间的微分方程。

解　设回路电流为 $i(t)$，根据基尔霍夫电压定律，列写 *RLC* 无源网络微分方程组。有

$$i(t)R+L\frac{\mathrm{d}i(t)}{\mathrm{d}t}+u_o(t)=u_i(t)$$

$$u_o(t)=\frac{1}{C}\int i(t)\mathrm{d}t \qquad (2-1)$$

消去中间变量 $i(t)$，可得

$$LC\frac{\mathrm{d}^2u_o(t)}{\mathrm{d}^2t}+RC\frac{\mathrm{d}u_o(t)}{\mathrm{d}t}+u_o(t)=u_i(t) \quad (2-2)$$

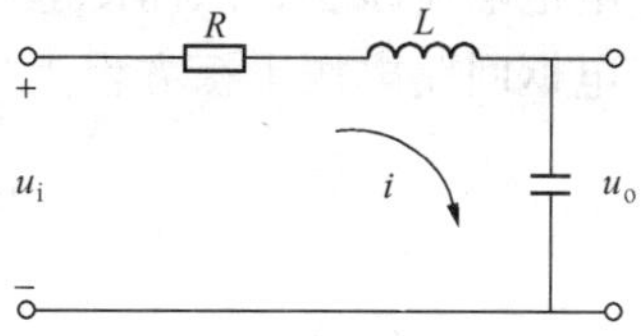

图 2-1　［例 2-1］*RLC* 无源网络

显然，如果 R、L、C 为常数，则式（2-2）描述的方程是一个二阶线性常系数微分方程，也就是图 2-1 所示 *RLC* 无源网络的数学模型。因为电路中有两个独立的储能元件 L 和 C，故式（2-2）中左边最高阶次为二。

【例 2-2】 图 2-2 所示为一弹簧—质量—阻尼器的机械位移系统。试写出在外力 $F(t)$ 作用下，质量块 m 与位移 $y(t)$ 之间的微分方程。

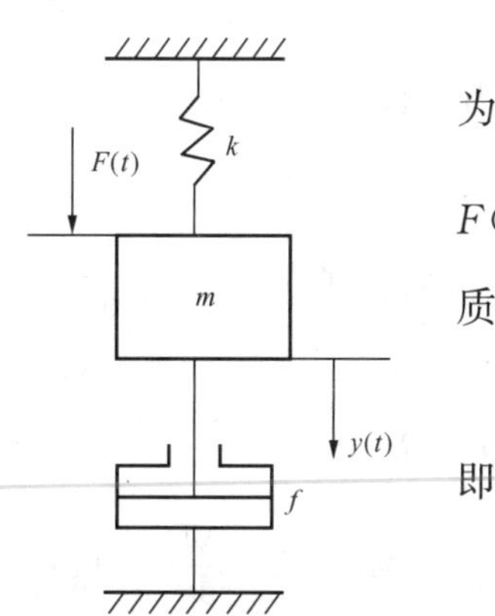

图 2-2　［例 2-2］弹簧—质量—阻尼器系统

解　质量块 m 相对于初始状态的位移、速度、加速度分别为 $y(t)$、$\frac{\mathrm{d}y(t)}{\mathrm{d}t}$、$\frac{\mathrm{d}^2y(t)}{\mathrm{d}t^2}$。由牛顿运动定律知，系统在外力 $F(t)$、弹簧拉力 $ky(t)$ 和阻尼器的阻力 $f\frac{\mathrm{d}y(t)}{\mathrm{d}t}$ 的共同作用下，质量块（质量为 m）产生的加速度满足方程

$$\sum F=ma=m\frac{\mathrm{d}^2y(t)}{\mathrm{d}t^2} \qquad (2-3)$$

即

$$F(t)-ky(t)-f\frac{\mathrm{d}y(t)}{\mathrm{d}t}=m\frac{\mathrm{d}^2y(t)}{\mathrm{d}t^2} \qquad (2-4)$$

整理得

$$m\frac{\mathrm{d}^2y(t)}{\mathrm{d}t^2}+f\frac{\mathrm{d}y(t)}{\mathrm{d}t}+ky(t)=F(t) \qquad (2-5)$$

式中：$f\frac{\mathrm{d}y(t)}{\mathrm{d}t}$ 为阻尼器的阻尼力，方向与运动方向相反，大小与运动速度成反比，f 为阻尼系数；$ky(t)$ 是弹簧弹性力，其方向与运动方向相反，大小与位移成正比，k 为弹簧的弹性系数。式（2-5）描述的是弹簧—质量—阻尼器组成的机械系统的运动方程，它是一个二阶微分方程。

【例 2-3】 电枢控制的他励直流电动机如图 2-3 所示，电枢输入电压 $u_a(t)$，电动机输出转角为 $\theta(t)$。R_a、L_a、$i_a(t)$ 分别为电枢电路的电阻、电感和电流，i_f 为恒定励磁电流，e_b 为反电势，f 为电动机轴上的黏性摩擦系数。G 为电枢质量，d 为电枢直径，M_L 为负载力矩。试列出系统的运动方程。

解　电枢控制直流电动是控制系统中常用的执行机构或控制对象，其工作是指将输入的电能转化为机械能。当电枢两端加上电压 $u_a(t)$ 后，产生电枢电流 $i_a(t)$，再由电流 $i_a(t)$ 与激磁磁通相互作用产生电磁转矩 M_D，驱动电动机克服阻力矩而带动负载旋转，与此同时，电枢中产生感应电动势 $e_b(t)$，$e_b(t)$ 与 $u_a(t)$ 极性相反，使外电压削

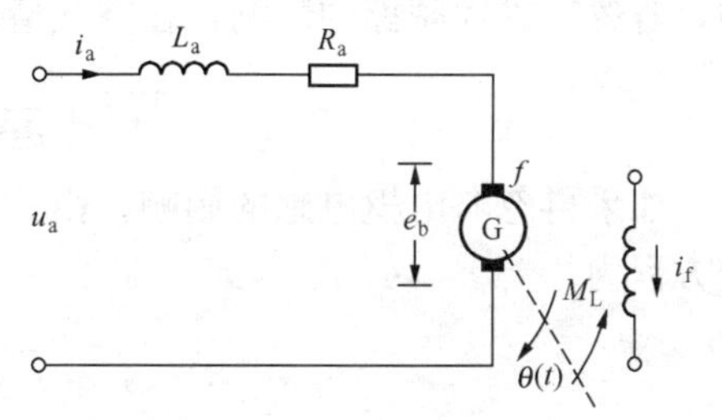

图 2-3　他励直流电动机电路图

弱，电枢电流减小，从而使电动机做恒速转动。

电枢回路电压平衡方程为

$$u_a(t)=R_a i_a(t)+L_a\frac{\mathrm{d}i_a(t)}{\mathrm{d}t}+e_b$$

$$e_b=c_e\frac{\mathrm{d}\theta(t)}{\mathrm{d}t} \tag{2-6}$$

式中：c_e 为电动机的反电动势系数。

则旋转系统的力矩平衡方程为

$$M_D=J\frac{\mathrm{d}^2\theta(t)}{\mathrm{d}t^2}+f\frac{\mathrm{d}\theta(t)}{\mathrm{d}t}+M_L \tag{2-7}$$

电磁转矩为

$$M_D=c_M i_a(t) \tag{2-8}$$

式中：J 为电动机电枢的转动惯量，$J=\frac{GD^2}{4g}$；c_M 为电动机的力矩系数。

消去中间变量 $i_a(t)$，$e_b(t)$，M_D，可得到以下方程

$$JL_a\frac{\mathrm{d}^3\theta(t)}{\mathrm{d}t^3}+(L_a f+JR_a)\frac{\mathrm{d}^2\theta(t)}{\mathrm{d}t^2}+(fR_a+c_e c_M)\frac{\mathrm{d}\theta(t)}{\mathrm{d}t}=c_M u_a-R_a M_L-L_a\frac{\mathrm{d}M_L}{\mathrm{d}t} \tag{2-9}$$

如果把电动机转角速度记为 ω，有 $\omega=\frac{\mathrm{d}\theta(t)}{\mathrm{d}t}$，则式（2-9）可化简为

$$JL_a\frac{\mathrm{d}^2\omega}{\mathrm{d}t^2}+(L_a f+JR_a)\frac{\mathrm{d}\omega}{\mathrm{d}t}+(fR_a+c_e c_M)\omega=c_M u_a-R_a M_L-L_a\frac{\mathrm{d}M_L}{\mathrm{d}t} \tag{2-10}$$

进一步可化简为

$$T_e T_M\frac{\mathrm{d}^2\omega}{\mathrm{d}t^2}+(T_M+T_f)\frac{\mathrm{d}\omega}{\mathrm{d}t}+(K_f+1)\omega$$

$$=K_e u_a-\frac{R_a}{c_e c_M}M_L-\frac{L_a}{c_e c_M}\frac{\mathrm{d}M_L}{\mathrm{d}t} \tag{2-11}$$

式中：T_e 为电动机电磁时间常数，s，$T_e=\frac{L_a}{R_a}$；T_M 为电动机机电时间常数，s，$T_M=\frac{R_a J}{c_e c_M}$；$T_f$ 为时间常数，s，$T_f=\frac{L_a f}{c_e c_M}$；$K_e$ 为电动机传递系数，$K_e=\frac{1}{c_e}$；K_f 为无量纲放大系数，$K_f=\frac{fR_a}{c_e c_M}$。

在实际工程应用中，为便于分析，常忽略一些次要因素，从而使系统变得简单。本题中，若忽略黏性摩擦的影响，在空载情况下，则式（2-11）可进一步化简为

$$T_e T_M\frac{\mathrm{d}^2\omega}{\mathrm{d}t^2}+T_M\frac{\mathrm{d}\omega}{\mathrm{d}t}+\omega=K_e u_a \tag{2-12}$$

如果再忽略电枢电感的影响，由式（2-12）所示的系统二阶微分方程可简化为一阶微分方程为

$$T_M\frac{\mathrm{d}\omega}{\mathrm{d}t}+\omega=K_e u_a \tag{2-13}$$

由以上几种不同物理系统采用解析法推导其系统数学模型的过程可以看出：虽然他们所

代表的系统的类别、结构完全不同，但表征其运动特征的微分方程式却是相似的，这就是系统的相似性。系统的数学模型由系统结构、参数以及所遵循的基本运动定律决定。

综上所述，总结出列写元件微分方程式的步骤如下：

（1）分析元件的工作原理及其在控制系统中的作用，确定其输入量、输出量和中间变量；

（2）根据元件工作中所遵循的物理、化学（或其他）规律，列写相应的微分方程；

（3）消去中间变量，得到输出量与输入量之间关系的微分方程，也就是数学模型；

（4）整理微分方程式，将与输出量有关的各项放在方程的左边，与输出入量有关的各项放在方程的右边，把各导数项按降幂排列。

建立控制系统的微分方程时，一般先由系统原理线路图画出系统框图，然后再分别列写组成系统各元件的微分方程。列写系统各元件的微分方程时，一是应注意信号传送的单向性，即前一个元件的输出是后一个元件的输入，一级一级地单向传送；二是应注意前后连接的两元件中，后级对前级的负载效应。

2.1.2　非线性微分方程的线性化

用线性微分方程描述的元件或系统，称为线性元件或线性系统。线性系统的重要性质是可以应用叠加原理。即对线性系统，当有两个或多个外作用同时施加于系统时，所产生的总输出等于各个外作用单独作用时分别产生的输出之和，当外作用的数值增大若干倍时，其输出响应也增大同样倍数，从而可大大简化分析与设计的过程。

非线性问题在建立控制系统数学模型时会常常遇到。严格地说，实际物理元件或系统都存在不同程度的非线性。在前面推导系统的微分方程时，由于假定它们都是线性的，所以得到以线性微分方程描述的系统模型。由于控制理论中的线性系统理论已经非常成熟，非线性系统理论还很不完善，难以求得各类非线性系统的普遍规律。因此在理论研究时，考虑到工程实际特点，在允许的范围内，一定条件下对所研究的系统进行线性化处理，然后再用线性系统理论进行分析，从而使问题得到简化。当非线性因素对系统影响较小时，一般可直接将系统看作线性系统处理。

控制系统都有一个额定的工作状态以及与之对应的工作点。若表示控制系统或元件的非线性函数不仅连续，而且其各阶导数均存在，则由级数理论可知，可以在给定工作点的邻域将非线性函数展开为泰勒级数，当偏差范围很小时，可以忽略二阶及二阶以上的各项，用所得到的只包含偏差一次项的线性化方程代替原有的非线性方程。这种线性化的方法称为小偏差法或切线法。小偏差法的具体方法如下所述。

假设输出与输入之间的关系为连续变化的非线性函数 $y=f(x)$，如图 2-4 所示。元件的平衡工作点为 A，对应有 $y_0=f(x_0)$。当 $x=x_0+\Delta x$ 时，有 $y=y_0+\Delta y$。设函数 $y=f(x)$ 在 (x_0, y_0) 点连续可微，则将它在该点附近用泰勒级数展开为

$$y=f(x)=f(x_0)+\left.\frac{\mathrm{d}f}{\mathrm{d}x}\right|_{x_0}(x-x_0)+\frac{1}{2!}\left.\frac{\mathrm{d}^2 f}{\mathrm{d}x^2}\right|_{x_0}(x-x_0)^2+\cdots \tag{2-14}$$

若增量 $(x-x_0)$ 很小，可略去二次以上的各高阶项，则可写成

$$y=f(x_0)+\left.\frac{\mathrm{d}f}{\mathrm{d}x}\right|_{x_0}(x-x_0)=y_0+K(x-x_0) \tag{2-15}$$

或简记为

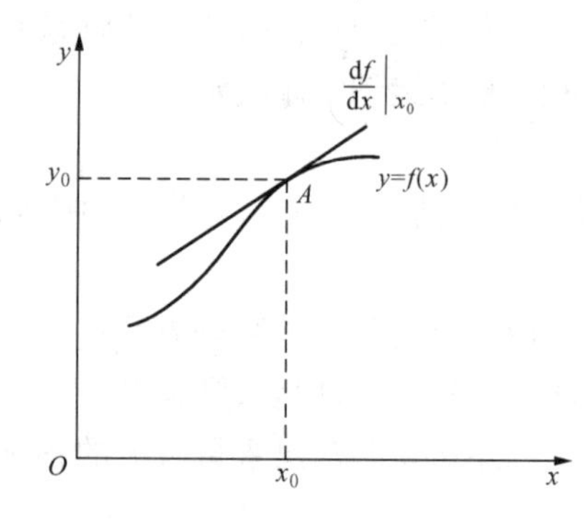

图 2-4　小偏差线性化示意图

$$\Delta y = K\Delta x \tag{2-16}$$

式中，$\Delta y = y - y_0 = f(x) - f(x_0)$，$\Delta x = x - x_0$，$K = \left.\frac{df}{dx}\right|_{x=x_0}$ 为常数，是工作点处的斜率，此时以工作点处的切线代替曲线，得到变量在工作点处的增量方程，经以上处理后，便得到在工作点 A 附近的线性化方程。

如果系统中存在多个非线性元件，则必须对每个非线性元件建立其在工作点的线性化增量方程。下面通过具体例子说明。

【例 2-4】 图 2-5 为一铁芯线圈，其磁通 Φ 与线圈电流的关系如图 2-6 所示。试列写出以 $u_i(t)$ 为输入，电流 $i(t)$ 为输出的线圈微分方程。

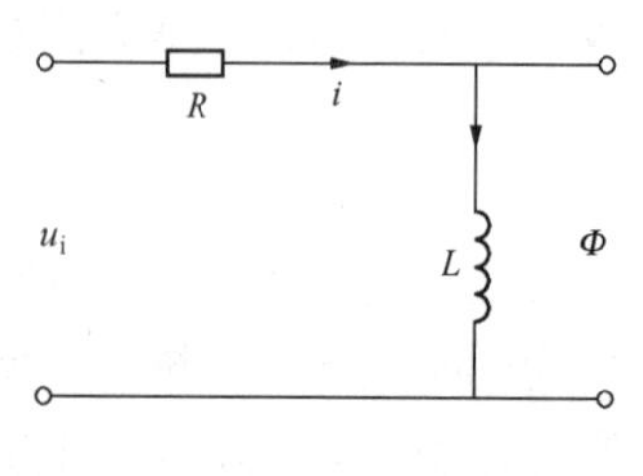

图 2-5　［例 2-4］铁芯线圈

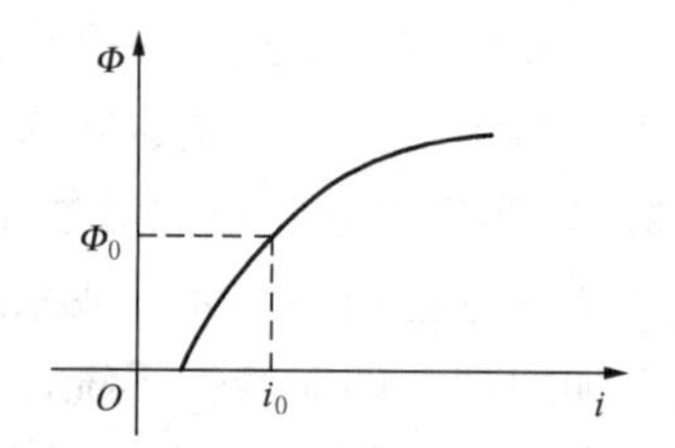

图 2-6　［例 2-4］Φ (i) 曲线

解　若设 u_1 为线圈的感应电动势，它正比于线圈中磁通的变化率，即

$$u_1 = K_1 \frac{d\Phi(i)}{dt}$$

根据基尔霍夫电压定律可写出电路微分方程，有

$$u_i = u_1 + Ri = K_1 \frac{d\Phi(i)}{dt} + Ri = K_1 \frac{d\Phi(i)}{di}\frac{di}{dt} + Ri$$

式中，K_1 为比例常数，为方便起见，假定在所采用的量纲的系统中 K_1 的数值为 1。

由图 2-6 可知，铁芯线圈的磁通与流经线圈的电流为非线性关系，$\frac{d\Phi(i)}{di}$ 随流经线圈电流的变化而变化，即 $u_i(t)$ 与 $i(t)$ 的关系是非线性的，故线圈的微分方程 $K_1 \frac{d\Phi(i)}{di} \cdot \frac{di}{dt} + Ri = u_i(t)$ 为非线性微分方程。

如果在实际工作过程中，线圈的电压、电流只在平衡点工作（u_0，i_0）附近作微小变化，在平衡点的端电压 u_0 与 i_0 有 $u_0 = Ri_0$ 的关系。当线圈电压和电流只在工作点附近变化时，有

$$\begin{aligned} u_i(t) &= u_0 + \Delta u_i(t) \\ i &= i_0 + \Delta i \end{aligned} \tag{2-17}$$

线圈中磁通 Φ 对 Φ_0 也有增量变化 $\Delta\Phi$，若设 $\Phi(i)$ 在 i_0 附近连续可微，则将 $\Phi(i)$ 在 i_0 附近展开成泰勒级数为

$$\Phi = \Phi_0 + \left.\left(\frac{d\Phi}{di}\right)\right|_{i_0} \Delta i + \frac{1}{2!}\left.\left(\frac{d^2\Phi}{di^2}\right)\right|_{i_0} \Delta i^2 + \cdots \tag{2-18}$$

式中，$\Delta i = i - i_0$。当 Δi 足够小时，略去高阶无穷小量，可得

$$\Phi \approx \Phi_0 + \left(\frac{\mathrm{d}\Phi}{\mathrm{d}i}\right)\bigg|_{i_0} \Delta i \tag{2-19}$$

即

$$\Phi - \Phi_0 \approx \left(\frac{\mathrm{d}\Phi}{\mathrm{d}i}\right)\bigg|_{i_0} \Delta i \approx L\Delta i$$

式中，$\left(\frac{\mathrm{d}\Phi}{\mathrm{d}i}\right)\bigg|_{i_0}$ 为平衡工作点处的导数值，L 为线圈的动态电感，有 $L = \frac{\mathrm{d}\Phi}{\mathrm{d}i}\bigg|_{i_0}$ 。

则式（2 - 19）可写成

$$\Phi(i) \approx \Phi_0 + L\Delta i \tag{2-20}$$

因 L 为常值，所以经上述处理后，Φ 与 i 的非线性关系可变成式（2 - 20）的线性关系。将系统中 $u_{\mathrm{i}}(t)$，$i(t)$，$\Phi(i)$ 表示成工作点附近的增量，即

$$u_{\mathrm{i}}(t) = u_0 + \Delta u_{\mathrm{i}}$$
$$i = i_0 + \Delta i$$
$$\Phi = \Phi_0 + L\Delta i$$

代入式（2 - 17），得到铁芯线圈的增量化方程

$$L\frac{\mathrm{d}\Delta i}{\mathrm{d}t} + R\Delta i = \Delta u_{\mathrm{i}}(t) \tag{2-21}$$

略去增量符号 Δ，有

$$L\frac{\mathrm{d}i}{\mathrm{d}t} + Ri = u_{\mathrm{i}}(t) \tag{2-22}$$

通过以上分析可以看出，线性化是相对于某一工作点进行的，工作点不同，得到的线性化方程的系数值也不同。同时，线性化只能在工作点附近的小范围内进行，因此调节过程中变量偏离工作点的偏差信号必须足够小，才能保证线性化方程的足够精度。线性化的基本条件是非线性特性必须是非本质的，系统各变量对于工作点仅有微小的偏离。当元件或系统非线性程度比较严重时，就不能用线性特性近似，只能用非线性方法分析。而在实际中，绝大多数的控制系统都是工作在工作点小偏差情况下的。

2.2　用拉普拉斯变换法求解微分方程

拉普拉斯变换是拉普拉斯（P. S. Laplace）于 1812 年提出的一种积分变换。拉普拉斯变换方法是求解线性微分方程的一种简便方法，利用拉普拉斯变换法可以把微分方程变换成代数方程，再利用现成的拉普拉斯变换表，即可方便地查得相应的微分方程的解。因而拉普拉斯变换成为分析工程控制系统的基本数学方法之一。另外，在利用拉普拉斯变换求解微分方程时，可同时获得解的瞬态分量和稳态分量。

2.2.1　拉普拉斯变换及性质

1. 拉普拉斯变换的定义

设时间函数 $f(t)$ 满足：当 $t<0$ 时，$f(t)=0$；$t\geqslant 0$ 时，并且无穷积分 $\int_{0^-}^{\infty} f(t)\mathrm{e}^{-st}\mathrm{d}t$ 存在，则定义 $f(t)$ 的拉普拉斯变换为

$$F(s) = \mathscr{L}[f(t)] = \int_{0^-}^{\infty} f(t)\mathrm{e}^{-st}\mathrm{d}t \tag{2-23}$$

其中，$s=\sigma+j\omega$ 为复数变量，0^- 表示变量 t 从左边趋于 0 并以 0 为极限。类似地，0^+ 表示变量 t 从右边趋于 0 并以 0 为极限。$F(s)$ 被称为 $f(t)$ 的象函数，$f(t)$ 被称为 $F(s)$ 的原函数。应当指出，有些函数是不能进行拉普拉斯变换的，但在物理上可以实现的信号，总有相应的拉普拉斯变换。

【例 2-5】 试求单位阶跃函数的拉普拉斯变换。

解 单位阶跃函数如图 2-7（a）所示，它的表达式为

$$1(t)=\begin{cases}0, & t<0\\ 1, & t\geqslant 0\end{cases}$$

由式（2-23）可求得单位阶跃函数的拉普拉斯变换为

$$F(s)=\mathscr{L}[1(t)]=\int_{0^-}^{\infty}1(t)\mathrm{e}^{-st}\mathrm{d}t=\left.\frac{\mathrm{e}^{-st}}{-s}\right|_{t=0^-}^{t=\infty}=\frac{1}{s}$$

【例 2-6】 试求单位脉冲函数的拉普拉斯变换。

解 单位脉冲函数 $\delta(t)$ 如图 2-7（b）所示，它的表达式为

$$\delta(t)=\begin{cases}\infty, & t=0\\ 0, & t\neq 0\end{cases}$$

这是一个理想的函数，它相当于脉冲宽度趋于 0 时的极限情况。

对于单位脉冲函数，有

$$\int_{-\infty}^{+\infty}\delta(t)\mathrm{d}t=\int_{0^-}^{0^+}\delta(t)\mathrm{d}t=1$$

因此，单位脉冲函数 $\delta(t)$ 的拉普拉斯变换为

$$F(s)=\mathscr{L}[\delta(t)]=\int_{0^-}^{+\infty}\delta(t)\mathrm{e}^{-st}\bigg|_{t=0}=1$$

【例 2-7】 试求单位斜波函数的拉普拉斯变换。

解 单位斜波函数如图 2-7（c）所示，它的表达式为

$$t\times 1(t)=\begin{cases}0, & t<0\\ t, & t\geqslant 0\end{cases}$$

根据定义，单位斜波函数的拉普拉斯变换为

$$\begin{aligned}F(s)&=\mathscr{L}[t\times 1(t)]=\int_{0^-}^{\infty}t\mathrm{e}^{-st}\mathrm{d}t=\int_{0^-}^{\infty}t\times\frac{\mathrm{d}}{\mathrm{d}t}\left(\frac{\mathrm{e}^{-st}}{-s}\right)\\&=\left.\frac{t\mathrm{e}^{-st}}{-s}\right|_{t=0}^{t=\infty}-\int_{0}^{\infty}\frac{\mathrm{e}^{-st}}{-s}\mathrm{d}t=-\int_{0}^{\infty}\frac{\mathrm{e}^{-st}}{-s}\mathrm{d}t=\left.\frac{\mathrm{e}^{-st}}{-s^2}\right|_{t=0}^{t=\infty}\\&=\frac{1}{s^2}\end{aligned}$$

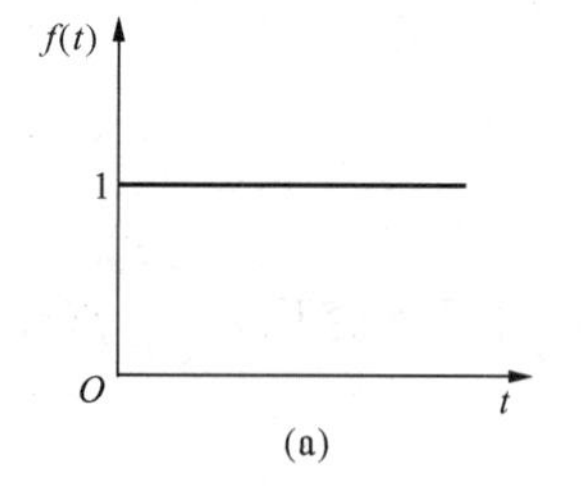

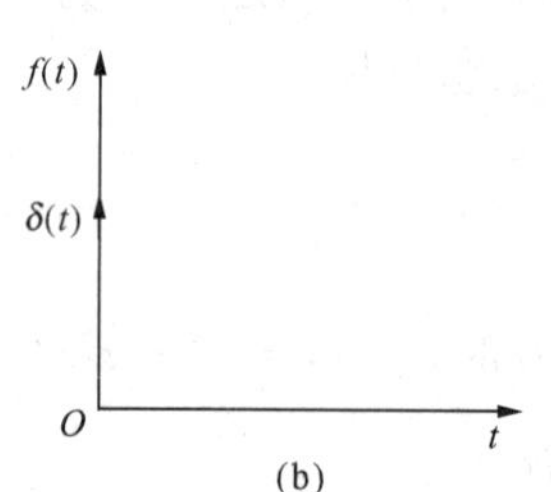

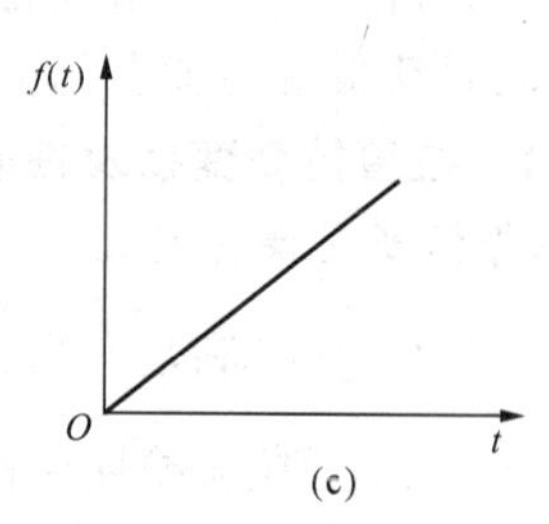

图 2-7 典型输入函数曲线

（a）单位阶跃函数；（b）单位脉冲函数；（c）单位斜波函数

【例 2-8】 试求指数函数 e^{at} 的拉普拉斯变换。

解 根据定义，指数函数 e^{at} 的拉普拉斯变换为

$$F(s)=\mathscr{L}[e^{at}]=\int_{0^-}^{+\infty}e^{at}e^{-st}dt=\int_{0^-}^{\infty}e^{-(s-a)t}dt=-\frac{1}{s-a}e^{-(s-a)t}\Big|_{0^-}^{\infty}=\frac{1}{s-a}$$

【例 2-9】 试求正弦函数 $\sin(\omega t)$ 的拉普拉斯变换。

解 根据定义，正弦函数 $\sin(\omega t)$ 的拉普拉斯变换为

$$\begin{aligned}F(s)=\mathscr{L}[\sin(\omega t)]&=\int_{0^-}^{\infty}\sin(\omega t)e^{-st}dt=\int_{0^-}^{\infty}\frac{e^{j\omega t}-e^{-j\omega t}}{2j}\times e^{-st}dt\\&=\frac{1}{2j}\times\left[\frac{e^{-(s-j\omega)t}}{-(s-j\omega)}\Big|_{t=0^-}^{t=\infty}-\frac{e^{-(s+j\omega)t}}{-(s+j\omega)}\Big|_{t=0^-}^{t=\infty}\right]\\&=\frac{1}{2j}\times\left(\frac{1}{s-j\omega}-\frac{1}{s+j\omega}\right)=\frac{1}{2j}\times\frac{2j\omega}{s^2+\omega^2}\\&=\frac{\omega}{s^2+\omega^2}\end{aligned}$$

工程常用函数的拉普拉斯变换表见表 2-1。如果要使用其他函数的拉普拉斯变换，可以查表，也可以用后面介绍的拉普拉斯变换性质推导获取。

表 2-1　常用函数的拉氏变换表

序号	拉氏变换 $F(s)$	时间函数 $f(t)$	序号	拉氏变换 $F(s)$	时间函数 $f(t)$
1	1	$\delta(t)$	11	$\frac{\omega}{s^2+\omega^2}$	$\sin\omega t$
2	$\frac{1}{1-e^{-Ts}}$	$\delta_T(t)=\sum_{n=0}^{\infty}\delta(t-nT)$	12	$\frac{s}{s^2+\omega^2}$	$\cos\omega t$
3	$\frac{1}{s}$	$1(t)$	13	$\frac{\omega}{(s+a)^2+\omega^2}$	$e^{-at}\sin\omega t$
4	$\frac{1}{s^2}$	t	14	$\frac{s+a}{(s+a)^2+\omega^2}$	$e^{-at}\cos\omega t$
5	$\frac{1}{s^3}$	$\frac{1}{2!}t^2$	15	$\frac{\omega_n^2}{s^2+2\zeta\omega_n s+\omega_n^2}$	$\frac{\omega_n}{\sqrt{1-\zeta^2}}e^{-\zeta\omega_n t}\sin\omega_n\sqrt{1-\zeta^2}t$
6	$\frac{1}{s^{n+1}}$	$\frac{1}{n!}t^n$	16	$\frac{s}{s^2+2\zeta\omega_n s+\omega_n^2}$	$\frac{-1}{\sqrt{1-\zeta^2}}e^{-\zeta\omega_n t}\sin(\omega_n\sqrt{1-\zeta^2}t-\phi)$ $\phi=\arctan\frac{\sqrt{1-\zeta^2}}{\zeta}$
7	$\frac{1}{s+a}$	e^{-at}			
8	$\frac{1}{(s+a)^2}$	te^{-at}			
9	$\frac{a}{s(s+a)}$	$1-e^{-at}$	17	$\frac{\omega_n^2}{s(s^2+2\zeta\omega_n s+\omega_n^2)}$	$1-\frac{1}{\sqrt{1-\zeta^2}}e^{-\zeta\omega_n t}\sin(\omega_n\sqrt{1-\zeta^2}t+\phi)$ $\phi=\arctan\frac{\sqrt{1-\zeta^2}}{\zeta}$
10	$\frac{b-a}{(s+a)(s+b)}$	$e^{-at}-e^{-bt}$			

2. 拉普拉斯变换的性质

设 $F_1(s)=\mathscr{L}[f_1(t)]$，$F_2(s)=\mathscr{L}[f_2(t)]$，$a_1$、$a_2$ 和 a 是常数，则拉普拉斯变换具有如下的性质。

（1）线性定理：

$$\mathscr{L}[a_1 f_1(t) + a_2 f_2(t)] = a_1 F_1(s) + a_2 F_2(s) \tag{2-24}$$

（2）时域位移定理（延迟定理）：

$$\mathscr{L}[f(t-a) \times 1(t-a)] = e^{-as} F(s) \tag{2-25}$$

（3）复数位移定理（衰减定理）：

$$\mathscr{L}[\mathrm{e}^{-at} f(t)] = F(s+a) \tag{2-26}$$

（4）时域微分定理：

设 $f^n(t)$ 表示 $f(t)$ 的 n 阶导数，且 $\dfrac{\mathrm{d}^n f(t)}{\mathrm{d}t^n}$ 是可以进行拉普拉斯变换的，那么有

$$\mathscr{L}\left[\frac{\mathrm{d}f(t)}{\mathrm{d}t}\right] = sF(s) - f(0) \tag{2-27}$$

$$\mathscr{L}\left[\frac{\mathrm{d}^2 f(t)}{\mathrm{d}t^2}\right] = s^2 F(s) - sf(0) - f'(0) \tag{2-28}$$

更高阶导函数的拉普拉斯变换可以类推。

（5）时域积分定理：

$$\mathscr{L}\left[\int f(t)\mathrm{d}t\right] = \frac{F(s)}{s} + \frac{f^{(-1)}(0)}{s} \tag{2-29}$$

$$\mathscr{L}\left[\int\int f(t)\mathrm{d}t\right] = \frac{F(s)}{s^2} - \frac{f^{-1}(0)}{s^2} - \frac{f^{-2}(0)}{s} \tag{2-30}$$

式中：$f^{(-1)}(0)$ 是 $\int f(t)\mathrm{d}t$ 在 $t=0$ 时的值。更高阶积分函数的拉普拉斯变换可以类推。

（6）初值定理：

设 $f(t)$ 和 $\dfrac{\mathrm{d}f(t)}{\mathrm{d}t}$ 都是可以进行拉普拉斯变换的，而且 $\lim\limits_{s\to\infty} sF(s)$ 存在，那么有

$$f(0^+) = \lim_{t\to 0^+} f(t) = \lim_{s\to\infty} sF(s) \tag{2-31}$$

（7）终值定理：

设 $f(t)$ 和$\dfrac{\mathrm{d}f(t)}{\mathrm{d}t}$都是可以进行拉普拉斯变换的，而且 $\lim\limits_{t\to\infty} f(t)$ 存在，而且除了在原点处有唯一的极点外，$sF(s)$ 在包含 $\mathrm{j}\omega$ 轴的右半 s 平面内解析，那么有

$$\lim_{t\to\infty} f(t) = \lim_{s\to 0} sF(s) \tag{2-32}$$

（8）函数乘以或除以时间（复数微分定理和复数积分定理）：

$$\mathscr{L}[tf(t)] = -\frac{\mathrm{d}F(s)}{\mathrm{d}s} \tag{2-33}$$

$$\mathscr{L}\left[\frac{f(t)}{t}\right] = \int_s^{\infty} F(s)\mathrm{d}s \tag{2-34}$$

（9）相似定理：

$$\mathscr{L}\left[f\left(\frac{t}{a}\right)\right] = aF(as) \tag{2-35}$$

（10）时域卷积定理：

如果 $f_1(t) * f_2(t) = \int_0^t f_1(t-\tau) f_2(\tau)\mathrm{d}\tau = \int_0^t f_2(t-\tau) f_1(\tau)\mathrm{d}\tau$ 叫作 $f_1(t)$ 和 $f_2(t)$ 的卷积。则有

$$\mathscr{L}[f_1(t) * f_2(t)] = F_1(s)F_2(s) \tag{2-36}$$

2.2.2　拉普拉斯反变换

已知 $F(s)$，求时间函数 $f(t)$ 的变换称为拉普拉斯反变换，也称作逆拉普拉斯变换。记作

$$f(t) = \mathscr{L}^{-1}[F(s)] = \frac{1}{2\pi j}\int_{c-j\infty}^{c+j\infty} F(s)e^{st}\,ds \tag{2-37}$$

其中，实数 c 是 $F(s)$ 的收敛横坐标，而且大于所有奇点的实部。所谓奇点，即 $F(s)$ 在该点不解析，也就是 $F(s)$ 在该点及其邻域不处处可导。

拉普拉斯反变换可以被用来求象函数的原函数。但在实际计算原函数时，通常先用部分分式展开法将原函数的复杂有理分式分解为简单分式，然后再通过查找拉普拉斯变换表中的相应变换来获得原函数。

【例 2-10】 试求下述有理函数的拉普拉斯反变换

$$F(s) = \frac{s+1}{s^2+5s+6}$$

解　首先用待定系数法对 $F(s)$ 进行部分分式展开

$$F(s) = \frac{s+1}{s^2+5s+6} = \frac{s+1}{(s+2)(s+3)} = \frac{A_1}{s+2} + \frac{A_2}{s+3} = \frac{(A_1+A_2)s+3A_1+2A_2}{(s+2)(s+3)}$$

则 $A_1+A_2=1$，$3A_1+2A_2=1$，可得 $A_1=-1$，$A_2=2$，于是有

$$F(s) = -\frac{1}{s+2} + \frac{2}{s+3}$$

根据拉普拉斯变换表，查得

$$f(t) = \mathscr{L}^{-1}[F(s)] = 2e^{-3t} - e^{-2t}$$

［例 2-10］的待定系数就是 $F(s)$ 在相应极点的留数，所以也可以用求留数的方法获得。方法如下：

将 $F(s)$ 化成下列因式分解形式

$$F(s) = \frac{B(s)}{A(s)} = \frac{k(s+z_1)(s+z_2)\cdots(s+z_m)}{(s+p_1)(s+p_2)\cdots(s+p_n)} \tag{2-38}$$

当 $F(s)$ 具有不同的极点时，$F(s)$ 可展开为

$$F(s) = \frac{a_1}{s+p_1} + \frac{a_2}{s+p_2} + \cdots + \frac{a_n}{s+p_n} \tag{2-39}$$

其中

$$a_k = \left[\frac{B(s)}{A(s)}(s+p_k)\right]_{s=-p_k}$$

当 $F(s)$ 含有共轭复数极点时，$F(s)$ 可展开为

$$F(s) = \frac{a_1 s + a_2}{(s+p_1)(s+p_2)} + \frac{a_3}{s+p_3} + \cdots + \frac{a_n}{s+p_n} \tag{2-40}$$

其中

$$[a_1 s + a_2]_{s=-p_1} = \left[\frac{B(s)}{A(s)}(s+p_1)(s+p_2)\right]_{s=-p_1}$$

当 $F(s)$ 含有 r 重极点时，$F(s)$ 可展开为

$$F(s)=\frac{b_r}{(s+p_1)^r}+\frac{b_{r-1}}{(s+p_1)^{r-1}}+\cdots+\frac{b_1}{(s+p_1)}+\frac{a_{r+1}}{(s+p_{r+1})}+\cdots+\frac{a_n}{(s+p_n)} \tag{2-41}$$

其中

$$b_r=\left[\frac{B(s)}{A(s)}(s+p_1)^r\right]_{s=-p_1}$$

$$b_{r-1}=\left\{\frac{d}{ds}\left[\frac{B(s)}{A(s)}(s+p_1)^r\right]\right\}_{s=-p_1}$$

$$b_{r-j}=\frac{1}{j!}\left\{\frac{d^j}{ds^j}\left[\frac{B(s)}{A(s)}(s+p_1)^r\right]\right\}_{s=-p_1}$$

$$b_1=\frac{1}{(r-1)!}\left\{\frac{d^{r-1}}{ds^{r-1}}\left[\frac{B(s)}{A(s)}(s+p_1)^r\right]\right\}_{s=-p_1}$$

其余各个极点的留数确定方法与上同。

【例 2-11】 试求下述象函数的拉普拉斯反变换

$$F(s)=\frac{4(s+3)}{(s+2)^2(s+1)}$$

解 $F(s)$ 有三个极点，其中，$s_1=s_2=-2$ 为 2 重极点，另外一个极点是 $s_3=-1$。则可把 $F(s)$ 展开成为

$$F(s)=\frac{A_1}{s+2}+\frac{A_2}{(s+2)^2}+\frac{A_3}{s+1}$$

$F(s)$ 在 $s_3=-1$ 的留数为

$$A_3=[F(s)\times(s+1)]_{s=-1}=\left[\frac{4(s+3)}{(s+2)^2}\right]_{s=-1}=8$$

$F(s)$ 在 $s_1=s_2=-2$ 的留数为

$$A_1=\frac{1}{1!}\left\{\frac{d}{ds}\left[\frac{4(s+3)}{(s+2)^2(s+1)}(s+2)^2\right]\right\}_{s=-2}=\left\{\frac{-8}{(s+1)^2}\right\}_{s=-2}=-8$$

$$A_2=\frac{1}{0!}\left\{\frac{4(s+3)}{(s+2)^2(s+1)}(s+2)^2\right\}_{s=-2}=-4$$

于是有

$$F(s)=-\frac{8}{s+2}-\frac{4}{(s+2)^2}+\frac{8}{s+1}$$

根据拉普拉斯变换表，可得

$$f(t)=\mathscr{L}^{-1}[F(s)]=-8e^{-2t}-4te^{-2t}+8e^{-t}=-4(t+2)e^{-2t}+8e^{-t}$$

2.2.3 用拉普拉斯变换解微分方程

对微分方程作拉普拉斯变换，可以得到被控变量拉普拉斯变换函数的代数方程，再经过拉普拉斯反变换就可以得到被控变量的时间函数。

【例 2-12】 已知 RC 串联电路如图 2-8 所示，在开关 K 闭合之前，电容 C 上有初始电压 $u_C(0)$。试求当开关瞬时闭合后电容的端电压 $u_C(t)$。

解 当开关闭合的瞬间，相当于 RC 网络有阶跃电压 $u_i(t)=u_i\cdot 1(t)$ 输入。此时网络的微分方程为

$$\begin{cases} u_i = Ri + u_C \\ u_C = \dfrac{1}{C}\int i\mathrm{d}t \end{cases}$$

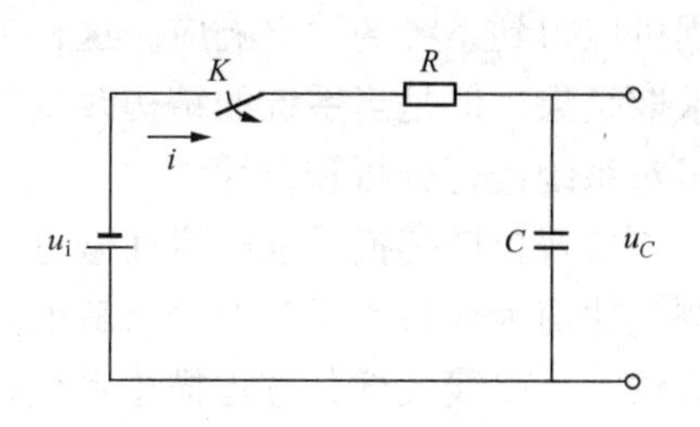

图 2-8　[例 2-12] RC 串联电路图

消去中间变量 i，得网络微分方程为

$$RC\frac{\mathrm{d}u_C}{\mathrm{d}t} + u_C = ui$$

对上式进行拉普拉斯变换，可得变换后方程为

$$RCsU_C(s) - RCu_C(0) + U_C(s) = U_i(s)$$

将输入阶跃电压的拉氏变换 $U_i(s) = \frac{u_i}{s}$ 代入上式，经整理可得电容两端电压的拉普拉斯变换式为

$$U_C(s) = \frac{u_i}{s(RCs+1)} + \frac{RC}{(RCs+1)}u_C(0)$$

可见，等式右边由两部分组成，一部分由输入信号决定，另一部分由系统初始值决定。

将输出的象函数 $U_C(s)$ 进行部分分式展开，有

$$U_C(s) = \frac{1}{s}u_i - \frac{RC}{RCs+1}u_i + \frac{RC}{RCs+1}u_C(0)$$

或写成

$$U_C(s) = \frac{1}{s}u_i - \frac{1}{s+\frac{1}{RC}}u_i + \frac{1}{s+\frac{1}{RC}}u_C(0) \tag{2-42}$$

将式（2-42）两边进行拉普拉斯变换，得电容的端电压 $u_C(t)$ 在阶跃输入下的时间解为

$$u_C(t) = u_i - u_i e^{-\frac{1}{RC}t} + u_C(0)e^{-\frac{1}{RC}t} \tag{2-43}$$

由方程（2-42）和式（2-43）可见，方程右端的第一项取决于外加的输入作用 $u_i \times 1(t)$，表示了网络输出响应 $u_C(t)$ 的稳态分量，也称强迫分量；第二项表示 $u_C(t)$ 的瞬态分量，该分量随时间变化的规律取决于系统的结构参量 R、C 所决定的特征方程式的根 $-\frac{1}{RC}$。很明显，由于其特征根为负实数，则瞬态分量将随着时间的增长而衰减至零。第三项为与初始值有关的瞬态分量，其随时间变化的规律同样取决于特征根，当初始值 $u_C(0) = 0$ 时，则第三项为零，于是就有

$$u_C(t) = u_i - u_i e^{-\frac{1}{RC}t}$$

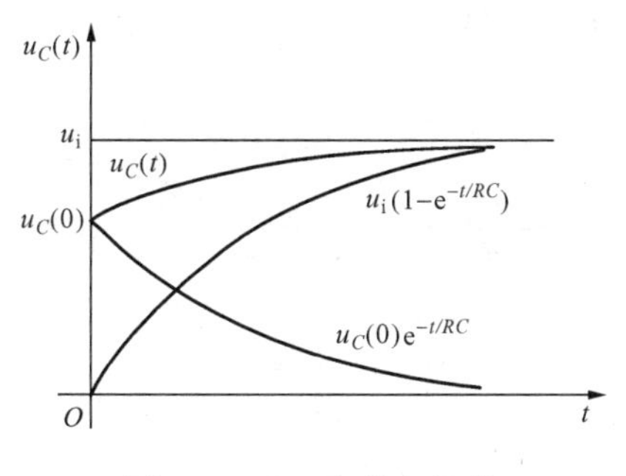

图 2-9　RC 串联电路的阶跃响应曲线

RC 串联电路的阶跃响应 $u_C(t)$ 及其各组成部分的曲线如图 2-9 所示。

2.3　传 递 函 数

根据系统响应时间来评估系统的性能是最直接、最可靠的方法，而控制系统的微分方程是在时间域中描述系统动态特性的数学模型，因此在给定外作用及初始条件下，求解微分方

程可以得到系统的输出响应。这种方法比较直观，而且借助于电子计算机可以迅速、准确地求取结果。但是当系统的结构改变或某个参数变化时，就要重新列写并求解微分方程，不便于对系统进行分析和设计。

拉普拉斯变换是求解线性微分方程的简捷方法。当采用这种方法时，微分方程的求解问题就化简为代数方程和查表求解的问题，这就使计算大为简便。更重要的是由于采用了这一方法，把以线性微分方程描述系统动态性能的数学模型转换为在复数域的代数形式的数学模型—传递函数。传递函数不仅可以表征系统的动态性能，而且可以用来研究系统的结构或参数变化对系统性能的影响。经典控制理论中广泛用的频率法和根轨迹法，就是以传递函数为基础建立起来的，传递函数是经典控制理论中最基本和最重要的概念。

2.3.1 传递函数的定义

定义 零初始条件下，线性定常系统输出量的拉普拉斯变换与输入量的拉普拉斯变换之比，定义为线性定常系统的传递函数。

设线性定常系统的动态方程由如下 n 阶线性常微分方程描述：

$$a_0\frac{\mathrm{d}^n c(t)}{\mathrm{d}t^n}+a_1\frac{\mathrm{d}^{n-1}c(t)}{\mathrm{d}t^{n-1}}+\cdots+a_{n-1}\frac{\mathrm{d}c(t)}{\mathrm{d}t}+a_n c(t)$$

$$=b_0\frac{\mathrm{d}^m r(t)}{\mathrm{d}t^m}+b_1\frac{\mathrm{d}^{m-1}r(t)}{\mathrm{d}t^{m-1}}+\cdots+b_{m-1}\frac{\mathrm{d}r(t)}{\mathrm{d}t}+b_m r(t) \tag{2-44}$$

式中：$r(t)$ 为系统的输入量；$c(t)$ 为系统的输出量；a_0，a_1，…，a_n 及 b_0，b_1，…，b_n 是与系统结构和参数有关的常系数。

设 $r(t)$ 和 $c(t)$ 及其各阶导数在 $t=0$ 时的值均为零，即零初始条件，有

$$r^{(i)}(0)=0 \quad (i=0,1,2,\cdots,m-1)$$

$$c^{(i)}(0)=0 \quad (i=0,1,2,\cdots,n-1)$$

对式（2-44）两边求拉普拉斯变换，得

$$(a_0s^n+a_1s^{n-1}+\cdots+a_{n-1}s+a_n)C(s)$$

$$=(b_0s^m+b_1s^{m-1}+\cdots+b_{m-1}s+b_m)R(s) \tag{2-45}$$

式中：$R(s)=\mathscr{L}[r(t)]$，$C(s)=\mathscr{L}[c(t)]$。

由传递函数定义求取系统的传递函数，有

$$G(s)=\frac{C(s)}{R(s)}=\frac{b_0s^m+b_1s^{m-1}+\cdots+b_{m-1}s+b_m}{a_0s^n+a_1s^{n-1}+\cdots+a_{n-1}s+a_n} \quad (n\geqslant m) \tag{2-46}$$

或写为

$$G(s)=\frac{C(s)}{R(s)}=\frac{M(s)}{N(s)} \tag{2-47}$$

式中：$N(s)$为传递函数分母多项式；$M(s)$为传递函数分子多项式。

由式（2-46）可知，传递函数是描述系统的一种数学模型，它不管系统内部结构如何，直接可用它的输出象函数和输入象函数之比来表示。则输出量的表达式为

$$C(s)=G(s)\cdot R(s)$$

传递函数与输入、输出之间的关系，可用图 2-10 表示。

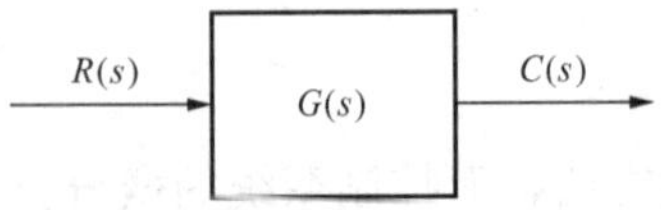

$R(s)$ → $G(s)$ → $C(s)$

图 2-10 传递函数系统框图

2.3.2 传递函数的基本性质

传递函数具有以下性质：

（1）作为一种数学模型，传递函数只适用于线性定常

系统，这是因为传递函数是微分方程经拉普拉斯变换导出的，而拉普拉斯变换式是一种线性积分运算。

(2) 传递函数是以系统本身的参数描述的线性定常系统输入量和输出量在零初始条件下的关系，它表达了系统内在的固有特性，只与系统的结构和参数有关，而与输入量和输出量的具体形式无关。因此，传递函数可作为系统的动态数学模型，即系统在复数域中的数学模型。

(3) 传递函数是在零初始条件下定义的，即零时刻之前系统是处于相对静止状态，外加输入 $r(t)$ 是在 $t=0$ 时才开始作用于系统。因此，传递函数原则上不能反映系统在非零初始条件下的运动规律。

(4) 传递函数是复变量 s 的有理真分式函数，具有复变函数的所有性质。传递函数分母多项式称为特征多项式，记为

$$D(s)=a_0s^n+a_1s^{n-1}+\cdots+a_{n-1}s+a_n$$

而 $D(s)=0$ 称为特征方程。对于实际系统，$m\leqslant n$ 且所有系数均为实数。这是因为实际系统(元件)总是有惯性及能源有限的缘故。

(5) 传递函数只表示单输入和单输出（SISO）之间的关系，对于多输入和多输出（MIMO）系统，可用传递函数阵表示。

(6) 由于传递函数是 s 的有理真分式，所以传递函数 $G(s)$ 可表示成

$$G(s)=\frac{b_0(s-z_1)(s-z_2)\cdots(s-z_m)}{a_0(s-p_1)(s-p_2)\cdots(s-p_n)}=K_g\cdot\frac{\prod\limits_{j=1}^{m}(s-z_j)}{\prod\limits_{i=1}^{n}(s-p_i)} \tag{2-48}$$

式中：$z_j(j=1,2,\cdots,m)$ 为分子多项式的根，称为传递函数的零点；$p_i(i=1,2,\cdots,n)$ 为分母多项式的根，称为传递函数的极点；K_g 为系统的传递系数的增益$\left(\text{或称为根轨迹增益 } K_g=\dfrac{b_0}{a_0}\right)$。显然，系统的零、极点完全取决于系统的结构和参数。

系统传递函数的零、极点中，可能有实数，也可能有复数。但如果是复数必定共轭出现，因为方程中系数都是实数。在复平面[s]上表示系统的零、极点时，用“∘”表示零点，用“×”表示极点。图 2-11表示了一个三阶系统的零、极点分布图。其对应的传递函数为

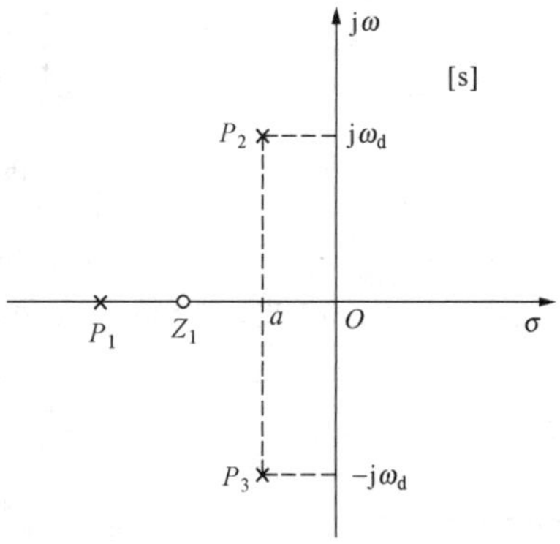

图 2-11　某三阶系统的零、极点分布图

$$G(s)=\frac{k(s-z_1)}{(s-p_1)(s+a+\mathrm{j}\omega_d)(s+a-\mathrm{j}\omega_d)}$$

对于一个确定的系统，有其确定的传递函数。而一定的传递函数则具有一定的零、极点分布图。因此，可以根据系统零、极点分布情况来推论系统的运动规律。

(7) 传递函数的极点就是系统的特征根，它们决定了系统相应的模态（响应形式）。传递函数的零点不形成系统运动的模态，即不会影响响应的形成，但其影响各模态在响应中所占的比重。

2.3.3 典型环节的传递函数

自动控制系统是由多种元部件连接组成的。虽然有些元件的物理结构和工作原理可能有本质的差别，但从控制理论来看，它们却可以有完全相同的数学模型，即相同的动态特性。在控制工程中，将具有某种确定信息传递的元件、元件组或元件的一部分称为一个环节。经常用到的环节称为典型环节。把控制系统归结为由一些典型环节所构成，这给建立数学模型和研究系统的特性带来方便，可使问题简化。但典型环节只代表一种特定的运动规律，不一定是一种具体的元件。

1. 比例环节

比例环节又称放大环节，其输入量与输出量之间的关系为一固定的比例关系。环节的输出量能无失真、无延迟的按一定比例复现输入。比例环节的表达式为

$$c(t)=K\cdot r(t) \tag{2-49}$$

式中，$c(t)$为比例环节的输出量；$r(t)$为比例环节的输入量；K 为常数，称为放大系数或增益。

比例环节的传递函数为

$$G(s)=\frac{C(s)}{R(s)}=K \tag{2-50}$$

现实中比例环节的实例很多，例如，忽略非线性和时间常数的电子放大器、齿轮传动、感应式变送器和直流测速发电机等，分别如图 2-12（a）、（b）、（c）、（d）所示。但实际上完全理想的比例环节是不存在的。比例环节的单位阶跃响应如图 2-13 所示。

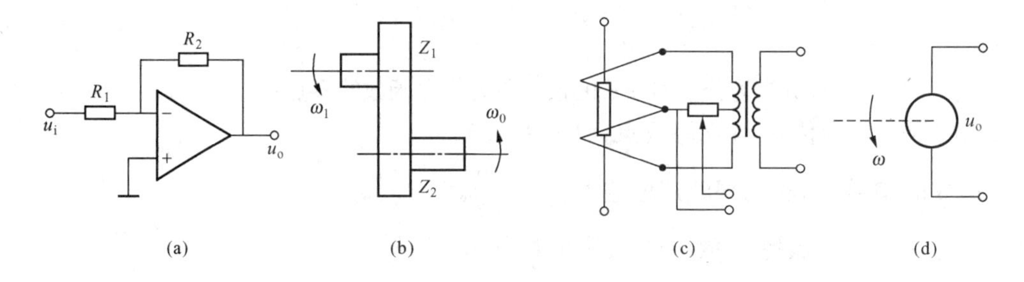

图 2-12 比例环节实例

（a）电子放大器；（b）齿轮转动；（c）感应式变送器；（d）直流测速发电机

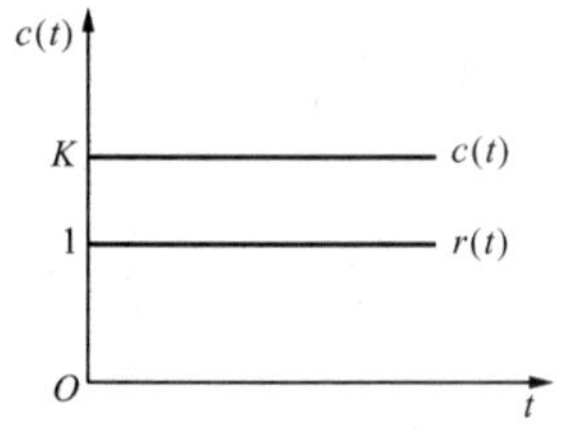

图 2-13 比例环节单位阶跃响应

2. 惯性环节

控制系统中包含有这样的环节，即环节中具有一个独立储能元件，且当输入阶跃信号时，其输出按指数曲线上升至稳态，这样的环节称为惯性环节。

惯性环节的动态方程是一个一阶微分方程

$$T\frac{\mathrm{d}c(t)}{\mathrm{d}t}+c(t)=Kr(t) \tag{2-51}$$

对应的传递函数为

$$G(s)=\frac{C(s)}{R(s)}=\frac{K}{Ts+1} \tag{2-52}$$

式中：T 为惯性环节的时间常数；K 为惯性环节的放大系数或增益。

当输入单位阶跃函数 $R(s)=1/s$ 时，有

$$C(s)=\frac{K}{s(Ts+1)}$$

经拉普拉斯反变换得到其单位阶跃响应输出为

$$c(t)=\mathscr{L}^{-1}[C(s)]=\mathscr{L}^{-1}\left[\frac{1}{s}\times\frac{K}{s(Ts+1)}\right]=K(1-\mathrm{e}^{-\frac{1}{T}t}) \tag{2-53}$$

惯性环节单位阶跃响应曲线如图 2-14 所示，是一条按指数规律上升的曲线，经过 $3T\sim4T$ 后，输出接近稳态值 K。

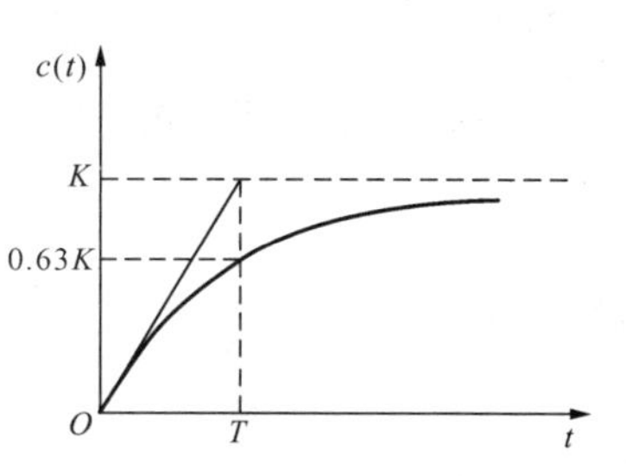

图 2-14　惯性环节阶跃响应

当 $t=0$ 时，有 $c(t)$ 的导数为

$$\left.\frac{\mathrm{d}c(t)}{\mathrm{d}t}\right|_{t=0}=\frac{K}{T} \tag{2-54}$$

可见，过原点的切线的斜率为 K/T，因此切线与水平线 K 的交点在时间轴上的值为 T 值。

当 $t=T$ 时，则有

$$c(t)=K(1-\mathrm{e}^{-1})=0.63K \tag{2-55}$$

这说明输出量上升到稳态值 63%处的时间为惯性环节时间常数 T。从图 2-14 可知，对于突变的输入来说，输出不能立刻复现出来，要按指数规律缓慢上升，表现出惯性的特性。输出量稳定后，环节则表现出比例的特征。

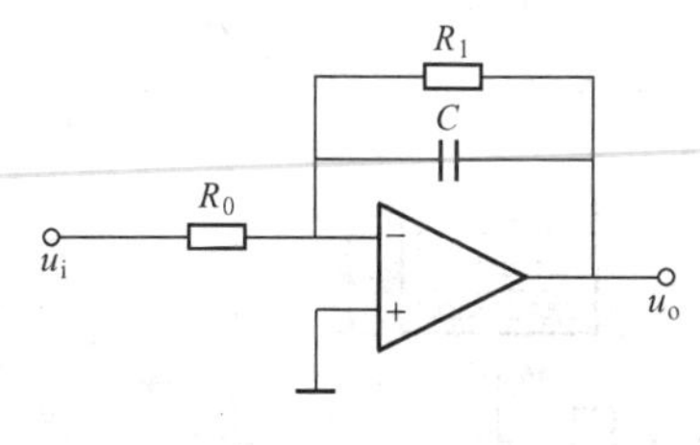

图 2-15　惯性环节

图 2-15 所示为一个惯性环节的电路，根据放大电路原理可得该电路的微分方程为

$$R_1C\frac{\mathrm{d}u_o}{\mathrm{d}t}+u_o=\frac{R_1}{R_0}u_i$$

式中：惯性环节的时间常数为 $T=R_1C$，惯性环节的比例系数 $K=R_1/R_0$。

该系统的传递函数为

$$G(s)=\frac{C(s)}{R(s)}=\frac{U_o(s)}{U_i(s)}=\frac{K}{Ts+1}$$

3. 积分环节

输出量与输入量的积分成正比关系的环节称为积分环节。积分环节的微分方程为

$$c(t)=\frac{1}{T_i}\int_0^t r(t)\mathrm{d}t \tag{2-56}$$

其传递函数为

$$G(s)=\frac{C(s)}{R(s)}=\frac{1}{T_is} \tag{2-57}$$

式中：T_i 为积分时间常数。

积分环节的单位阶跃响应为

$$c(t)=\frac{1}{T_i}t \tag{2-58}$$

积分作用的强弱由积分时间常数 T_i 决定。当输入突然消失，积分作用停止，输出维持不变。当 $t=T_i$ 时，则 $c(t)=1$，故积分时间常数 T_i 表示当阶跃输入时，$c(t)$ 由零上升至 1 所需

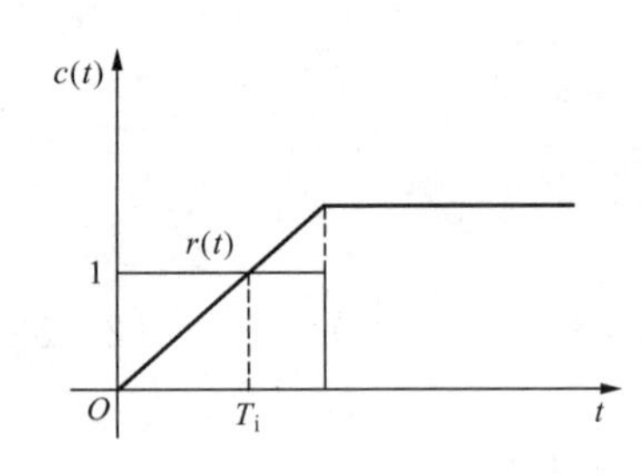

图 2-16　积分环节阶跃响应

的时间。积分环节的阶跃响应曲线如图 2-16 所示。

如图 2-17 所示的直流伺服电动机可近似看作积分环节。其角速度 ω，输入电压 $u_i(t)$ 及输出转角 $\varphi_c(t)$ 之间的关系为

$$\omega(t)=K_1\cdot u_i(t)$$

$$\varphi_c=K_2\int\omega dt$$

式中：K_1，K_2 为比例系数。设 $K=K_1\cdot K_2$，可得

$$\varphi_c=K\int u_i dt$$

其传递函数为

$$G(s)=\frac{\varphi_c(s)}{U_r(s)}=\frac{K}{s}$$

图 2-18 所示为一单容水箱，以流量 $q_x=q_i-q_o$ 为输入量，水箱水位 h 为输出量时，两者之间的关系为

$$h=\frac{1}{F}\int_0^t q_x dt$$

式中：F 为水箱平均截面积。

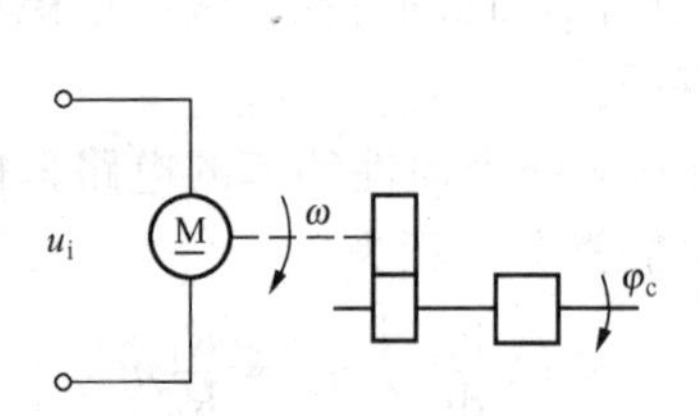

图 2-17　直流伺服机

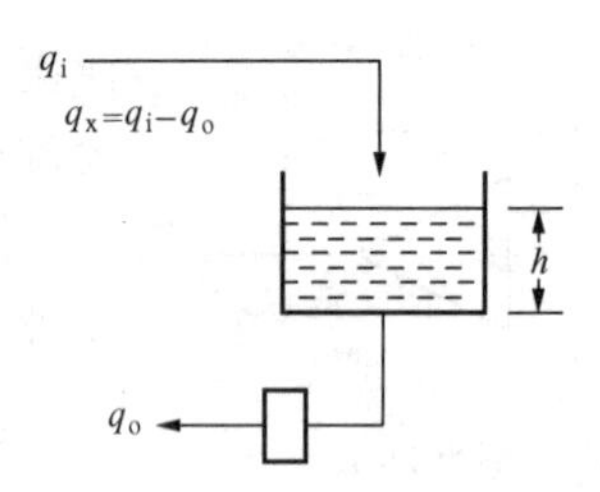

图 2-18　单容水箱

其传递函数为

$$G(s)=\frac{H(s)}{Q_x(s)}=\frac{1}{Fs}$$

从上面的分析可知，对于积分环节，当输入量突变时，输入量不能被立即复现，而是按斜坡规律上升，上升速度与输入量成正比；积分过程中如果突然撤去输入信号，其输出就会保持在输入信号撤去瞬间的水平上。对于很小的输入信号，在积分环节的作用下，经过一定时间后就会有很大的输出信号；只要 $\frac{dr(t)}{dt}\neq 0$，积分作用就不会停止，直到饱和。

4. 微分环节

输出量与输入量的微分成正比的环节称为微分环节。微分环节的微分方程为

$$c(t)=T_d\frac{dr(t)}{dt} \tag{2-59}$$

其传递函数为

$$G(s)=\frac{C(s)}{R(s)}=T_d s \tag{2-60}$$

式中：T_d 为微分时间常数。

其单位阶跃响应为

$$c(t)=T_\mathrm{d}\frac{\mathrm{d}[1(t)]}{\mathrm{d}t}=T_\mathrm{d}\delta(t) \tag{2-61}$$

单位阶跃响应曲线如图 2-19（a）所示。该响应曲线为一脉冲函数，幅值为无穷大。

其单位斜坡响应为

$$c(t)=T_\mathrm{d}\frac{\mathrm{d}t}{\mathrm{d}t}=T_\mathrm{d} \tag{2-62}$$

是一阶跃函数，其幅值为 T_d，如图 2-19（b）所示。

图 2-20 所示为一直流测速发电机。若以其转角 φ_r 作为输入量，以电枢电压 u_c 为输出量，不考虑磁滞、涡流的电枢反应的影响，且令磁场恒定不变，则测速发电机的电枢电压 u_c 与其角速度 ω 成正比，即有方程

$$u_\mathrm{c}=K\omega=K\frac{\mathrm{d}\varphi_\mathrm{r}}{\mathrm{d}t}$$

经拉普拉斯变换，得其传递函数为

$$G(s)=\frac{U_\mathrm{c}(s)}{\varphi_\mathrm{r}(s)}=Ks$$

微分环节又称理想微分环节，理想微分环节在现实中很难实现。实际中常用实际微分环节和比例微分环节。

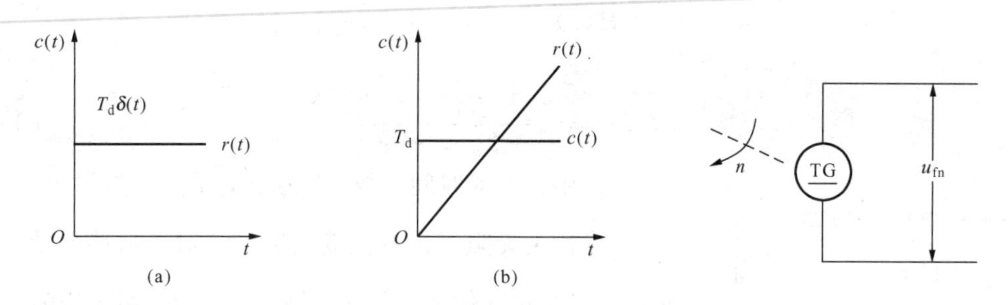

图 2-19　理想微分环节的响应

（a）阶跃响应；（b）斜坡响应

图 2-20　直流测速发电机

图 2-21（a）所示 RC 电路是实用微分环节的例子。若输入为电压 u_i，输出为电阻两端电压 u_o，其微分方程为

$$RC\frac{\mathrm{d}u_\mathrm{o}(t)}{\mathrm{d}t}+u_\mathrm{o}(t)=RC\frac{\mathrm{d}u_\mathrm{i}(t)}{\mathrm{d}t} \tag{2-63}$$

传递函数为

$$G(s)=\frac{U_\mathrm{o}(s)}{U_\mathrm{i}(s)}=\frac{RCs}{RCs+1}=\frac{T_\mathrm{d}s}{T_\mathrm{d}s+1} \tag{2-64}$$

式中：T_d 为电路时间常数，$T_\mathrm{d}=RC$。

其单位阶跃响应为

$$u_\mathrm{o}(t)=\mathrm{e}^{-\frac{t}{T_\mathrm{d}}}$$

对应单位阶跃响应曲线如图 2-21（b）所示。可以看出，实际微分环节的阶跃响应是按指数规律下降的，若 K 值很大而 T_d 值很小时，实际微分环节接近理想微分环节。实用微分环节

可看作一个惯性环节和一个理想微分环节串联而成。

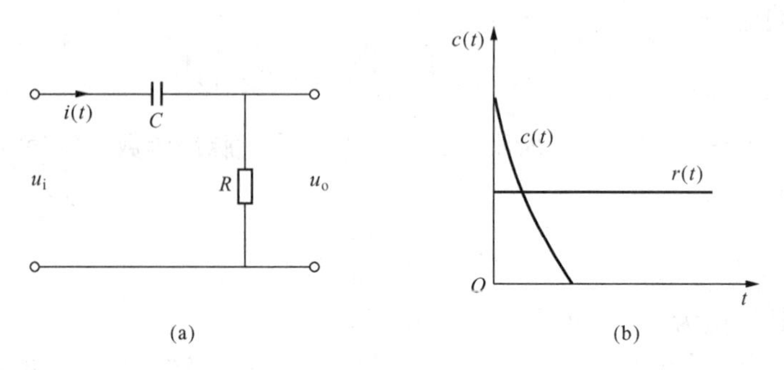

图 2-21　RC 电路图

5．二阶振荡环节

如果系统包含两个独立的储能元件，当有输入作用时，能量可能在两个储能元件之间相互交换而形成振荡。

二阶振荡环节的微分方程为

$$T^2\frac{d^2c(t)}{dt^2}+2\zeta T\frac{dc(t)}{dt}+c(t)=r(t) \tag{2-65}$$

其传递函数为

$$G(s)=\frac{C(s)}{R(s)}=\frac{1}{T^2s^2+2\zeta Ts+1} \tag{2-66}$$

或

$$G(s)=\frac{K\omega_n^2}{s^2+2\zeta\omega_n s+\omega_n^2} \tag{2-67}$$

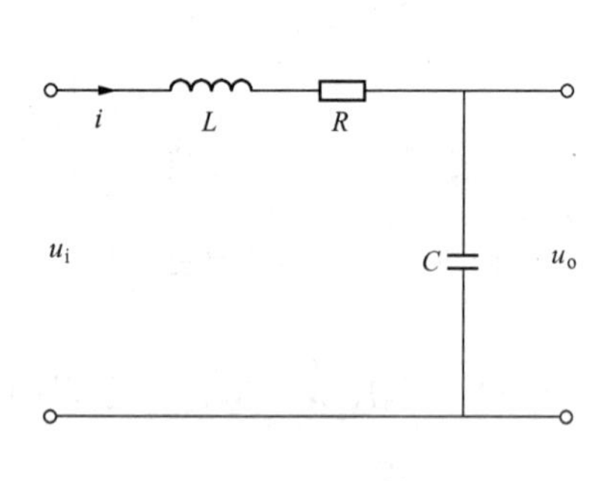

图 2-22　RLC 网络

式中：T 为时间常数，ζ 为阻尼系数（阻尼比），$\omega_n=\frac{1}{T}$称为无阻尼自然振荡角频率。对于振荡环节恒有 $0\leqslant\zeta\leqslant1$。［例 2-1］～［例 2-3］中的系统均为振荡环节。

图 2-22 所示为 RLC 网络，输入为 $u_i(t)$，输出为 $u_o(t)$，其微分方程为

$$LC\frac{d^2u_o(t)}{dt^2}+RC\frac{du_o(t)}{dt}+u_o(t)=u_i(t)$$

初始条件为 0 时，得其传递函数为

$$G(s)=\frac{U_o(s)}{U_i(s)}=\frac{1}{LCs^2+RCs+1}$$

$$=\frac{\omega_n^2}{s^2+2\zeta\omega_n s+\omega_n^2}$$

式中：$\zeta=\frac{R}{2}\sqrt{\frac{C}{L}}$，$\omega_n=\frac{1}{T}$，$T=\sqrt{LC}$。

式（2-66）和式（2-67）均为振荡环节传递函数的标准形式。

当输入单位阶跃信号 $R(s)=1/s$ 时，得振荡环节输出

$$c(t)=1-\frac{1}{\sqrt{1-\zeta^2}}\mathrm{e}^{-\zeta\omega_n t}\sin(\omega_d t+\varphi) \tag{2-68}$$

式中：φ 为初始相位，$\varphi=\arctan\frac{\sqrt{1-\zeta^2}}{\zeta}$。

图 2-23 所示为振荡环节的单位阶跃响应。输出具有振荡性，而且 ζ 越小振荡越强烈，ζ 越大振荡越平缓，因此 ζ 表示阻尼作用的大小，它是一个很重要的参数。

实际中的振荡环节例子很多，如机械系统里的质量和弹簧；电气系统里的电容和电感，而阻尼器和电阻则为耗能元件等。

6. 延迟环节

输出量在经过一段固定时间后能无失真地再现输入量的变化，这样的环节称为延迟环节。延迟环节的微分方程为

$$c(t)=r(t-T) \tag{2-69}$$

根据拉普拉斯变换的移位性质，得其传递函数为

$$G(s)=\frac{C(s)}{R(s)}=\mathrm{e}^{-Ts} \tag{2-70}$$

式中：T 为延迟时间。

图 2-24 所示为延迟环节输出量与输入量之间的关系，其关系式为

$$C(s)=\mathrm{e}^{-Ts}R(s) \tag{2-71}$$

而 e^{-Ts} 可表示为

$$\mathrm{e}^{-Ts}=\frac{1}{1+Ts+\frac{T^2}{2!}s^2+\cdots} \tag{2-72}$$

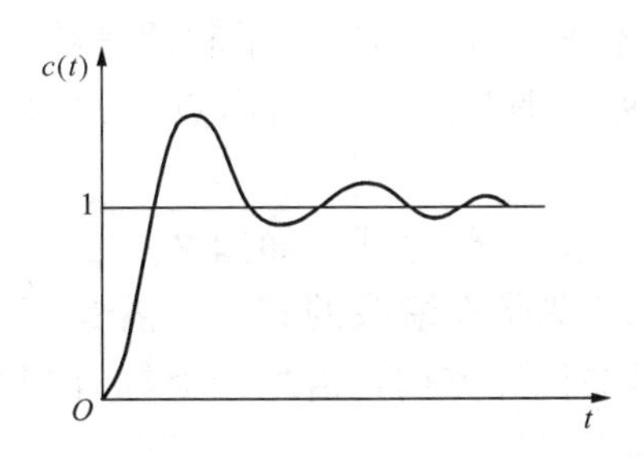

图 2-23　振荡环节的单位阶跃响应

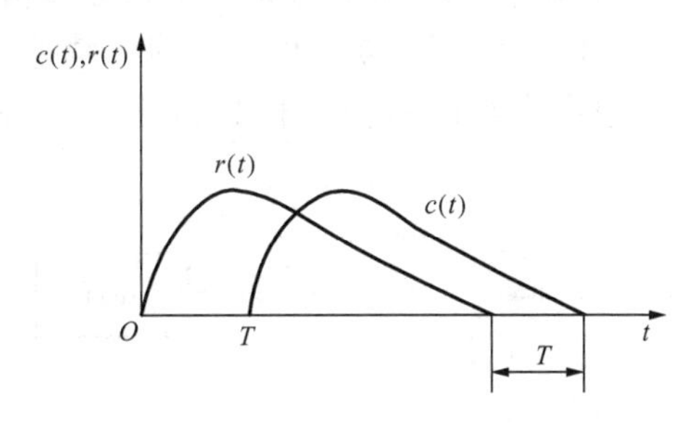

图 2-24　延迟环节输出与输入的关系

当 $T\ll 1$ 时，近似有

$$\mathrm{e}^{-Ts}=\frac{1}{1+Ts} \tag{2-73}$$

可见，T 很小时，延迟环节可用一个惯性环节来近似表示。

在实际生产过程中，很多场合都存在延迟，如皮带运输机或管道输送过程、管道反应和管道混合过程，多个设备串联及测量装置系统等，输入量都要经过固定时间 T 后，才会成为输出流量，因此它是延迟环节。延迟过大，会使控制效果恶化，甚至会使系统失去稳定。

用典型环节描述系统的实际元件时，每个元件可能是一个典型环节，也可能是几个典型

环节的组合。同时，同一个元件如果选取得输入或输出量不同，它可能成为不同的典型环节。

以上介绍的典型环节及其传递函数都是指系统在不连接负载的情况下，系统输入与输出之间的传递函数。如果系统带负载以后情况会怎么样——负载效应。

负载效应不仅存在于各种电气环节，在其他类型（机械、气动、液力等）也可能存在。因此，在为一些实际系统建模时，一定要注意是否存在负载效应。必要时，要采取措施消除负载效应。如在电网络中，两个串联环节之间如果存在负载效应，可在他们之间加装一个隔离放大器可以消除负载效应。但是在具体问题中，负载效应并不是总能消除的，有时也不必消除。这时，可将存在负载效应环节的传递函数进行适当的修正，例如把新接负载归入该环节以内等。

2.4 方　框　图

一个控制系统总是由许多元件组合而成。在求取系统传递函数时，需要对微分方程组消元，即消去系统中所有的中间变量。消元后，剩下系统的输入（或扰动）和输出两个变量，因而系统中各环节在系统中的功能无法反映。为了反映信息的传递过程，常常采用方框图来表示控制系统，这样不仅能形象的表示系统中各环节地关系和输入信号的传递过程，而且也方便传递函数的求取。方框图不但适用于线性控制系统，也适用于非线性控制系统，它在控制系统中的应用非常广泛。

2.4.1 方框图的构成

控制系统中的每个环节都可以用一个方框表示，在方框内写上该环节的传递函数，并用信号线标明输入和输出，然后将方框按照信号的流向连接起来就构成了系统的方框图。

方框图又称框图或结构图，能清楚地表明系统中各个环节的相互关系和信号的传递，具有形象和直观的特点。构成方框的基本符号有四种，即信号线、引出点、方框和比较点。

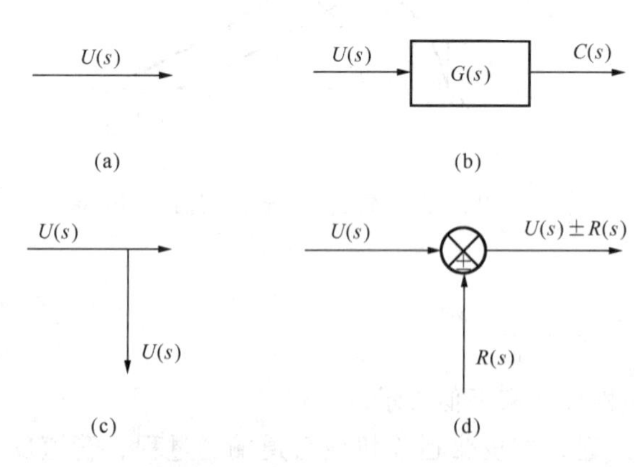

图 2-25　组成框图的基本结构

(a) 信号线；(b) 方框（环节）；(c) 引出点（测量点）；(d) 比较点（综合点）

（1）信号线：如图 2-25（a）所示，为带有箭头的直线，箭头表示信号的传递方向，信号线上标有相对应的变量。

（2）方框（或环节）：如图 2-25（b）所示，方框中为环节的传递函数，方框的左侧为输入信号，右侧为输出信号，输出信号等于输入信号乘以方框中的传递函数。

（3）引出点（测量点）：如图 2-25（c）所示，它表示信号引出或测量的位置，引出信号并不是能量的取出，所以信号并不减弱，从同一点引出的信号性质和数值完全相同。

（4）比较点（综合点）：如图 2-25（d）所示，表示对两个或两个以上的信号进行加减运算，“＋”号表示相加，“－”号表示相减，相加、减的信号应具有相同的量纲。

2.4.2　系统方框图的建立

为便于研究元部件在控制系统中的作用，需要绘制系统的方框图。建立系统框图的步骤如下：

（1）写出系统中各元部件的运动微分方程。列写方程时，要明确因果关系，即分清该元件的输入和输出量。

（2）对各元部件的运动微分方程作零初始条件下的拉普拉斯变换，写出相应的传递函数，并做出各个元件相对应的方框图。

（3）根据信号在系统中流向、变换过程，依次将各单元的方框图连接起来，把输入量置于系统框图的最左端，输出量置于最右端，便得到系统的完整框图。

下面举例说明系统框图的建立。

【例 2-13】　试绘制图 2-26 所示 RC 无源网络的方框图。

解　（1）列写该无源网络的运动微分方程式，有

$$i(t)=\frac{u_i(t)-u_c(t)}{R}$$

$$u_c(t)=\frac{1}{C}\int i(t)\mathrm{d}t$$

经拉普拉斯变换有

$$I(s)=\frac{U_i(s)-U_c(s)}{R}$$

$$U_C(s)=\frac{1}{Cs}I(s)$$

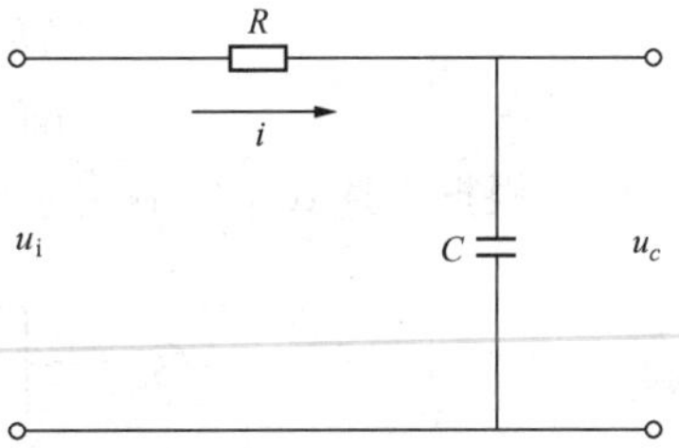

图 2-26　[例 2-13] RC 无源网络

（2）画出上述两式相对应的框图，如图 2-27（a）和图 2-27（b）所示。

（3）将各单元框图按照信号的流向用信号线依次连接，就得到 RC 无源网络的框图。如图 2-27（c）所示。

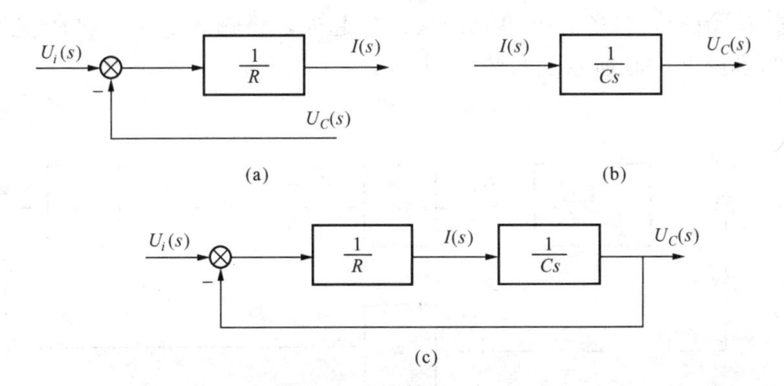

图 2-27　[例 2-13] RC 网络的框图

【例 2-14】　图 2-28 所示为电枢电压控制的直流他励电动机原理图，R_a 为电枢的电阻，$i_a(t)$ 为电枢电流，i_f 为励磁电流（为常值），$u_a(t)$ 为电枢输入电压，$e_a(t)$ 为电枢中反电动势，L_a 为电枢电感，c_e 为反电动势系数，c_M 为力矩，M_D 为电磁转矩，J 为电动机轴

上的转动惯量，$\omega(t)$ 为电动机角速度，M_L 为负载力矩，试列出系统的运动方程并绘制方框图。

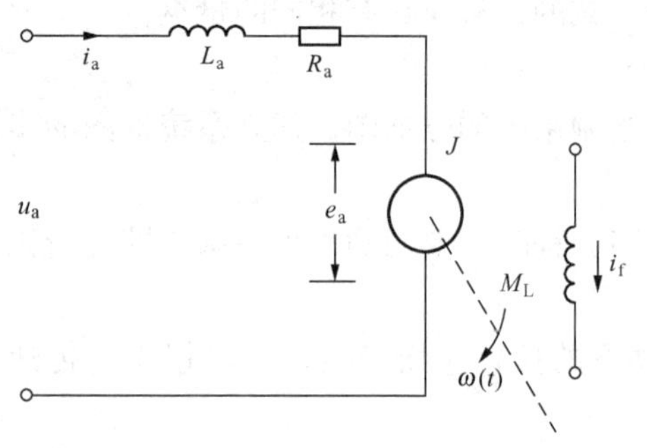

图 2 - 28 ［例 2 - 14］电枢控制他励直流电动机

解 （1）描述系统的运动方程为

$$\begin{cases} u_a(t) = L_a \dfrac{di_a(t)}{dt} + R_a i_a(t) + e_a(t) \\ e_a(t) = c_e \omega(t) \\ M_D = c_M i_a(t) \\ M_D = J \dfrac{d\omega(t)}{dt} + M_L \end{cases} \tag{2-74}$$

零初始条件下，对式（2 - 74）两边进行拉普拉斯变换，得

$$\begin{cases} U_a(s) = (R_a + L_a s) I_a(s) + E_a(s) \\ E_a(s) = c_e \Omega(s) \\ M_D(s) = c_M I_a(s) \\ M_D(s) = Js\Omega(s) + M_L(s) \end{cases} \tag{2-75}$$

（2）根据上述式子，做出它们对应的框图，如图 2 - 29 所示。

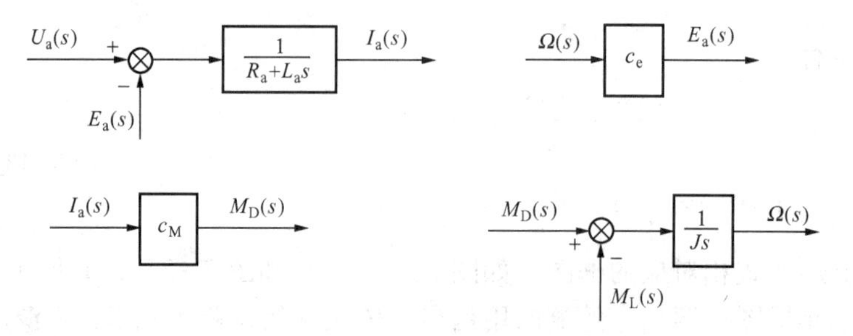

图 2 - 29 ［例 2 - 14］各环节方框图

（3）根据信号流向，将各方框单元依次连接起来，将输入 $U_a(s)$ 放在左边，输出 $\Omega(s)$ 放在右边，就得到图 2 - 30 所示的系统框图。

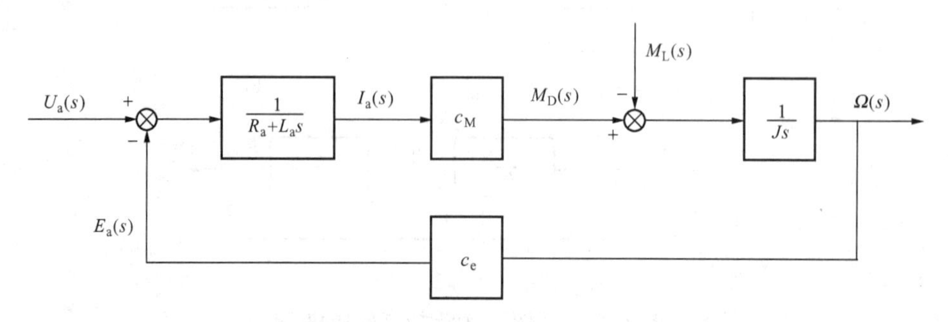

图 2 - 30 ［例 2 - 14］电枢控制的他励直流电动机方框图

2.4.3 方框图的等效变换和简化

为了对系统的性能做出评价，要由系统方框图求出它的总传递函数。一个复杂的系统，

各环节方框的连接必然是错综复杂的，因此需要对框图进行变换和简化。方框图的等效变换必须遵循等效原则，即变换前后的系统各变量之间的传递函数保持不变。变换的实质就是消去中间变量或对系统的方程进行消元。由于环节的基本连接形式只有串联、并联和反馈三种，因此方框图简化的一般方法是移动引出点或比较点，将串联、并联和反馈连接的方框合并。

1. 环节的串联

在单向的信号传递中，若前一个环节的输出是后一个环节的输入，这种连接方式称为串联，其等效传递函数等于这两个环节传递函数的乘积，如图 2 - 31 所示。

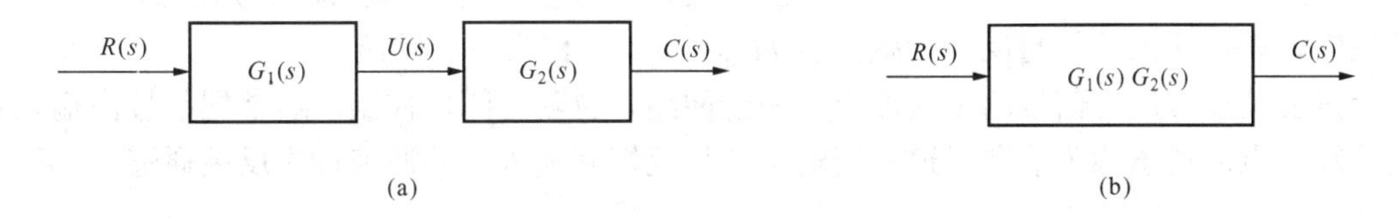

图 2 - 31　方框串联连接及简化

由图 2 - 31（a）有

$$U(s) = G_1(s)R(s)$$
$$C(s) = G_2(s)U(s)$$

消去中间变量 $U(s)$，得

$$C(s) = G_1(s)G_2(s)R(s) = G(s)R(s) \tag{2-76}$$

式中：$G(s) = G_1(s)G_2(s)$，是串联环节的等效传递函数，可用图 2 - 31（b）表示。由此可知，两个串联连接的环节，可以用一个等效环节取代，等效环节的传递函数等于这两个环节传递函数之积。这个结论可推广到 n 个环节串联的情况。

应该注意：在划分环节时，必须考虑环节的单向性。只有在前一环节的输出量不受后一环节影响时（即无负载效应），才可将它们串联起来。

2. 环节的并联

若系统各个环节接受同一个输入信号而输出信号又汇合在一点，这种连接称为并联，其等效传递函数等于两个方框输出信号的代数和，见图 2 - 32（a）所示。

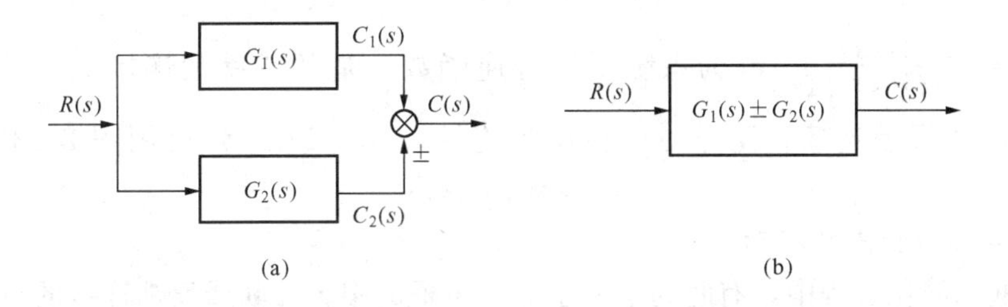

图 2 - 32　方框图并联连接及简化

由图 2 - 32（a）有

$$C_1(s) = G_1(s)R(s)$$
$$C_2(s) = G_2(s)R(s)$$

$$C(s) = C_1(s) \pm C_2(s)$$

消去中间变量 $C_1(s)$ 和 $C_2(s)$，有

$$C(s) = [G_1(s) \pm G_2(s)]R(s) = G(s)R(s) \tag{2-77}$$

式中：$G(s) = G_1(s) \pm G_2(s)$，是并联环节的等效传递函数，可用图 2 - 32（b）表示。由此可知，两个并联连接的环节，可以用一个等效环节代替，等效环节的传递函数等于各个环节传递函数的代数和。这个结论可推广到 n 个并联方框情况。

3. 环节的反馈

若将系统或环节的输出信号反馈到输入端与输入信号进行比较，这种连接方式称为反馈连接，如图 2 - 33（a）所示。"＋"号为正反馈，表示输入信号与反馈信号相加；"－"号为负反馈，表示输入信号与反馈相减。若 $H(s) = 1$，称为单位反馈。

经过反馈连接后，信号的传递形成了闭合回路，也就是闭环控制。通常把信号由输入点到信号输出点的通道称为前向通道；把输出信号反馈到输入点的通道称为反馈通道。

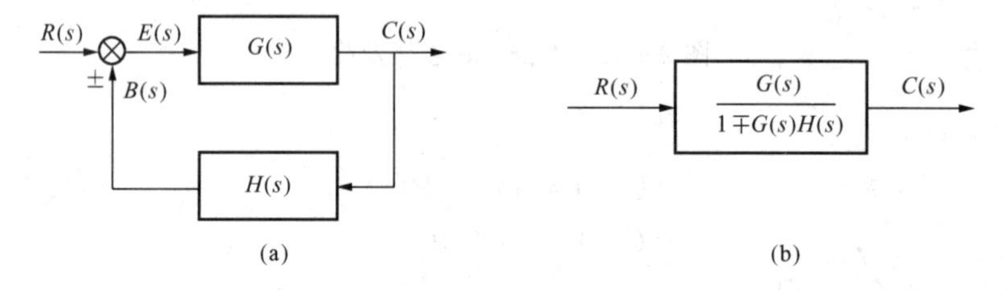

图 2 - 33　方框的反馈连接及简化

由图 2 - 33（a）得

$$C(s) = G(s)E(s)$$

$$B(s) = H(s)C(s)$$

$$E(s) = R(s) \pm B(s)$$

消去中间变量 $E(s)$ 和 $B(s)$，得

$$C(s) = G(s)[R(s) \pm H(s)C(s)]$$

于是有

$$C(s) = \frac{G(s)}{1 \mp G(s)H(s)}R(s) = \Phi(s)R(s) \tag{2-78}$$

式中：$\Phi(s) = \dfrac{G(s)}{1 \mp G(s)H(s)}$ 称为系统闭环传递函数，是环节反馈连接的等效传递函数，式中负号对应正反馈连接，正号对应负反馈连接，式（2 - 78）可用图 2 - 33（b）的方框表示。

4. 比较点和引出点的移动

在系统框图简化过程中，有时为了便于进行方框的串、并联或反馈连接的运算，需要对比较点或引出点的位置进行移动。应注意移动前后必须保持信号的等效性，而且比较点和引出点之间一般不易交换位置。此外，"－"号可以在信号线上越过方框移动，但不能越过比较点和引出点。表 2 - 2 列出了方框图变换的基本规则，利用这些基本规则可以将比较复杂的系统方框图逐步简化求出系统闭环传递函数。

表2-2　方框图等效变换的基本规则

序号	原方块图	等效方块图
1	A + − $A-B$ + + $A-B+C$; B; C	A + + $A+C$ + − $A-B+C$; C; B
2	C +; A + −; $A-B+C$; B	A + − $A-B$; B; C + $A-B+C$
3	A G_1 AG_1 G_2 AG_1G_2	A G_2 AG_2 G_1 AG_1G_2
4	A G_1 AG_1 G_2 AG_1G_2	A G_1G_2 AG_1G_2
5	A G_1 AG_1 +; G_2 AG_2 +; AG_1+AG_2	A G_1+G_2 AG_1+AG_2
6	A G AG + − $AG-B$; B	A + − $A-\frac{B}{G}$ G $AG-B$; $\frac{G}{B}$; $\frac{1}{G}$ B
7	A + − $A-B$ G $AG-BG$; B	A G AG +; B G BG −; $AG-BG$
8	A G AG; AG	A G AG; G AG
9	A G AG; A	A G AG; AG $\frac{1}{G}$ A
10	A + − $A-B$; $A-B$; B	A + − B $A-B$; + − B $A-B$
11	A G_1 AG_1 +; G_2 AG_2 +; AG_1+AG_2	A G_2 $\frac{1}{G_2}$ G_1 + −; AG_2; AG_1+AG_2

续表

序号	原方块图	等效方块图
12	A, +, −, G_1, G_2, B	A, $\frac{1}{G_2}$, +, −, G_2, G_1, B
13	A, +, −, G_1, G_2, B	A, $\frac{G_1}{1+G_1G_2}$, B
14	A, G_1, B, G_2, C, B, B	A, G_1, B, G_2, C, B, B

【例 2 - 15】 用等效变换规则简化图 2 - 34 所示的系统，并求出系统的传递函数 $\frac{C(s)}{R(s)}$。

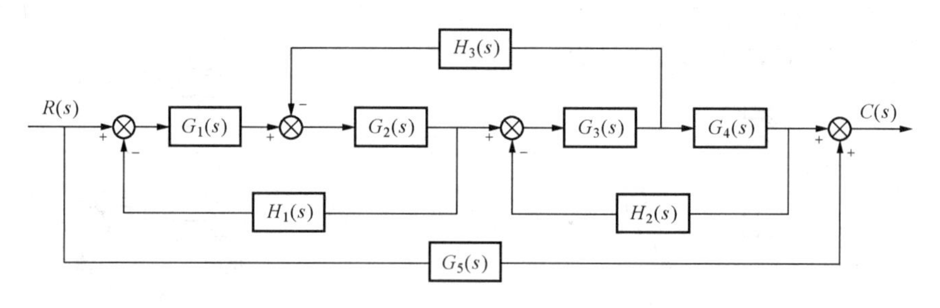

图 2 - 34 ［例 2 - 15］系统框图

解 这是一个具有交叉反馈的多回路系统，为了从内回路到外回路逐步简化，采用引出点后移或前移，比较点前移，再把组成的小回路进行串联和反馈连接的等效简化，直至最后剩下一个回路，其简化过程如图 2 - 35（a）、（b）、（c）、（d）所示。最后求得该系统的传递函数为

$$\frac{C(s)}{R(s)}=G_5+\frac{G_1G_2G_3G_4(s)}{[1+G_1G_2H_1(s)][1+G_3G_4H_2(s)]+G_2G_3H_3(s)}$$

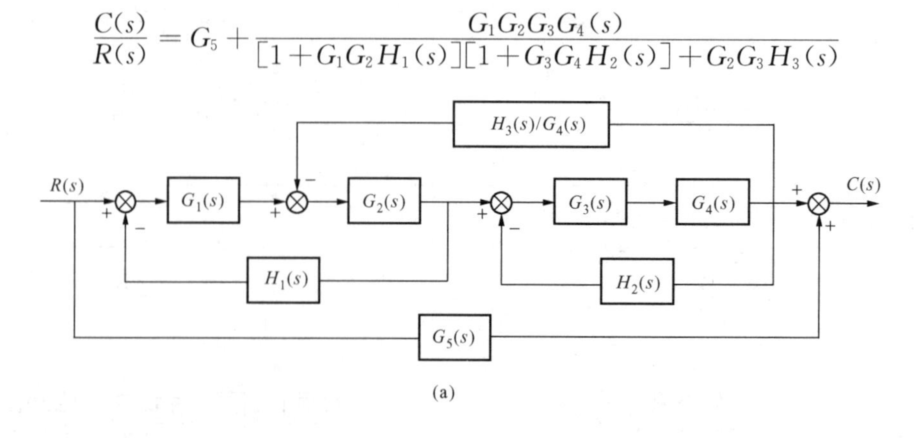

(a)

图 2 - 35 ［例 2 - 15］框图的等效变换（一）

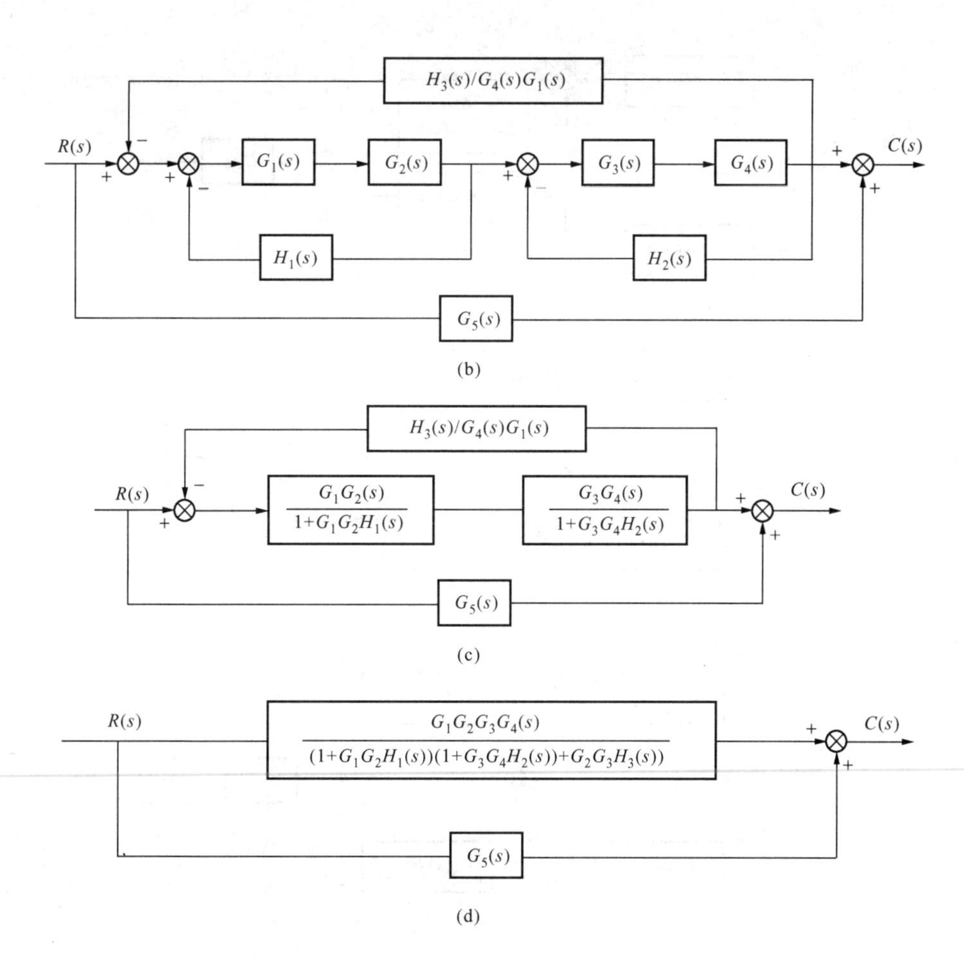

图 2-35　［例 2-15］框图的等效变换（二）

【例 2-16】 系统框图如图 2-36 所示，试用等效变换规则简化方框图，并求传递函数$\dfrac{C(s)}{R(s)}$。

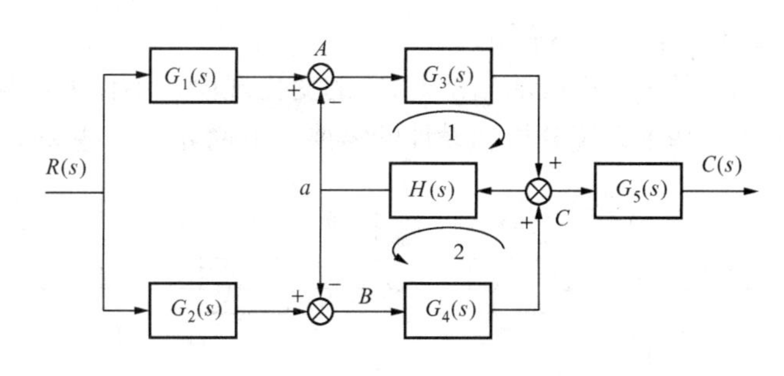

图 2-36　［例 2-16］系统框图

解　由于该系统中有信号交叉，因此需要把引出点做适当的移动，首先要移动点 A 和 B，其 A 和 B 移动过程如图 2-37（a）、（b）、（c）所示。由图 2-37（c）可知，该系统的传递函数为

$$\frac{C(s)}{R(s)}=\frac{G_1(s)G_3(s)G_5(s)+G_2(s)G_4(s)G_5(s)}{1+G_3(s)H(s)+G_2(s)H(s)}$$

2.4.4　闭环系统的传递函数

自动控制系统在工作过程中会受到两类信号的作用，一类是给定的有用输入信号，用 $R(s)$ 表示；另一类则是阻碍系统正常工作的扰动信号，用 $N(s)$ 表示。闭环控制系统的典

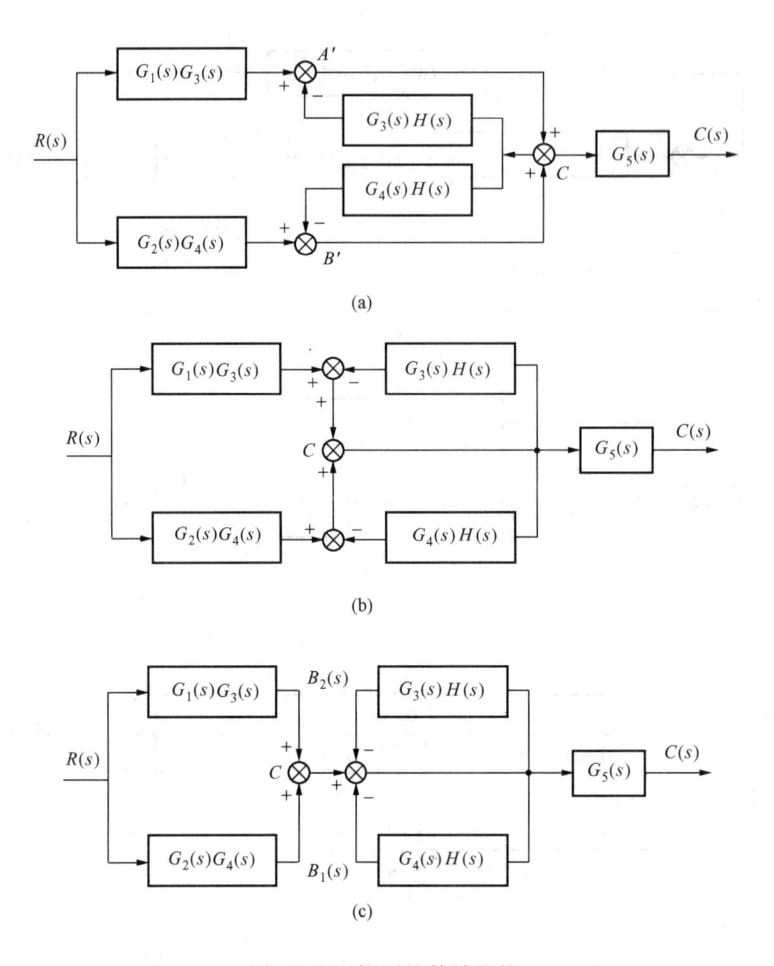

图 2-37　框图的等效变换

型结构如图 2-38 所示。

为了研究系统输出量 $C(s)$ 的变化规律，不仅要考虑 $R(s)$ 的作用，还需要考虑 $N(s)$ 的作用。基于系统分析和设计的需要，下面介绍一些关于传递函数的概念。

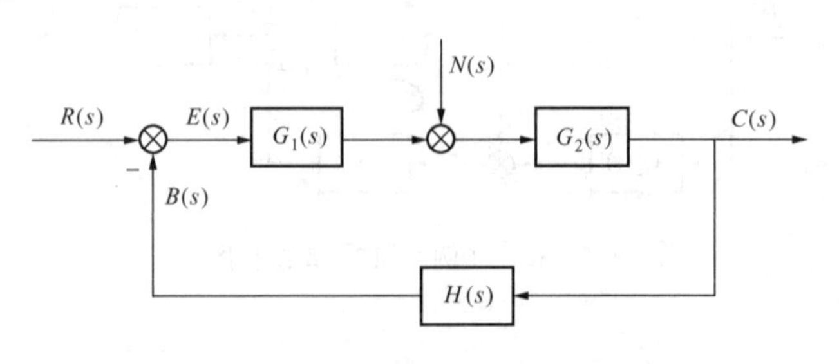

图 2-38　闭环控制系统的典型结构图

1. 开环传递函数与闭环传递函数

将系统的主反馈通道 $H(s)$ 的输出端断开，此时系统的反馈量 $B(s)$ 与参考输入量 $R(s)$ 的比值，称为闭环系统的开环传递函数。图 2-38 所示的闭环系统开环传递函数为

$$\Phi_k(s)=\frac{B(s)}{R(s)}=G_1(s)G_2(s)H(s) \tag{2-79}$$

闭环传递函数是系统在环路闭合后的传递函数。图 2-38 所示闭环系统的闭环传递函数为

$$\Phi(s)=\frac{C(s)}{R(s)}=\frac{G_1(s)G_2(s)}{1+G_1(s)G_2(s)H(s)} \tag{2-80}$$

定义输出量 $C(s)$ 与偏差信号 $E(s)$ 之比为前向通道传递函数，则系统闭环传递函数可用通式表示为

$$\Phi(s)=\frac{\text{前向通道传递函数}}{1\mp\text{开环传递函数}}$$

式中，“+”对应负反馈，“−”对应正反馈。

2. $R(s)$ 作用下系统的闭环传递函数

当 $N(s)=0$ 时，如图 2-39 所示，输出信号 $C(s)$ 对输入信号 $R(s)$ 之间的传递函数为

$$\frac{C(s)}{R(s)}=\Phi(s)=\frac{G_1(s)G_2(s)}{1+G_1(s)G_2(s)H(s)} \tag{2-81}$$

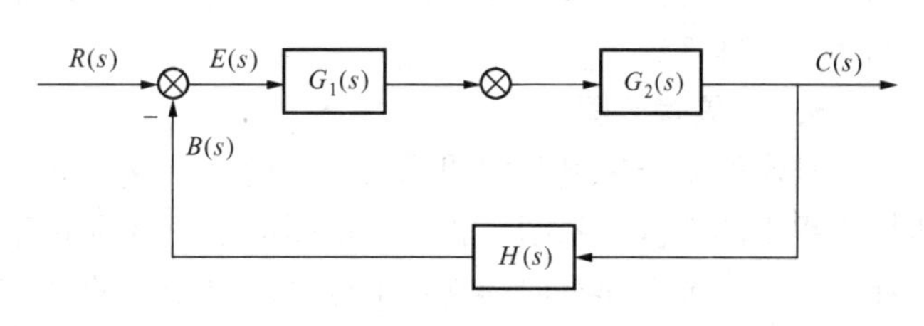

图 2-39　仅 $R(s)$ 作用下的系统结构图

称 $\Phi(s)$ 为 $R(s)$ 作用下的系统闭环传递函数。此时系统的输出 $C(s)$ 为

$$C(s)=\Phi(s)R(s)=\frac{G_1(s)G_2(s)}{1+G_1(s)G_2(s)H(s)}R(s) \tag{2-82}$$

式（2-82）表明：系统的输出响应 $C(s)$ 与闭环传递函数 $\Phi(s)$ 及输入信号 $R(s)$ 的形式有关。

3. $N(s)$ 作用下系统的闭环传递函数

为了研究干扰对系统的影响，需要求出 $C(s)$ 对 $N(s)$ 之间的传递函数。此时，令 $R(s)=0$，图 2-38 则简化为图 2-40 所示。由图 2-40 可得此时系统的闭环传递函数为

$$\frac{C(s)}{N(s)}=\Phi_n(s)=\frac{G_2(s)}{1+G_1(s)G_2(s)H(s)} \tag{2-83}$$

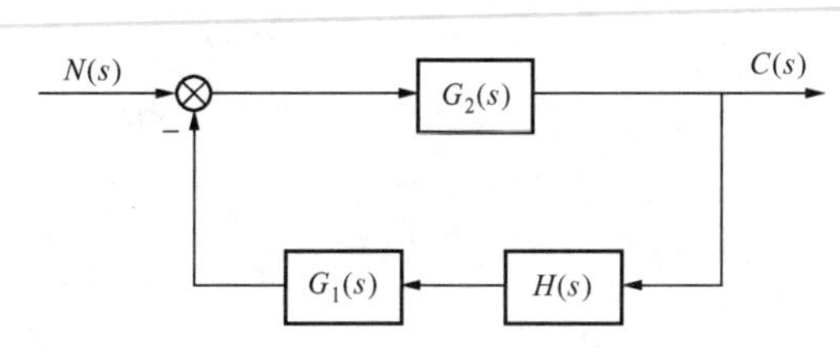

图 2-40　$N(s)$ 作用下的系统结构图

扰动信号作用下系统的输出量 $C(s)$ 为

$$C(s)=\Phi_n(s)N(s)=\frac{G_2(s)}{1+G_1(s)G_2(s)H(s)}N(s) \tag{2-84}$$

由于干扰 $N(s)$ 在系统中的作用点与输入信号 $R(s)$ 的作用点不一定是同一个位置，故两个闭环传递函数一般是不相同的。

4. 系统的总输出

当给定输入和扰动输入同时作用于系统时，可根据线性叠加原理，所求线性系统的总输出应为所有输入信号引起的总输出的和。对于图 2-36 所示闭环系统有

$$C(s)=\Phi(s)R(s)+\Phi_n(s)N(s)=\frac{G_1(s)G_2(s)R(s)}{1+G_1(s)G_2(s)H(s)}+\frac{G_2(s)N(s)}{1+G_1(s)G_2(s)H(s)}$$

可以看到，对于图 2-38 所示的典型反馈控制系统，其各种闭环系统传递函数的分母形式均相同，分子则因各前向通道的不同而不同。

2.5　信号流图

信号流图与方框图一样都是用来描述系统内部变量关系的图示方法。对于比较复杂的控制系统，采用方框图化简的过程也很繁琐，且容易出错。而信号流图是在对复杂系统列出一组微分方程组，经拉普拉斯变换后得到联立代数方程的简单图形表示方法，很容易画出。况且信号流图的符号比较简单，便于绘制和应用，还可直接应用梅逊公式方便地写出系统的传递函数。但信号流图具有局限性，它只适用于线性系统，而方框图不仅适用于线性系统，还适用非于线性系统。

2.5.1　信号流图

信号流图源于梅逊利用图示法来描述一个或一组线性代数方程，是使用网络形式来描述线性方程组的变量关系图。它与方框图的主要区别在于用节点（以小圆圈表示）表示变量，而在任意两个节点间有向的支路上标注两个变量的因果关系（传递函数），作用相当于信号放大器。支路上的箭头表示信号的流向，信号只能单方向流动。一简单系统的描述方程为

$$x_2 = a_{12}x_1$$

式中：x_1 为输入信号；x_2 为输出信号；a_{12}为两个变量间的增益。图 2 - 41 则为该方程的信号流图。

如果描述一个系统的方程组为

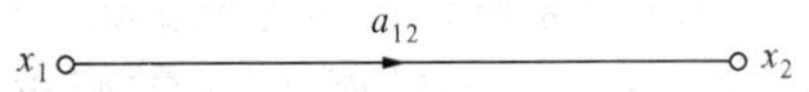

$$x_2 = a_{12}x_1 + a_{32}x_3 + a_{42}x_4 + a_{52}x_5$$
$$x_3 = a_{23}x_2$$
$$x_4 = a_{34}x_3 + a_{44}x_4$$
$$x_5 = a_{35}x_3 + a_{45}x_4$$

图 2 - 41　系统的信号流图

则该方程组的信号流图如图 2 - 42 所示。

2.5.2　信号流图的术语

下面结合图 2 - 42 来说明信号流图中的定义和术语。

（1）节点：节点是表示变量或信号的点，用小圆圈表示。图 2 - 42 中的 x_1～x_5 都是节点。节点所表示的变量等于流入该节点所有信号的代数和，从节点流出的信号不影响该节点变量的值。

（2）支路：支路是连接两个节点间的有向线段。信号在支路按箭头的指向由一个节点流向另一个节点。标注在支路上的字符为增益，即支路的传递函数。

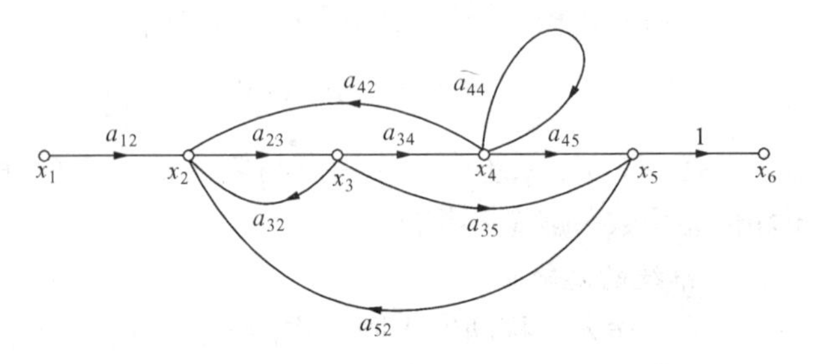

图 2 - 42　方程组的信号流程图

（3）源节点：只有输出支路的节点叫作源节点，也称输入节点。图 2 - 42 中的 x_1 就是一个输入节点。

（4）汇节点：只有输入支路的节点叫作汇节点，也称输出节点。图 2 - 42 中的 x_5 就是一个汇节点。汇节点可通过增加一条增益为 1 的线段来实现。

（5）混合节点：混合节点是指既有输入支路又有输出支路的节点，图 2 - 42 中的 x_2、

x_3、x_4 都是混合节点。

(6) 通路：沿各支路箭头方向通过各个相连支路的路径，并且每个节点仅通过一次。如果通路与任一节点相交不多于一次，则称为开通路。如果通路的终点就是通路的起点，并且与其他任何节点相交不多于一次，则称为闭通路。如果通路通过某一节点多于一次，但终点和起点不在同一节点上，则这种通路既不是开通路，也不是闭通路。

(7) 前向通路：如果从输入节点到输出节点的通路上所通过的任何节点不多于一次，则称该通路为前向通路。例如，图 2-42 中的 $x_1 \rightarrow x_2 \rightarrow x_3 \rightarrow x_4 \rightarrow x_5$ 便是一条前向通路。

(8) 回路：回路就是闭通路，即通道的起点就是通道的终点，且每一节点只通过一次。如图 2-40 中的 $x_2 \rightarrow x_3 \rightarrow x_2$、$x_3 \rightarrow x_4 \rightarrow x_5 \rightarrow x_3$ 都是回路。如果从一个节点开始，只经过一个支路又回到该节点，称为自回路。例如，图 2-42 中的 $x_4 \rightarrow x_4$ 构成自回路。

(9) 不接触回路：如果一信号流图中有多个回路，而回路间没有任何公共节点和支路，则称它们为不接触回路。例如，图 2-42 中的回路 $x_2 \rightarrow x_3 \rightarrow x_2$ 和回路 $x_4 \rightarrow x_4$ 是不接触回路。

(10) 前向通路增益：在前向通路中，各支路增益的乘积叫作前向通路增益。例如，图 2-42 中的前向通路 $x_1 \rightarrow x_2 \rightarrow x_3 \rightarrow x_4 \rightarrow x_5$ 的增益为 $a_{12}a_{23}a_{34}a_{45}$。

(11) 回路增益：回路中各支路增益的乘积叫作回路增益。例如，图 2-42 中的回路 $x_2 \rightarrow x_3 \rightarrow x_4 \rightarrow x_5 \rightarrow x_2$ 的回路增益为 $a_{23}a_{34}a_{45}a_{52}$。

2.5.3　信号流图的性质

(1) 信号流图只适用于线性系统。

(2) 信号流图所依据的方程，一定为因果函数形式的代数方程。当系统由动态方程描述时，应通过拉普拉斯变换使之变成代数方程。

(3) 节点间的支路表示一个节点上的信号对另一个节点上信号的传输关系；信号只能沿支路上的箭头指向传递。

(4) 在节点上把所有输入支路的信号叠加，并把相加后的信号传送到所有输出支路。

(5) 具有输入和输出支路的混合点，通过增加一个具有单位增益的支路，可把其变为输出节点。如图 2-42 中的 x_5 节点。但这种方法不能将混合节点改变成源节点。

(6) 对于一个给定的系统，其信号流图不是唯一的。

2.5.4　梅逊公式

当系统的信号流图已知时，常常需要确定信号流图中输出与输入之间的总增益，即系统的闭环传递函数。而利用梅逊公式，可以直接求出系统的闭环传递函数。

梅逊公式可表示为

$$P = \frac{1}{\Delta}\sum_{k=1}^{n} P_{\mathrm{k}}\Delta_{\mathrm{k}} \tag{2-85}$$

式中：P 为系统输出节点和输入节点之间的总增益或传递函数；n 为从输入节点到输出节点的前向通路总条数；P_{k} 为从输入节点到输出节点的第 K 条前向通路的总增益；Δ 为信号流图的特征式，并且 $\Delta = 1 - \sum L_{\mathrm{a}} + \sum L_{\mathrm{b}}L_{\mathrm{c}} - \sum L_{\mathrm{d}}L_{\mathrm{e}}L_{\mathrm{f}} + \cdots$；$\sum L_{\mathrm{a}}$ 为所有不同回路增益之和；$\sum L_{\mathrm{b}}L_{\mathrm{c}}$ 为所有两两互不接触回路增益乘积之和；$\sum L_{\mathrm{d}}L_{\mathrm{e}}L_{\mathrm{f}}$ 为所有三个互不接触回路增益乘积之和；Δ_{k} 为第 k 条前向通路特征式的余子式，等于 Δ 中除去与第 k 条前向通路相接触的回路后的剩余部分。

式 (2-85) 看起来较繁琐，实际上公式中唯一较复杂的项是 Δ。用梅逊公式计算系统的传递函数时，要正确识别所有的回路并区分它们是否相互接触，正确识别规定的输入节点和输出节点之间的所有前向通路及与其相接触的回路。由于实际系统具有大量不接触回路的情况比较少见，因而梅逊公式的使用一般还是较为方便的。

【例 2-17】 试用梅逊公式求图 2-43 所示系统的闭环传递函数。

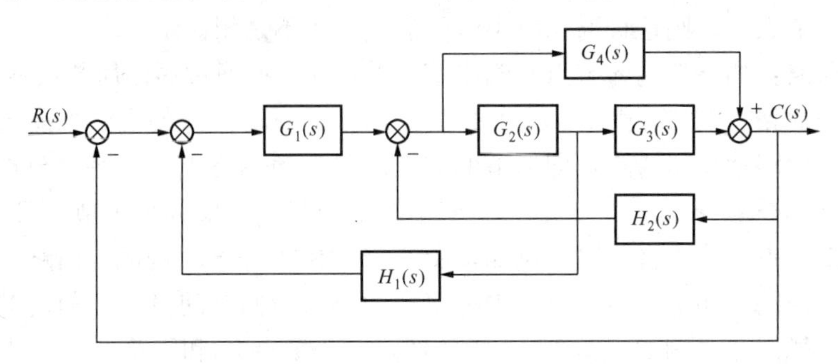

图 2-43 ［例 2-17］系统框图

解 根据系统的结构和各变量之间的关系，所绘制对应的信号流图如图 2-44 所示。

系统的输入量 $R(s)$ 和输出量 $C(s)$ 之间有两条前向通路，即梅逊公式中$k=2$，其增益分别为 $P_1=G_1G_2G_3$，$P_2=G_1G_4$。

由图 2-44 可见，系统有五个单独回路，回路增益分别为

$$L_1=-G_1G_2H_1,\ L_2=-G_2G_3H_2,\ L_3=-G_1G_2G_3,\ L_4=-G_4H_2,\ L_5=-G_1G_4$$

各个回路互相接触，故而

$$\Delta=1-(L_1+L_2+L_3+L_4+L_5)=1+(G_1G_2H_1+G_2G_3H_2+G_1G_2G_3+G_4H_2+G_1G_4)$$

由于所有回路都与前向通路接触，因此，$\Delta_1=\Delta_2=1$。

由梅逊增益公式求系统的闭环传递函数，可得

$$\frac{C(s)}{R(s)}=P=\frac{1}{\Delta}(P_1\Delta_1+P_2\Delta_2)=\frac{G_1G_2G_3+G_1G_4}{1+G_1G_2H_1+G_2G_3H_2+G_1G_2G_3+G_4H_2+G_1G_4}$$

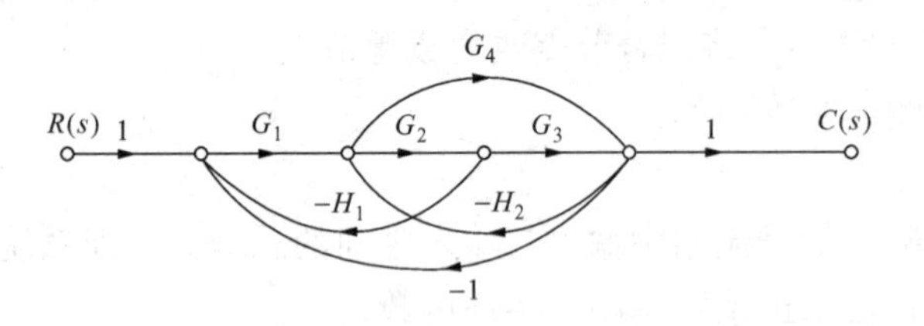

图 2-44 ［例 2-17］系统信号流图

可见，应用梅逊公式可不用对系统的信号流图进行简化，就可以直接写出系统的闭环传递函数。

总而来说，简单的系统可直接由框图进行运算，这样各变量间的关系既清楚，运算也不麻烦。对于复杂的系统，使用梅逊公式计算较为方便。

2.6 MATLAB 在数学模型中的应用

MATLAB 是 MAXTrix LABoratory 两单词的缩写，它是由美国 MathWorks 公司推出的一套用于算法开发、数据可视化、数据分析以及数值计算的高级技术计算语言和交互式环境。为了应用 MATLAB 进行系统分析和设计，从以下几个方面进行介绍。

2.6.1 传递函数的表示

单输入单输出线性连续控制系统的传递函数有多项式和零极点增益两种不同的表示形

式，在 MATLAB 中对应有两种不同的模型处理方法。

1. 传递函数的多项式模型表示形式

$$G(s)=\frac{num(s)}{den(s)}=\frac{b_0s^m+b_1s^{m-1}+\cdots+b_{m-1}s+b_m}{a_0s^n+a_1s^{n-1}+\cdots+a_{n-1}s+a_n}$$

MATLAB 下的表示格式为

```
num = [b0,b1,…,bm]
den = [a0,a1,…,an]
sys = tf(num,den)
```

2. 传递函数的零极点增益模型表示形式

$$G(s)=k\frac{(s-z_1)(s-z_2)\cdots(s-z_m)}{(s-p_1)(s-p_2)\cdots(s-p_n)}$$

MATLAB 的表示格式为

```
z = [z1,z2,…,zm]
p = [p1,p2,…,pn]
k = [k]
sys = zpk(z,p,k)
```

MATLAB 在信号处理和控制系统工具箱中，提供了两种形式转换的函数 *tf2zp* 和 *zp2tf*。

2.6.2 模型的建立

控制系统方框图的串联、并联、闭环及反馈连接，使用 Matlab 函数可实现方框图的转换。

1. 串联

将两个系统串联，其等效传递函数在 MATLAB 中可用串联函数 series（　）函数实现。其调用格式为

```
[num,den] = series(num1,den1,num2,den2)
```

式中：$G_1(s)=\frac{\mathrm{num1}}{\mathrm{den1}}$，$G_2(s)=\frac{\mathrm{num2}}{\mathrm{den2}}$，$G_1(s)G_2(s)=\frac{\mathrm{num}}{\mathrm{den}}$。

可得到串联连接的传递函数形式。

2. 并联

将两个系统并联，其等效传递函数在 MATLAB 中可用并联函数 parallel（　）来实现，其调用格式为

```
[num,den] = parallel(num1,den1,num2,den2)
```

式中：$G_1(s)=\frac{\mathrm{num1}}{\mathrm{den1}}$，$G_2(s)=\frac{\mathrm{num2}}{\mathrm{den2}}$，$G_1(s)+G_2(s)=\frac{\mathrm{num}}{\mathrm{den}}$。

3. 闭环

将系统通过正负反馈连接成单位反馈系统，在 MATLAB 中可用单位反馈函数 cloop（　）来实现，其调用格式为

```
[num,dem] = cloop(numl,denl,sign)
```

式中：$\frac{\text{num}}{\text{den}}$为前向通道的传递函数；sign 为反馈极性，当 sign=1 时采用正反馈；sign=−1 时采用负反馈；sign 缺省时，默认为负反馈。

4. 反馈

将两个系统按反馈方式连接成闭环系统，在 MATLAB 中可用反馈函数 feedback（ ）来实现，其调用格式为

```
[num,den] = feedback (numg,deng,numh,denh,sign)
```

式中：$G(s)=\frac{\text{numg}}{\text{deng}}$，$H(s)=\frac{\text{numh}}{\text{denh}}$，$\frac{G(s)}{1\mp G(s)H(s)}=\frac{\text{num}}{\text{den}}$。

本章小结

本章主要讨论了控制系统数学模型表示形式。通过介绍实际物理系统的数学模型的建立过程，讲述了系统模型的常系数微分方程描述方法和传递函数描述方法。采用解析法建立实际系统的数学模型时，常需要忽略一些次要因素，然后再对系统进行分析；为了使系统的分析和设计变得更为简单，通过在一定范围内、一定条件下用小偏差线性化方法将非线性系统化为线性系统，才能用线性理论进行分析。

传递函数是描述元件或系统动态特性的数学表达式，是在微分方程基础上通过拉普拉斯变换得到的一种数学模型，它以更简洁的形式来描述系统，更适合系统的分析与设计。控制系统往往由多个环节构成，为便于系统传递函数计算，可采用方框图和信号流图两种图解模型来描述。方框图直观形象地表示出系统中信号的传递特性，应用梅逊公式，可直接求出输出节点和输入点之间的传递函数，对计算复杂系统的传递函数十分有利。

2-1 试求如图 2-45 所示机械位移系统的传递函数。其中 x_n 为输入位移，x_o 为输出位移，m、f 和 k 分别为质量、黏性摩擦系数和弹簧系数。

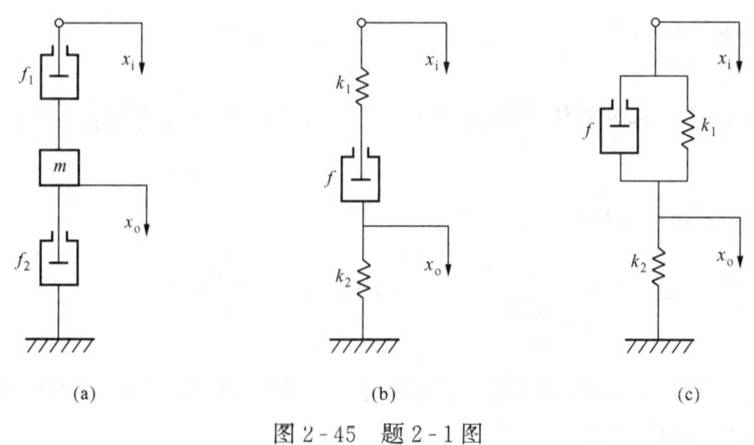

图 2-45 题 2-1 图

2-2 试求如图 2-46 所示 RLC 无源网络的微分方程和传递函数。

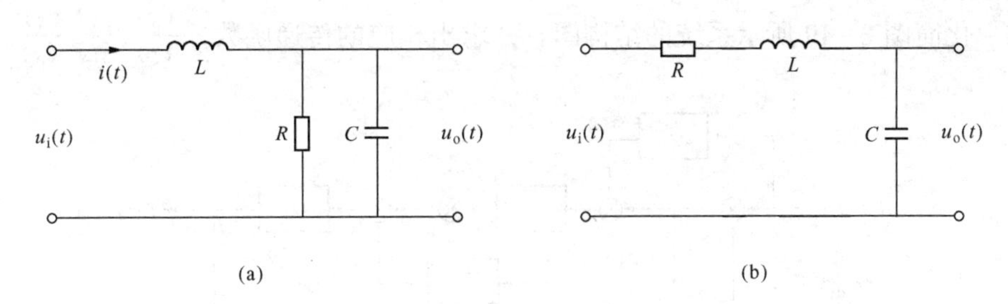

图2-46 题2-2图

2-3 系统的传递函数为

$$\frac{C(s)}{R(s)}=\frac{2}{s^2+3s+2}$$

若初始条件为：$c(0)=-1$，$\dot{c}(0)=0$。试求当系统输入为单位阶跃函数时，系统的输出响应 $c(t)$。

2-4 图2-47为系统的方框图，已知 $G(s)$ 和 $H(s)$ 两方框所对应的微分方程分别为

$$\begin{cases}6\dfrac{\mathrm{d}c(t)}{\mathrm{d}t}+10c(t)=20e(t)\\20\dfrac{\mathrm{d}b(t)}{\mathrm{d}t}+5b(t)=10c(t)\end{cases}$$

图2-47 题2-4图

系统初始条件为零，试求传递函数 $C(s)/R(s)$ 和 $E(s)/R(s)$。

2-5 用运算放大器组成的有源电网络如图2-48所示，试求各有源网络的传递函数。

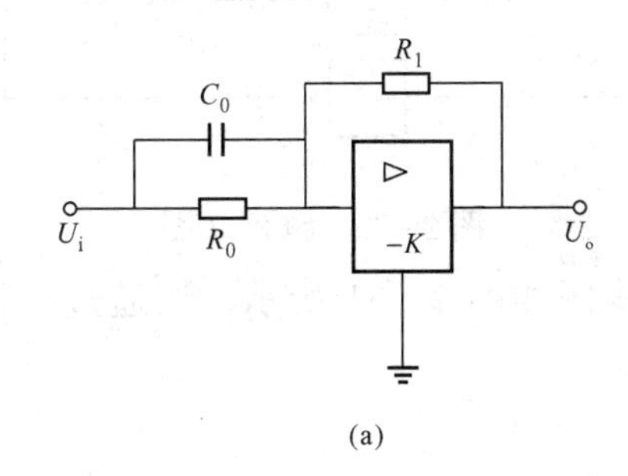

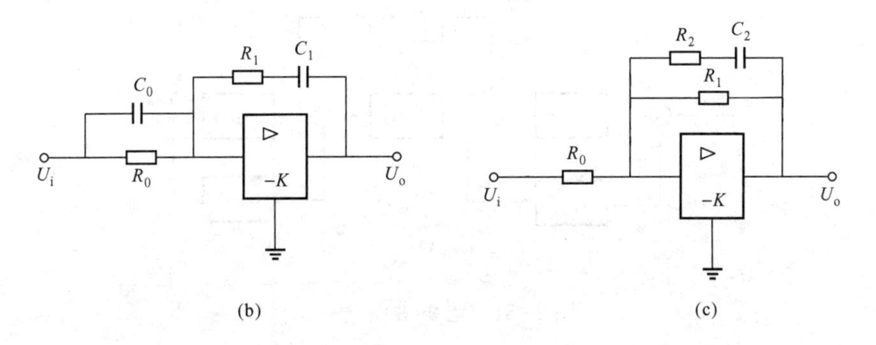

图2-48 题2-5图

2-6　化简图 2-49 所示系统的结构图，并求出相应的传递函数$\frac{C(s)}{R(s)}$、$\frac{C(s)}{N(s)}$。

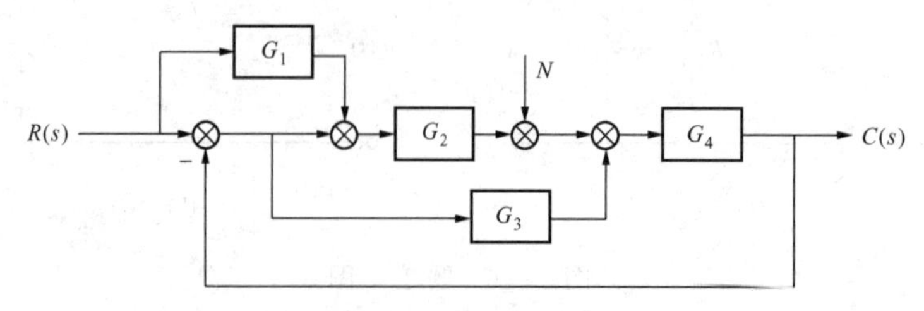

图 2-49　题 2-6 图

2-7　试求图 2-50 所示系统的闭环传递函数$\frac{C(s)}{R(s)}$。

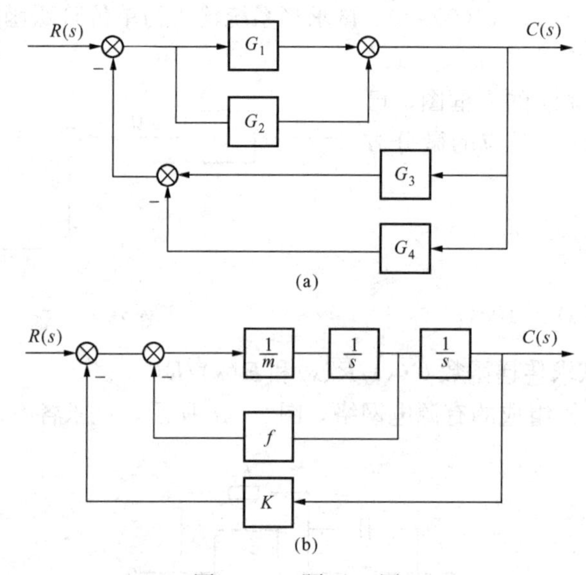

图 2-50　题 2-7 图

2-8　已知控制系统结构图如图 2-51 所示，试通过结构图等效变换求系统传递函数$\frac{C(s)}{R(s)}$。

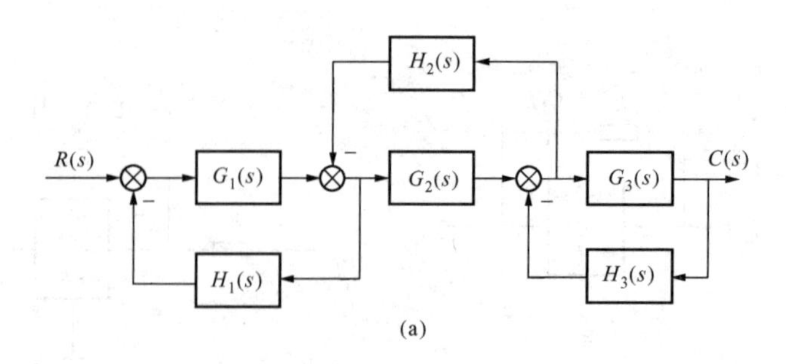

图 2-51　题 2-8 图（一）

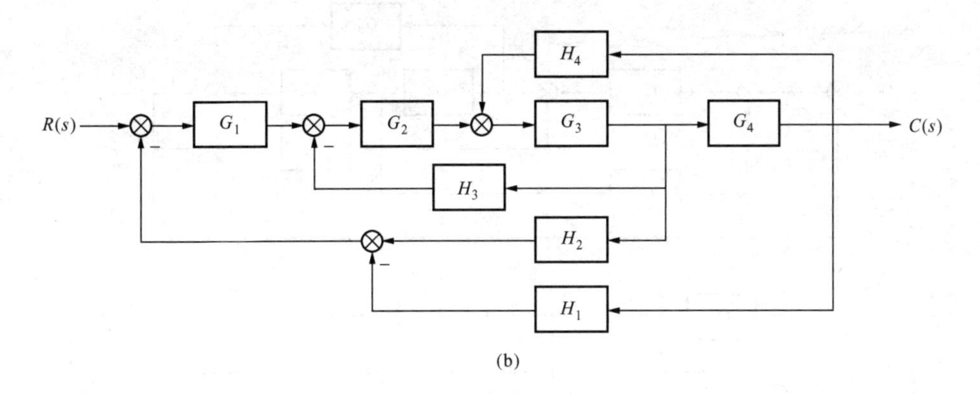

(b)

图 2-51　题 2-8 图（二）

2-9　用梅逊公式求图 2-52 所示各系统信号流图的传递函数$\frac{C(s)}{R(s)}$。

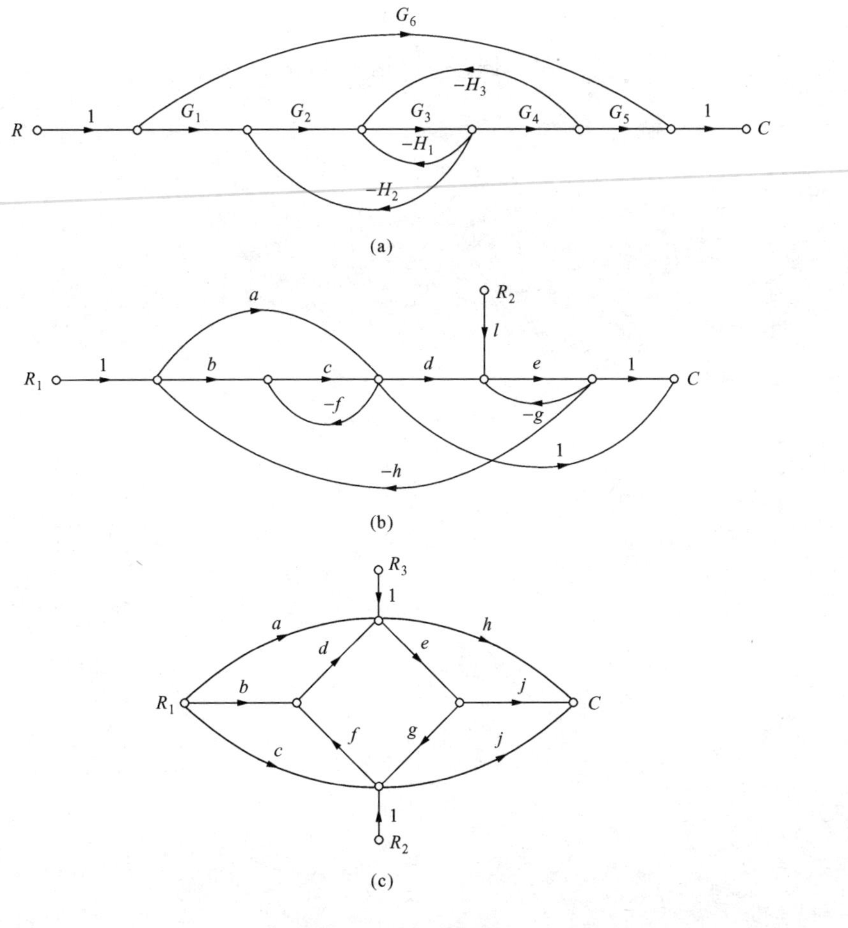

图 2-52　题 2-9 图

2-10　用梅逊公式求图 2-53 所示系统的传递函数$\frac{C(s)}{R(s)}$。

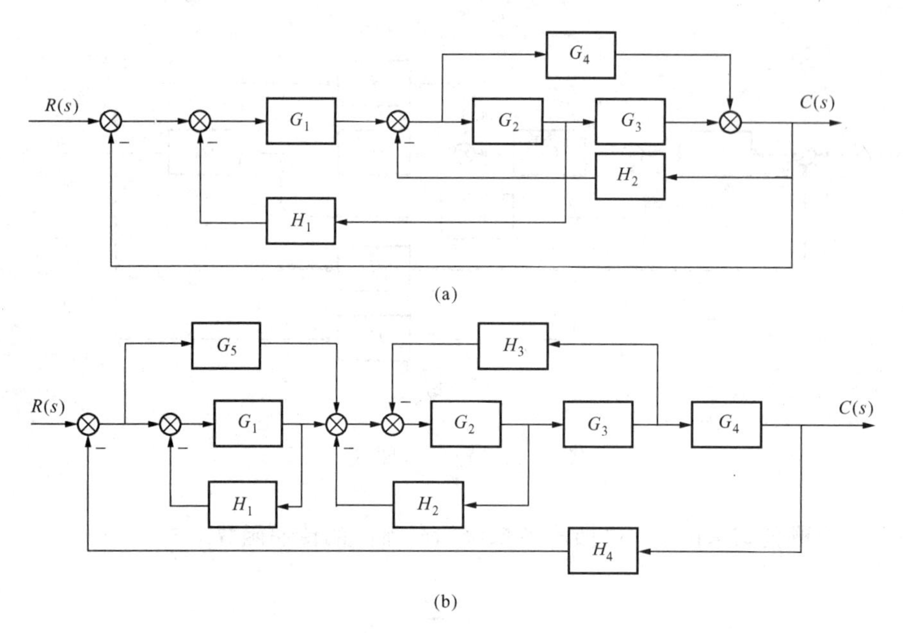

图 2-53 题 2-10 图

第 3 章　时域分析法

合理的数学模型是分析控制系统的基础。对控制系统的分析主要集中于三个方面，即控制系统是否稳定，反应速度的快慢以及控制精度的高低，在分析原始系统固有性质的基础上才能找到改善系统性能的措施。本书中将介绍三种分析方法，即时域分析法、根轨迹分析法和频率响应法。这三种分析方法彼此相对独立，但时域分析法又可以看作根轨迹法和频率响应法的基础，因为所谓时域分析法就是在时间域内研究控制系统性能的方法，它是通过拉氏变换直接求解系统的微分方程，得到系统的时间响应，然后根据响应表达式和响应曲线分析系统的动态性能和稳态性能。因此通过时域分析法所得到的系统随时间的变化规律形象而便于接受，故描述控制系统性能的诸多指标参数都是在时域分析法下定义的。

本章主要介绍在阶跃输入下定义的系统性能指标；一阶、二阶系统的时域分析；高阶系统的主导极点、偶极子及高阶系统的降阶方法；系统稳定性的定义与稳定条件及稳定判据；稳态误差的概念和计算方法以及提高系统稳态精度的方法；利用 MATLAB 和 Simulink 分析给定输入信号下控制系统的瞬态响应及求取时域响应性能指标。

3.1　控制系统的时域性能指标

控制系统的时间响应，从整个过程上来说，可以分成动态过程（暂态过程）和稳态过程两个阶段。其中，动态过程是系统从初始状态到接近最终状态的响应过程，而稳态过程是指当时间 t 趋向无穷时系统的输出状态。

对随动系统来说：通常认为系统跟踪和复现阶跃输入是较为严格的工作要求。故通常以阶跃响应来衡量系统性能的优劣，并定义时域性能指标。系统的单位阶跃响应通常以 $h(t)$ 表示。实际应用的控制系统，多数具有阻尼振荡的阶跃响应，如图 3 - 1 所示。

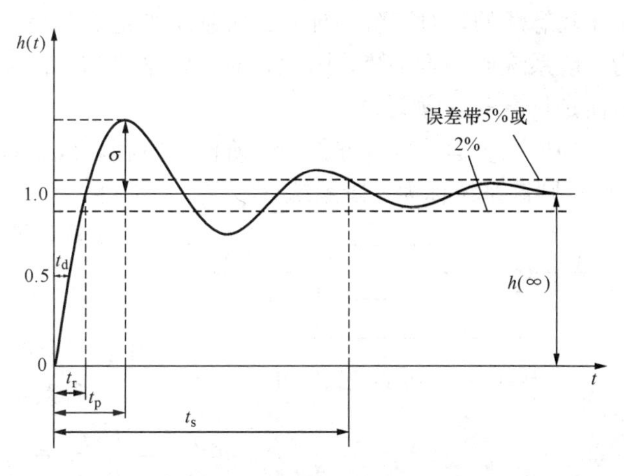

图 3 - 1　阻尼振荡的阶跃响应

1. 上升时间 t_r

响应曲线从零首次上升到稳态值 $h(\infty)$ 所需的时间，称为上升时间。对于响应曲线无振荡的系统，t_r 是响应曲线从稳态值的 10%上升到 90%所需的时间。

延迟时间 t_d 是指响应曲线第一次到达终值一半所需的时间。

2. 峰值时间 t_p

峰值时间是指响应曲线超过稳态值 $h(\infty)$ 达到第一个峰值所需的时间。

3. 调节时间 t_s

在稳态值 $h(\infty)$ 附近取一误差带，通常取 $\Delta=5\%h(\infty)$，$\Delta=2\%h(\infty)$ 响应曲线开始进入并保持在误差带内所需的最小时间，称为调节时间。t_s 越小，说明系统从一个平衡状态过渡到另一个平衡状态所需的时间越短。

4. 超调量 $\sigma\%$

超调量是响应曲线超出稳态值的最大偏差与稳态值之比。即

$$\sigma\%=\frac{h(t_p)-h(\infty)}{h(\infty)}\times 100\% \tag{3-1}$$

超调量表示系统响应过冲的程度，超调量大，不仅使系统中的各个元件处于恶劣的工作条件下，而且使调节时间加长。

5. 振荡次数 N

在调节时间以内，响应曲线穿越其稳态值次数的一半。

以上的五项性能指标表示系统的动态性能。其中 t_r、t_p 和 t_s 表示控制系统反映输入信号的快速性，而 $\sigma\%$ 和 N 反映系统动态过程的平稳性，即系统的阻尼程度。其中，t_s 和 $\sigma\%$ 是最重要的两个动态性能的指标。

6. 稳态误差 e_{ss}

稳态误差反映系统的稳态性能。其定义为

$$e_{ss}=\lim_{t\to\infty}[r(t)-c(t)] \tag{3-2}$$

衡量系统跟踪输入的稳态精度。

3.2 一阶系统的时域分析

在时域内对系统微分方程求解，以获得系统的响应是时域法的本质。对于高阶系统来说是比较麻烦的，对一阶系统、二阶系统则是简单易行的。高阶系统在大多数情况下可以近似为一阶系统或二阶系统，因此，对一阶系统和二阶系统的研究将成为研究高阶系统的基础，因而是具有普遍意义的。

如果系统运动微分方程为一阶微分方程，或者系统传递函数分母 s 多项式的最高次方为 1 次，则该系统称为一阶系统。

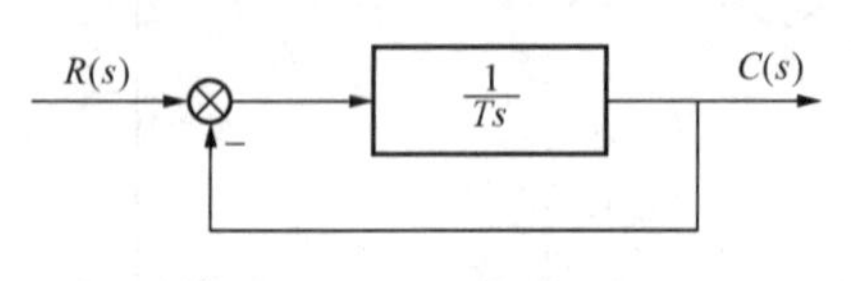

图 3-2 一阶系统结构图

一阶系统的微分方程为

$$T\frac{\mathrm{d}c(t)}{\mathrm{d}t}+c(t)=r(t) \tag{3-3}$$

式中：T 称为一阶系统的时间常数。

一阶系统的结构图如图 3-2 所示，其传递函数为

$$\Phi(s)=\frac{C(s)}{R(s)}=\frac{1}{Ts+1} \tag{3-4}$$

3.2.1 一阶系统单位阶跃响应

当 $r(t)=1(t)$ 时，$R(s)=\frac{1}{s}$，则

$$C(s) = \Phi(s) \cdot R(s) = \frac{1}{Ts+1} \cdot \frac{1}{s} = \frac{1}{s} - \frac{T}{Ts+1} \tag{3-5}$$

对 $C(s)$ 进行拉氏反变换可得

$$h(t) = 1 - \mathrm{e}^{-t/T}(t \geqslant 0) \tag{3-6}$$

其中：$h_1(t) = 1$ 为稳态解；$h_2(t) = -\mathrm{e}^{-t/T}$ 为暂态解，随时间无限增加而最终趋于零。

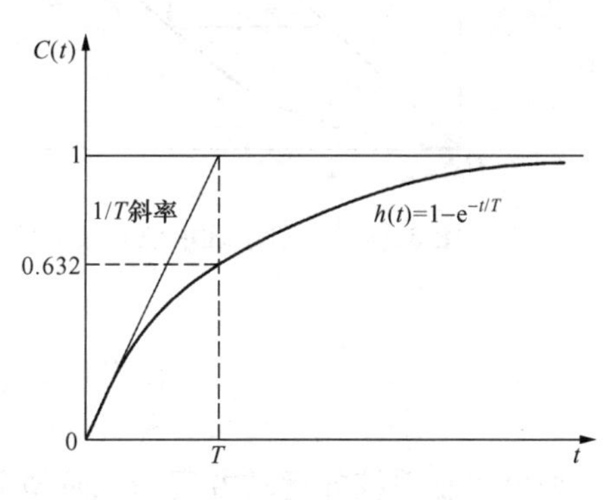

图 3-3 一阶系统单位阶跃响应

一阶系统的单位阶跃响应曲线如图 3-3 所示，它是一条由零开始按指数规律上升的曲线，最后趋于稳态值 1。其特点是单调上升而无振荡现象，故也称为非周期响应。

由式（3-6）可以得到一阶系统单位阶跃响应的值和时间常数的关系为

$$t = T, h(T) = 0.632$$
$$t = 2T, h(2T) = 0.865$$
$$t = 3T, h(3T) = 0.950$$
$$t = 4T, h(4T) = 0.982$$

由此可得一阶系统单位阶跃响应得性能指标为

$$\begin{aligned} &\sigma\% = 0 \\ &t_s = 3T(\pm 5\%\ 误差带) \\ &t_s = 4T(\pm 2\%\ 误差带) \\ &e_{ss} = 0 \end{aligned} \tag{3-7}$$

可见，一阶系统时间常数 T 越小，系统的快速性越好。

3.2.2 一阶系统单位斜坡响应

一阶系统输入单位斜坡信号，即 $R(t) = t$，$R(s) = \frac{1}{s^2}$ 时

$$C(s) = \Phi(s) \cdot R(s) = \frac{1}{Ts+1} \cdot \frac{1}{s^2} = \frac{1}{s^2} - \frac{T}{s} + \frac{T^2}{Ts+1} \tag{3-8}$$

拉氏反变换可得单位斜坡响应为

$$c(t) = (t - T) + T\mathrm{e}^{-t/T}(t \geqslant 0) \tag{3-9}$$

其中，$t-T$ 为稳态分量，$T\mathrm{e}^{-t/T}$ 为暂态分量。一阶系统单位斜坡响应曲线如图 3-4 所示。

由于 $r(t) = t$，由式（3-9）可知一阶系统单位斜坡响应存在稳态误差为

$$e_{ss} = t - (t - T) = T \tag{3-10}$$

因此，从提高斜坡响应得稳态精度来看，也要求一阶系统的时间常数 T 要小。

3.2.3 一阶系统单位脉冲响应

当系统输入 $r(t) = \delta(t)$ 时，

$$C(s) = \frac{C(s)}{R(s)} \cdot R(s) = \frac{1}{Ts+1} \tag{3-11}$$

$$g(t) = \mathscr{L}^{-1}\left(\frac{1}{Ts+1}\right) = \frac{1}{T}\mathrm{e}^{-\frac{t}{T}}(t \geqslant 0) \tag{3-12}$$

响应曲线如图 3-5 所示。当然，时间常数 T 越小，响应的快速性越好。

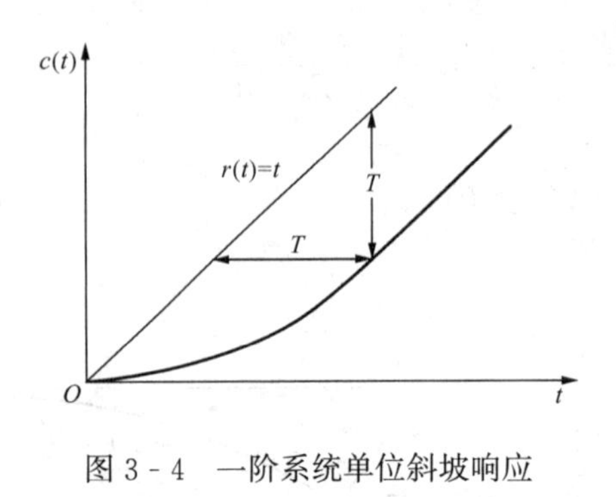

图 3 - 4　一阶系统单位斜坡响应

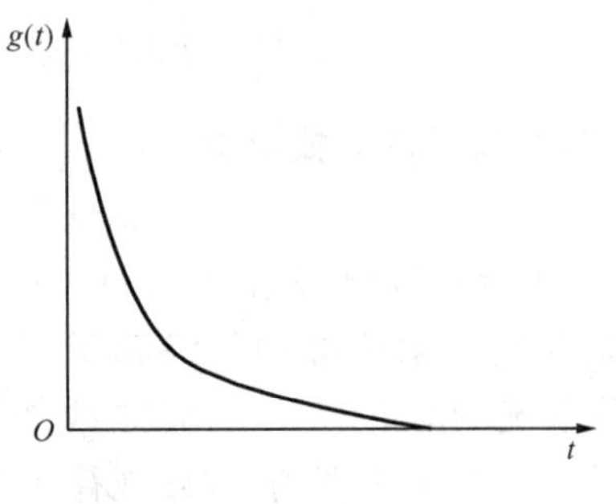

图 3 - 5　一阶系统单位脉冲响应

3.3　二阶系统的时域分析

如果控制系统的运动方程为二阶微分方程，或者传递函数分母中 s 的最高次方为 2，则该系统称为二阶系统。

3.3.1　二阶系统的数学模型

二阶系统的结构图如图 3 - 6 所示。系统的开环传递函数为

$$G(s)=\frac{\omega_n^2}{s(s+2\zeta\omega_n)} \tag{3-13}$$

系统的闭环传递函数为

$$\Phi(s)=\frac{\omega_n^2}{s^2+2\zeta\omega_n s+\omega_n^2} \tag{3-14}$$

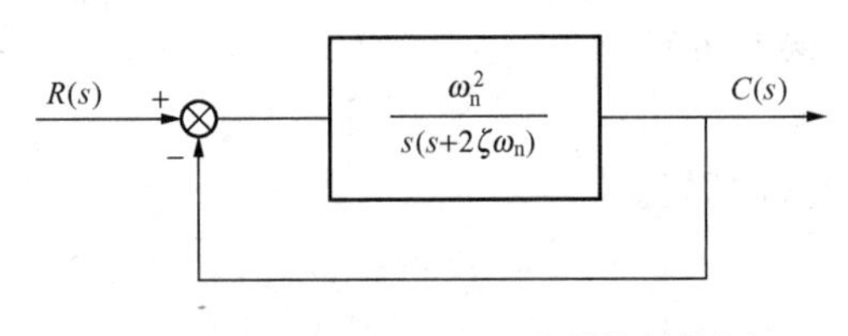

图 3 - 6　二阶系统结构图

二阶系统有两个参数：ζ、ω_n。ζ 为系统的阻尼比，ω_n 为无阻尼振荡频率，简称固有频率（也称自然振荡频率）。这两个参数和系统的物理参数的关系随系统的不同而异。

二阶系统的闭环特征方程为

$$D(s)=s^2+2\zeta\omega_n s+\omega_n^2=0 \tag{3-15}$$

其特征根即为闭环传递函数的极点为

$$s_{1,2}=-\zeta\omega_n\pm\omega_n\sqrt{\zeta^2-1} \tag{3-16}$$

当阻尼比 ζ 取值不同时，特征根在复平面上分布如图 3 - 7 所示。

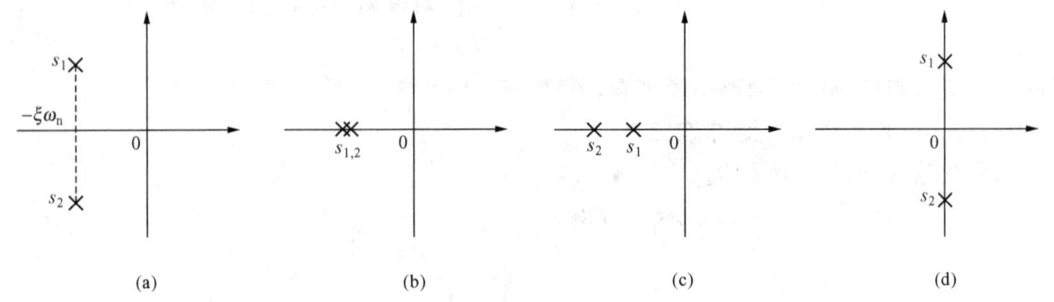

图 3 - 7　二阶系统的极点分布

（a）欠阻尼状态；（b）临界阻尼状态；（c）过阻尼状态；（d）无阻尼状态

(1) 当 $0<\zeta<1$ 时，此时系统特征方程具有一对负实部的共轭复根，系统的单位阶跃响应具有衰减振荡特性，称为欠阻尼状态。如图 3-7（a）所示。

(2) 当 $\zeta=1$ 时，特征方程具有两个相等的负实根，称为临界阻尼状态。如图 3-7（b）所示。

(3) 当 $\zeta>1$ 时，特征方程具有两个不相等的负实根，称为过阻尼状态。如图 3-7（c）所示。

(4) 当 $\zeta=0$ 时，系统有一对共轭纯虚根，系统单位阶跃响应作等幅振荡，称为无阻尼或零阻尼状态。如图 3-7（d）所示。

下面，将分过阻尼（包括临界阻尼）和欠阻尼（包括零阻尼）两种情况，来研究二阶系统的单位阶跃响应。

3.3.2 过阻尼二阶系统的单位阶跃响应

当 $\zeta>1$ 时，二阶系统的闭环特征方程有两个不相等的负实根，这时闭环传递函数可以写为

$$\frac{C(s)}{R(s)}=\frac{\omega_n^2}{s^2+2\zeta\cdot\omega_n s+\omega_n^2}=\frac{1/T_1T_2}{(s+1/T_1)(s+1/T_2)}=\frac{1}{(T_1s+1)(T_2s+1)} \tag{3-17}$$

其中

$$\begin{aligned}-\frac{1}{T_1}&=-\zeta\omega_n+\omega_n\sqrt{\zeta^2-1}\\-\frac{1}{T_2}&=-\zeta\omega_n-\omega_n\sqrt{\zeta^2-1}\end{aligned} \tag{3-18}$$

可得

$$\frac{1}{T_1}=\omega_n(\zeta-\sqrt{\zeta^2-1});\frac{1}{T_2}=\omega_n(\zeta+\sqrt{\zeta^2-1});\omega_n^2=\frac{1}{T_1T_2} \tag{3-19}$$

且设 $T_1>T_2$。此时，过阻尼二阶系统可以看作两个时间常数不同的一阶系统的串联。当系统的输入信号为单位阶跃函数时 $R(s)=\frac{1}{s}$，则系统的输出量为

$$\frac{C(s)}{R(s)}=\frac{1/T_1T_2}{(s+1/T_1)(s+1/T_2)}\times\frac{1}{s} \tag{3-20}$$

拉氏反变换得系统的单位阶跃响应为

$$h(t)=\mathscr{L}^{-1}[C(s)]=1+\frac{1}{T_2/T_1-1}e^{-t/T_1}+\frac{1}{T_1/T_2-1}e^{-t/T_2} \tag{3-21}$$

响应曲线如图 3-8 所示，响应曲线不同于一阶系统，起始速度小，然后上升速度逐渐加大，到达某一值后又减小。过阻尼二阶系统的动态性能指标主要是调节时间 t_s，根据公式求 t_s 的表达式很困难，一般用计算机计算出的曲线确定 t_s，如图 3-9 所示。从曲线可以看出，当 $T_1=T_2$ 时，$\zeta=1$（临界阻尼），$t_s=4.75T_1$；当 $T_1=4T_2$ 时，$\zeta=1.25$，$t_s\approx3.3T_1$；当 $T_1>4T_2$ 时，$\zeta>1.25$，$t_s\approx3T_1$。由此可见，当 $T_1>4T_2$ 时，二阶系统可近似等效为一阶系统，调节时间可用 $3T_1$ 来估算。

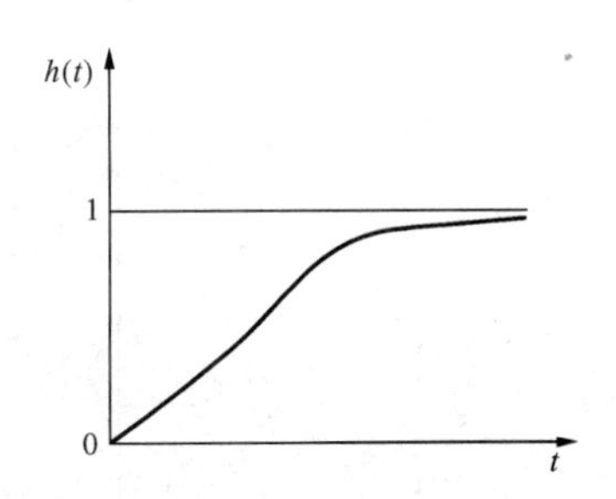

图 3-8 过阻尼二阶系统单位阶跃响应曲线

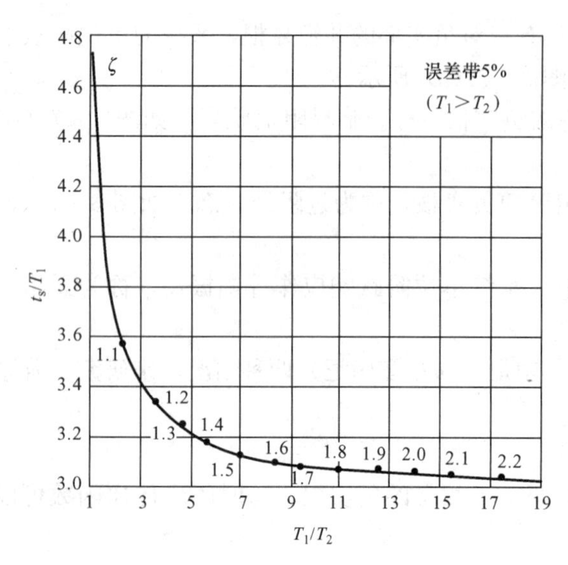

图 3-9 过阻尼二阶系统调节时间特性

3.3.3 临界阻尼二阶系统的单位阶跃响应

当 $\zeta=1$ 时，临界阻尼二阶系统 $\frac{1}{T_1}=\frac{1}{T_2}=\omega_n$，则

$$C(s)=\frac{\omega_n^2}{(s+\omega_n)^2}\cdot\frac{1}{s}=\frac{1}{s}-\frac{\omega_n}{(s+\omega_n)^2}-\frac{1}{s+\omega_n} \tag{3-22}$$

则临界阻尼二阶系统的单位阶跃响应为

$$h(t)=1-(1+\omega_n t)e^{-\omega_n t} \tag{3-23}$$

过阻尼（包括临界阻尼）二阶系统的响应较缓慢，实际应用的控制系统一般不采用过阻尼系统。

3.3.4 欠阻尼二阶系统的单位阶跃响应

当二阶系统阻尼比满足 $0<\zeta<1$ 时，二阶系统称为欠阻尼二阶系统，此时系统闭环特征根为

$$s_{1,2}=-\zeta\omega_n\pm j\omega_n\sqrt{1-\zeta^2}=-\sigma\pm j\omega_d \tag{3-24}$$

式中：σ 为衰减系数 $\sigma=\zeta\omega_n$；ω_d 为阻尼振荡频率 $\omega_d=\omega_n\sqrt{1-\zeta^2}$。

当系统输入为单位阶跃信号时，系统的输出量为

$$C(s)=\frac{\omega_n^2}{s^2+2\zeta\omega_n s+\omega_n^2}\cdot\frac{1}{s}=\frac{1}{s}-\frac{s+\zeta\omega_n}{(s+\zeta\omega_n)^2+\omega_d^2}-\frac{\zeta\omega_n}{(s+\zeta\omega_n)^2+\omega_d^2} \tag{3-25}$$

拉氏反变换可得：

$$\begin{aligned}h(t)&=1-e^{-\zeta\omega_n t}\left(\cos\omega_d t+\frac{\zeta}{\sqrt{1-\zeta^2}}\sin\omega_d t\right)\\&=1-\frac{e^{-\zeta\omega_n t}}{\sqrt{1-\zeta^2}}\sin(\omega_d t+\beta)\end{aligned} \tag{3-26}$$

式中：$\beta=\arctan\frac{\sqrt{1-\zeta^2}}{\zeta}$ 或 $\beta=\text{arccon}\zeta$，如图 3-10 所示。响应曲线如图 3-11 所示。

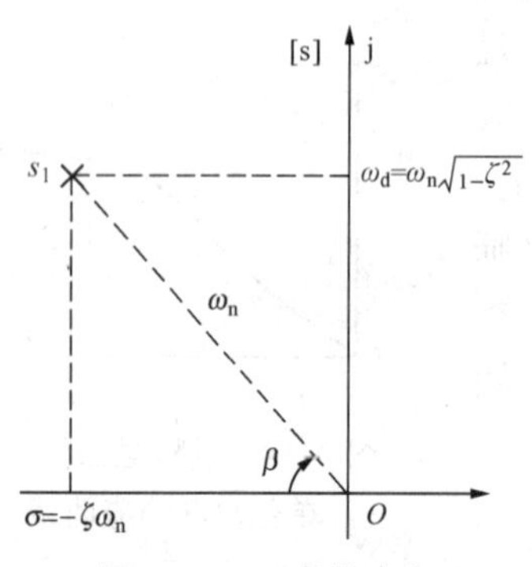

图 3-10 β 角的定义

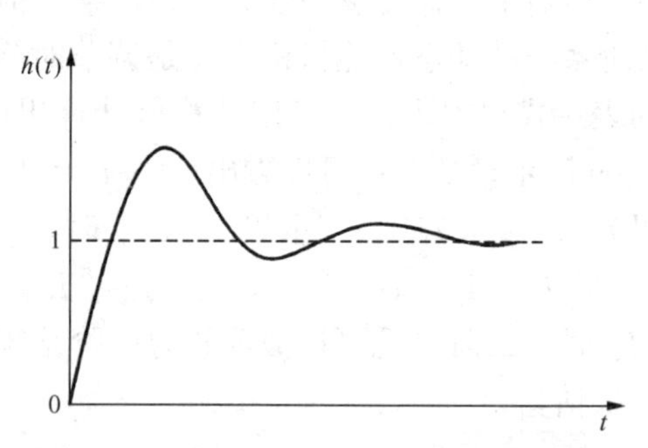

图 3-11 欠阻尼二阶系统单位阶跃响应

欠阻尼二阶系统的单位阶跃响应曲线是按指数规律衰减到稳定值的，衰减速度取决于特征值实部$-\zeta\omega_n$的大小，而衰减振荡的频率，取决于特征根虚部ω_d的大小。

3.3.5 零阻尼二阶系统的单位阶跃响应

当系统阻尼比$\zeta=0$时，二阶系统的特征根为一对共轭纯虚根$s_{1,2}=\pm j\omega_n$，称为零阻尼二阶系统。此时，系统的单位阶跃响应为

$$h(t)=1-\sin(\omega_n t+90°)=1-\cos\omega_n t\ (t\geqslant 0) \tag{3-27}$$

响应曲线为等幅振荡曲线，如图3-12所示，振荡频率为ω_n。

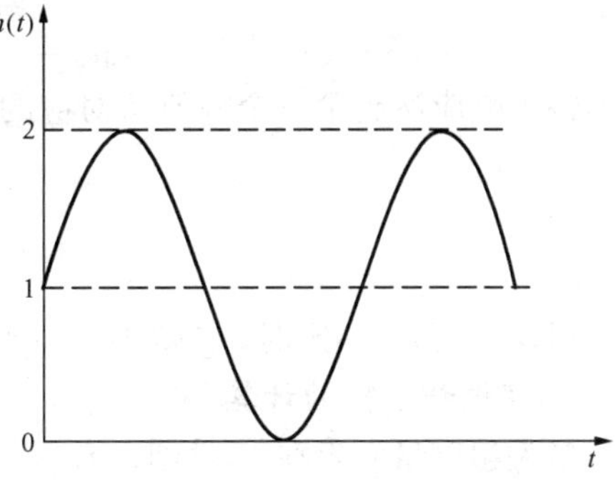

图3-12 零阻尼二阶系统单位阶跃响应

综上所述，若ζ过大，如果$\zeta\geqslant1$，系统响应迟缓，调节时间t_s长，快速性差；若ζ过小，虽然响应的起始速度较快，t_r和t_p小，但振荡强烈，响应曲线衰减缓慢，调节时间t_s亦长。所以，一般工程中选择$0.4<\zeta<0.8$为宜，即让系统处于欠阻尼二阶系统状态。

3.3.6 欠阻尼二阶系统的单位阶跃响应性能指标的估算

1. 上升时间t的计算

由定义知$h(t_r)=1$，则有

$$1-\frac{e^{-\zeta\omega_n t_r}}{\sqrt{1-\zeta^2}}\cdot\sin(\omega_d t_r+\beta)=1$$

$$\frac{e^{-\zeta\omega_n t_r}}{\sqrt{1-\zeta^2}}\cdot\sin(\omega_d t_r+\beta)=0$$

$$\frac{1}{\sqrt{1-\zeta^2}}\neq 0, e^{-\zeta\omega_n t_r}\neq 0$$

$$\omega_d t_r+\beta=n\pi(n=0,\pm1,\pm2\cdots)$$

由定义知：t_r为输出响应第一次到达稳态值所需时间，所以应取$n=1$。

$$t_r=\frac{\pi-\beta}{\omega_d}=\frac{\pi-\beta}{\omega_n\sqrt{1-\zeta^2}} \tag{3-28}$$

由式(3-28)可以讨论出：当ω_n一定时，ζ越小，t_r越小；当ζ一定时，ω_n越大，t_r越小。

2. 峰值时间t_p的计算

在峰值处，$h(t)$的导数为零。

$$h(t)=1-e^{-\zeta\cdot\omega_n\cdot t}\left(\cos\omega_d t+\frac{\zeta}{\sqrt{1-\zeta^2}}\sin\omega_d t\right)$$

对上式的两边求导，并令其为零，可得

$$h'(t)=\zeta\omega_n e^{-\zeta\cdot\omega_n\cdot t}\left(\cos\omega_d t+\frac{\zeta}{\sqrt{1-\zeta^2}}\sin\omega_d t\right)-\omega_d e^{-\zeta\cdot\omega_n\cdot t}\left(-\sin\omega_d t+\frac{\zeta}{\sqrt{1-\zeta^2}}\cos\omega_d t\right)$$

代入$\omega_d=\omega_n\sqrt{1-\zeta^2}$，可得

$$h'(t)=\zeta\omega_n e^{-\zeta\cdot\omega_n\cdot t}\cos\omega_d t+\frac{\zeta^2\omega_n}{\sqrt{1-\zeta^2}}e^{-\zeta\cdot\omega_n\cdot t}\sin\omega_d t+\omega_n\sqrt{1-\zeta^2}e^{-\zeta\cdot\omega_n\cdot t}\sin\omega_d t-\frac{\zeta\omega_n\sqrt{1-\zeta^2}}{\sqrt{1-\zeta^2}}e^{-\zeta\cdot\omega_n\cdot t}\cos\omega_d t$$

$$h'(t)=\frac{\zeta^2\omega_n}{\sqrt{1-\zeta^2}}e^{-\zeta\cdot\omega_n\cdot t}\sin\omega_d t+\omega_n\sqrt{1-\zeta^2}e^{-\zeta\cdot\omega_n\cdot t}\sin\omega_d t$$

$$h'(t)=\left(\frac{\zeta^2\omega_n}{\sqrt{1-\zeta^2}}+\omega_n\sqrt{1-\zeta^2}\right)e^{-\zeta\cdot\omega_n\cdot t}\sin\omega_d t=\frac{\omega_n}{\sqrt{1-\zeta^2}}e^{-\zeta\cdot\omega_n\cdot t}\sin\omega_d t=0$$

$$\sin\omega_d t_p=0$$

$$\omega_d t_p=n\pi(n=0,\pm1,\pm2\cdots)$$

t_p 为输出响应达到第一个峰值所对应的时间，所以应取 $n=1$。所以有

$$\omega_d t_p=\pi$$

$$t_p=\frac{\pi}{\omega_d}=\frac{\pi}{\omega_n\sqrt{1-\zeta^2}} \tag{3-29}$$

可以讨论：当 ω_n 一定时，ζ 越小，t_p 越小；当 ζ 一定时，ω_n 越大，t_p 越小。

3. 超调量 $\sigma_p\%$ 的计算

最大超调量发生在 t_p 时刻，有

$$h(t_p)=1-\frac{e^{-\zeta\cdot\omega_n\cdot t_p}}{\sqrt{1-\zeta^2}}\sin(\pi+\beta)$$

$$\sin(\pi+\beta)=-\sin\beta=-\sqrt{1-\zeta^2}$$

$$t_p=\frac{\pi}{\omega_n\sqrt{1-\zeta^2}}$$

$$h(t_p)=1+e^{-\pi\zeta/\sqrt{1-\zeta^2}}$$

因为此时为系统单位阶跃响应，$h(\infty)=1$，所以有

$$\sigma_p\%=\frac{h(t_p)-h(\infty)}{h(\infty)}\times100\%=e^{-\pi\zeta/\sqrt{1-\zeta^2}}\times100\% \tag{3-30}$$

由式（3-30）可以看出：超调量是阻尼比 ζ 的函数，与无阻尼振荡频率 ω_n 的大小无关，ζ 增大，$\sigma\%$减小，通常为了获得良好的平稳性和快速性，阻尼比 ζ 取在 0.4～0.8 之间，相应的超调量 25%～2.5%。

4. 调节时间 t_s 的计算

根据调节时间的定义有

$$\left|\frac{e^{-\zeta\cdot\omega_n\cdot t}}{\sqrt{1-\zeta^2}}\cdot\sin(\sqrt{1-\zeta^2}\cdot\omega_n t_s+\beta)\right|\leqslant 0.05\text{ 或 }0.02$$

不易求出 t_s。近似计算时，常用阻尼正弦振荡的包络线衰减到误差带之内所需时间来确定 t_s。当 $\zeta\leqslant0.8$ 时，常把 $\sin(\sqrt{1-\zeta^2}\cdot\omega_n t_s+\beta)$ 这一项去掉。写成 $\left|\frac{e^{-\zeta\cdot\omega_n t_s}}{\sqrt{1-\zeta^2}}\right|=\Delta$，即 $e^{-\zeta\cdot\omega_n t_p}=\Delta\sqrt{1-\zeta^2}$。两边取对数可得

$$t_s=\frac{1}{\zeta\cdot\omega_n}\ln\left(\frac{1}{\Delta\sqrt{1-\zeta^2}}\right)$$

近似表示为

$$t_s\approx\frac{3}{\zeta\cdot\omega_n}(\Delta=5\%)$$

$$t_s\approx\frac{4}{\zeta\cdot\omega_n}(\Delta=2\%) \tag{3-31}$$

在设计系统时，ζ 通常由要求的最大超调量决定，而调节时间则由无阻尼振荡频率 ω_n 来决定。

5. 振荡次数 N 的计算

振荡次数 N 是指在调节时间内，响应曲线穿越其稳态值次数的一半。

$$N=\frac{t_s}{T_d}, \text{其中}\left(T_d=\frac{2\pi}{\omega_d}=\frac{2\pi}{\omega_n\sqrt{1-\zeta^2}}\right) \tag{3-32}$$

式中：T_d 为阻尼振荡的周期。

【例 3-1】 已知单位反馈系统的传递函数为 $G(s)=\dfrac{5K_A}{s(s+34.5)}$，设系统的输入量为单位阶跃函数，试计算放大器增益 $K_A=200$ 时，系统输出响应的动态性能指标。当 K_A 增大到 1500 时或减小到 $K_A=13.5$，这时系统的动态性能指标将如何变化？

解 系统的闭环传递函数为

$$\Phi(s)=\frac{G(s)}{1+G(s)}=\frac{5K_A}{s^2+34.5s+5K_A}$$

$$K_A=200, \Phi(s)=\frac{1000}{s^2+34.5s+1000}$$

$$\omega_n^2=1000, 2\zeta\cdot\omega_n=34.5$$

$$\omega_n=31.6(\text{rad/s}), \zeta=\frac{34.5}{2\omega_n}=0.545$$

则根据欠阻尼二阶系统动态性能指标的计算公式，可以求得

$$t_p=\frac{\pi}{\omega_n\sqrt{1-\zeta^2}}-0.12(\text{s})$$

$$t_s\approx\frac{3}{\zeta\cdot\omega_n}=0.174(\text{s})$$

$$\sigma\%=e^{-\pi\zeta/\sqrt{1-\zeta^2}}\times 100\%=13\%$$

$$N=\frac{t_s}{2\pi/\omega_d}=\frac{t_s\omega_n\sqrt{1-\zeta^2}}{2\pi}=0.72(\text{次})$$

当 $K_A=1500$ 时

$$\omega_n=86.2(\text{rad/s}); \zeta=0.2$$

$$t_p=0.037(\text{s})$$

$$t_s=0.174(\text{s})$$

$$\sigma\%=52.7\%$$

$$N=2.34(\text{次})$$

由此可见，K_A 越大，ζ 越小，ω_n 越大，t_p 越小，$\sigma\%$ 越大，而调节时间 t_s 无多大变化。

当 $K_A=13.5$ 时

$$\omega_n=8.22(\text{rad/s}), \zeta=2.1$$

系统工作在过阻尼状态，峰值时间，超调量和振荡次数不存在，而调节时间可将二阶系统近似为大时间常数 T 的一阶系统来估计，即

$$t_s\approx 3T_1=1.46(\text{s})$$

$$\frac{1}{T_1}=\omega_n(\zeta-\sqrt{\zeta^2-1})$$

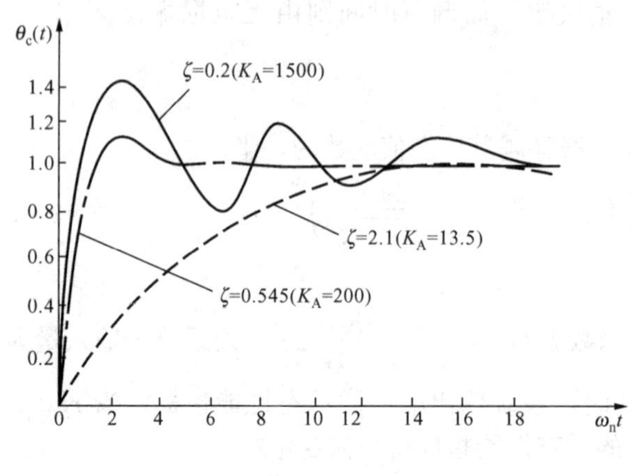

图 3 - 13 ［例 3 - 1］图

$$\frac{1}{T_2}=\omega_n(\zeta+\sqrt{\zeta^2-1})$$

调节时间比前两种 K_A 大得多，虽然响应无超调，但过渡过程缓慢，曲线如图 3 - 13 所示。

综合上述情况，K_A 增大，t_p 减小，t_r 减小，可以提高响应的快速性，但超调量也随之增加，仅靠调节放大器的增益，即比例调节，难以兼顾系统的快速性和平稳性，为了改善系统的动态性能，可采用比例—微分控制或速度反馈控制，即对系统加入校正环节。

【例 3 - 2】 原控制系统如图 3 - 14（a）所示，引入速度反馈后的控制系统如图 3 - 14（b）所示，在图 3 - 14（b）中，系统单位阶跃响应的超调量 $\sigma\%=16.4\%$，峰值时间 $t_p=1.14\text{s}$，试确定参数 K 和 K_t，并计算系统引入速度反馈后的单位阶跃响应 $h(t)$ 。

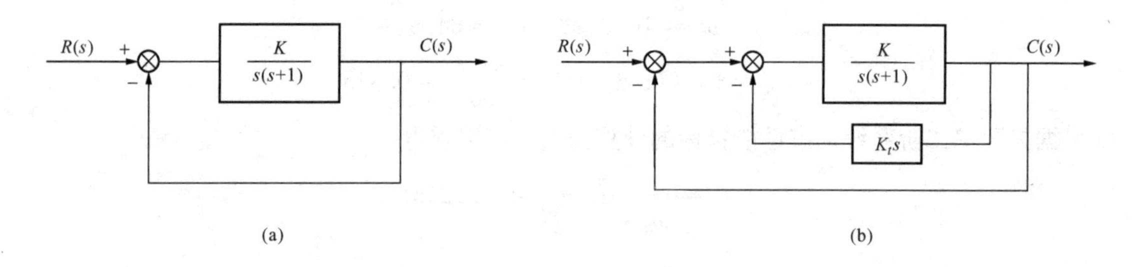

图 3 - 14 ［例 3 - 2］系统结构图

解 对于图 3 - 14（b）所示系统，其闭环传递函数为

$$\frac{C(s)}{R(s)}=\Phi(s)=\frac{K}{s^2+(1+KK_t)s+K}$$

与典型二阶系统相比较，有

$$\omega_n=\sqrt{K},\ 2\zeta\omega_n=1+KK_t$$

已知 $\sigma_p\%=16.4\%$，$t_p=1.14\text{s}$

根据

$$\sigma\%=e^{-\pi\zeta\sqrt{1-\zeta^2}}\times100\%=16.4\%$$

$$t_p=\frac{\pi}{\omega_n\sqrt{1-\zeta^2}}=1.14$$

求得 $\zeta=0.5$，$\omega_n=3.16(\text{rad/s})$

代入

$$\omega_n=\sqrt{K},\ 2\zeta\omega_n=1+KK_t$$

求得

$$K=\omega_n^2=10$$

$$K_t = \frac{2\zeta\omega_n - 1}{K} = 0.216$$

系统的单位阶跃响应为

$$h(t) = 1 - \frac{1}{\sqrt{1-\zeta^2}} e^{-\zeta\omega_n t} \sin(\omega_n \sqrt{1-\zeta^2} t + \beta) = 1 - 1.154 e^{-1.58t} \sin(2.74t + 60°)$$

3.4 高阶系统的时域分析

3.4.1 高阶系统的时域响应

n 阶系统的闭环传递函数为

$$\Phi(s) = \frac{C(s)}{R(s)} = \frac{b_0 s^m + b_1 s^{m-1} + \cdots + b_{m-1} s + b_m}{a_0 s^n + a_1 s^{n-1} + \cdots + a_{n-1} s + a_n} = \frac{K(s-z_1)(s-z_2)\cdots(s-z_m)}{(s-p_1)(s-p_2)\cdots(s-p_n)}$$

当输入为单位阶跃输入时，即 $r(t) = 1(t)$，$R(s) = \frac{1}{s}$ 时，

$$C(s) = \frac{K\prod_{j=1}^{m}(s-z_j)}{\prod_{i=1}^{n}(s-p_1)} \cdot \frac{1}{s}$$

假设所有闭环极点和闭环零点互不相等，且为实数则有

$$C(s) = \frac{K\prod_{j=1}^{m}(s-z_j)}{\prod_{i=1}^{n}(s-p_i)} \cdot \frac{1}{s} = \frac{A_0}{s} + \sum_{i=1}^{n} \frac{A_i}{(s-p_i)}$$

拉氏反变换可得响应函数为

$$h(t) = A_0 + \sum_{i=1}^{n} A_i e^{p_i t} \tag{3-33}$$

当极点中包含共轭极点时有

$$C(s) = \frac{K\prod_{j=1}^{m}(s-z_j)}{s\prod_{i=1}^{n}(s-p_i)\prod_{k=1}^{r}(s^2+2\zeta_k\omega_k s+\omega_k^2)} = \frac{A_0}{s} + \sum_{i=1}^{n}\frac{A_i}{s-p_i} + \sum_{k=1}^{r}\frac{B_k(s+\zeta_k\omega_k)+C_k\omega_k\sqrt{1-\zeta_k^2}}{s^2+2\zeta_k\omega_k s+\omega_k^2}$$

进行拉普拉斯反变换可得系统单位阶跃响应函数为

$$h(t) = A_0 + \sum_{i=1}^{q} A_1 e^{p_i t} + \sum_{k=1}^{r} B_k e^{-\zeta_k\omega_k t}\cos\omega_k\sqrt{1-\zeta_k^2 t} + \sum_{k=1}^{r} C_k e^{-\zeta_k\omega_k t}\sin\omega_k\sqrt{1-\zeta_k^2 t} \tag{3-34}$$

3.4.2 高阶系统的降阶

如果采用上一节中所得出的高阶系统单位阶跃响应函数表达式来分析高阶系统，将是非常复杂而难于实现的。在实际的工程应用中，对于高阶系统往往采用降阶的方法来处理，即将高阶系统通过降阶，近似成一个一阶或者二阶系统来分析处理。降阶过程用到的方法主要是主导极点分析法和偶极子的概念。

1. 主导极点分析法

高阶系统包含多个闭环极点，这些极点在系统响应中所起的作用是不一样的。可以证明，那些距离虚轴比较近的极点在响应中所起的作用较大，占据主导地位，而距离虚轴较远的极点对系统影响较小。因此，工程上将那些作用较大的极点称为主导极点，其余的极点称为非主导极点。

理论上，如果非主导极点与虚轴的距离是主导极点与虚轴距离的 6 倍以上（实际上 2、3 倍即可），就可以忽略非主导极点的影响，只保留主导极点。如果主导极点只有一个，则系统近似为一阶系统，如果主导极点有两个，则近似为二阶系统。这就是高阶系统的主导极点分析法。

2. 偶极子

工程上，将一对距离很近的零、极点称为偶极子。实际上，当某个极点距离某零点的距离比它们的模值小一个数量级，就可以将这一对零、极点看作一对偶极子。

复平面上的偶极子，相当于闭环传递函数中，零、极点的数值相近可以消去的概念。因此，在分析高阶系统的过程中，如果发现偶极子，则可将相应的零、极点消去，以达到高阶系统降阶的目的。

3.5 线性定常系统的稳定性和稳定判据

稳定性是控制系统的重要性能，也是系统能够工作的首要条件。任何系统在实际工作时都会受到一些内部和外部因素的扰动，如能源的波动，负载的变化，环境条件的改变等。如果系统不稳定，则在扰动作用下平衡状态的偏离会越来越大，理论上将呈发散状态。因此，研究系统的稳定性并提出保证系统稳定的措施是本课程的基本任务之一。

3.5.1 稳定的概念和定义

控制理论中的稳定性定义，实际上是平衡状态的稳定性，是俄国学者李雅普诺夫于 1892 年提出的。李雅普诺夫稳定理论将在现代控制理论中详细介绍，现只举例简单说明。

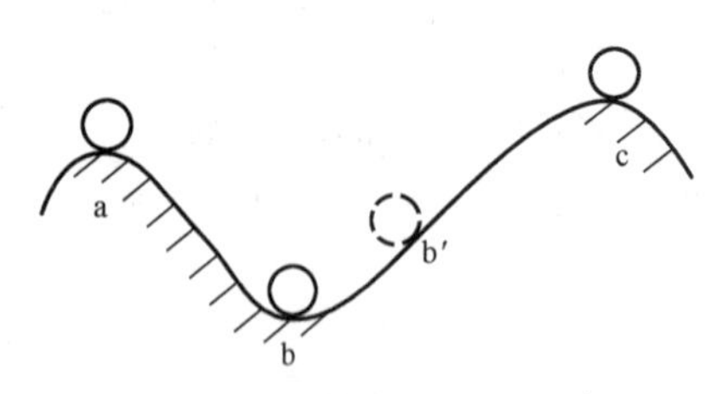

图 3-15 平衡状态稳定性

如图 3-15 所示，如小球平衡位置 b 点，受外界扰动作用，从 b 点到 b′点，外力作用去掉后，小球围绕 b 点作几次反复振荡，最后又回到 b 点，这时小球的运动是稳定的。如果小球的位置在 a 或 c 点，在微小扰动下，一旦偏离平衡位置，则无论怎样，小球再也回不到原来位置，则是不稳定的。

若线性控制系统在有界扰动 $\delta(t)$ 作用下，其过渡过程随时间的推移，逐渐衰减并趋于零，则称该系统为渐近稳定，简称稳定。反之为不稳定。

需要说明的是，线性系统的稳定性只取决于系统本身的结构参数，而与外作用及初始条件无关，是系统的固有特性。

3.5.2 线性系统的稳定条件

由系统稳定性的定义可见，若系统初始条件为零，对系统加上理想单位脉冲 $\delta(t)$，系统得输出就是线性系统的脉冲响应函数 $g(t)$。$g(t)$ 就相当于扰动信号作用下输出偏离原平衡状

态的情况。如果 $t\to\infty$ 时，脉冲响应函数收敛于系统原平衡工作点，即下式成立

$$\lim_{t\to\infty} g(t) = 0 \tag{3-35}$$

则线性系统是稳定的。

设系统的闭环传递函数为

$$\Phi(s) = \frac{C(s)}{R(s)} = \frac{b_0 s^m + b_1 s^{m-1} + \cdots + b_{m-1} s + b_m}{a_0 s^n + a_1 s^{n-1} + \cdots + a_{n-1} s + a_n} = \frac{M(s)}{D(s)}$$

$$M(s) = b_0 s^m + b_1 s^{m-1} + \cdots + b_{m-1} s + b_m$$

$$D(s) = a_0 s^n + a_1 s^{n-1} + \cdots + a_{n-1} s + a_n$$

则输出为

$$C(s) = \frac{M(s)}{D(s)} \cdot R(s) = \frac{M(s)}{D(s)}$$

若 $s = s_i (i = 1, 2, \cdots, n)$ 是线性系统特征方程 $D(s)=0$ 的根，且互不相等，则上式可分解为

$$C(s) = \frac{M(s)}{D(s)} = \sum_{i=1}^{n} \frac{C_i}{s - s_i}$$

式中

$$C_i = \frac{M(s)}{D(s)}(s - s_i)\bigg|_{s=s_i}$$

则通过拉氏反变换，求出系统的单位脉冲过渡函数为

$$g(t) = c(t) = \sum_{i=1}^{n} C_i e^{s_i t} \tag{3-36}$$

欲满足 $\lim_{t\to\infty} g(t) = 0$，则必须各个分量都趋于零。式中，$C_i$ 为常数，即只有当系统的全部特征根 s_i 都具有负实部才满足。系统特征根与稳定性的关系如图 3-16 和图 3-17 所示。

所以，线性系统稳定的充要条件是：系统特征方程的全部根都具有负实部，或者闭环传递函数的全部极点均在 s 平面的虚轴之左。特征方程有重根时，上述充要条件也完全适用。

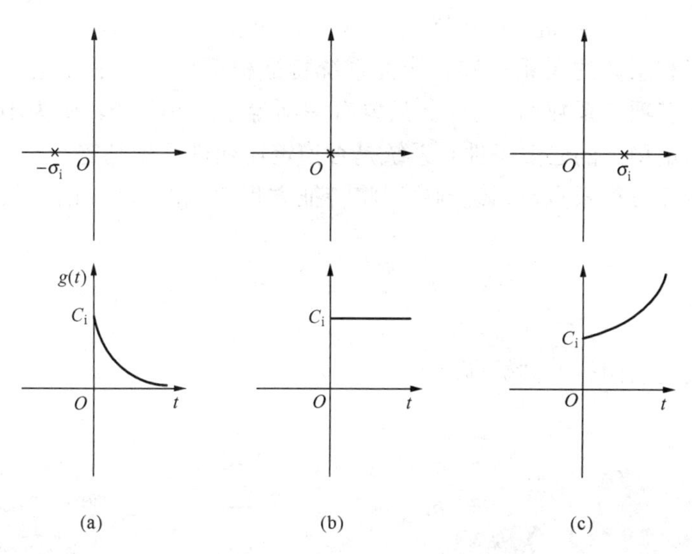

图 3-16　实根情况下系统的稳定性

(a) 稳定；(b) 临界稳定；(c) 发散

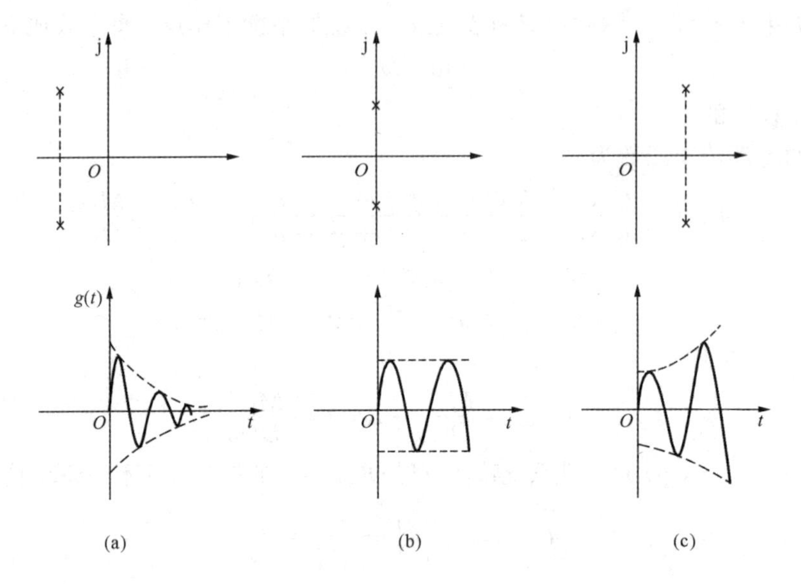

图 3 - 17 共轭复根情况下系统的稳定性

(a) 衰减振荡—稳定；(b) 等幅振荡—临界稳定；(c) 发散振荡—不稳定

3.5.3 稳定判据

线性系统稳定的充要条件已如上述。但问题是如何知道系统闭环特征根是否都具有负实部。方法之一就是求解系统闭环特征方程，但是这种方法在求解高阶系统时，会因为方程阶次高而遇到困难。事实上，判定系统是否稳定不需要知道每个特征根的大小，仅需知道其实部是否为负实部。因此，可以不必求解闭环特征方程，而采用一些“判据”加以解决。时域分析中最常用的判据就是劳斯（Routh）判据。

设系统的特征方程为

$$D(s) = a_0 s^n + a_1 s^{n-1} + a_2 s^{n-2} + \cdots + a_{n-1} s + a_n = 0 \tag{3 - 37}$$

由高次代数方程根和系数的关系可知，线性系统特征根都位于 s 平面左半平面的必要条件是：特征方程中所有项的系数均大于 0。只要有一项等于或小于 0，则为不稳定系统。如果系数都大于零，满足稳定的必要条件，系统是否稳定还须进一步判定。

劳斯判据用特征方程系数对系统判稳。将特征方程式（3 - 37）的系数按下列形式排成两行

$$\begin{matrix} a_0 & a_2 & a_4 & \cdots \\ a_1 & a_3 & a_5 & \cdots \end{matrix}$$

这两行作为劳斯表的前两行，列劳斯表如下

$$\begin{matrix} s^n & a_0 & a_2 & a_4 & \cdots \\ s^{n-1} & a_1 & a_3 & a_5 & \cdots \\ s^{n-2} & b_1 & b_2 & b_3 & \cdots \\ s^{n-3} & c_1 & c_2 & c_3 & \cdots \\ \vdots & \vdots & \vdots & \vdots & \\ s^0 & r_1 & & & \end{matrix}$$

其中

$$b_1 = \frac{a_1a_2 - a_0a_3}{a_1}; b_2 = \frac{a_1a_4 - a_0a_5}{a_1}; \cdots$$

$$c_1 = \frac{b_1a_3 - a_1b_2}{b_1}; c_2 = \frac{b_1a_5 - a_1b_3}{b_1}; \cdots$$

$$\vdots$$

$$r_1 = a_n$$

劳斯表中横排为行，纵排为列。劳斯表共有（$n+1$）行。表中各数称为元素。由劳斯表得到的关于系统稳定性的结论如下：

（1）若劳斯表中第一列所有元素都大于零，则系统是稳定的；

（2）若劳斯表中第一列出现负元素，则系统不稳定。第一列元素符号变化的次数就是系统实部大于零的右根数。

【例 3-3】 系统特征方程为

$$s^4 + 6s^3 + 12s^2 + 11s + 6 = 0$$

试用劳斯判据判断系统的稳定性，若不稳定指出系统正实部的根数。

解 方程不缺项，且系数均为正，符合稳定的必要条件。

系统劳斯表为

$$\begin{array}{llll} s^4 & 1 & 12 & 6 \\ s^3 & 6 & 11 & \\ s^2 & \frac{61}{6} & 6 & \\ s^1 & \frac{455}{61} & & \\ s^0 & 6 & & \end{array}$$

劳斯表第一列元素都大于零，所以系统闭环稳定。

【例 3-4】 设系统得特征方程是

$$s^4 + 2s^3 + 3s^2 + 4s + 5 = 0$$

试用劳斯判据判断系统的稳定性，若不稳定指出系统正实部的根数。

解 方程不缺项，且系数均为正，符合稳定的必要条件。

该系统的劳斯表为

$$\begin{array}{llll} s^4 & 1 & 3 & 5 \\ s^3 & 2 & 4 & \\ s^2 & 1 & 5 & \\ s^1 & -6 & 0 & \\ s^0 & 5 & & \end{array}$$

可见，第一列出现了负元素，系统不稳定；第一列元素符号变化两次，所以系统有两个正实部的根。

3.5.4 劳斯判据的特殊情况

在应用劳斯判据时，可能会遇到两种特殊情况。

情况 1：劳斯表中某一行的第一个元素为 0，其他各元素不全为 0，这时可以用任意小的正数 ε 代替某一行第一个为 0 的元素。然后继续劳斯表计算并判断。

【例 3-5】 设系统的闭环特征方程为

$$s^4+3s^3+4s^2+12s+16=0$$

试用劳斯判据判断系统的稳定性。

解 系统的劳斯表为

$$\begin{array}{llll} s^4 & 1 & 4 & 16 \\ s^3 & 3 & 12 & \\ s^2 & 0(\varepsilon) & 16 & \\ s^1 & \dfrac{12\varepsilon-48}{\varepsilon} & 0 & \\ s^0 & 16 & & \end{array}$$

由于 ε 很小，所以

$$\frac{12\varepsilon-48}{\varepsilon}=12-\frac{48}{\varepsilon}<0$$

系统不稳定，并有两个正实部根。

情况 2：劳斯表中第 k 行元素全为 0，这说明系统的特征根或存在两个符号相异，绝对值相同的实根，或存在一对共轭纯虚根，或存在实部符号相异，虚部数值相同的共轭复根，或上述类型的根兼而有之。此时系统必然是不稳定的。在这种情况下，可做如下处理。

（1）用 $k-1$ 行元素构成辅助方程；

（2）将辅助方程为 s 求导，其系数作为全零行的元素，继续完成劳斯表。

【例 3-6】 系统的闭环特征方程为

$$s^5+3s^4+3s^3+9s^2-4s-12=0$$

试用劳斯判据判断系统的稳定性。

解 系统的劳斯表为

$$\begin{array}{llll} s^5 & 1 & 3 & -4 \\ s^4 & 3 & 9 & -12 \\ s^3 & 0 & 0 & 0 \\ s^2 & & & \\ s^1 & & & \\ s^0 & & & \end{array}$$

列辅助方程为

$$3s^4+9s^2-12=0$$

求导可得

$$12s^2+18s=0$$

继续列劳斯表得

s^5	1	3	−4
s^4	3	9	−12
s^3	12	18	0
s^2	9/2	−12	
s^1	50	0	
s^0	−12		

所以，第一列符号改变一次，有一个正实部根，系统不稳定。解辅助方程为

$$3s^4+9s^2-12=0$$

得

$$(s^2-1)(s^2+4)=0$$

解得符号相异，绝对值相同的两个实根 $s_{1,2}=\pm 1$，和一对纯虚根 $s_{3,4}=\pm \mathrm{j}2$。可见其中有一个正实根。

需要说明的是，当劳斯表中出现两种特殊情况中的任意一种时，第一列元素已经不全为正数，此时已经可以确定系统是不稳定的。采取上述方法继续劳斯表的目的是通过劳斯表进一步判明系统根的情况。

3.5.5 劳斯判据的应用

（1）劳斯表不但可判断系统的稳定性，而且能判断特征根的位置及分布情况。

（2）可以选择使系统稳定的调节器参数的数值。

【例3-7】 控制系统如图3-18所示，试确定使系统稳定的 k 的取值范围。

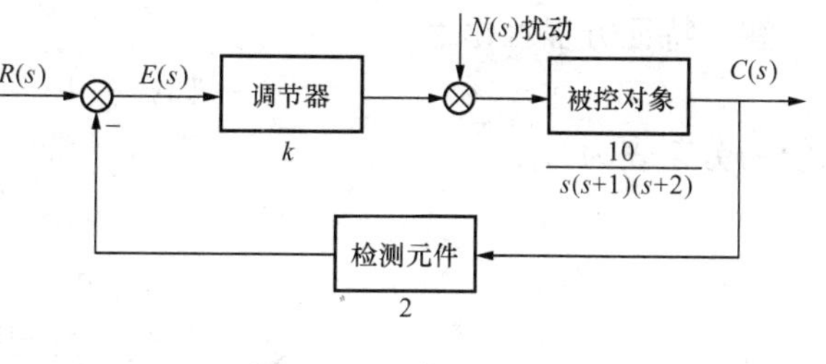

图3-18 控制系统

解 系统的闭环传递函数为

$$\Phi(s)=\frac{C(s)}{R(s)}=\frac{\dfrac{10k}{s(s+1)(s+2)}}{1+\dfrac{20k}{s(s+1)(s+2)}}$$

$$\frac{C(s)}{N(s)}=\frac{\dfrac{10}{s(s+1)(s+2)}}{1+\dfrac{20k}{s(s+1)(s+2)}};\ G(s)=\frac{20k}{s(s+1)(s+2)}$$

则系统的闭环特征方程为

$$1+G(s)=0$$

$$1+\frac{20k}{s(s+1)(s+2)}=0$$

整理得

$$s^3+3s^2+2s+20k=0$$

系统稳定的必要条件为

$$20k>0\Rightarrow k>0$$

列劳斯表

$$
\begin{array}{lll}
s^3 & 1 & 2 \\
s^2 & 3 & 20k \\
s^1 & \dfrac{6-20k}{3} & \\
s^0 & 20k &
\end{array}
$$

系统稳定，则劳斯表中第一列元素都大于零，所以有

$$\frac{6-20k}{3}>0,\text{且 }20k>0$$

综合可得系统稳定时，k 的取值范围是：$0<k<0.3$。

(3) 确定系统的相对稳定性。相对稳定性即系统的特征根在 s 平面的左半平面且与虚轴有一定的距离，称之为稳定裕量。为了能应用上述的代数判据，通常将 s 平面的虚轴左移一个距离 δ，得新的复平面 s_1，即令 $s_1=s+\delta$ 或 $s=s_1-\delta$ 得到以 s_1 为变量的新特征方程式 $D(s_1)=0$，再利用代数判据判别新特征方程式的稳定性，若新特征方程式的所有根均在 s_1 平面的左半平面，则说明原系统不但稳定，而且所有特征根均位于 $-\delta$ 的左侧，δ 称为系统的稳定裕量。

【例 3-8】 系统闭环特征方程为

$$0.025s^3+0.325s^2+s+k=0$$

试判断使系统稳定的 k 值范围，如果要求特征值均位于 $s=-1$ 垂线之左。问 k 值应如何调整?

解 特征方程可化为

$$s^3+13s^2+40s+40k=0$$

系统的劳斯表为

$$
\begin{array}{lll}
s^3 & 1 & 40 \\
s^2 & 13 & 40k \\
s^1 & \dfrac{13\times 40-40k}{13} & \\
s^0 & 40k &
\end{array}
$$

由劳斯判据，系统稳定时第一列元素都大于零，可得系统稳定时 k 的取值范围是：$0<k<13$。

若要求全部特征根在 $s=-1$ 之左，则虚轴向左平移一个单位，令 $s=s_1-1$ 代入原特征方程，得

$$(s_1-1)^3+13(s_1-1)^2+40(s_1-1)+40k=0$$

整理得

$$s_1^3+10s_1^2+17s_1+(40k-28)=0$$

列劳斯表得

$$
\begin{array}{lll}
s_1^3 & 1 & 17 \\
s_1^2 & 10 & 40k-28 \\
s_1^1 & \dfrac{170-(40k-28)}{10} & \\
s_1^0 & 40k-28 &
\end{array}
$$

由劳斯表中第一列元素都大于零可得，系统特征根均位于 $s=-1$ 之左时，k 的取值范围是

$$0.7<k<4.95$$

【例 3-9】 校验特征方程

$$2s^3+10s^2+13s+4=0$$

是否有根位于 s 平面右半平面，以及有几个根在 $s=-1$ 这条垂线的右边。

解 列劳斯表如下：

$$\begin{array}{lll} s^3 & 2 & 13 \\ s^2 & 10 & 4 \\ s^1 & 12.2 & \\ s^0 & 4 & \end{array}$$

由劳斯表可知，系统稳定，故没有特征根位于 s 平面右半平面。将 $s=s_1-1$ 代入特征方程可得新的关于 s_1 的特征方程为

$$D(s)=2s_1^3+4s_1^2-s_1-1=0$$

列劳斯表得

$$\begin{array}{lll} s_1^3 & 2 & -1 \\ s_1^2 & 4 & -1 \\ s_1^1 & -\dfrac{1}{2} & \\ s_1^0 & -1 & \end{array}$$

劳斯表中第一列元素符号改变一次，表示系统有一个根在 s_1 右半平面，也就是有一个根在垂线 $s=-1$ 的右边（虚轴的左边），系统的稳定裕量不到1。

3.6 控制系统的稳态误差

控制系统的稳态误差是控制系统稳态精度的一种度量。它是系统的一项重要的性能指标。研究系统稳态精度的前提条件是系统必须是稳定的。通常把阶跃输入作用下存在稳态误差的系统称为有差系统，而把阶跃作用下不存在稳态误差的系统称为无差系统。这里所说的误差是指系统原理上的误差，不包括由于摩擦、系统的非线性等引起的误差。

3.6.1 误差和稳态误差的定义

系统的误差 $e(t)$ 一般定义为被控量的希望值与实际值之差。即 $e(t)=$ 被控量的希望值$-$被控量的实际值。其数学表达式为

$$e(t)=c_r(t)-c(t) \qquad (3-38)$$

对于图 3-19 所示的反馈控制系统，常用的误差定义有两种。

(1) 从输入端定义：

$$e(t)=r(t)-b(t) \qquad (3-39)$$

(2) 从输出端定义：

$$e'(t)=c_r(t)-c(t) \qquad (3-40)$$

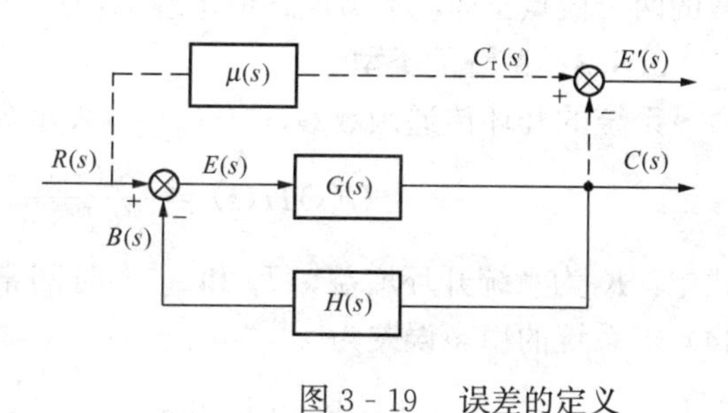

图 3-19 误差的定义

当图 3-18 中反馈为单位反馈时，即 $H(s)=$

1时，上述两种定义可统一为

$$e(t)=e'(t)=r(t)-b(t) \tag{3-41}$$

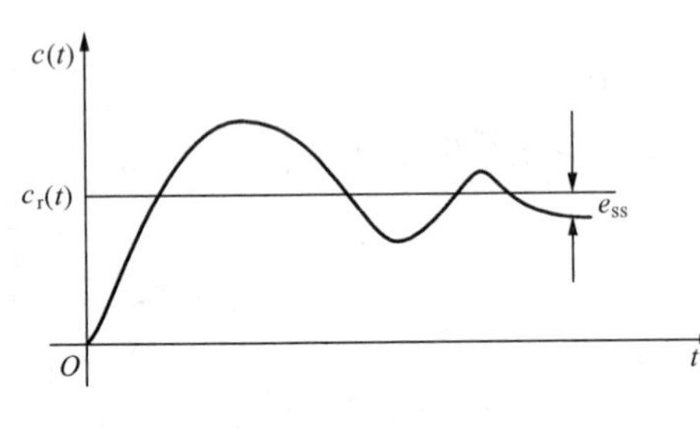

图3-20 稳态误差的定义

误差响应$e(t)$与系统输出响应$c(t)$一样，也包含暂态分量和稳态分量两部分，对于一个稳定系统，暂态分量随着时间的推移逐渐消失，而我们主要关心的是控制系统平稳以后的误差，即系统误差响应的稳态分量——稳态误差记为e_{ss}，如图3-20所示。

定义稳态误差为稳定系统误差响应$e(t)$的终值。当时间t趋于无穷时，$e(t)$的极限存在，则稳态误差为

$$e_{ss}=\lim_{t\to\infty}e(t)=\lim_{t\to\infty}[c_r(t)-c(t)] \tag{3-42}$$

3.6.2 稳态误差分析

根据误差和稳态误差的定义，系统误差$e(t)$的象函数

$$E(s)=R(s)-B(s)=R(s)-G(s)H(s)E(s)$$

$$E(s)=\frac{1}{1+G(s)H(s)}R(s)$$

定义

$$\Phi_{er}(s)=\frac{E(s)}{R(s)}=\frac{1}{1+G(s)H(s)} \tag{3-43}$$

为系统对输入信号的误差传递函数。由拉普拉斯变换的终值定理计算稳态误差，则

$$e_{ss}=\lim_{t\to\infty}e(t)=\lim_{s\to 0}sE(s)$$

代入$E(s)$表达式得：

$$e_{ss}=\lim_{s\to 0}s\frac{1}{1+G(s)H(s)}R(s) \tag{3-44}$$

从上式得出两点结论：

（1）稳态误差与系统输入信号$r(t)$的形式有关；

（2）稳态误差与系统的结构及参数有关。另外，在应用式（3-43）和式（3-44）时，需要注意拉氏变换终值定理的使用条件，即函数在s平面右半平面及除原点以外的整个虚轴解析。

由此可以看出，当输入为正弦信号时，不能应用上述两式，因为$E(s)$中含有正弦象函数的两个极点$\pm j\omega$，不满足终值定理的使用条件。

3.6.3 系统的类型

系统的开环传递函数$G(s)H(s)$可表示为

$$G(s)H(s)=\frac{K(\tau_1 s+1)(\tau_2 s+1)\cdots(\tau_m s+1)}{s^{\upsilon}(T_1 s+1)(T_2 s+1)\cdots(T_n s+1)}$$

式中：K为系统开环增益，T_i和τ_i为时间常数，υ为系统积分环节的个数。应用式（3-44）求系统的稳态误差为

$$e_{ss}=\lim_{s\to 0}sE(s)=\lim_{s\to 0}s\frac{1}{1+G(s)H(s)}\cdot R(s)=\lim_{s\to 0}s\frac{s^{\upsilon}}{s^{\upsilon}+K}R(s) \tag{3-45}$$

如果 $R(s)$ 一定，则 e_{ss} 就和系统的 K 和 υ 有关。因此，系统常按开环传递函数中所含有的积分环节个数来分类。把 $\upsilon=0$、1、2…的系统分别称为0型、Ⅰ型、Ⅱ型…系统。

3.6.4 误差系数与给定稳态误差

1. 静态位置误差系数 K_p

当系统的输入为单位阶跃信号 $r(t)=1(t)$ 时，由式（3-44），有

$$e_{ss}=\lim_{s\to 0}s\frac{1}{1+G(s)H(s)}\times\frac{1}{s}=\frac{1}{1+\lim\limits_{s\to 0}G(s)H(s)}=\frac{1}{1+K_p}$$

式中：K_p 定义为系统静态位置误差系数，$K_p=\lim\limits_{s\to 0}G(s)H(s)$。

对于0型系统有

$$K_p=\lim_{s\to 0}\frac{K(\tau_1 s+1)(\tau_2 s+1)\cdots(\tau_m s+1)}{(T_1 s+1)(T_2 s+1)\cdots(T_n s+1)}=K$$

$$e_{ss}=\frac{1}{1+K_p}=\frac{1}{1+K}$$

对于Ⅰ型或高于Ⅰ型以上系统

$$K_p=\lim_{s\to 0}\frac{K(\tau_1 s+1)(\tau_2 s+1)\cdots(\tau_m s+1)}{s^{\upsilon}(T_1 s+1)(T_2 s+1)\cdots(T_n s+1)}=\infty$$

$$e_{ss}=0$$

2. 静态速度误差系数 K_v

当系统的输入为单位阶跃信号 $r(t)=t1(t)$，即 $R(s)=\frac{1}{s^2}$ 时，由式（3-44），有

$$e_{ss}=\lim_{s\to 0}s\frac{1}{1+G(s)H(s)}\cdot\frac{1}{s^2}=\frac{1}{\lim\limits_{s\to 0}sG(s)H(s)}=\frac{1}{K_v}$$

式中：K_v 为系统静态速度误差系数，$K_v=\lim\limits_{s\to 0}sG(s)H(s)$。

对于0型系统有

$$K_v=\lim_{s\to 0}s\frac{K(\tau_1 s+1)(\tau_2 s+1)\cdots(\tau_m s+1)}{(T_1 s+1)(T_2 s+1)\cdots(T_n s+1)}=0$$

$$e_{ss}=\frac{1}{K_v}=\infty$$

对于Ⅰ型系统有

$$K_v=\lim_{s\to 0}s\frac{K(\tau_1 s+1)(\tau_2 s+1)\cdots(\tau_m s+1)}{s(T_1 s+1)(T_2 s+1)\cdots(T_n s+1)}=K$$

$$e_{ss}=\frac{1}{K_v}$$

对于Ⅱ型或高于Ⅱ型以上系统

$$K_v=\lim_{s\to 0}s\frac{K(\tau_1 s+1)(\tau_2 s+1)\cdots(\tau_m s+1)}{s^{\upsilon}(T_1 s+1)(T_2 s+1)\cdots(T_n s+1)}=\infty$$

$$e_{ss}=0$$

3. 静态速度误差系数 K_a

当系统输入为单位加速度信号，即 $r(t)=\frac{1}{2}t^2\cdot 1(t)$，$R(s)=\frac{1}{s^3}$ 时，则系统稳态误差为

$$e_{ss}=\lim_{s\to 0}s\frac{1}{1+G(s)H(s)}R(s)=\lim_{s\to 0}s\frac{1}{1+G(s)H(s)}\cdot\frac{1}{s^3}=\frac{1}{\lim\limits_{s\to 0}s^2G(s)H(s)}=\frac{1}{K_a}$$

式中：K_a 为系统静态加速度误差系数，$K_a = \lim_{s \to 0} s^2 G(s)H(s)$。

对于 0 型系统，有

$$K_a = 0, \; e_{ss} = \infty$$

对于Ⅰ型系统有

$$K_a = 0, \; e_{ss} = \infty$$

对于Ⅱ型系统，有

$$K_a = K, \; e_{ss} = \frac{1}{K}$$

对于Ⅲ型或Ⅲ型以上系统，有

$$K_a = \infty, e_{ss} = 0$$

K_p、K_v、K_a 三个静态误差系数反映了系统稳态误差和系统结构参数的关系。把这两组关系结合起来，就可以求得不同型别系统响应不同给定信号的稳态误差。下面把这些结论归纳在表 3 - 1 中。

表 3 - 1　给定信号作用下的稳态误差

系统类型	静态误差系数			阶跃输入 $r(t)=A\cdot 1(t)$	斜坡输入 $r(t)=A\cdot t\cdot 1(t)$	加速度输入 $r(t)=At^2/2$
v	K_p	K_v	K_a	$e_{ss}=\frac{A}{1+K_p}$	$e_{ss}=\frac{A}{K_v}$	$e_{ss}=\frac{A}{K_a}$
0	K	0	0	$\frac{A}{1+K}$	∞	∞
Ⅰ	∞	K	0	0	$\frac{A}{K}$	∞
Ⅱ	∞	∞	K	0	0	$\frac{A}{K}$

【例 3 - 10】 系统结构如图 3 - 21 所示，求当输入信号 $r(t)=2t+t^2$ 时，系统的稳态误差 e_{ss}。

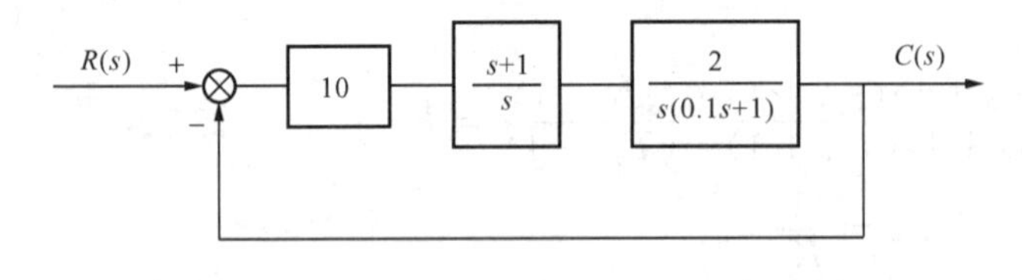

图 3 - 21　［例 3 - 10］系统结构图

解　首先，判别系统的稳定性。由系统的结构图，可以求得系统的闭环特征方程为

$$D(s) = 0.1s^3 + s^2 + 20s + 20 = 0$$

根据劳斯判据知闭环系统稳定（过程略）。

然后，求稳态误差 e_{ss}。因为系统为Ⅱ型系统，根据线性系统的齐次性和叠加性，有

$$r_1(t) = 2t \text{ 时}, K_v = \infty, e_{ss1} = \frac{2}{K_v} = 0$$

$$r_2(t) = t^2 \text{ 时}, K_a = 20, e_{ss2} = \frac{2}{K_a} = 0.1$$

所以系统的稳态误差

$$e_{ss} = e_{ssr1} + e_{ssr2} = 0.1$$

3.6.5 干扰信号作用下的稳态误差与系统结构的关系

扰动信号 $n(t)$ 作用下的系统结构图如图 3 - 22 所示。可见，当系统只受到干扰信号作用时，偏差信号

$$e_{ss}(t)=-b(t)$$

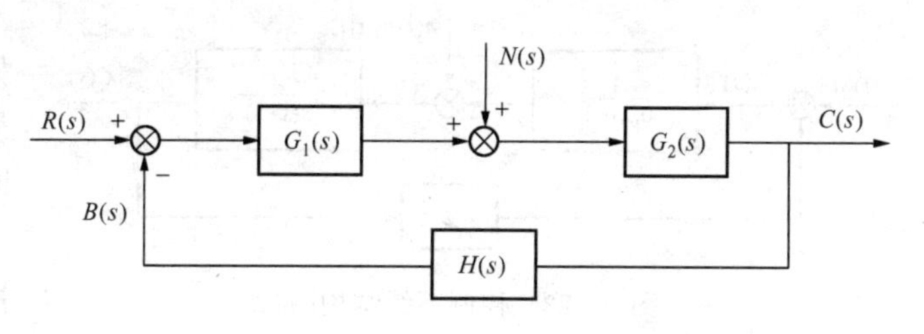

图 3 - 22 扰动作用下的控制系统结构图

扰动信号 $n(t)$ 作用下的误差函数为

$$\begin{aligned}E_n(s)&=-B(s)\\&=-H(s)C(s)\\&=-H(s)\frac{G_2(s)}{1+G_1(s)G_2(s)H(s)}N(s)\\&=-\frac{G_2(s)H(s)}{1+G_1(s)G_2(s)H(s)}N(s)\end{aligned}$$

则系统的稳态误差为

$$e_{ssn}(\mathrm{s})=\lim_{s\to0}sE_n(s)=\lim_{s\to0}s\frac{-G_2(s)H(s)}{1+G_1(s)G_2(s)H(s)}N(s) \tag{3 - 46}$$

定义：

$$\Phi_{en}(s)=\frac{E_n(s)}{N(s)}=-\frac{G_2(s)H(s)}{1+G_1(s)G_2(s)H(s)} \tag{3 - 47}$$

为系统对扰动的误差传递函数。

若 $\lim\limits_{s\to0}G_1(s)G_2(s)H(s)\gg1$，则式（3 - 46）可近似为

$$e_{ssn}\approx\lim_{s\to0}s\frac{-G_2(s)H(s)}{1+G_1(s)G_2(s)H(s)}N(s)=\lim_{s\to0}s\frac{-1}{G_1(s)}N(s) \tag{3 - 48}$$

由上可得，干扰信号 $n(t)$ 作用下产生的稳态误差 e_{ssn} 除了与干扰信号的形式有关外，还与干扰作用点之前（干扰点与误差点之间）的传递函数的结构及参数有关，但与干扰作用点之后的传递函数无关。

3.6.6 稳态误差的计算

对于线性系统，响应具有叠加性，不同输入信号作用于系统产生的误差等于每一个输入信号单独作用时产生的误差的叠加。对于图 3 - 19 所示系统，如果给定信号 $r(t)$ 和扰动信号 $n(t)$ 同时作用于系统。则由前面几节可知。给定信号所引起的稳态误差为

$$e_{ssr}=\lim_{s\to0}sE_r(s)=\lim_{s\to0}s\frac{1}{1+G_1(s)G_2(s)H(s)}R(s)$$

扰动信号引起的稳态误差为

$$e_{ssn}(s)=\lim_{s\to0}sE_n(s)=\lim_{s\to0}s\frac{-G_2(s)H(s)}{1+G_1(s)G_2(s)H(s)}N(s)$$

则控制系统在给定信号 $r(t)$ 和干扰信号 $n(t)$ 同时作用下的稳态误差 e_{ss} 为

$$e_{ss}=e_{ssr}+e_{ssn}=\lim_{s\to0}sE_r(s)+\lim_{s\to0}sE_n(s)=\lim_{s\to0}s[\Phi_{er}R(s)+\Phi_{en}(s)N(s)] \tag{3 - 49}$$

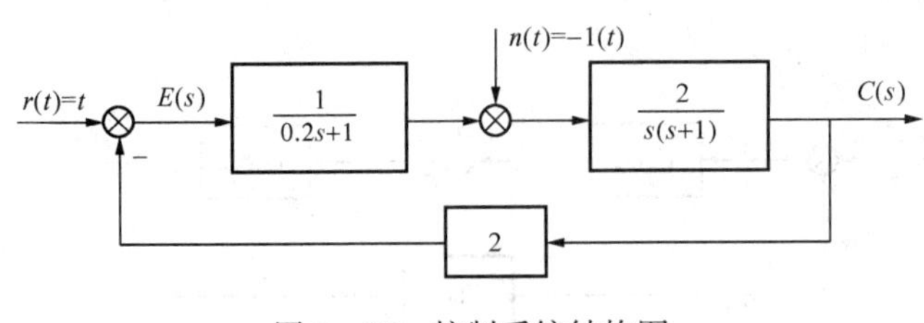

图 3 - 23 控制系统结构图

【例 3 - 11】 已知系统的结构图如图 3 - 23 所示，试求系统在输入信号 $r(t)=t$ 和扰动信号 $n(t)=-1(t)$ 同时作用下系统的稳态误差 e_{ss}。

解 首先要判断系统的稳定性，如果系统不稳定，不可能存在稳态误差。系统的特征方程为

$$1+G_1(s)G_2(s)H(s)=1+\frac{1}{0.2s+1}\cdot\frac{2}{s(s+1)}\cdot 2=0$$

即

$$0.2s^3+1.2s^2+s+4=0$$

由劳斯判据可得系统稳定（具体过程省略）。由系统结构图可得

$$\Phi_{er}(s)=\frac{1}{1+\frac{1}{0.2s+1}\times\frac{2}{s(s+1)}\times 2}$$

$$\Phi_{en}(s)=-\frac{\frac{2}{s(s+1)}\times 2}{1+\frac{1}{0.2s+1}\times\frac{2}{s(s+1)}\times 2}$$

$$r(t)=t\Rightarrow R(s)=\frac{1}{s^2},\ n(t)=-1(t)\Rightarrow N(s)=-\frac{1}{s}$$

所以，系统的稳态误差为

$$e_{ss}=\lim_{s\to 0}sE(s)=\lim_{s\to 0}s[\Phi_{er}(s)\cdot R(s)+\Phi_{en}(s)\cdot N(s)]=\frac{5}{4}$$

3.6.7 改善系统稳态精度的方法

从上面稳态误差分析可知，可以采用以下途径来改善系统的稳态精度：

（1）提高系统的型号或增大系统的开环增益，可以保证系统对给定信号的跟踪能力，但同时带来系统稳定性变差，甚至导致系统不稳定；

（2）增大误差信号与扰动作用点之间前向通道的开环增益或积分环节的个数，可以降低扰动信号引起的稳态误差。但同样也有稳定性问题；

（3）采用复合控制，即将反馈控制与扰动信号的前馈或与给定信号的顺馈相结合。

下面着重介绍第三种方法，即采用复合控制提高系统稳态精度的方法。按照稳态误差产生的原因，复合控制的方法可以分为按干扰补偿和给定补偿两种。

1. 按干扰补偿

如果加于系统的干扰是能测量的，同时干扰对系统的影响是明确的，则可按干扰补偿的办法提高稳态精度，如图 3 - 24所示。

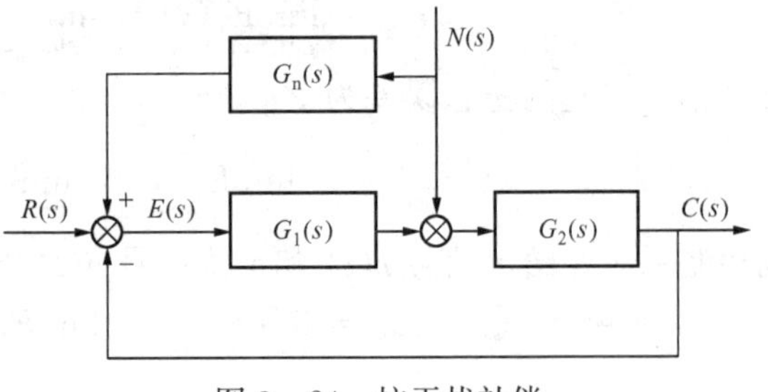

图 3 - 24 抗干扰补偿

在扰动作用下的输出为

$$C(s)=\frac{G_2(s)+G_n(s)G_1(s)G_2(s)}{1+G_1(s)G_2(s)}\cdot N(s)$$

若

$$G_n(s) = \frac{-1}{G_1(s)}$$

则 $C(s)=0$，完全消除扰动对系统输出的影响。增加补偿装置，使系统的稳态输出不受扰动的影响，也就是系统在扰动作用下的稳态误差为 0。

【例 3-12】 系统结构图如图 3-25 所示，试分析 $C_n(s)$ 对系统稳态的影响。

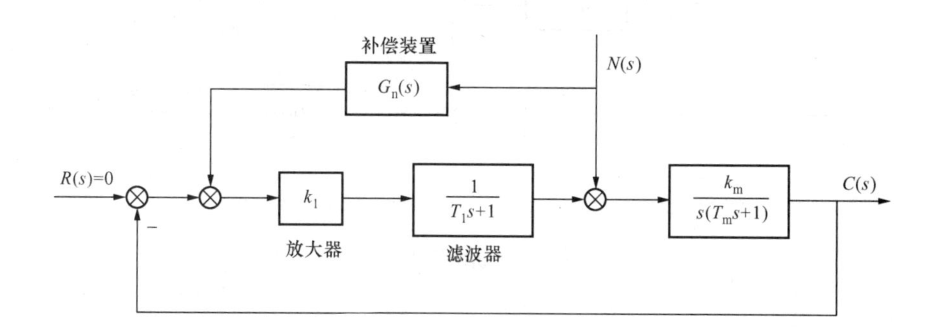

图 3-25　[例 3-12] 系统结构图

解　系统的输出为

$$C_n(s) = \frac{\frac{k_m}{s(T_ms+1)} \cdot \left[1+G_n(s) \cdot \frac{k_1}{T_1s+1}\right]}{1+\frac{k_1k_m}{s(T_1s+1)(T_ms+1)}} \cdot N(s)$$

若选择：

$$G_n(s) = -\frac{1}{k_i} \cdot (T_1s+1)$$

则系统的输出不受扰动的影响，但不容易物理实现。一般物理系统的传递函数都是分母的阶次高于或等于分子的阶次。因此，在实际中一般选择

$$G_n(s) = -\frac{1}{k_1}$$

此时有

$$\lim_{t\to\infty} c_n(t) = c_n(\infty) = \lim_{s\to 0} s \cdot c_n(s) = \lim_{s\to 0} s \cdot \frac{\frac{k_m}{s(T_ms+1)} \cdot \left[1+\left(-\frac{1}{k_1}\right)\cdot \frac{k_1}{T_1s+1}\right]}{1+\frac{k_1k_m}{s(T_1s+1)(T_ms+1)}} \cdot N(s) = 0$$

这就是稳态全补偿，实现较为方便。

2. 给定补偿

给定补偿原理如图 3-26 所示。若要求对系统实现全补偿，即消除给定信号引起的稳态误差，则有

$$C(s) = [G_1(s)+G_r(s)] \cdot \frac{G_2(s)}{1+G_1(s)G_2(s)} \cdot R(s)$$

$$E(s) = R(s) - C(s) = 0$$

$$R(s) = C(s)$$

$$G_r(s)=\frac{1}{G_2(s)}$$

同样，由于物理实现的原因，全补偿难于实现。通常采用稳态补偿的方法来减小或消除系统在输入信号作用下的稳态误差。

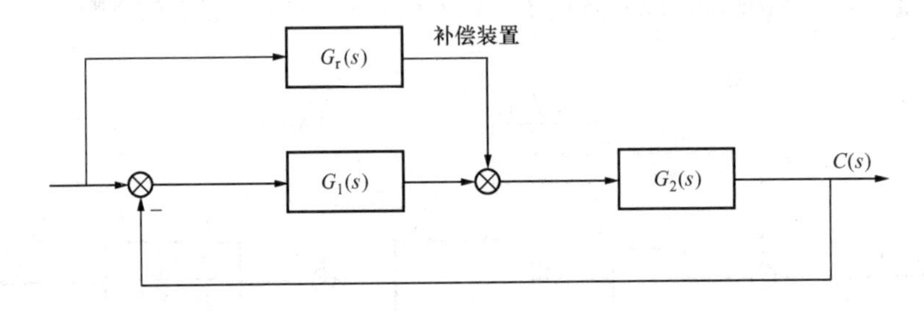

图 3-26　给定补偿原理

图 3-26 中，若

$$G_1(s)=\frac{k_1}{T_1s+1},\ G_2(s)=\frac{k_2}{s(T_2s+1)},\ r(t)=V_0t$$

不引入补偿装置，则系统开环传递函数

$$G(s)=G_1(s)G_2(s)=\frac{k_1k_2}{s(T_1s+1)(T_2s+1)}$$

系统为I型系统，所以在速度输入信号作用下，存在常值稳态误差

$$e_{ss}=\frac{V_0}{k_1k_2}$$

引入给定补偿 $G_r(s)$，则有

$$E(s)=R(s)-\frac{[G_1(s)+G_r(s)]\cdot G_2(s)}{1+G_1(s)G_2(s)}\cdot R(s)=\frac{1-G_r(s)G_2(s)}{1+G_1(s)G_2(s)}\cdot R(s)$$

如果选择

$$G_r(s)=\frac{1}{G_2(s)}=\frac{s(T_2s+1)}{k_2}$$

则 $E(s)=0$，为全补偿。但 $G_r(s)$ 在物理上难以实现。所以，工程上一般选择 $G_r(s)=\frac{s}{k_2}$ 则有

$$E(s)=\frac{1-\frac{s}{k_2}G_2(s)}{1+G_1(s)G_2(s)}\cdot R(s)=\frac{1-\frac{s}{k_2}\frac{k_2}{s(T_2s+1)}}{1+\frac{k_1k_2}{s(T_1s+1)(T_2s+1)}}\cdot R(s)$$

$$r(t)=V_0t\Rightarrow R(s)=\frac{V_0}{s^2}$$

$$e_{ss}=\lim_{s\to 0}sE(s)=0$$

这样就实现了稳态补偿。

3.7　MATLAB 和 SIMULINK 时域分析

3.7.1　单位脉冲响应

当输入信号为单位脉冲函数 $\delta(t)$ 时，系统输出为单位脉冲响应，MATLAB 中求取脉冲

响应的函数为 impulse（　），其调用格式为

```
[y,x,t] = impulse(num,den,t)
```

或

```
impulse(num,den)
```

式中：$G(s)$ =num/den；t 为仿真时间；y 为时间 t 的输出响应；x 为时间 t 的状态响应。

【例 3 - 13】 试求下列系统的单位脉冲响应

$$\frac{C(s)}{R(s)} = G(s) = \frac{1}{s^2 + 0.3s + 1}$$

解　MATLAB 命令为

```
>>t = [0:0.1:40];
>>num = [1];
>>den = [1,0.3,1];
>>impulse(num,den,t);
>>grid;
>>title('Unit - impulse Response of'
  G(s) = 1/(s^2 + 0.3s + 1)
```

其响应结果如图 3 - 27 所示。

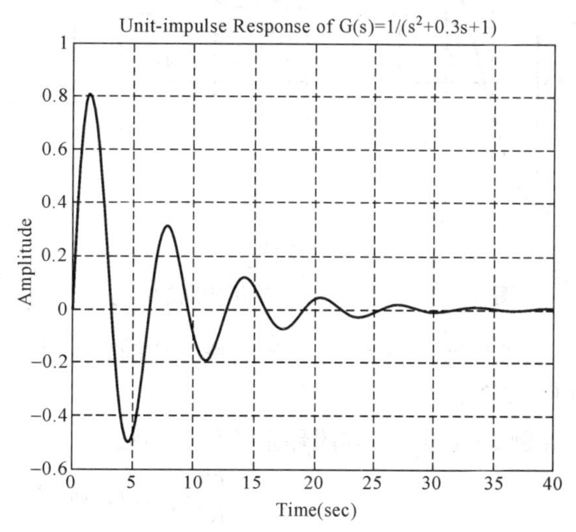

图 3 - 27　［例 3 - 13］单位脉冲响应

【例 3 - 14】 系统传递函数为

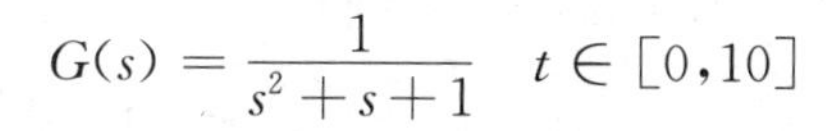

$$G(s) = \frac{1}{s^2 + s + 1} \quad t \in [0,10]$$

试求取其单位脉冲响应。

解　MATLAB 命令为

```
>>t = [0:0.1:10];num = [1];
>>den = [1,1,1];
>>[y,x,t] = impulse(num,den,t)
>>plot(t,y);grid
>>xlabel('t');ylable('y');
```

其响应结果如图 3 - 28 所示。

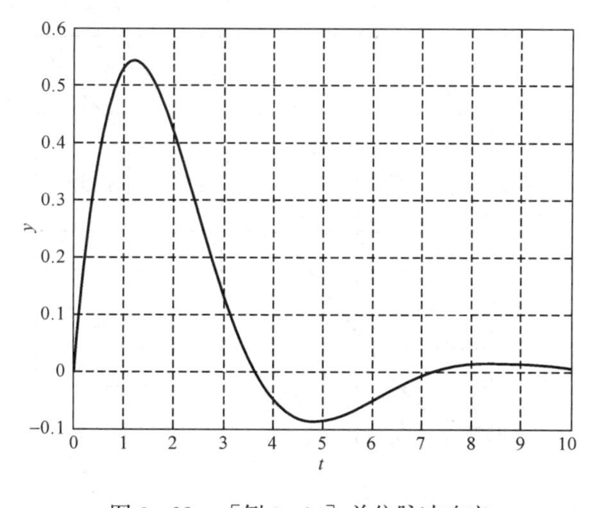

图 3 - 28　［例 3 - 14］单位脉冲响应

3.7.2　单位阶跃响应

当输入为单位阶跃信号时，系统的输出为单位阶跃响应，在 MATLAB 中可用 step（　）函数实现，其调用格式为

```
[y,x,t] = step(num,den,t)
```

或

```
step(num,den)
```

【例 3 - 15】 求系统传递函数为

$$G(s) = \frac{1}{s^2 + 0.5s + 1}$$

的单位阶跃响应。

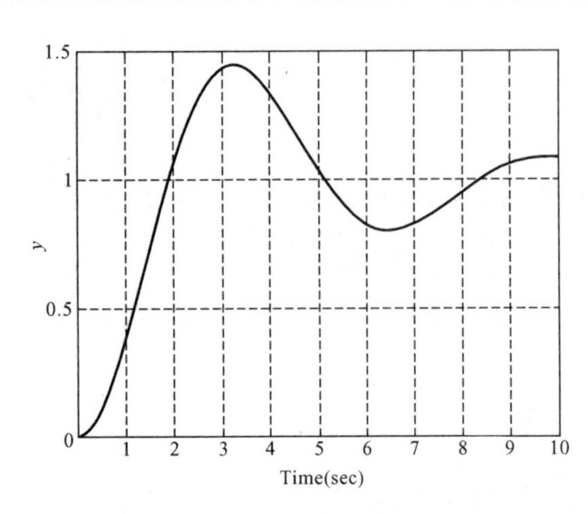

图 3-29 ［例 3-15］单位阶跃响应

解 MATLAB 命令为

```
>>num = [1];den = [1,0.5,1];
>>t = [0:0.1:10];
>>[y,x,t] = step(num,den,t);
>>plot(t,y);grid;
>>xlabel('Time[sec]t');
>>ylabel('y')
```

响应曲线如图 3-29 所示。

3.7.3 斜坡响应

在 MATLABA 中没有斜坡响应命令，因此，需要利用阶跃响应命令来求斜坡响应。根据单位斜坡响应输入是单位阶跃输入的积分。当求传递函数为 $\Phi(s)$ 的斜坡响应时，可先用 s 除以 $\Phi(s)$ 得 $\Phi(s)$，再利用阶跃响应命令即可求得斜坡响应。

【例 3-16】 已知闭环系统传递函数

$$\frac{C(s)}{R(s)} = G(s) = \frac{1}{s^2 + 0.3s + 1}$$

试求其单位斜坡响应。

解 对单位斜坡输入 $r(t) = t$，$R(s) = \frac{1}{s^2}$ 则有

$$C(s) = \frac{1}{s^2 + 0.3s + 1} \times \frac{1}{s^2} = \frac{1}{(s^2 + 0.3s + 1) \times s} \times \frac{1}{s}$$

系统单位斜坡响应的 MATLAB 命令为：

```
>>num = [1];
>>den = [1,0.3,1,0];
>>t = [0:0.1:10];
>>c = step(num,den,t);
>>plot(t,c);
>>grid;
>>xlabel('tsec');
>>ylabel('InputandOutput')
```

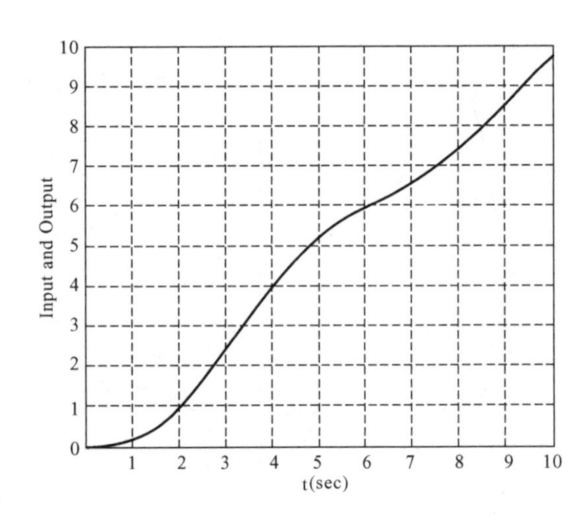

图 3-30 ［例 3-16］斜坡响应

其响应结果如图 3-30 所示。

3.7.4 任意函数作用下系统的响应

对于任意函数，可以用线性仿真函数 lsim 来实现，其调用格式为

```
[y,x] = lsim(num,den,u,t)
```

式中：$G(s) = \frac{\text{num}}{\text{den}}$；$y(t)$ 为系统输出响应；$x(t)$ 为系统状态响应；u 为系统输入信号；t 为仿真时间。

【例 3-17】 反馈系统如图 3-31（a）所示，系统输入信号为图 3-31（b）所示的三角波，求取系统输出响应。

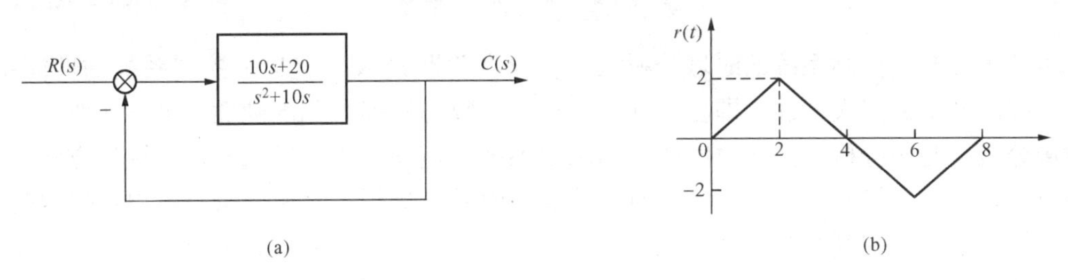

图 3-31　系统结构图与输入信号

解　MATLAB 指令为：

```
>>numg=[10,20];deng=[1,10,0];
>>[num,den]=cloop(numg,deng,-1);
>>v1=[0:0.1:2];
>>v2=[1.9:-0.1:-2];
>>v3=[-1.9:0.1:0];
>>t=[0:0.1:8];
>>u=[v1,v2,v3];
>>[y,x]=lsim(num,den,u,t);
>>plot(t,y,t,u);
>>xlabel('Time[sec]');
>>ylabel('theta[rad]');
>>grid
```

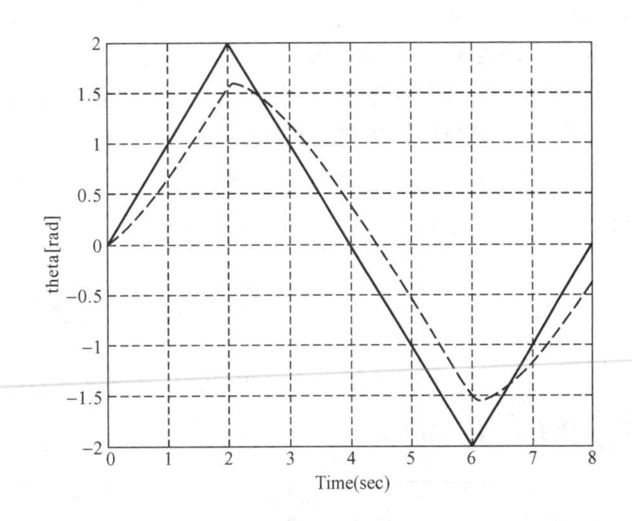

图 3-32　[例 3-17] 响应曲线

其响应曲线如图 3-32 所示。

3.7.5　Simulink 中的时域响应举例

图 3-33 所示的 Simulink 的仿真框图可演示系统对典型信号的时间响应曲线，图 3-34 所示为阶跃响应曲线。

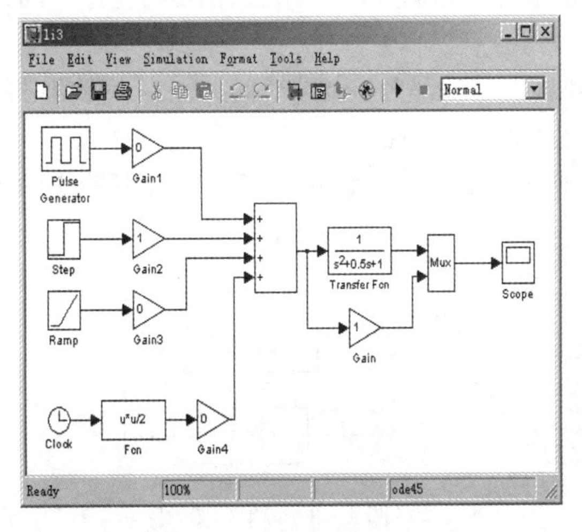

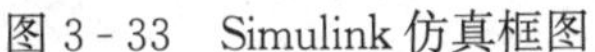

图 3-33　Simulink 仿真框图

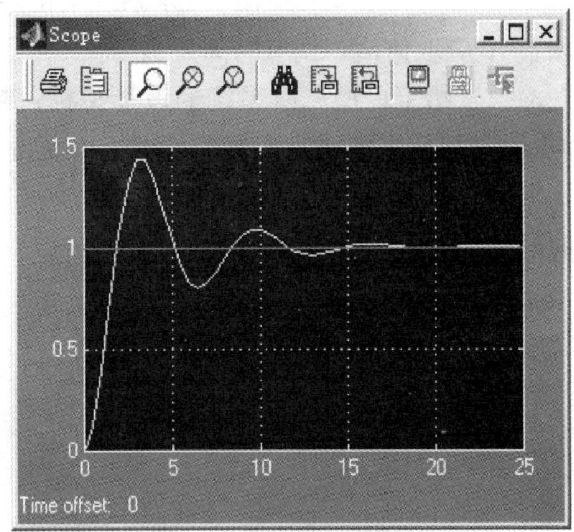

图 3-34　阶跃响应曲线

本章小结

本章主要介绍控制系统的时域分析法。首先在阶跃输入下定义了控制系统的性能指标，然后从控制系统的三大特性，即稳定性、快速性（瞬态性能）和准确性三个方面对系统进行了时域分析。时域分析法是在时间领域内求解系统的运动方程，进而分析系统的方法。此方法对低阶系统较为有效，因此，着重对一阶、二阶系统进行了时域分析，所得结果也是研究高阶系统的基础。控制系统的稳定性是系统的基本性能之一，通过对系统的时域分析得出了系统稳定的条件，进一步得到了判断系统稳定性的劳斯稳定判据，为保证系统稳定，系统开环增益应小于临界开环增益，系统中积分环节的个数应保证系统不能成为结构不稳定系统。系统稳态误差的大小是系统稳态精度的一种度量，可用终值定理和误差系数求取给定输入时的稳态误差，而干扰作用下的稳态误差常用终值定理求取，通过研究系统的稳态误差可以看出提高系统型别和开环增益可提高系统稳态精度，但和系统的稳定性有矛盾，在要求高的场合可用复合控制。最后给出了利用 MATLAB 和 Simulink 分析给定输入信号下控制系统的瞬态响应及求取时域响应性能指标的方法。

习　题

3 - 1　一阶系统如图 3 - 35 所示，要求系统闭环增益 $K_\Phi=2$，调节时间 $t_s\leqslant 0.4$s，试确定参数 K_1、K_2 的值。

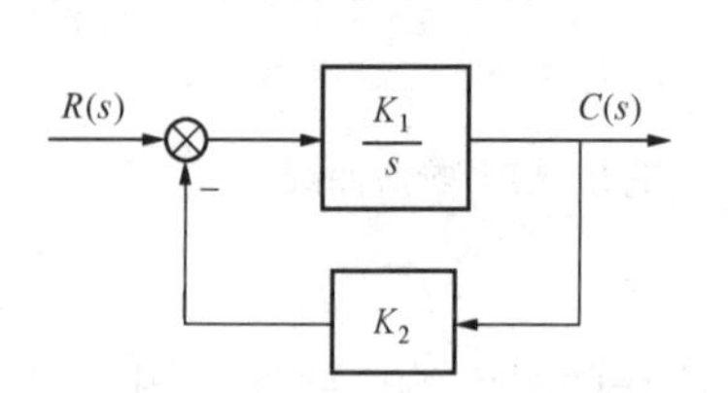

图 3 - 35　题 3 - 1 图

3 - 2　温度计的传递函数为$\frac{1}{Ts+1}$，用其测量容器内的水温，1min 能显示该温度的 98%。若加热容器使水温按 10℃/min 的速度均匀上升，问温度计的稳态指示误差有多大？

3 - 3　设角度指示随动控制系统如图 3 - 36 所示。若要求系统单位阶跃响应无超调量，且响应时间尽可能短，问开环增益 K 应取何值，调节时间是多少？

3 - 4　给定典型二阶系统的设计指标：超调量 $\sigma\%\leqslant 5\%$，调节时间 $t_s<3$s，峰值时间 $t_p<1$s，试确定系统极点配置的区域，以获得预期的响应特性。

3 - 5　机器人控制系统结构图如图 3 - 37 所示，试确定参数 K_1、K_2，使阶跃响应的峰值时间 $t_p=0.5$s，超调量 $\sigma\%=2\%$。

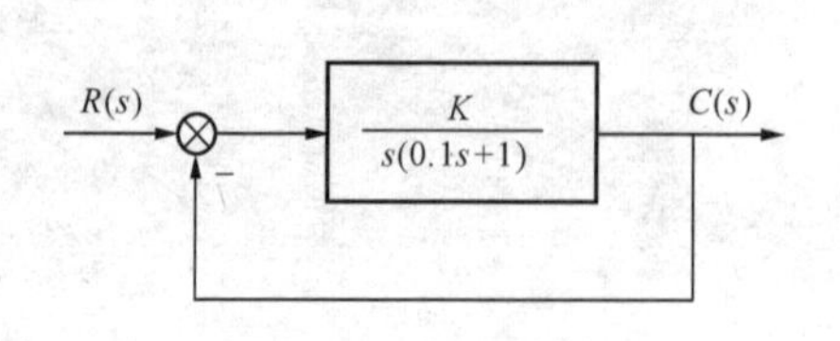

图 3 - 36　题 3 - 3 图

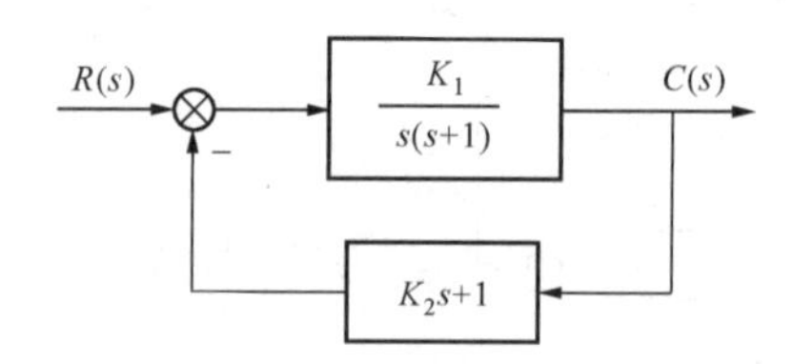

图 3 - 37　题 3 - 5 图

3-6　设系统如图3-38（a）所示，其单位阶跃响应如图3-38（b）所示，试确定系统的参数 K_1、K_2 和 a。

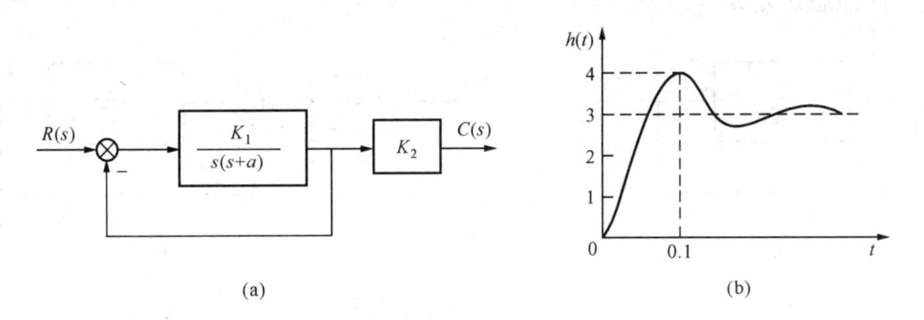

图3-38　题3-6图

3-7　已知系统的特征方程，试判别系统的稳定性，并确定在 s 平面右半平面根的个数及纯虚根。

（1）$D(s)=s^5+2s^4+2s^3+4s^2+11s+10=0$；

（2）$D(s)=s^5+3s^4+12s^3+24s^2+32s+48=0$；

（3）$D(s)=s^5+2s^4-s-2=0$；

（4）$D(s)=s^5+2s^4+24s^3+48s^2-25s-50=0$。

3-8　单位反馈控制系统开环传递函数为

$$G(s)=\frac{K}{s(s+3)(s+5)}$$

要求系统特征根的实部不大于-1，试确定开环增益的取值范围。

3-9　单位反馈控制系统的开环传递函数为

$$G(s)=\frac{K(s+1)}{s(Ts+1)(2s+1)}$$

试在满足 $T>0$，$K>1$ 的条件下，确定使系统稳定的 T 和 K 的取值范围，并以 T 和 K 为坐标画出使系统稳定的参数区域图。

3-10　单位反馈系统开环传递函数为

$$G(s)=\frac{K(s+1)}{s^2+0.8s^2+2s+1}$$

试确定系统临界增益 K 及响应的振荡频率。

3-11　已知单位反馈控制系统的开环传递函数为

$$G(s)=\frac{7(s+1)}{s(s+4)(s^2+2s+2)}$$

试分别求出当输入信号 $r(t)=1(t)$，t 和 t^2 时，系统的稳态误差$[e(t)=r(t)-c(t)]$。

3-12　单位反馈控制的三阶系统，其传递函数为 $G(s)$，如果要求：

（1）单位斜坡输入引起的稳态误差为0.5；

（2）三阶系统的一对主导极点为$-1\pm j2$。

试求同时满足上述条件的开环传递函数 $G(s)$。

3 - 13　系统结构图如图 3 - 39（a）所示，试计算在单位斜坡信号输入下的稳态误差；如果在输入端加入一比例微分环节，如图 3 - 39（b）所示，试求参数 a 取何值时，系统跟踪斜坡输入的稳态误差为零。

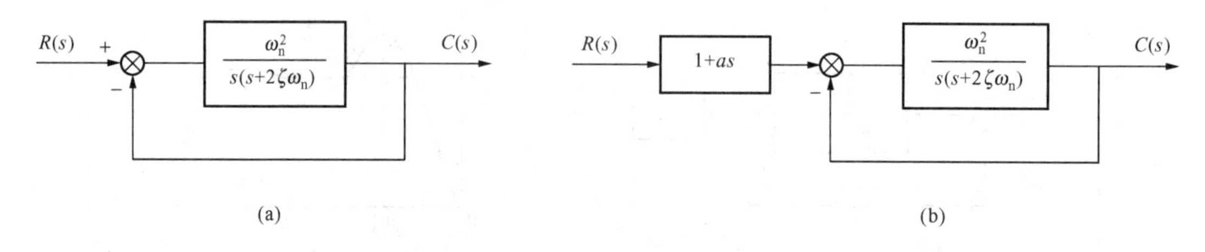

图 3 - 39　题 3 - 13 图

3 - 14　系统结构图如图 3 - 40 所示，要使系统对 $r(t)$ 而言是Ⅱ型的，试确定参数 K_0 和 τ 的值。

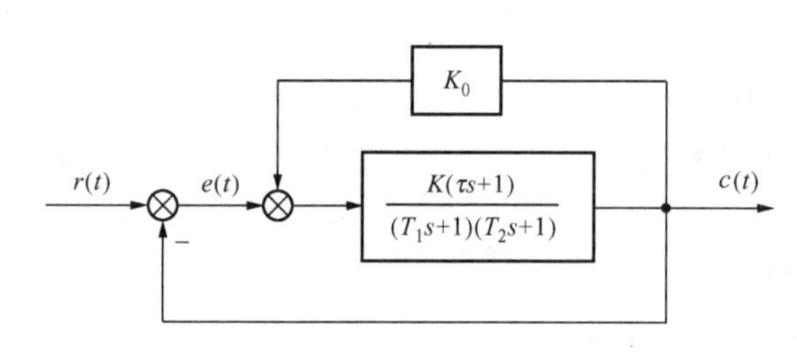

图 3 - 40　题 3 - 14 图

3 - 15　设复合控制系统结构图如图 3 - 41所示。确定 K_c，使系统在 $r(t)=t$ 作用下无稳态误差。

3 - 16　复合控制系统如图 3 - 42 所示，图中 K_1、K_2、T_1、T_2 均为大于零的常数。

（1）确定当闭环系统稳定时，参数 K_1、K_2、T_1、T_2 应满足的条件。

（2）当输入 $r(t)=V_0t$ 时，选择校正装置 $G_c(s)$。使得系统无稳态误差。

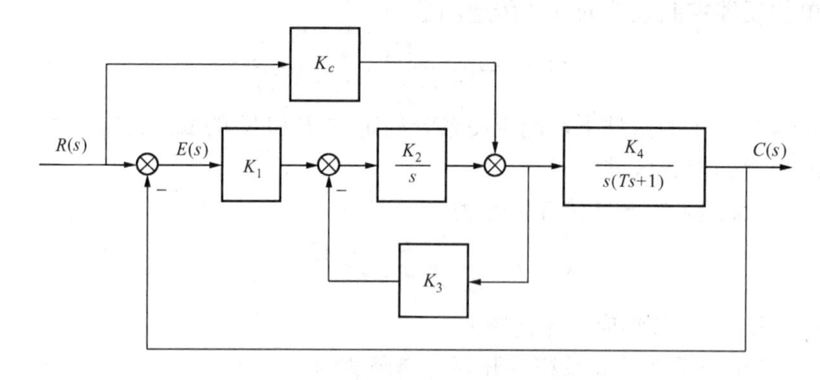

图 3 - 41　题 3 - 15 图

3 - 17　已知系统如图 3 - 43 所示。

（1）求引起闭环系统临界稳定的 K 值和对应的振荡频率 ω。

（2）当 $r(t)=t^2$ 时，要使系统稳态误差 $e_{ss}\leqslant 0.5$ 时确定满足要求的 K 值范围。

3 - 18　系统如图 3 - 44 所示，已知系统单位阶跃响应的超调量 $\sigma\%=16.3\%$，峰值时间 $t_p=1\text{s}$。

（1）确定参数 K 和 τ。

（2）计算 $r(t)=1.5t$ 时系统的稳态误差。

3 - 19　系统开环传递函数 $G(s)=\dfrac{K}{s(0.1s+1)(0.2s+1)}$。试问：

(1) 为确保系统稳定，K 取何值？

(2) 为使系统特征根均位于 $s=-1$ 左侧，K 取何值？

(3) 若 $r(t)=2t+2$ 时，要求系统稳态误差 $e_{ss}\leqslant 0.25$，K 取何值？

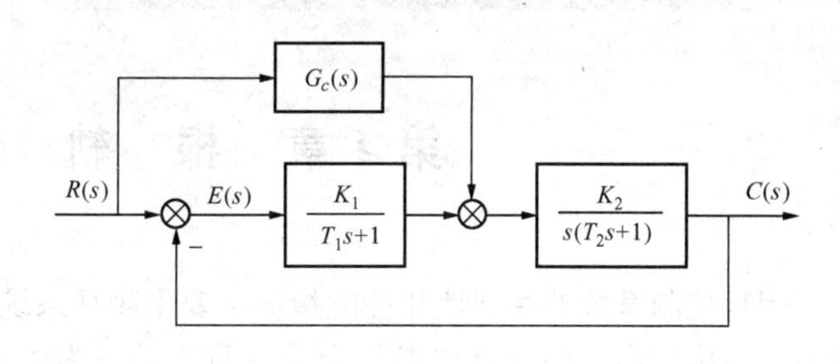

图3-42　题3-16图

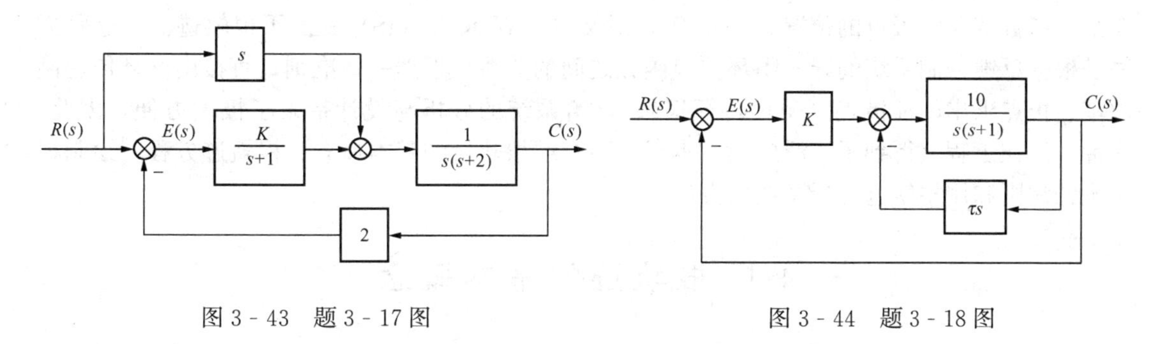

图3-43　题3-17图

图3-44　题3-18图

第4章　根　轨　迹　法

闭环控制系统的稳定性和性能指标主要由闭环系统极点在复平面的位置决定，分析或设计系统时确定出闭环极点位置是十分有意义的。为了求出闭环极点，就要求解高阶代数方程，三阶以上的代数方程求解是较困难的，除非借用计算机帮助，而且有参数变化时要对代数方程进行重新求解。为了解决这个问题，人们在寻求如何不用求解代数方程，就能确定出在某个参数变化时极点的位置。1948年，伊文思（W. R. EvanS）提出了根轨迹法，这种方法是根据反馈控制系统的开、闭环传递函数之间的关系，根据一些准则，直接由开环传递函数零、极点求出闭环极点（闭环特征根）。这给系统的分析与设计带来了极大方便，因此，这种方法在工程上得到了广泛应用。本章主要介绍根轨迹的基本概念、根轨迹方程、绘制根轨迹的法则和用根轨迹分析系统的方法。

4.1　根轨迹的基本概念

4.1.1　根轨迹

所谓根轨迹是指系统开环传递函数中某个参数（如开环增益 K 或根轨迹增益 K^*）从零变到无穷时，闭环特征根在 s 平面上移动的轨迹。在控制系统中，通常将负反馈系统中根轨迹增益 K^* 变化时对应的根轨迹称为常规根轨迹。

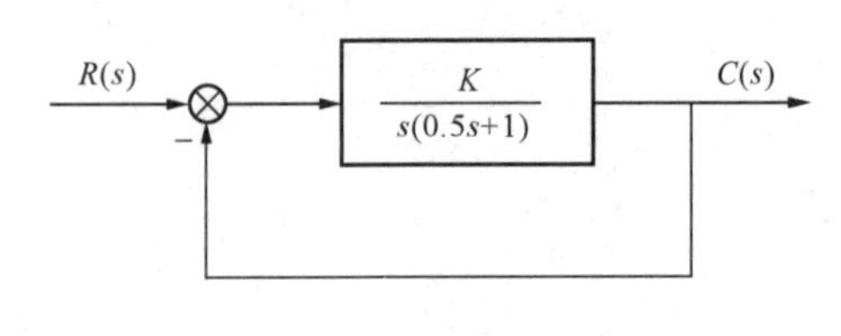

图4-1　二阶控制系统

为了进一步说明根轨迹的概念，下面首先用直接求根的方法，介绍负反馈控制系统开环增益 K 从零变到无穷时的根轨迹。如图4-1所示的二阶控制系统，系统的开环传递函数为

$$G(s)=\frac{K}{s(0.5s+1)}=\frac{K^*}{s(s+2)} \tag{4-1}$$

开环传递函数有两个极点 $p_1=0$，$p_2=-2$。没有零点，根轨迹增益 $K^*=2K$。系统的闭环传递函数为

$$\Phi(s)=\frac{C(s)}{R(s)}=\frac{K^*}{s^2+2s+K^*} \tag{4-2}$$

则闭环特征方程为

$$D(s)=s^2+2s+K^*=0 \tag{4-3}$$

闭环特征根为

$$\lambda_1=-1+\sqrt{1-K^*},\ \lambda_2=-1-\sqrt{1-K^*}$$

从特征根表达式可以看出每个特征根都是系统参数 K^*（或 K）的函数，当 K^*（或 K）从零变化到无穷时，闭环极点的变化情况如表4-1所示。

如果把不同 K 值下的闭环特征根布置在 s 平面上并连成线，可画出图4-1所示系统的根轨迹，如图 4－2 所示。

表 4－1　K^*、$K=0\sim\infty$ 时图 4－1 系统的特征根

K^*	K	λ_1	λ_2
0	0	0	−2
0.5	0.25	−0.3	−1.7
1	0.5	−1	−1
2	1	−1+j	−1−j
5	2.5	−1+j2	−1−j2
⋮	⋮	⋮	⋮
∞	∞	−1+j∞	−1−j∞

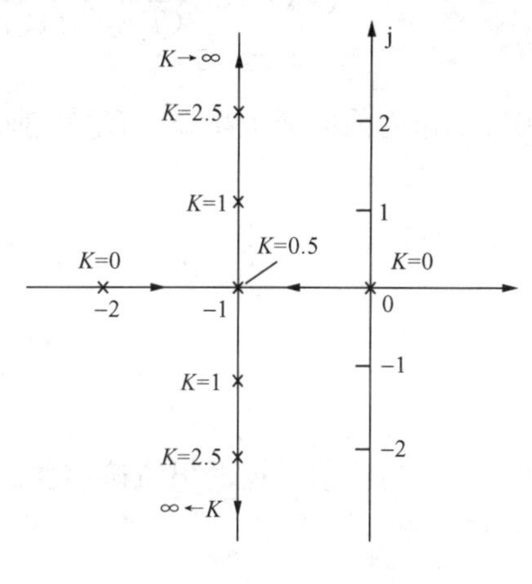

图 4－2　二阶系统根轨迹

由图 4－2 可以非常直观地看出：当开环增益 K 变化时，闭环特征根所发生的变化，于是该根轨迹图完全描述了 $K=0\sim\infty$ 变化时闭环特征根在 s 平面的分布规律。这种分布规律就能反映出关于系统性能的多种信息，下面分别加以说明。

（1）稳定性：从图 4－2 可见，只要 $K>0$，则根轨迹一直在 s 平面的左半平面，因此系统是稳定的。

（2）动态性能：当 $0.5>K>0$ 时，系统的闭环极点位于负实轴上，二阶系统处于过阻尼状态，单位阶跃响应为非周期过程。当 $K=0.5$ 时，系统处于临界阻尼状态，此时系统具有一对相同的负实极点，单位阶跃响应也为非周期过程，但过渡过程比过阻尼时快。当 $K>0.5$ 时，系统具有一对共轭复数极点，处于欠阻尼状态，单位阶跃响应为具有阻尼的振荡过程。由于一对共轭复数极点具有相同的实部，则超调量随着 K 的增加而增加。

（3）稳态性能：由图 4－2 可见，有一个开环极点在坐标原点处，所以该系统是Ⅰ系统，则 K 为静态速度误差系数。当闭环极点位置一定时，显然 K 值和稳态误差也相应确定了，反之亦然。

根据上面分析可知，根轨迹与系统的特性有着密切的关系，有了系统的根轨迹，就可了解系统性能随参数变化的情况。对于高阶系统，从主导极点的概念出发，这种关系也容易进行分析。

4.1.2　闭环零、极点与开环零、极点之间的关系

为了更好的利用根轨迹来分析系统，有必要了解闭环零、极点与开环零、极点之间的关系。图 4－3 所示的控制系统对应闭环传递函数为

$$\Phi(s)=\frac{G(s)}{1+G(s)H(s)} \tag{4-4}$$

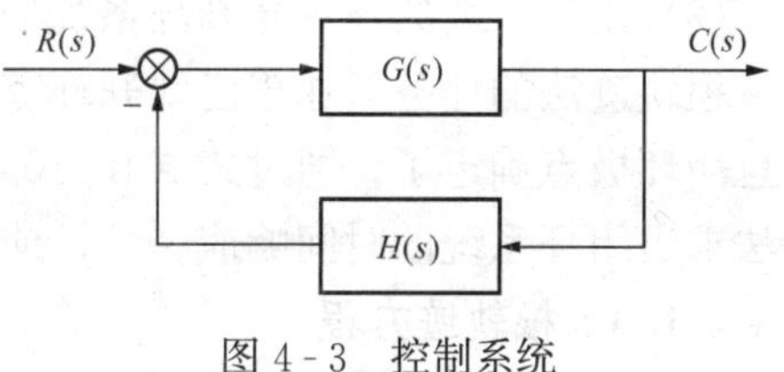

图 4－3　控制系统

式中：$G(s)H(s)$ 为开环传递函数，$G(s)$ 是前向通道传递函数，$H(s)$ 是反馈通道传递函数，并将它们分别表示为

$$G(s)=\frac{K_G(\tau_1 s+1)(\tau_2^2 s^2+2\tau_1\tau_2 s+1)\cdots}{s^v(T_1 s+1)(T_2^2 s^2+2\tau_2 T_2 s+1)\cdots}=K_G^*\frac{\prod_{i=1}^{f}(s-z_i)}{\prod_{i=1}^{q}(s-p_i)} \tag{4-5}$$

式中：K_G 为前向通道增益，K_G^* 为前向通道根轨迹增益，它们之间有如下关系

$$K_G^*=K_G\frac{\tau_1\tau_2^2\cdots}{T_1 T_2^2\cdots} \tag{4-6}$$

$$H(s)=K_H^*\frac{\prod_{j=1}^{l}(s-z_j)}{\prod_{j=1}^{h}(s-p_j)} \tag{4-7}$$

式中：K_H^* 为反馈通道的根轨迹增益。将式（4 - 5）和式（4 - 7）代入开环传递函数表示式中，有

$$G(s)H(s)=K_G^*K_H^*\frac{\prod_{i=1}^{f}(s-z_i)\prod_{j=1}^{l}(s-z_j)}{\prod_{i=1}^{q}(s-p_i)\prod_{j=1}^{h}(s-p_j)}=K^*\frac{\prod_{i=1}^{f}(s-z_i)\prod_{j=1}^{l}(s-z_j)}{\prod_{i=1}^{q}(s-p_i)\prod_{j=1}^{h}(s-p_j)} \tag{4-8}$$

式中：K^* 为开环系统根轨迹增益，$K^*=K_G^*K_H^*$。z_i、z_j 分别是前向通道和反馈通道传递函数的零点，而 p_i、p_j 分别是前向通道和反馈通道传递函数的极点。如果开环传递函数有 n 个极点和 m 个零点，且 $n\geqslant m$，则有关系式

$$\begin{aligned} f+l&=m\\ q+h&=n \end{aligned} \tag{4-9}$$

把式（4 - 5）和式（4 - 7）代入式（4 - 4）中，则有

$$\Phi(s)=\frac{K_G^*\prod_{i=1}^{f}(s-z_i)\prod_{j=1}^{h}(s-p_j)}{\prod_{i=1}^{q}(s-p_i)\prod_{j=1}^{h}(s-p_j)+K_G^*K_H^*\prod_{i=1}^{f}(s-z_i)\prod_{j=1}^{l}(s-z_j)}=K_G^*\frac{\prod_{k=1}^{f+h}(s-z_k)}{\prod_{k=1}^{n}(s-p_k)} \tag{4-10}$$

式中：z_k、p_k 分别为闭环零、极点。

比较式（4 - 8）和式（4 - 10）可得出以下结论：

（1）闭环系统的根轨迹增益等于系统前向通道的根轨迹增益，对于 $H(s)=1$ 的单位反馈系统，闭环系统根轨迹增益就等于开环系统根轨迹增益。

（2）闭环系统的零点由前向通道的零点和反馈通道的极点组成，对于 $H(s)=1$ 的单位反馈系统，闭环系统的零点就是开环系统零点。

（3）闭环系统的极点与开环系统的极点、零点以及开环根轨迹增益 K^* 有关。

根轨迹法的任务就在于已知开环零、极点分布情况下，如何通过图解法求出闭环极点。一旦闭环极点确定了，通过式（4 - 10）很容易写出闭环传递函数，就可以通过拉普拉斯变换法求出闭环系统的时间响应特性，或者以主导极点的概念大概估计出系统的性能指标。

4.1.3　根轨迹方程

从图 4 - 3 所示闭环系统的传递函数式（4 - 4），得到系统的闭环特征方程式为

$$D(s)=1+G(s)H(s)=0 \tag{4-11}$$

闭环极点就是闭环特征方程的解，也称为特征根。若求开环传递函数中某个参数从零变到无穷时闭环系统的所有极点，就需要求解方程式（4-11），因此该方程就是根轨迹方程。通常写成

$$G(s)H(s)=-1 \tag{4-12}$$

式中：$G(s)H(s)$ 是系统的开环传递函数，该式已明确展示出开环传递函数与闭环极点的关系。设开环传递函数有 m 个零点，n 个极点，并假定 $n\geqslant m$，这时式（4-12）又可写为

$$G(s)H(s)=K^{*}\frac{\prod_{j=1}^{m}(s-z_j)}{\prod_{i=1}^{n}(s-p_i)}=-1 \tag{4-13}$$

式中：K^{*} 是开环根轨迹增益，z_j、p_i 分别为开环零、极点。不难看出式（4-13）是关于 s 的复数方程，因此可将它分解为模值方程和相角方程。

模值方程为

$$\frac{K^{*}\prod_{j=1}^{m}|s-z_j|}{\prod_{i=1}^{n}|s-p_i|}=1 \tag{4-14}$$

相角方程为

$$\sum_{j=1}^{m}\angle(s-z_j)-\sum_{i=1}^{n}\angle(s-p_i)=(2k+1)\pi \tag{4-15}$$

式中：$k=0$，±1，$\pm2\cdots$。

如果在复平面上某 s 点是闭环极点，即根轨迹上的点，它必然要同时满足上述两个方程。若仔细观察这两个方程会发现，模值方程不但与开环零、极点有关，还与开环根轨迹增益有关，而相角方程只与开环零、极点有关。对于相角方程，若复平面上的一点是根轨迹上的点，式（4-15）就成立，反之，若任找一点，使式（4-15）成立，该点就一定是根轨迹上的点。而对模值方程则不然。若复平面上的一点是根轨迹上的点，则式（4-14）成立，并能求得对应的 K^{*} 值。反之，若复平面上任一点满足模值方程，该点却不一定是根轨迹上的点。这可由图4-1所示系统说明。

$$G(s)H(s)=\frac{2K}{s(s+2)} \tag{4-16}$$

模值方程为

$$\frac{2K}{|s|\,|s+2|}=1 \tag{4-17}$$

设在复平面上取一点 $s=-8$，只要 $K=24$，式（4-17）成立，然而 $s=-8$ 这点并不是根轨迹上的点。从式（4-3）可知，当 $K=24$ 时，$s_{1,2}=-1\pm \mathrm{j}\sqrt{47}$ 才是根轨迹上的点。因此相角方程是决定系统闭环根轨迹的充要条件。在实际应用中用相角方程绘制根轨迹，而模值方程主要用来确定已知根轨迹上某一点的 K^{*} 值。下面举例说明根轨迹方程的应用。

【例4-1】 已知系统的开环传递函数为

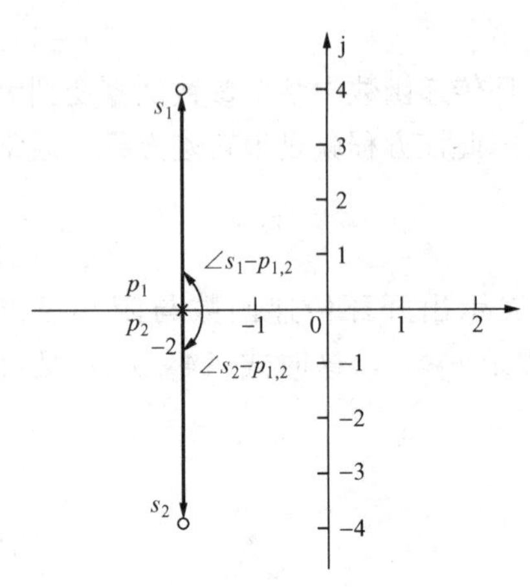

图 4 - 4 ［例 4 - 1］系统开环零、极点分布图

$$G(s)H(s)=\frac{2K}{(s+2)^2}$$

试证明复平面上点 $s_1=-2+\mathrm{j}4$，$s_2=-2-\mathrm{j}4$ 是该系统的闭环极点。

证明 该系统的开环极点有 $p_1=-2$，$p_2=-2$ 两个，无零点，将它们和 s_1、s_2 同时布置在复平面上，如图 4 - 4 所示。

若 s_1、s_2 是系统的闭环极点，则它们在根轨迹上，即应该满足相角方程式（4 - 15），将 $p_1=-2$，$p_2=-2$ 代入式（4 - 15）中，则有

$$-\sum_{i=1}^{2}\angle(s-p_i)=-\angle(s-p_1)-\angle(s-p_2)$$
$$=(2k+1)\pi$$

以 s_1 为试验点，观察图 4 - 4，可得

$$-\angle(s-p_1)-\angle(s-p_2)=-90^\circ-90^\circ=-\frac{\pi}{2}-\frac{\pi}{2}=-\pi=(2k+1)\pi \qquad (k=-1)$$

如果以 s_2 为试验点，可得

$$-\angle(s-p_1)-\angle(s-p_2)=90^\circ+90^\circ=\frac{\pi}{2}+\frac{\pi}{2}=\pi=(2k+1)\pi \qquad (k=0)$$

可见 s_1、s_2 都满足相角方程，所以 s_1 和 s_2 点是闭环极点。

【例 4 - 2】 已知系统的开环传递函数

$$G(s)H(s)=\frac{K}{(s+1)^4}$$

当 $K=0\sim\infty$ 变化时其根轨迹如图 4 - 5 所示，试求根轨迹上点 $s_1=-0.5+\mathrm{j}0.5$ 所对应的 K 值。

解 根据模值方程求解 K^* 值。

由于 $G(s)H(s)=\dfrac{K}{(s+1)^4}$，所以 $K^*=K$，开环极点 $p_1=p_2=p_3=p_4=-1$，没有零点。将 s_1、p_i 代入模值方程式（4 - 14），可得如下形式

$$\frac{K^*}{|-0.5+\mathrm{j}0.5+1|^4}=1$$

根据图 4 - 5 可得

$$|-0.5+\mathrm{j}0.5+1|=\frac{\sqrt{2}}{2}$$

所以

$$K=K^*=\frac{1}{4}$$

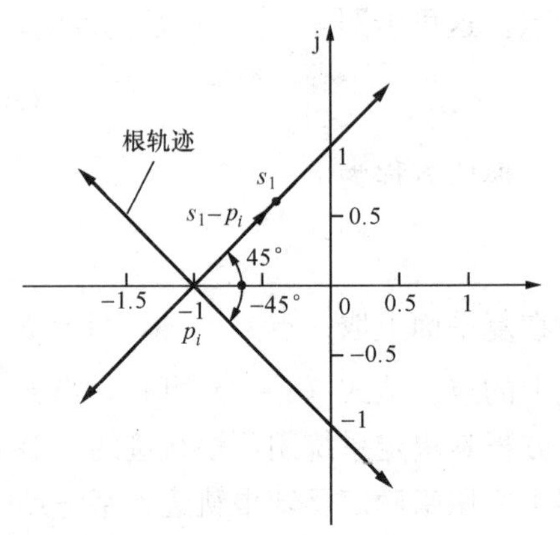

图 4 - 5 ［例 4 - 2］系统根轨迹

［例 4 - 1］和［例 4 - 2］说明如何应用根轨迹方程确定复平面上一点是否是闭环极点以及确定根轨迹上一点对应的 K^* 值方法。显然，确定闭环极点时，若采用试探方法确定出 $K=0\sim\infty$ 的所有闭环极点将是十分麻烦的。在实际应用中，应以根轨迹方

程为依据，建立一些准则，当已知开环零、极点时，可以迅速求出开环增益 K（或其他参数）从零变到无穷时闭环特征方程所有根在复平面上的分布，即根轨迹。

4.2 绘制根轨迹的基本法则

本节讨论系统根轨迹增益 K^*（或开环增益 K）变化时的根轨迹绘制法则。其他参数变化时，只要进行适当变换，这些法则仍然可用。只用这些法则绘制根轨迹是不够准确的，但基本满足工程上使用的精度要求。如果需要更准确的根轨迹，可用相角方程对关键点进行修正，或者利用计算机绘制根轨迹。

4.2.1 根轨迹的分支数

根轨迹在 s 平面上的分支数（根轨迹条数）等于开环特征方程的阶数 n，即与开环极点个数相同。

因为系统有 s 个闭环极点，当 K 从零到无穷变化时，每个闭环极点也将跟着变化，每个极点随着 K 的变化在 s 平面上将有不同的位置对应，这些位置上的点连起来就是一条根轨迹，所以 n 个极点就有 n 条根轨迹。

4.2.2 根轨迹的连续性与对称性

根轨迹是连续曲线，且对称于实轴。因为特征方程 $G(s)H(s)+1=0$ 的根在开环零、极点已定的情况下，各根分别是 K 的连续函数，所以根轨迹是连续曲线。又因为特征方程的根或是实根，或是共轭复根，所以根轨迹一定对称于实轴。

4.2.3 根轨迹的起点与终点

根轨迹起始于开环的极点，终止于开环的零点。如果开环零点数 m 小于开环极点数 n，则有（$n-m$）条根轨迹趋于无穷远处，或说趋于无限远零点，而上述 m 个零点为有限零点。

证明 所谓根轨迹的起点与终点，是指 K^*（或 K）等于零和无穷时根轨迹的位置。根据根轨迹方程式（4 - 13）有

$$K^* = \frac{|s-p_1|\cdots|s-p_n|}{|s-z_1|\cdots|s-z_m|} \tag{4 - 18}$$

当 $K^*=0$ 时，若使方程成立，右端必有 $s=p_i$；方程左端趋于∞时，若使方程成立，方程右端必有 $s=z_j$。若 $n>m$，当 $s\to\infty$ 时，式（4 - 18）右端可写成如下形式

$$\lim_{s\to\infty}\frac{|s-p_1|\cdots|s-p_n|}{|s-z_1|\cdots|s-z_m|} = \lim_{s\to\infty}|s|^{n-m} = \infty$$

与方程式（4 - 18）左端相等。

4.2.4 实轴上的根轨迹

实轴上某一区域，若其右边开环实数零、极点的个数之和为奇数，则该区域必是根轨迹。

证明 设某一系统的开环零、极点分布如图 4 - 6 所示。若实轴上某一点是根轨迹上的点，它必满足相角方程式（4 - 15）。

在实轴上任取一试验点 s_1，由图 4 - 6 可见，在复平面上任何一对共轭复数极点（或零点）到 s_1 处向量的相角之和为零，如图中 $\angle(s-p_2)-\angle(s-p_3)=0$。而试验点 s_1 左侧实轴上的开环零、极点到 s_1 处向量的相角也为零，所以它们都不影响相角方程的成立。我们只需考虑试验点 s_1 右侧实轴上开环零、极点到 s_1 点处向量的相角，每个相角都为 π。将上述关系代入相角方程式（4 - 15）中，则有

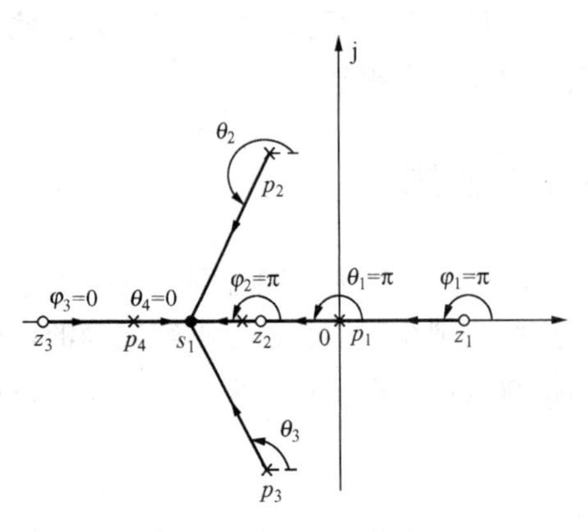

图 4-6　实轴上根轨迹

$$\sum_{j=1}^{3}\angle(s_1-z_j)-\sum_{i=1}^{4}\angle(s_1-p_i)$$
$$=\angle(s_1-z_1)+\angle(s_1-z_2)-\angle(s_1-p_1)$$
$$=\pi+\pi-\pi$$
$$=(2k+1)\pi\quad(k=0)$$

所以相角方程成立，即 s_1 是根轨迹上的点。而且 s_1 右侧有两个开环零点，一个开环极点，则它们数目之和为奇数。一般情况，设试验点右侧有 l 个开环零点，h 个开环极点，则有下述关系式成立

$$\sum_{j=1}^{l}\angle(s_1-z_j)-\sum_{i=1}^{h}\angle(s_1-p_i)=(l-h)\pi$$

若满足相角条件必有关系式

$$(l-h)\pi=(2k+1)\pi$$

所以，$l-h$ 必为奇数，当然 $l+h$ 也为奇数。

根据上述四条法则可以绘制一些简单根轨迹，下面举例说明。

【例 4-3】 设一单位负反馈系统的开环传递函数为

$$G(s)=\frac{K(s+1)}{s(0.5s+1)}$$

求 $K=0\sim\infty$时闭环根轨迹。

解　将开环传递函数写成零、极点形式

$$G(s)=\frac{K^*(s+1)}{s(s+2)}$$

有一个开环零点 $z_1=-1$。两个开环极点 $p_1=0$，$p_2=-2$。开环传递函数分子的阶数 $m=1$，分母的阶数 $n=2$。首先将开环零、极点布置在 s 平面上，如图 4-7 所示。然后按绘制根轨迹法则逐步画出根轨迹。

(1) 由法则一得有两条根轨迹。

(2) 依据法则三，两条根轨迹分别起始于开环极点 0、-2，一条终于有限零点-1，另一条趋于无穷远处。

(3) 依照法则四，在负实轴上，0 到-1 区间和-2 到负无穷区间是根轨迹。最后绘制出根轨迹如图 4-7 所示。

4.2.5　根轨迹的渐近线

如果系统的开环极点数 n 大于开环零点数 m，则当开环增益 K 从零变到无穷时，将有 $n-m$ 条根轨迹沿着与实轴夹角为 φ_a，交点为 σ_a 的一组渐近线趋向无穷远处，且有

$$\varphi_a=\frac{(2k+1)\pi}{n-m}\quad(k=0,1,2,\cdots,n-m-1)\tag{4-19}$$

$$\sigma_a=\frac{\sum_{i=1}^{n}p_i-\sum_{j=1}^{m}z_j}{n-m}\tag{4-20}$$

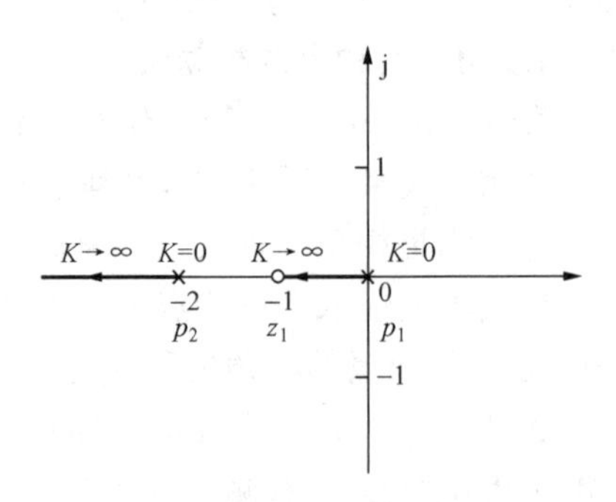

图 4-7　［例 4-3］系统根轨迹

证明　渐近线就是 s 值很大时的根轨迹，因此渐近线也一定对称于实轴。若知道趋向无穷远处各条根轨迹（渐近线），有助于绘制根轨迹的大致形状。将开环传递函数的分子和分母分别写成多项式的形式

$$
\begin{aligned}
G(s)H(s) &= \frac{K^*(s-z_1)\cdots(s-z_m)}{(s-p_1)\cdots(s-p_n)} \\
&= \frac{K^*(s^m+b_1s^{m-1}+\cdots+b_m)}{s^n+a_1s^{n-1}+a_2s^{n-2}+\cdots+a_n} \\
&= K^*\frac{s^m}{s^n}\cdot\frac{1+b_1s^{-1}+\cdots+b_ms^{-m}}{1+a_1s^{-1}+a_2s^{-2}+\cdots+a_ns^{-n}}
\end{aligned}
\tag{4-21}
$$

根据根轨迹方程（4 - 13），可得

$$
s^{n-m}\frac{1+a_1s^{-1}+a_2s^{-2}+\cdots+a_ns^{-n}}{1+b_1s^{-1}+\cdots+b_ms^{-m}}=-K^* \tag{4-22}
$$

为了便于求解 s，设 $x=\frac{1}{s}$代入上式，并两边开 $n-m$ 次方得出

$$
\frac{1}{x}\left(\frac{1+a_1x+a_2x^2+\cdots+a_nx^n}{1+b_1x+\cdots+b_mx^m}\right)=(-K^*)^{\frac{1}{n-m}} \tag{4-23}
$$

将式（4 - 23）左边的第二个因子在 $x=0$（即 $s\to\infty$）处展成泰勒级数，并取前二项，则得到

$$
\left(\frac{1+a_1x+a_2x^2+\cdots+a_nx^n}{1+b_1x+\cdots+b_mx^m}\right)^{\frac{1}{n-m}}=1+\frac{a_1-b_1}{n-m}x \tag{4-24}
$$

将式（4 - 24）代入式（4 - 23），并将式（4 - 23）右端写成模与相角形式为

$$
\frac{1}{x}\left(1+\frac{a_1-b_1}{n-m}x\right)=(-K^*)^{\frac{1}{n-m}}=(K^*)^{\frac{1}{n-m}}\mathrm{e}^{\mathrm{j}\frac{2k+1}{n-m}\pi}\quad(k=0,1,2,\cdots)
$$

又可写成

$$
\frac{1}{x}=-\frac{a_1-b_1}{n-m}+(K^*)^{\frac{1}{n-m}}\mathrm{e}^{\mathrm{j}\frac{2k+1}{n-m}\pi}
$$

式中，$\frac{1}{x}=s$，$a_1=-\sum_{i=1}^{n}p_i$，$b_1=-\sum_{j=1}^{m}z_j$，代入上式得

$$
s=\frac{\sum_{i=1}^{n}p_i-\sum_{j=1}^{m}z_j}{n-m}+(K^*)^{\frac{1}{n-m}}\mathrm{e}^{\mathrm{j}\frac{2k+1}{n-m}\pi}
$$

若令

$$
\varphi_{\mathrm{a}}=\frac{(2k+1)\pi}{n-m}
$$

$$
\sigma_{\mathrm{a}}=\frac{\sum_{i=1}^{n}p_i-\sum_{j=1}^{m}z_j}{n-m}
$$

则上式可写成

$$
s=\sigma_{\mathrm{a}}+(K^*)^{\frac{1}{n-m}}\mathrm{e}^{\mathrm{j}\varphi_{\mathrm{a}}} \tag{4-25}
$$

显然，式（4 - 25）即为根轨迹的渐近线方程。当 $K=0$ 时，σ_{a} 为渐近线与实轴的交点。故 $n-m$ 条渐近线都起于 σ_{a} 点。当 K 增加时，s 的模值增加，但相角保持不变，故只要求出 σ_{a}、φ_{a}，就可画出全部渐近线。

4.2.6 根轨迹的起始角与终止角

根轨迹离开开环复数极点处的切线与正实轴的夹角，称为起始角，以角 θ_{p_i} 表示；根轨迹进入开环复数零点处的切线与正实轴的夹角，称为终止角，以 φ_{z_j} 表示。这些角度可按如下关系式求出

$$\theta_{p_i}=180^\circ+\sum_{j=1}^{m}\varphi_{ji}-\sum_{\substack{j=1\\ j\neq i}}^{n}\theta_{ji} \tag{4-26}$$

$$\varphi_{z_j}=180^\circ+\sum_{j=1}^{n}\theta_{ji}-\sum_{\substack{j=1\\ j\neq i}}^{m}\varphi_{ji} \tag{4-27}$$

【例 4-4】 设系统开环传递函数为

$$G(s)H(S)=\frac{K^*(s+2+\mathrm{j})(s+2-\mathrm{j})}{(s+1+\mathrm{j}2)(s+1-\mathrm{j}2)}$$

试绘制系统概略根轨迹。

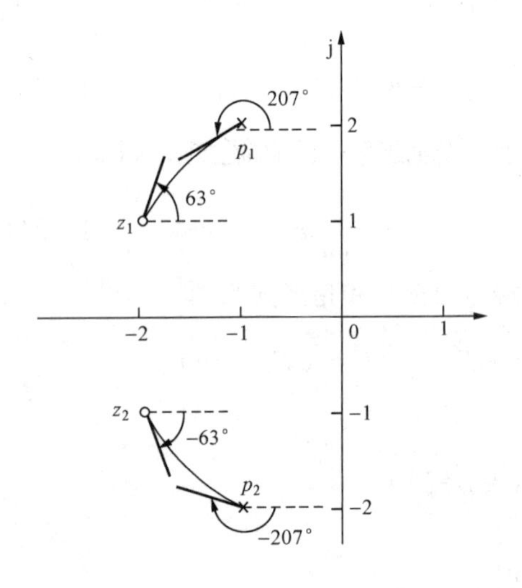

图 4-8 ［例 4-4］根轨迹开环零点和极点

解 将开环零、极点画在图 4-8 的根平面上，依绘制根轨迹的法则逐步画图。

(1) $n=2$，有两条根轨迹。

(2) 两条根轨迹分别起始于开环的极点(−1−j2)、(−1+j2)，终止于开环的零点 (−2−j)、(−2+j)。

(3) 确定起始角与终止角。如图 4-9 所示。

$$\theta_{p_1}=180^\circ+\varphi_{z_1p_1}+\varphi_{z_2p_1}+\varphi_{p_2p_1}$$
$$=180^\circ+45^\circ+71.56^\circ-90^\circ=206.56^\circ$$

$$\theta_{p_2}=-206.56^\circ$$

$$\varphi_{z_1}=180^\circ-\varphi_{z_2z_1}+\theta_{p_1z_1}+\theta_{p_2z_1}$$
$$=180^\circ-90^\circ-135^\circ+180.43^\circ=63.43^\circ$$

$$\varphi_{z_2}=-63.43^\circ$$

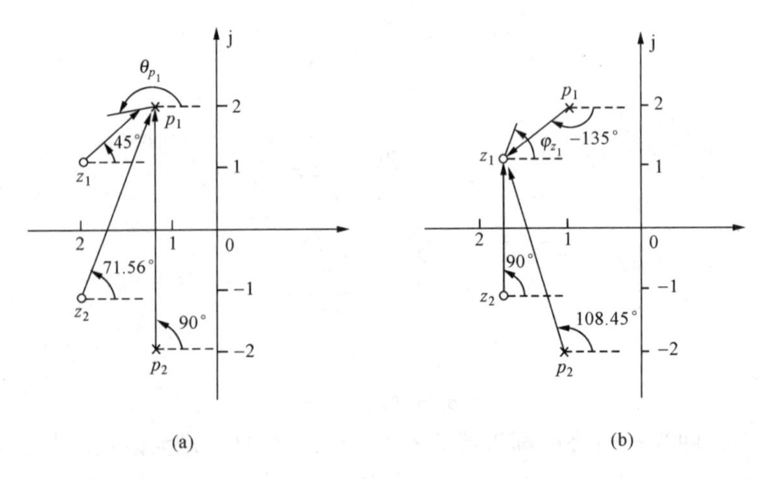

图 4-9 ［例 4-4］根轨迹起始角和终止角的确定

(a) 起始角；(b) 终止角

4.2.7 根轨迹的分离点坐标 d

两条或两条以上根轨迹在 s 平面上相遇又立即分离的点称为根轨迹的分离点（或会合点）。分离点的坐标 d 可由下面方程求得

$$\sum_{i=1}^{n}\frac{1}{d-p_i}=\sum_{j=1}^{m}\frac{1}{d-z_j} \tag{4-28}$$

式中：p_i 为各开环极点的数值；z_j 为各开环零点的数值。

证明 根据根轨迹方程，有

$$1+\frac{K^*\prod_{j=1}^{m}(s-z_j)}{\prod_{i=1}^{n}(s-p_i)}=0$$

又可写成

$$\frac{\prod_{i=1}^{n}(s-p_i)+K^*\prod_{j=1}^{m}(s-z_j)}{\prod_{i=1}^{n}(s-p_i)}=0$$

闭环特征方程为

$$D(s)=\prod_{i=1}^{n}(s-p_i)+K^*\prod_{j=1}^{m}(s-z_j)=0$$

根轨迹在 s 平面上相遇，说明闭环系统特征方程有重根，设重根为 s_1，则

$$D(s_1)=\prod_{i=1}^{n}(s_1-p_i)+K^*\prod_{j=1}^{m}(s_1-z_j)=0 \tag{4-29}$$

及

$$\frac{\mathrm{d}}{\mathrm{d}s_1}D(s_1)=\frac{\mathrm{d}}{\mathrm{d}s_1}\left[\prod_{i=1}^{n}(s_1-p_i)+K^*\prod_{j=1}^{m}(s_1-z_j)\right]=0 \tag{4-30}$$

由式（4-29）和式（4-30）得

$$\frac{\frac{\mathrm{d}}{\mathrm{d}s_1}\left[\prod_{i=1}^{n}(s_1-p_i)\right]}{\prod_{i=1}^{n}(s_1-p_i)}=\frac{\frac{\mathrm{d}}{\mathrm{d}s_1}\left[\prod_{j=1}^{m}(s_1-z_j)\right]}{\prod_{j=1}^{m}(s_1-z_j)} \tag{4-31}$$

根据微分公式

$$(\ln x)'=\frac{x'}{x} \tag{4-32}$$

则有

$$\frac{\mathrm{d}}{\mathrm{d}s_1}\ln\left[\prod_{i=1}^{n}(s_1-p_i)\right]=\frac{\frac{\mathrm{d}}{\mathrm{d}s_1}\left[\prod_{i=1}^{n}(s_1-p_i)\right]}{\prod_{i=1}^{n}(s_1-p_i)} \tag{4-33}$$

所以

$$\frac{\mathrm{d}}{\mathrm{d}s_1}\ln\left[\prod_{i=1}^{n}(s_1-p_i)\right]=\frac{\mathrm{d}}{\mathrm{d}s_1}\ln\left[\prod_{j=1}^{m}(s_1-z_j)\right] \tag{4-34}$$

又因为

$$\ln\left[\prod_{i=1}^{n}(s_1-p_i)\right]=\sum_{i=1}^{n}\ln(s_1-p_i) \tag{4-35}$$

$$\ln\left[\prod_{j=1}^{m}(s_1-z_j)\right]=\sum_{j=1}^{m}\ln(s_1-z_j) \tag{4-36}$$

将式（4-35）和式（4-36）代入式（4-34）得

$$\sum_{i=1}^{n}\frac{\mathrm{d}}{\mathrm{d}s_1}\ln(s_1-p_i)=\sum_{j=1}^{m}\frac{\mathrm{d}}{\mathrm{d}s_1}\ln(s_1-z_j)$$

根据式（4-32）得

$$\sum_{i=1}^{n}\frac{1}{s_1-p_i}=\sum_{j=1}^{m}\frac{1}{s_1-z_j}$$

一般分离点用 d 表示，则有

$$\sum_{i=1}^{n}\frac{1}{d-p_i}=\sum_{j=1}^{m}\frac{1}{d-z_j}$$

为了判断在 s 平面上的根轨迹是否有分离点，及分离点可能产生的大概位置，下面介绍分离点的性质。因为根轨迹是对称的，所以根轨迹的分离点或位于实轴上，或以共轭形式成对出现在复平面中。一般情况下，常见的根轨迹分离点是位于实轴上的两条根轨迹的分离点。如果根轨迹位于实轴上两个相邻的开环极点之间（包括无限极点），则在这两个极点之间至少存在一个分离点；同样，如果根轨迹位于实轴上两个开环零点之间（包括无限零点），则在这两个零点之间也至少有一个分离点，如图 4-10 所示。

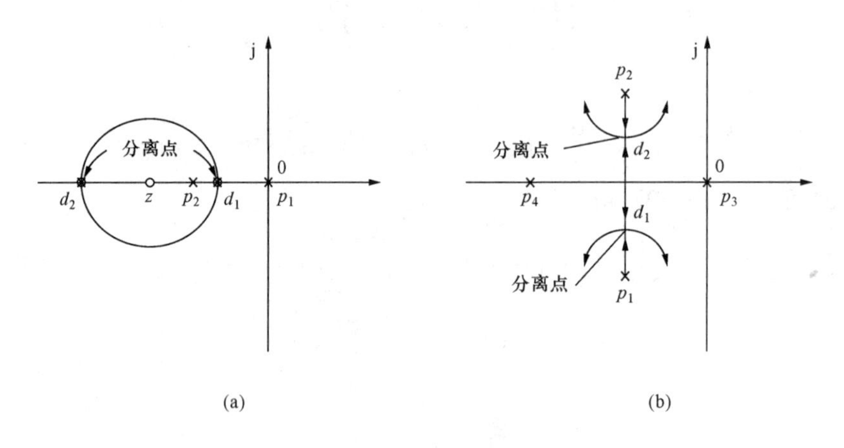

图 4-10 根轨迹分离点确定

（a）实轴上分离点；（b）复平面上分离点

【例 4-5】 已知系统的开环传递函数为

$$G(s)H(s)=\frac{K^*(s+1)}{s^2+3s+3.25}$$

试求闭环系统的根轨迹分离点坐标 d，并概略绘制出根轨迹图。

解 根据系统的开环传递函数，可将开环极点求出

$$p_1=-1.5+\mathrm{j},\quad p_2=-1.5-\mathrm{j}$$

把开环零、极点布置在 s 平面上，如图 4-11 所示。按步骤画出根轨迹。

（1）$n=2$，$m=1$，有两条根轨迹。

（2）两条根轨迹分别起始于开环的极点（$-1.5+\mathrm{j}$）、（$-1.5-\mathrm{j}$），终止于开环的零点-1和无穷远零点。

（3）实轴上根轨迹位于有限零点-1和无穷零点$-\infty$之间，因此可判定有分离点。

（4）渐近线为

$$\sigma_{\mathrm{a}}=\frac{-1.5+\mathrm{j}-1.5-\mathrm{j}+1}{2-1}=-2$$

$$\varphi_{\mathrm{a}}=\frac{(2k+1)\pi}{2-1}=\pi$$

（5）离开复平面极点 p_1 和 p_2 处的初始角为

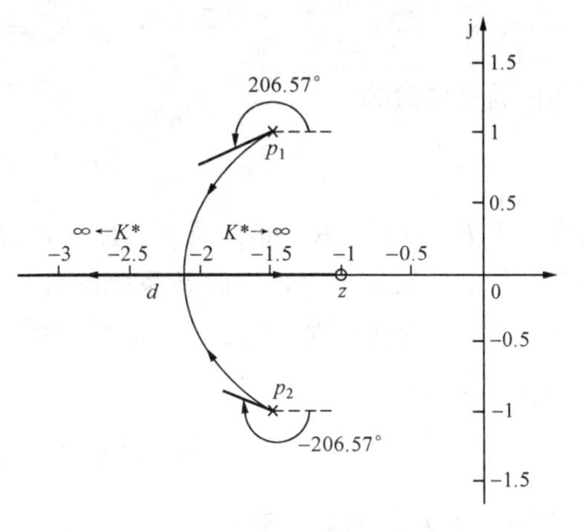

图 4 - 11　［例 4 - 5］系统根轨迹图

$$\theta_{p_1}=180^\circ+\varphi_{z_1p_1}-\theta_{p_2p_1}=180^\circ+116.57^\circ-90^\circ=206.57^\circ$$

$$\theta_{p_2}=-206.57^\circ$$

（6）分离点坐标 d

由
$$\frac{1}{d+1.5-\mathrm{j}}+\frac{1}{d+1.5+\mathrm{j}}=\frac{1}{d+1}$$

得
$$d_1=-2.12,\ d_2=0.12(\text{舍去})$$

如图 4 - 11 所示的系统根轨迹图可知：d_2 不在实轴根轨迹上，则舍去。

4.2.8　根轨迹的分离角与会合角

根轨迹在 s 平面上相遇又分开时，不但要准确计算出分离点（或会合点）的坐标 d，而且还要计算根轨迹趋于分离点和离开分离点的方向角，即会合角和分离角。分离角是指根轨迹离开分离点处的切线与实轴正方向的夹角。而会合角是指根轨迹进入会合点处的切线与实轴正方向的夹角。下面推导分离角计算公式。

设开环增益 K 从零变化到 K_1 时，出现 l 条根轨迹相会又分离，设闭环系统为 n 阶系统，则此时系统有 l 个闭环重极点，（$n-l$）单个闭环极点。为了计算出 l 条根轨离开 d 点处分离角，特作如下处理：将原系统 $K=K_1$ 时的闭环极点看作一个新系统的开环极点，而原系统的开环零点为新系统的开环零点。于是，当 K 变化时，$K\geqslant K_1$ 时的原系统根轨迹与新系统根轨迹完全重合，新系统的开环增益 $K'=K-K_1$，且从零变到无穷。这样原系统的分离角就相当于新系统的起始角，又因为新系统有 l 个相同极点，则在此处起始角，即原系统分离角公式为

$$\theta_{\mathrm{d}}=\frac{1}{l}\left[(2k+1)\pi+\sum_{j=1}^{m}\angle(d-z_j)-\sum_{i=l+1}^{n}\angle(d-s_i)\right]\tag{4 - 37}$$

式中：d 为分离点坐标；z_j 为原系统的开环零点；s_i 为 $K=K_1$ 时除 l 个重极点外，其他（$n-l$）个原系统的闭环极点，即新系统的开环极点；l 为分离点处相遇或分开的根轨迹条数。

当开环增益 K 从零变化到 K_1 时，有 l 条根轨迹相会，为了求出相会时的会合角，做如下处理：假想一新系统，原系统在 K 从零变化到 K_1 时的根轨迹是新系统的全部根轨迹。于是 $K=K_1$ 时原系统的闭环极点作为新系统的开环零点，而原系统的开环极点为新系统的开环极点。新系统的开环增益为

$$K' = \frac{K}{K_1 - K} \tag{4-38}$$

开环根轨迹增益为

$$K'^* = \frac{K^*}{K_1^* - K^*} \tag{4-39}$$

这样，当 $K=0$ 时，$K'=0$；当 $K=K_1$ 时，$K'=\infty$。设想原系统在 $K=0\to K_1$ 时的根轨迹与新系统的根轨迹重合，因此新系统的开环增益 $K'=0\to\infty$时的闭环特征方程就是原系统 $K=0\to K_1$ 的特征方程。为了与新系统参数联系起来，对原系统的特征方程进行变换，原系统的特征方程为

$$D(s) = \prod_{i=1}^{n}(s-p_i) + K^* \prod_{j=1}^{m}(s-z_j) = 0$$

将式（4 - 39）代入上式整理得

$$K'^*\left[\prod_{i=1}^{n}(s-p_i) + K_1^* \prod_{j=1}^{m}(s-z_j)\right] + \prod_{i=1}^{n}(s-p_i) = 0 \tag{4-40}$$

其中

$$\prod_{i=1}^{n}(s-p_i) + K_1^* \prod_{j=1}^{m}(s-z_j) = (s-d)^l \prod_{i=l+1}^{n}(s-s_i)$$

所以式（4 - 40）可以写成

$$K'^*(s-d)^l \prod_{i=l+1}^{n}(s-s_i) + \prod_{i=1}^{n}(s-p_i) = 0 \tag{4-41}$$

式（4 - 41）即为新系统的特征方程，而根轨迹方程为

$$\frac{K'^*(s-d)^l \prod\limits_{i=l+1}^{n}(s-s_i)}{\prod\limits_{i=1}^{n}(s-p_i)} = -1 \tag{4-42}$$

这样，在 d 处新系统的终止角就是原系统的会合角，所以会合角公式为

$$\varphi_{\mathrm{d}} = \frac{1}{l}\left[(2k+1)\pi + \sum_{i=1}^{m}\angle(d-p_i) - \sum_{i=l+1}^{n}\angle(d-s_i)\right] \tag{4-43}$$

式中：d 为分离点坐标；p_i 为系统的开环极点；s_i 为新系统 $K=K_1$ 时除 l 个重极点外，其他（$n-l$）个开环极点（原系统的闭环极点）；l 为分离点处相会的根轨迹条数。

一般情况下，两条根轨迹相遇又分开时，它们的会合角和分离角分别是 0°、180°、90°和−90°或者相反，这一规律具有一般性。

为便于记忆，将分离角与会合角的计算公式归纳如下：若有 l 条根轨迹进入 d 点，必有 l 条根轨迹离开 d 点；l 条进入 d 点的根轨迹与 l 条离开 d 点的根轨迹相间隔；任一条进入 d 点的根轨迹与相邻的离开 d 点的根轨迹方向之间的夹角为 π/l。因此只要确定了 d 点附近一条根轨迹的方向，就可方便地确定 d 点附近所有的根轨迹方向。而确定 d 点附近一条根轨迹方向的方法，可根据法则二、法则四或用试验点进行试探的方法。

4.2.9 根轨迹与虚轴的交点

若根轨迹与虚轴相交，则交点上的 K^* 值和 ω 值可用劳斯判据判定，也可令闭环特征方程中的 $s=\mathrm{j}\omega$，然后分别令其实部和虚部为零求得。

【例 4-6】 设系统开环传递函数为

$$G(s)H(S)=\frac{K^*}{s(s+3)(s^2+2s+2)}$$

试绘制闭环系统的概略根轨迹。

解 根据系统的开环传递函数，求出开环极点为

$$p_1=0,\ p_2=-3,\ p_3=-1+\mathrm{j},\ p_4=-1-\mathrm{j}$$

没有零点。把开环极点布置在 s 平面上。按步骤画出根轨迹。

（1）有 4 条根轨迹。

（2）各条根轨迹分别起于开环极点 p_1、p_2、p_3、p_4，终于无穷远处。

（3）实轴上的根轨迹位于 0 点和 −3 之间。

（4）渐近线：

$$\sigma_a=\frac{0-3-1+\mathrm{j}-1-\mathrm{j}}{4}=-1.25$$

$$\varphi_a=\frac{(2k+1)\pi}{4}=\pm45°,\ \pm135°$$

（5）确定起始角：

$$\theta_{p_3}=180°-\theta_{p_1p_3}-\theta_{p_2p_3}-\theta_{p_4p_3}=180°-135°-26.57°-90°=-71.56°$$

$$\theta_{p_4}=-71.56°$$

（6）分离点坐标 d：

由
$$\frac{1}{d}+\frac{1}{d+3}+\frac{1}{d+1-\mathrm{j}}+\frac{1}{d+1+\mathrm{j}}=0$$

得
$$d_1=-2.3, d_{2,3}=-0.92\pm \mathrm{j}0.37(\text{舍去})$$

（7）确定根轨迹与虚轴的交点：

闭环系统的特征方程为

$$D(S)=s(s+3)(s^2+2s+2)+K^*=0$$

令 $s=\mathrm{j}\omega$ 代入上式，并令实部和虚部分别为零，则得出如下两个方程

$$\omega^4-8\omega^2+K^*=0$$

$$5\omega^3-6\omega=0$$

由上式求出 ω、K^*，即

$$\omega=\pm1.95,\ K^*=8.16$$

根轨迹如图 4-12 所示。

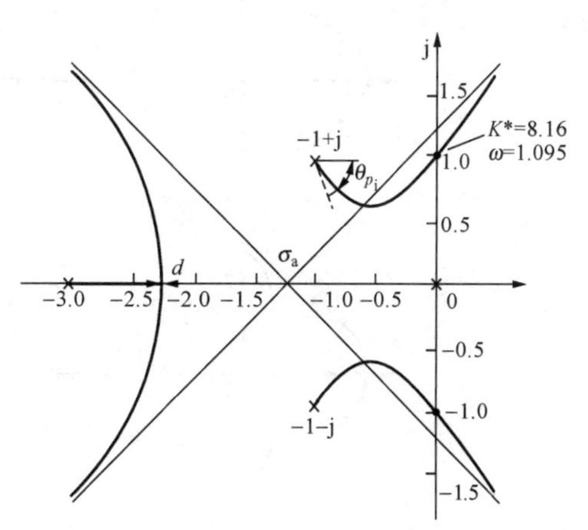

图 4-12 ［例 4-6］系统的根轨迹图

4.2.10 根之和与根之积

系统开环传递函数为

$$G(s)H(s)=\frac{K^*(s-z_1)\cdots(s-z_m)}{(s-p_1)\cdots(s-p_n)}=\frac{K^*(s^m+b_1s^{m-1}+\cdots+b_m)}{s^n+a_1s^{n-1}+a_2s^{n-2}+\cdots+a_n}$$

对应闭环特征方程为

$$\begin{aligned}D(s)&=s^n+a_1s^{n-1}+a_2s^{n-2}+\cdots+a_n+K^*s^{n-2}+\cdots+K^*b_m\\&=s^n+a_1s^{n-1}+(a_2+K^*)s^{n-2}+\cdots+(a_n+K^*b_m)\\&=(s-\lambda_1)(s-\lambda_2)\cdots(s-\lambda_n)\quad(n-m\geqslant2)\end{aligned}$$

根据上式得如下结论：

（1）闭环特征根的负值之和，等于闭环特征方程式的第二项系数 a_1。若（$n-m$）$\geqslant 2$，根之和与开环根轨迹增益 K^* 无关。

（2）闭环特征根之积乘以（-1）^{n}，等于闭环特征方程的常数项。

注意，当 K^* 增加时，闭环的根如果有一部分向左移动，就一定相应的有一部分向右移动，使其根之和保持不变。另外也可以根据根之和和根之积的关系确定出闭环极点。为使用方便，图 4 - 13 给出几种常见的开环零、极点分布图及相应闭环系统的根轨迹，供绘制根轨迹做参考。

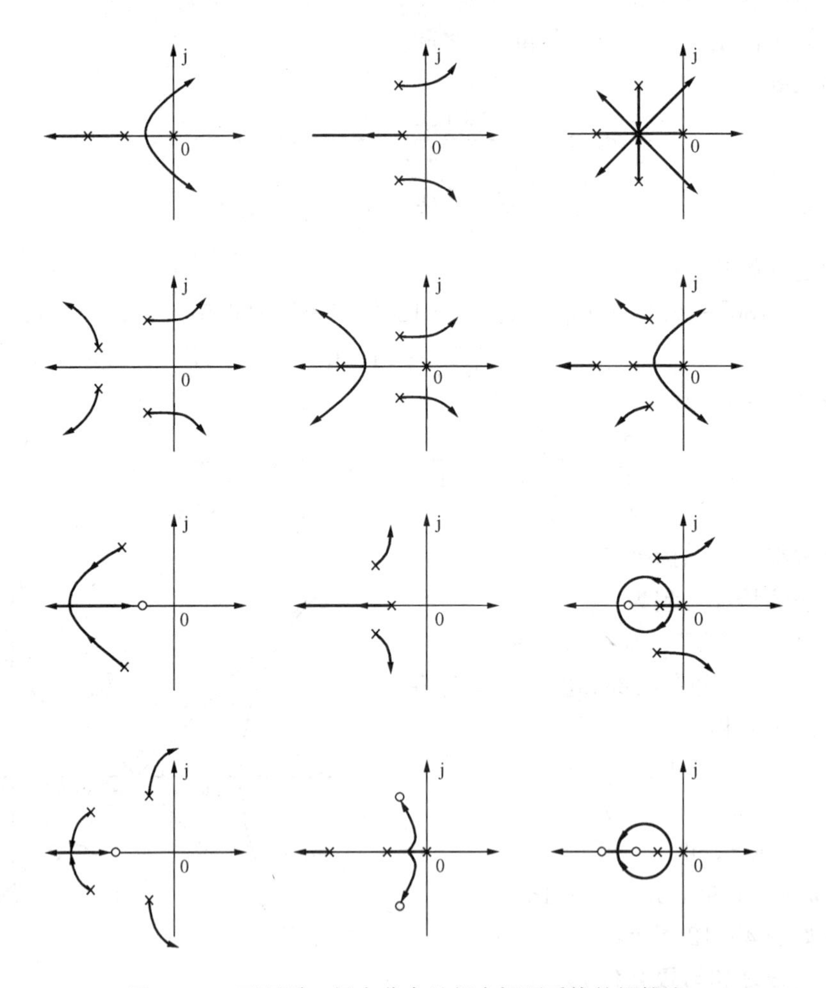

图 4 - 13　开环零、极点分布及相应闭环系统的根轨迹

4.3　广义根轨迹和零度根轨迹

负反馈系统中除开环增益 K 以外，其他参数变化所对应的根轨迹称为广义根轨迹。零度根轨迹主要源于正反馈系统，也可源于负反馈系统。从更广泛的含义来看，也可以把零度根轨迹归入广义根轨迹的范畴。

4.3.1 广义根轨迹

如果引入等效传递函数的概念，则广义根轨迹的绘制法则与常规根轨迹绘制法则相同。下面举例说明。

【例4-7】 已知一负反馈系统的开环传递函数为

$$G(s)H(s)=\frac{5(T_{\mathrm{d}}s+1)}{s(5s+1)}$$

试画出 $T_{\mathrm{d}}=0\to\infty$ 变化时的广义根轨迹。

解 系统闭环特征方程为

$$D(s)=5s^2+s+5T_{\mathrm{d}}s+5$$

保持特征方程相同，求出系统对应等效开环传递函数

$$G_1(s)H_1(s)=A\frac{P(s)}{Q(s)}=\frac{T_{\mathrm{d}}s}{s^2+0.2s+1}$$

式中：A 为系统 K^* 以外的任意变化的参数，$P(s)$ 和 $Q(s)$ 为与 A 无关的首项系数为1的多项式。根据等效开环传递函数，按常规根轨迹绘制法则画出根轨迹。

(1) $n=2$，有2条根轨迹。

(2) 两条根轨迹分别起于开环极点 $-0.1+\mathrm{j}0.995$、$-0.1-\mathrm{j}0.995$，终于零点和无穷远处。

(3) 实轴上的根轨迹位于0点和 $-\infty$ 之间。

(4) 渐近线：

$$\sigma_{\mathrm{a}}=\frac{-0.1+\mathrm{j}0.995-0.1-\mathrm{j}0.995}{2-1}=-0.2$$

$$\varphi_{\mathrm{a}}=\frac{(2k+1)\pi}{2-1}=\pi\quad(k=0)$$

(5) 确定起始角：

$$\theta_{p_1}=180^\circ-\theta_{p_2p_1}-\varphi_{z_1p_1}=180^\circ-90^\circ+95.74^\circ-90^\circ=185.74^\circ$$

$$\theta_{p_2}=-185.74^\circ$$

(6) 分离点坐标 d：

由
$$\frac{1}{d+0.1-\mathrm{j}0.995}+\frac{1}{d+0.1+\mathrm{j}0.995}=\frac{1}{d}$$

得
$$d_1=-1,\ d_2=1(\text{舍去})$$

系统根轨迹如图4-14所示。不难证明，该根轨迹在复平面上部分是以零点为圆心，以零点到分离点之间距离为半径的圆的一部分。

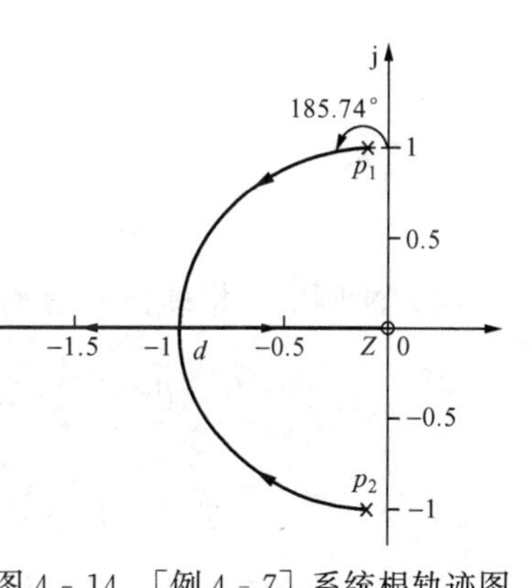

图4-14 [例4-7] 系统根轨迹图

4.3.2 零度根轨迹

如果研究的系统的根轨迹方程的右侧不是“-1”而是“$+1$”，这时根轨迹方程的模值方程不变，而相角方程右侧不再是“$(2k+1)\pi$”，而是“$2k\pi$”，因此，这种根轨迹称为零度根轨迹。零度根轨迹的绘制法则，与常规根轨迹绘制法则略有不同。

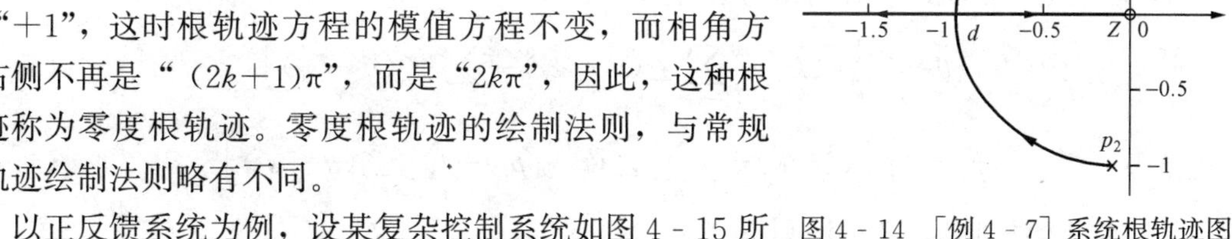

以正反馈系统为例，设某复杂控制系统如图4-15所

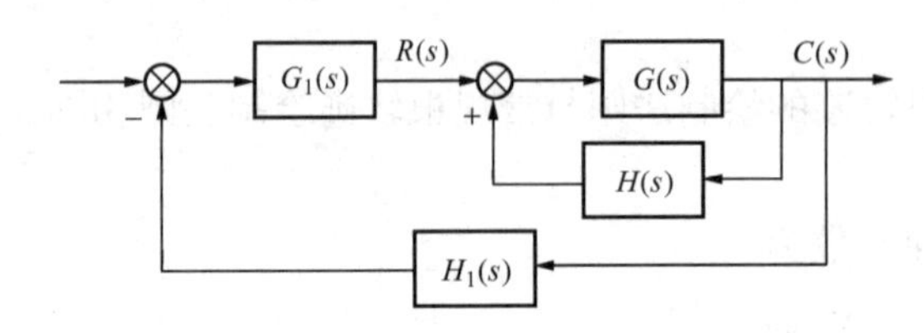

图 4 - 15 复杂控制系统

示，其中内回路采用正反馈。为了分析整个控制系统的性能，需要求出内回路的闭环零、极点。可以用根轨迹的方法，这就要绘制正反馈系统的根轨迹。

图 4 - 15 中正反馈回路的闭环传递函数为

$$\frac{C(s)}{R(s)}=\frac{G(s)}{1-G(s)H(s)}$$

正反馈回路的特征方程为

$$D(s)=1+G(s)H(s)=0 \tag{4-44}$$

正反馈回路的根轨迹方程为

$$G(s)H(s)=1 \tag{4-45}$$

将式（4 - 45）写成相角方程和模值方程的形式，模值方程为

$$-\frac{K^*\prod_{j=1}^{m}|s-z_j|}{\prod_{i=1}^{n}|s-p_i|}=1 \tag{4-46}$$

相角方程为

$$\sum_{j=1}^{m}\angle(s-z_j)-\sum_{i=1}^{n}\angle(s-p_i)=2k\pi \quad (k=0,\pm1,\pm2\cdots) \tag{4-47}$$

将式（4 - 46）和式（4 - 47）与常规根轨迹方程式（4 - 14）和式（4 - 15）相比，显然模值方程相同，而相角方程不同。因此，使用常规根轨迹法绘制零度根轨迹时，对于与相角方程有关的某些法则要进行修改，应修改的法则如下：

（1）法则四：实轴上的根轨迹。实轴上某一区域，若其右方开环实数零、极点个数之和为偶数，则该区域必是根轨迹。

（2）法则五：根轨迹的渐近线。

$$\varphi_a=\frac{2k\pi}{n-m} \quad (k=0,1,2,\cdots,n-m-1) \tag{4-48}$$

σ_a 计算公式不变。

（3）法则六：根轨迹的起始角与终止角。

$$\theta_{p_i}=2k\pi+\sum_{j=1}^{m}\varphi_{ji}-\sum_{\substack{j=1\\j\neq i}}^{n}\theta_{ji} \tag{4-49}$$

$$\varphi_{z_j}=2k\pi+\sum_{j=1}^{n}\theta_{ji}-\sum_{\substack{j=1\\j\neq i}}^{m}\varphi_{ji} \tag{4-50}$$

（4）法则七：根轨迹的分离角与会合角。

$$\theta_d=\frac{1}{l}\left[2k\pi+\sum_{j=1}^{m}\angle(d-z_j)-\sum_{i=l+1}^{n}\angle(d-s_i)\right] \tag{4-51}$$

$$\varphi_d=\frac{1}{l}\left[(2k+)\pi+\sum_{i=1}^{m}\angle(d-p_i)-\sum_{i=l+1}^{n}\angle(d-s_i)\right] \tag{4-52}$$

除上述四个法则外，其他法则不变。

【例 4-8】 某正反馈系统的结构图如图 4-16 所示。对应系统中

$$G(s)H(S)=\frac{K^*(s+2)}{(s+3)(s^2+2s+2)},\ H(s)=1$$

试绘制开环根轨迹增益 $K^*=0\to\infty$ 变化时的根轨迹。

解　由于该系统是正反馈控制系统，因此，当$K^*=0\to\infty$变化时的根轨迹是零度根轨迹。利用零度根轨迹法则绘制该系统的闭环根轨迹如图 4-17 所示，绘制步骤如下：

（1）$n=3$，$m=1$，有 3 条根轨迹。

（2）各条根轨迹分别起始于开环极点 $p_1=-3$、$p_2=-1+\mathrm{j}$、$p_3=-1-\mathrm{j}$，终于开环有限零点和无穷远处。

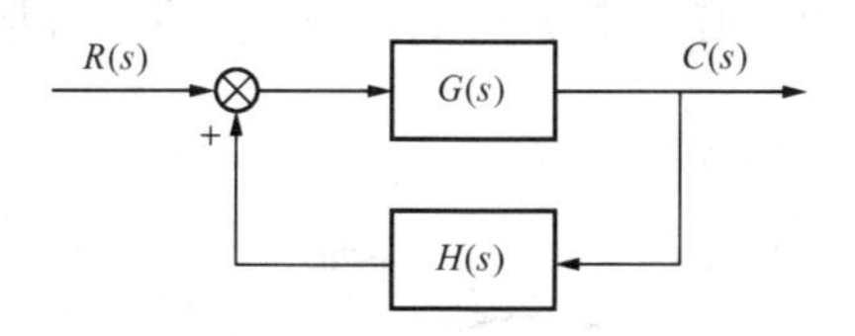

图 4-16 ［例 4-8］正反馈控制系统

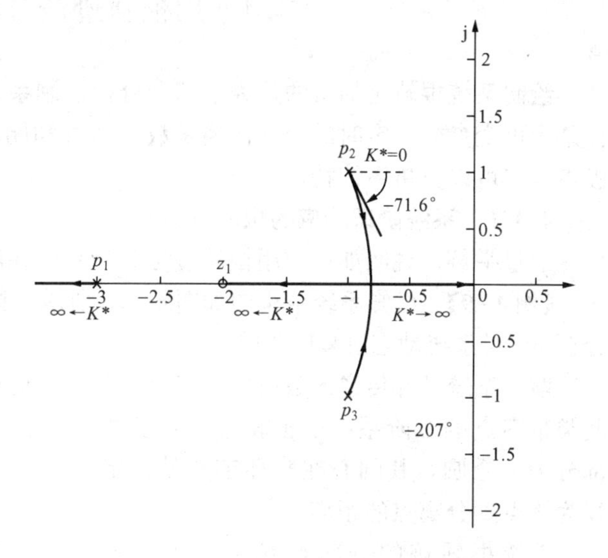

图 4-17 ［例 4-8］系统的闭环根轨迹图

（3）实轴上的根轨迹位于（-3，$-\infty$）和（-2，$+\infty$）之间。

（4）渐近线：

$$\sigma_a=\frac{-3-1+\mathrm{j}-1-\mathrm{j}+2}{2}=-1.5$$

$$\varphi_a=\frac{2k\pi}{2}$$

取 $k=0$，$\varphi_a=0°$；$k=1$，$\varphi_a=180°$。

（5）确定起始角：

$$\theta_{p_2}=\varphi_{z_1p_2}-\theta_{p_1p_2}-\theta_{p_3p_2}=45°-26.6°-90°=-71.6°$$

$$\theta_{p_3}=71.6°$$

（6）分离点坐标 d：

由
$$\frac{1}{d+0.1-\mathrm{j}0.995}+\frac{1}{d+0.1+\mathrm{j}0.995}=\frac{1}{d}$$

得
$$d_1=-0.8,\ d_{2,3}=-2.35\pm\mathrm{j}0.85\ （舍去）$$

显然分离点只能在实轴上，所以 $d=-0.8$。

（7）会合角：

$$\varphi_d=\frac{1}{2}[(2k+1)\pi+\angle(d-p_1)+\angle(d-p_2)+\angle(d-p_3)-\angle(d-s_1)]$$

$$=\frac{1}{2}[(2k+1)\pi+0+0+0]$$

取 $k=0$，$\varphi_d=\frac{\pi}{2}$；$k=1$，$\varphi_d=-\frac{\pi}{2}$。

以上介绍了绘制广义和零度根轨迹的基本法则，根据这些法则可以画出闭环根轨迹，根据根轨迹，可以分析系统的开环增益 K（或其他可变参数）对闭环极点分布的影响，从而得知对系统动态性能的影响。

4.4 用根轨迹法分析系统性能

绘制系统根轨迹的目的是为了综合分析控制系统。当系统的根轨迹已知时，就很易写出在某个可变参数一定时的闭环传递函数，即可知闭环系统的零、极点。根据闭环系统的零、极点分布可以分析系统特性。

4.4.1 系统阶跃响应的根轨迹分析

通过举例，说明如何应用根轨迹法分析系统在阶跃信号作用下的动态过程。

【例 4-9】 已知系统结构图如图 4-18 所示。试画出当 $K^*=0\to\infty$ 时的闭环根轨迹，并分析 K^* 对系统动态过程的影响。

解 系统开环传递函数有两个极点 $p_1=0$、$p_2=-2$，有一个零点 $z_1=-4$。可以证明，此类带零点的二阶系统的根轨迹，其复数部分为一个圆，其圆心在开环零点处，半径为零点到分离点的距离。

系统根轨迹的分离点 $d_1=-1.172$、$d_2=-6.83$，其根轨迹如图 4-19 所示。

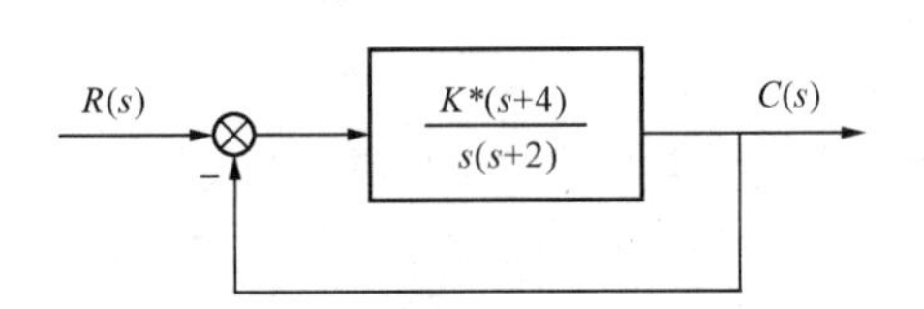

图 4-18 ［例 4-9］系统结构图

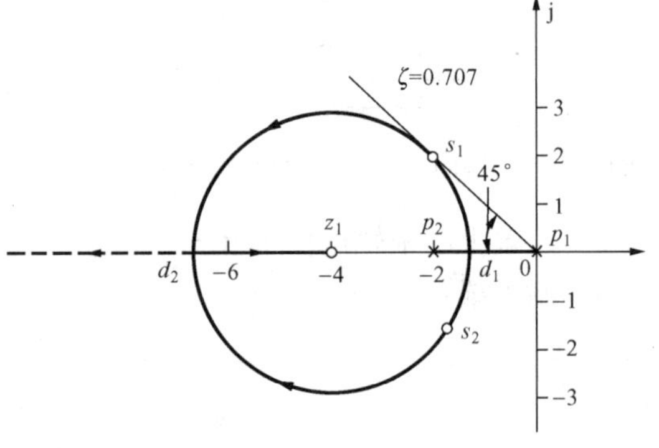

图 4-19 ［例 4-9］系统根轨迹图

利用模值方程求得 d_1 处对应的开环增益为

$$K_1^*=\frac{|d_1||d_1+2|}{|d_1+4|}=\frac{1.172\times0.828}{2.828}=0.343$$

$$K_1=2K_1^*=0.686$$

同样求得 d_2 处对应的开环增益为

$$K_2^*=11.7，K_2=23.4$$

当开环增益在 0～0.686 范围内，闭环为两个负实数极点，系统在阶跃信号作用下，其响应为非周期的。

当开环增益 K 在 0.686～23.4 范围内，闭环为一对共轭复数极点，其阶跃响应为衰减振荡过程。

当开环增益 K 在 23.4～∞范围内，闭环又为负实数极点，其阶跃响应又为非周期的。

下面求系统最小阻尼比对应的闭环极点。

过原点作与根轨迹圆相切的直线，此切线与负实轴夹角的余弦，即为系统的阻尼比，因此有

$$\zeta=\cos\beta=\cos45^\circ=0.707$$

阻尼比 $\zeta=0.707$ 时所对应的闭环极点由图 4 - 19 求得

$$s_{1,2}=-2\pm \mathrm{j}2$$

由于最小阻尼比为 0.707，故系统阶跃响应具有较好平稳性。

【例 4 - 10】 单位反馈系统的开环传递函数为

$$G(s)=\frac{K^*}{s^2(s+10)}$$

试画出闭环系统的根轨迹。

解 此系统开环有三个极点 $p_1=0$、$p_2=0$、$p_3=-10$，由根轨迹法则求得系统根轨迹如图 4 - 20 所示。

图中有两条根轨迹始终位于 s 平面的右半部，即闭环始终有两个右极点。说明开环增益无论取何值，系统均不稳定，此系统属于结构不稳定系统。

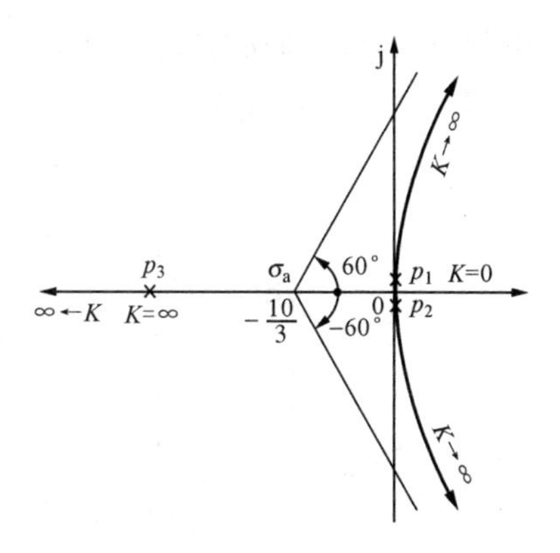

图 4 - 20 ［例 4 - 10］系统根轨迹图

若在系统中附加一个负实数零点 z_1，用来改善系统的动态性能，则系统的开环传递函数为

$$G(s)=\frac{K^*(s-z_1)}{s^2(s+10)}$$

将 z_1 设置在 0～10 之间，则附加零点后的系统对应根轨迹如图 4 - 21 所示。

明显看出，当开环增益 $K=0\to\infty$ 时，系统三条根轨迹全部位于 s 平面的左半部，即无论 K 取何值，系统均是稳定的。

当 $0<K<\infty$时，闭环总有一对靠近虚轴的共轭复数极点，所以，无论 K 取何值，系统的阶跃响应都是衰减振荡的，且振荡频率随 K 的增大而增大。

若零点 $z_1<-10$，则系统的根轨迹如图 4 - 22 所示。

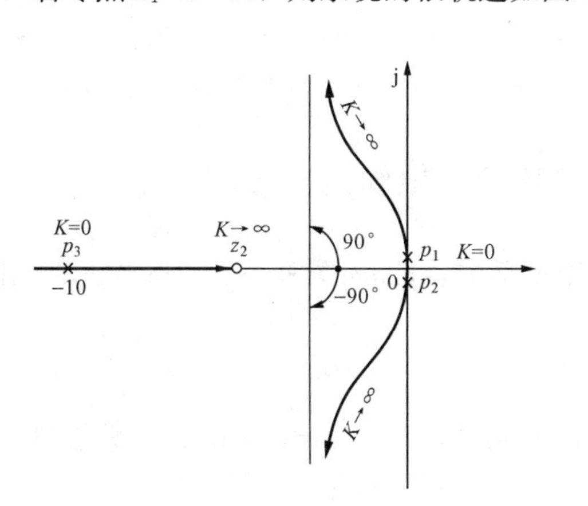

图 4 - 21 ［例 4 - 10］附加零点后的根轨迹图

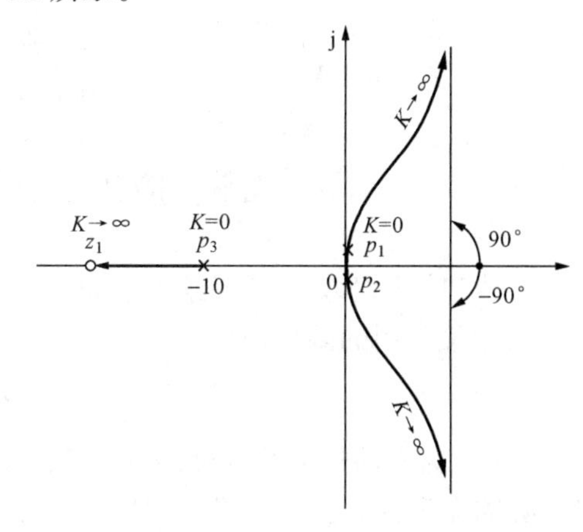

图 4 - 22 ［例 4 - 10］附加零点 $z_1=-20$ 后的根轨迹图

由图 4 - 22 看出，附加 $z_1=-20$ 的零点后，系统的根轨迹仍有两条始终位于 s 平面的右半平面，系统仍无法稳定。因此，从系统的稳定性看，这种情况与不附加零点时无本质的差别。所以引入的附加零点要适当，才能对系统的性能有所改善。

4.4.2 利用主导极点估算系统的性能指标

在时域分析法的 3.4.2 章节中介绍了主导极点的概念，可知主导极点在动态过程中起主要作用，所以计算性能指标时，在一定条件下，可以只考虑暂态分量中主导极点所对应的分量，将高阶系统近似看作一、二阶系统，直接应用第 3 章中的计算性能指标公式和曲线。

【例 4 - 11】 某系统闭环传递函数为

$$\Phi(s)=\frac{1}{(0.67s+1)(0.01s^2+0.08s+1)}$$

试近似计算系统的动态性能指标 $\sigma\%$、t_s。

解 这是三阶系统，有三个闭环极点，它们分别是

$$s_1=-1.5,\quad s_{2,3}=-4\pm j9.2$$

其零、极点分布如图 4 - 23 所示。

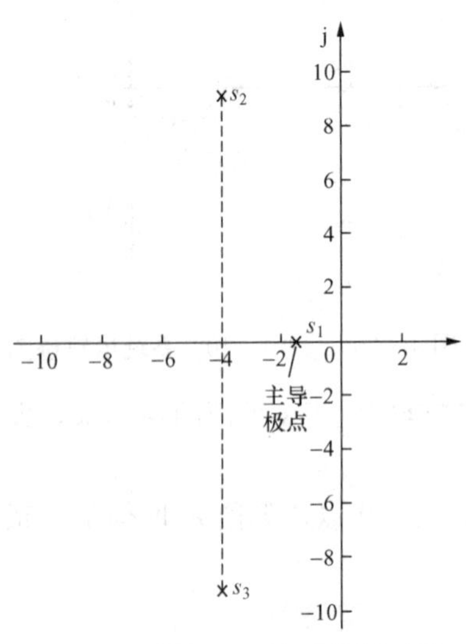

图 4 - 23 ［例 4 - 11］系统闭环零、极点分布图

极点 s_1 离虚轴最近，所以此系统的主导极点为 s_1，而其他两个极点可忽略不计。这时系统可看为一阶系统，其传递函数为

$$\Phi(s)=\frac{1}{0.67s+1}=\frac{1}{Ts+1}$$

式中：$T=0.67\mathrm{s}$。

根据时域分析可知：一阶系统无超调，即 $\sigma\%=0$，调节时间为 $t_s=3T=2.01\mathrm{s}$。

利用根轨迹法，能较方便地确定高阶系统中某参数变化时闭环极点分布的规律，清楚地看出参数对系统动态过程的影响。

根轨迹法是立足于复域中的一套完整的系统研究方法。通过系统在复域中的特征，来评定和计算系统在时域中的性能，因而根轨迹法又称复域分析法。

4.5 应用 MATLAB 绘制根轨迹

在 MATLAB 环境下可以绘制根轨迹，主要函数有：pzmap，rlocus，rlocfind，sgrid，zgrid。其中最常用的函数命令为

```
rlocus(g)
```

其中，g 为根轨迹方程左侧表达式 MATLAB 认可的形式。在调用 rlocus 函数绘制根轨迹时，必须先将特征方程写成下列形式

$$1+K\frac{N(s)}{D(s)}=0$$

式中：K 是我们所关心的参数。

下面举例说明应用 MATLAB 绘制根轨迹的方法。

【例 4 - 12】 已知单位负反馈系统的开环传递函数为

$$G(s)=\frac{K}{s(0.05s+1)(0.05s^2+0.2s+1)}$$

试画出 $K=0\sim\infty$时的闭环系统根轨迹，并求出临界时的 K 值及闭环极点。

解 输入 MATLAB 程序如下：

```
d1 = [ 0.05  1 ];
d2 = [ 0.05  0.2  1 ];
den1 = conv(d1,d2);
den = [ den1  0 ];
num = [1];
rlocus(num,den)
```

运行上述程序，仿真曲线如图 4-24 所示。

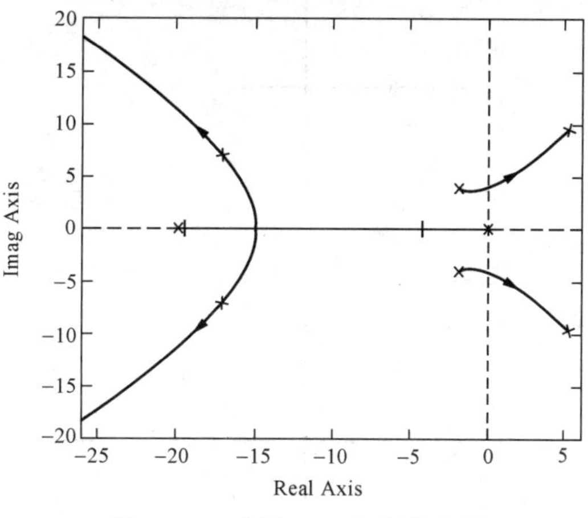

图 4-24 [例 4-12] 根轨迹图

为了计算 K 临界值和此时的闭环极点，可在上述程序运行完之后，在 MATLAB 环境下，键入下列命令：

```
rlocfind(num,den)
```

运行 rlocfind 函数之后，MATLAB 将在根轨迹图上产生“+”提示符，通过鼠标提示符移动到轨迹与虚轴交点的位置，然后按回车键，所选闭环根及参数 K 就会在命令行中显示。结果为

$$K=3.49$$

$$s_1=4.1\mathrm{j},\ s_2=-4.1\mathrm{j}$$

闭环的其他两个根可以调用函数 roots 求得。也可调用 rlocfind 求分离点的坐标和分离处所对应的 K 值，结果为

$$d=-15.1,\ K=-34.7$$

本章小结

在已知开环零、极点分布的基础上，依据绘制根轨迹的基本法则，可以很方便地绘出闭环系统的根轨迹，并在根轨迹上确定闭环零、极点的位置，然后，再利用主导极点的概念，应用近似公式来分析和计算系统的动态性能。因此，根轨迹法能较为方便地确定高阶系统中某个参数变化时闭环极点分布的规律，形象直观地看出参数对系统动态过程的影响。

习 题

4-1 已知系统的开环传递函数为

$$G(s)H(s)=\frac{K^*}{(s+1)(s+2)(s+4)}$$

试证明点 $s_1=-1+\mathrm{j}\sqrt{3}$在根轨迹上，并求出相应的根轨迹增益 K^* 和开环增益 K。

4-2 已知开环零、极点分布如图 4-25 所示，试概略绘制相应的闭环根轨迹。

4-3 已知单位负反馈控制系统的开环传递函数如下，试概略绘制出相应的系统根轨迹。

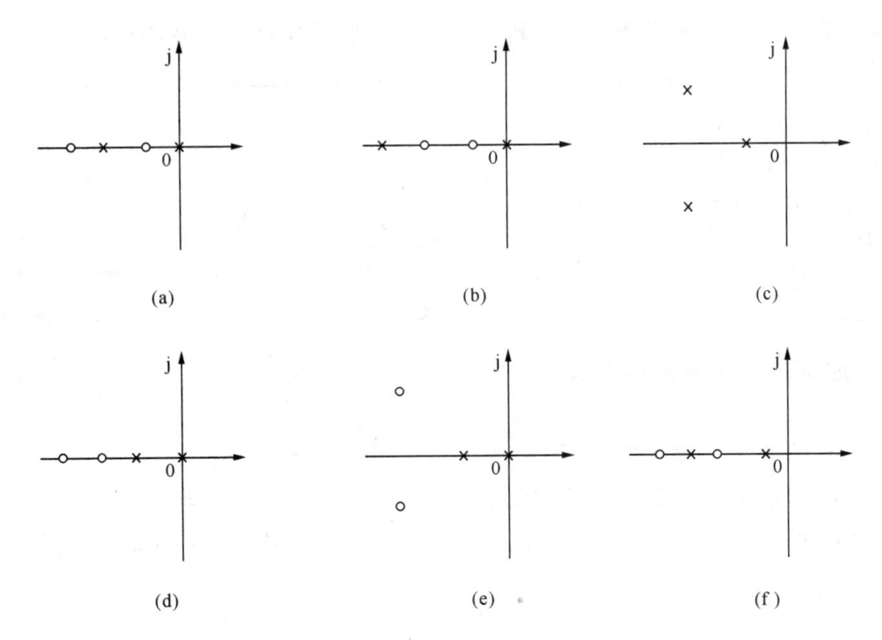

图 4-25 题 4-2 图

(1) $G(s)=\dfrac{K}{s(0.2s+1)(0.5s+1)}$；

(2) $G(s)=\dfrac{K^*(s+5)}{s(s+2)(s+3)}$；

(3) $G(s)=\dfrac{K(s+1)}{s(2s+1)}$。

4-4 已知单位负反馈控制系统的开环传递函数如下，试概略绘制出相应的根轨迹。

(1) $G(s)=\dfrac{K^*(s+2)}{(s+1+\mathrm{j}2)(s+1-\mathrm{j}2)}$；

(2) $G(s)=\dfrac{K^*(s+20)}{s(s+10+\mathrm{j}10)(s+10-\mathrm{j}10)}$。

4-5 已知单位负反馈系统的开环传递函数如下，试概略绘制出相应的根轨迹。

(1) $G(s)H(s)=\dfrac{K^*}{s(s+1)(s+2)(s+5)}$；

(2) $G(s)H(s)=\dfrac{K^*(s+2)}{s(s+3)(s^2+2s+2)}$；

(3) $G(s)H(s)=\dfrac{K^*(s+1)}{s(s-1)(s^2+4s+16)}$。

4-6 已知单位负反馈控制系统的开环传递函数如下，要求：

(1) 确定 $G(s)=\dfrac{K^*(s+z)}{s^2(s+10)(s+20)}$ 产生纯虚根为 $\pm\mathrm{j}1$ 的 z 值和 K^* 值；

(2) 概略绘出 $G(s)=\dfrac{K^*}{s(s+1)(s+3.5)(s^2+6s+13)}$ 的闭环根轨迹（要求确定根轨迹的渐近线、分离点、起始角和虚轴交点）。

4-7 已知控制系统的开环传递函数为

$$G(s)H(s)=\frac{K^*(s+2)}{(s^2+4s+9)^2}$$

试概略绘制系统的根轨迹。

4-8 已知系统的开环传递函数为

$$G(s)=\frac{K^*}{s(s^2+3s+9)}$$

试用根轨迹法确定使闭环系统稳定的开环增益 K 值的范围。

4-9 已知单位负反馈控制系统的开环传递函数为

$$G(s)=\frac{K^*(s^2-2s+5)}{(s+2)(s-0.5)}$$

试绘制系统根轨迹，确定使系统稳定的 K 值范围。

4-10 已知系统的闭环特征方程如下：

(1) $s^3+2s^2+3s+Ks+2K=0$；

(2) $s^3+3s^2+(K+2)s+10K=0$。

试绘制出特征方程对应系统的根轨迹。

4-11 已知控制系统的结构图如图4-26所示，试绘制出 K^* 从 $0\to\infty$ 的闭环根轨迹。

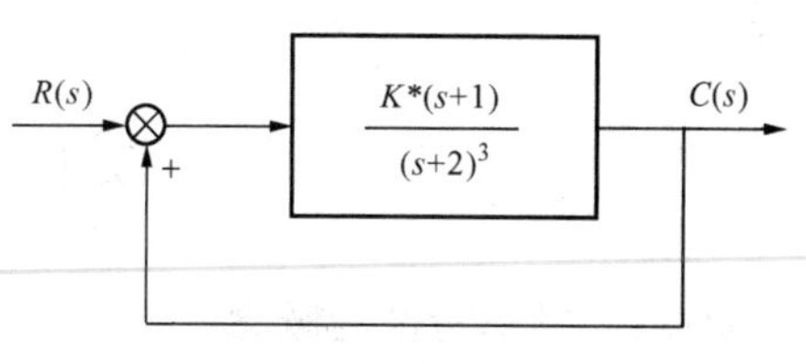

图4-26 题4-11图

4-12 已知单位负反馈控制系统的开环传递函数为

$$G(s)=\frac{K^*(1-s)}{s(s+2)}$$

试绘制 K^* 从 $0\to\infty$ 的闭环根轨迹，并求出使系统产生重根和纯虚根的 K^* 值。

4-13 已知单位负反馈控制系统的开环传递函数，试绘制参数 b 从零变化到无穷大时的根轨迹，并写出 $b=2$ 时系统的闭环传递函数。

(1) $G(s)=\dfrac{20}{(s+4)(s+b)}$；

(2) $G(s)=\dfrac{30(s+b)}{s(s+10)}$。

4-14 已知系统特征方程

$$D(s)=s^3+5s^2+(6+a)s+a=0$$

要使其根全为实数，试确定参数 a 的范围。

4-15 已知单位负反馈控制系统的开环传递函数为

$$G(s)=\frac{K}{(0.5s+1)^4}$$

试根据系统根轨迹分析系统稳定性，并估算 $\sigma\%=16.3\%$ 时的 K 值。

4-16 已知单位负反馈控制系统开环传递函数为

$$G(s)=\frac{K^*}{(s+3)(s^2+2s+2)}$$

要求闭环系统的最大超调量 $\sigma\%\leqslant 25\%$，调节时间 $t_s\leqslant 10s$，试选择 K^* 值。

4-17 利用MATLAB分别绘制题4-3～题4-5的根轨迹。

第 5 章　频域分析法

前面介绍的控制系统的时域分析法是分析控制系统的直接方法，比较直观、精确。当用时域分析法分析高阶或较复杂的系统时，求解系统的微分方程就已经非常困难，更难以进行定量分析。频域分析法不仅能反映系统的稳态特性，而且可以用来研究系统的暂态性能。频率分析法特点是可以根据系统的开环频率特性来判断闭环系统的稳定性；频率特性有明确的物理意义，并可以用实验方法获取系统的传递函数；由频率特性所确定的频域指标与系统的时域指标之间存在着一定的对应关系；频率分析法不仅可以应用于线性系统，同时也可以有条件的应用到非线性系统；系统的频域设计还可以兼顾动态响应和噪声抑制两方面的要求。

本章主要介绍频率特性的概念与几何表示方法、系统的对数频率特性图和极坐标图、频域稳定判据和系统的相对稳定性分析、开闭环的频域性能指标、MATLAB 在频域分析中的应用。

5.1　频率特性

5.1.1　频率特性的概念

从 RC 电路对正弦信号的响应，引出频率特性。如图 5 - 1 所示的 RC 电路，设电路的输入、输出电压分别为 $u_i(t)$ 和 $u_o(t)$，电路的传递函数为

$$G(s)=\frac{U_o(s)}{U_i(s)}=\frac{\frac{1}{Cs}}{R+\frac{1}{Cs}}=\frac{1}{Ts+1} \tag{5-1}$$

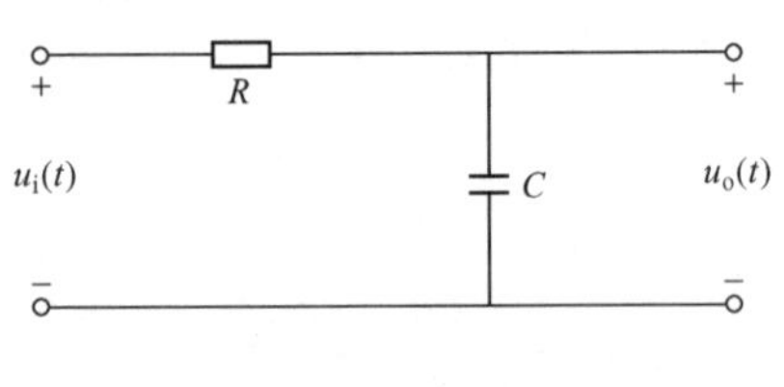

图 5 - 1　RC 电路

式中，$T=RC$ 为电路的时间常数。输入一个振幅为 X、频率为 ω 的正弦信号 $u_i(t)=X\sin\omega t$。

由分析可知 u_o 也是同频率的正弦信号，只不过幅值和相位发生变化。令式（5 - 1）中 $s=\mathrm{j}\omega$ 得到

$$\frac{u_o}{u_i}=\frac{1}{\sqrt{(\omega T)^2+1}}\angle-\arctan\omega T \tag{5-2}$$

称之为频率特性，它是一个复变函数。将 u_i 代入式（5 - 2）可得

$$u_o(t)=\frac{XT\omega}{1+T^2\omega^2}\mathrm{e}^{-\frac{t}{T}}+\frac{X}{\sqrt{1+T^2\omega^2}}\sin(\omega t-\arctan T\omega) \tag{5-3}$$

式中，第一项是输出的暂态分量，随着时间的增加逐渐衰减为 0；第二项是输出的稳态分量，用来决定稳态下的输出电压。式（5 - 3）表明：RC 电路在正弦信号 $u_i(t)$ 作用下，稳态输出的信号仍是一个与输入信号同频率的正弦信号，只是幅值变为输入正弦信号幅值的 $\frac{1}{\sqrt{1+\omega^2T^2}}$ 倍，相位则滞后了 $\arctan\omega T$。

从 RC 电路中得到的结论，对于任何稳定的线性系统都是适用的。一般线性系统在输入

正弦信号 $r(t)=A_1\sin\omega t$ 的情况下，系统的稳态输出 $y(t)=A_2\sin(\omega t+\varphi)$ 也一定是同频率的正弦信号，只是幅值和相角不一样。RC 电路的频率特性曲线如图 5-2 所示。

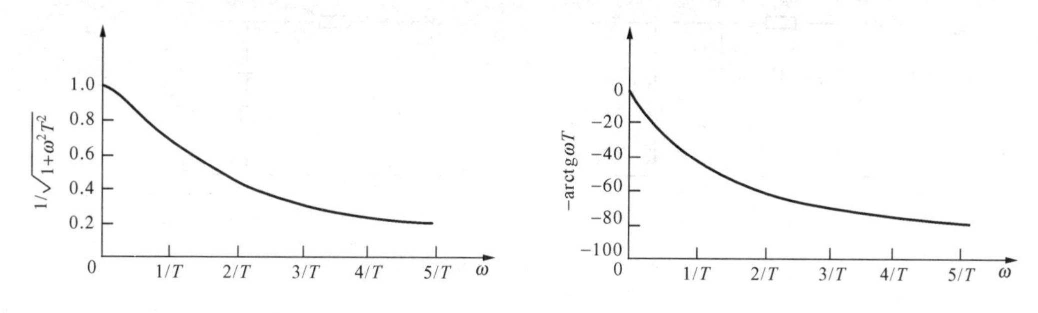

图 5-2 RC 电路的频率特性曲线

对于稳定的线性定常系统，由谐波输入产生的输出稳态分量仍然是与输入同频率的谐波函数，而幅值和相位的变化是频率 ω 的函数，且与系统的数学模型有关。在谐波输入下，输出响应中，与输入同频率的谐波分量与谐波输入的幅值比 $A(\omega)$ 为幅频特性；相位之差 $\varphi(\omega)$ 为相频特性。把系统稳态输出的复变量与输入的复变量之比称为系统的频率特性，记为 $G(\mathrm{j}\omega)$，即

$$G(\mathrm{j}\omega)=\frac{C(\mathrm{j}\omega)}{R(\mathrm{j}\omega)}=A(\omega)\mathrm{e}^{\mathrm{j}\varphi(\omega)}=A(\omega)\angle\varphi(\omega) \tag{5-4}$$

频率特性描述了在不同频率下系统（或元件）传递正弦信号的能力。

稳定系统的频率特性可以用实验的方法确定，即在系统的输入端加不同频率的正弦信号，在系统的输出端测量其稳态响应，然后再根据幅值比和相位差作出系统的频率特性曲线。频率特性也是数学模型的一种表达形式。对于不稳定系统，输出稳态分量中含有系统传递函数的不稳定极点所产生的呈发散或振荡的分量，所以不稳定系统的频率特性不能通过实验方法来确定。

线性定常系统的传递函数 $G(s)$ 的反变换为

$$g(t)=\frac{1}{2\pi\mathrm{j}}\int_{\delta-\mathrm{j}\infty}^{\delta+\mathrm{j}\infty}G(s)\mathrm{e}^{st}\,\mathrm{d}s$$

式中，s 位于 $G(s)$ 的收敛域。若系统稳定，则 s 可以取为零；若 $g(t)$ 的拉氏变换存在，令 $s=\mathrm{j}\omega$ 则有

$$g(t)=\frac{1}{2\pi}\int_{-\infty}^{+\infty}G(\mathrm{j}\omega)\mathrm{e}^{\mathrm{j}\omega t}\,\mathrm{d}\omega=\frac{1}{2\pi}\int_{-\infty}^{+\infty}\frac{C(\mathrm{j}\omega)}{R(\mathrm{j}\omega)}\mathrm{e}^{\mathrm{j}\omega t}\,\mathrm{d}\omega \tag{5-5}$$

5.1.2 频率特性的求取

对系统给予分析时通常先要求取系统的频率特性。频率特性的求解一般有以下方法：

(1) 定义法。在已知系统传递函数的情况下，先求出系统正弦信号输入的稳态解，然后再求稳态解的复数和输入信号的复数之比，就得到频率特性。

(2) 实验法。对已知系统输入幅值不变而频率变化的正弦信号，并记录各个频率所对应的输出信号的幅值和相位，就可以得到系统的频率特性。但这种方法只能先绘制出系统的频率特性曲线，然后再根据特性曲线分析系统的性能，比较麻烦。

(3) 解析法。以 $\mathrm{j}\omega$ 取代传递函数 $G(s)$ 中的 s，即可求出系统的频率特性，所以频率特性又称为 $\mathrm{j}\omega$ 轴上的传递函数，此方法目前最为常见。

【例 5 - 1】 试分别求出图 5 - 3 中（a）、（b）两个网络的频率特性。

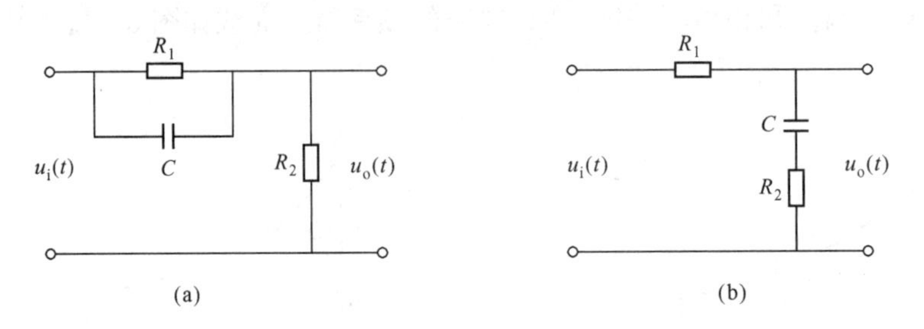

图 5 - 3 ［例 5 - 1］RC 网络

解 （1）求解图 5 - 3（a）网络的频率特性。该网络的传递函数为

$$\frac{U_o(s)}{U_i(s)}=\frac{R_2}{R_2+\dfrac{R_1\dfrac{1}{sC}}{R_1+\dfrac{1}{sC}}}=\frac{K_1(\tau_1 s+1)}{T_1 s+1} \tag{5 - 6}$$

其中，$K_1=\dfrac{R_2}{R_1+R_2}$，$\tau_1=R_1C$，$T_1=\dfrac{R_1R_2C}{R_1+R_2}$。

将 $s=\mathrm{j}\omega$ 代入式（5 - 6）中，可得图 5 - 3（a）网络的频率特性为

$$G_a(\mathrm{j}\omega)=\frac{U_o(\mathrm{j}\omega)}{U_i(\mathrm{j}\omega)}=\frac{K_1(1+\mathrm{j}\tau_1\omega)}{1+\mathrm{j}T_1\omega}$$

（2）求解图 5 - 3（b）网络的频率特性。该网络的传递函数

$$\frac{U_o(s)}{U_i(s)}=\frac{R_2+\dfrac{1}{sC}}{R_1+R_2+\dfrac{1}{sC}}=\frac{\tau_2 s+1}{T_2 s+1} \tag{5 - 7}$$

其中，$\tau_2=R_2C$，$T_2=(R_1+R_2)C$。

将 $s=\mathrm{j}\omega$ 代入式（5 - 7）中，可得图 5 - 3（b）网络的频率特性为

$$G_b(\mathrm{j}\omega)=\frac{U_o(\mathrm{j}\omega)}{U_i(\mathrm{j}\omega)}=\frac{1+\mathrm{j}\tau_2\omega}{1+\mathrm{j}T_2\omega}$$

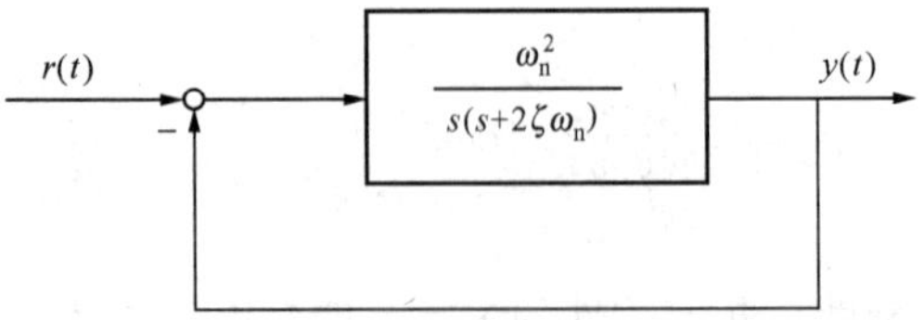

【例 5 - 2】 系统的结构框图如图 5 - 4 所示。当输入为 $r(t)=2\sin t$ 时，输出为 $y(t)=4\sin(t-45°)$，试确定系统的参数 ζ、ω_n。

图 5 - 4 ［例 5 - 2］系统的结构框图

解 系统闭环传递函数

$$\Phi(s)=\frac{\omega_n^2}{s^2+2\zeta\omega_n s+\omega_n^2}$$

将 $s=\mathrm{j}\omega$ 代入上式中，可求得系统的幅频特性和相频特性为

$$|\Phi(\mathrm{j}\omega)|=\frac{\omega_n^2}{\sqrt{(\omega_n^2-\omega^2)^2+4\zeta^2\omega_n^2\omega^2}} \quad \varphi(\omega)=-\arctan\frac{2\zeta\omega_n\omega}{\omega_n^2-\omega^2}$$

由题设条件可知：$y(t)=4\sin(t-45°)=2\cdot A(1)\sin[t-\varphi(1)]$

即
$$A(1)=\left.\frac{\omega_n^2}{\sqrt{(\omega_n^2-\omega^2)^2+4\zeta^2\omega_n^2\omega^2}}\right|_{\omega=1}=\frac{\omega_n^2}{\sqrt{(\omega_n^2-1)^2+4\zeta^2\omega_n^2}}=2$$

$$\varphi(1)=-\arctan\left.\frac{2\zeta\omega_n\omega}{\omega_n^2-\omega^2}\right|_{\omega=1}=-\arctan\frac{2\zeta\omega_n}{\omega_n^2-1}=-45°$$

$$\omega_n^4=4[(\omega_n^2-1)^2+4\zeta^2\omega_n^2],\quad 2\zeta\omega_n=(\omega_n^2-1)$$

解得
$$\omega_n=1.244,\quad \zeta=0.22$$

5.2　频率特性的几何表示方法

相比微分方程和传递函数而言，频率特性通常用图形表示。可以根据系统的频率特性图对系统的性能作出很明确的判断，并找到改善系统性能的方法途径，这就是频率特性法，也称频域法，这种方法已经得到了广泛的应用。频率特性图常常采用三种表示方法：极坐标图、对数频率特性图和对数幅相图。

5.2.1　极坐标图

极坐标图即是幅相频率特性曲线，又称奈奎斯特（Nyquist）曲线，以横轴为实数轴、纵轴为虚数轴，构成复平面。对于任意一个频率特性 $G(\mathrm{j}\omega)=A(\omega)\cdot \mathrm{e}^{\mathrm{j}\varphi(\omega)}$ 给定的 ω_i，可以用复平面的一个向量表示，而向量的长度即为 $A(\omega_i)$，表示频率特性的幅值；向量的相角 $\varphi(\omega_i)$ 等于向量与实轴正方向的夹角。由于幅频特性为 ω 的偶函数，其相频特性为 ω 的奇函数，$\omega=0\to\infty$ 和 $\omega=-\infty\to0$ 的幅相曲线是关于实轴对称的，因此一般只绘制 $\omega=0\to\infty$ 的幅相曲线。在绘制幅相曲线中，ω 作为参变量，一般用小箭头表示 ω 增大时幅相曲线的变化方向。图 5 - 5 所示即为图 5 - 1 所示 RC 电路的极坐标图。

5.2.2　对数频率特性图

在半对数坐标中，表示频率特性的对数幅值 $20\lg A(\omega)$ 与频率 ω 关系的曲线称为幅频特性曲线；相位 $\varphi(\omega)$ 与 ω 之间关系的曲线称为相频特性曲线，两者统称为对数频率特性图或者伯德（Bode）图，在频率法中应用最广泛。在对数频率特性图中，纵坐标采用线性的均匀刻度，需注意横坐标采用对数刻度，尽管在坐标轴上标明的数值是实际的 ω 值，单位为 rad/s（弧度/秒），但坐标上的距离却是按 ω 值的常用对数 $\lg\omega$ 来刻度的。坐标轴上任何两点 ω_1 和 ω_2（设 $\omega_2>\omega_1$）之间的距离为 $\lg\omega_2-\lg\omega_1$。横坐标对 ω 而言是不均匀的，但对 $\lg\omega$ 来说却是均匀的线性刻度。横坐标上若两对频率间距离相同，则表示其比值相等。当 ω 按 10 倍变化时，在 $\lg\omega$ 轴上就变化一个单位，称为一个 10 倍频程，记作 dec。每个 dec 沿横坐标走过的间隔就为一个单位长度。对数幅频特性将 $A(\omega)$ 取常用对数，并乘上 20 倍，使其变成对数幅值 $L(\omega)$ 作为纵坐标值。$L(\omega)=20\lg A(\omega)$ 称为对数幅值，单位是分贝（又简写为 dB）。幅值 $A(\omega)$ 每增大 10 倍，对数幅值 $L(\omega)$ 就增加 20dB。由于纵坐标 $L(\omega)$ 已做过对数转换，故纵坐标按分贝值是线性刻度的。

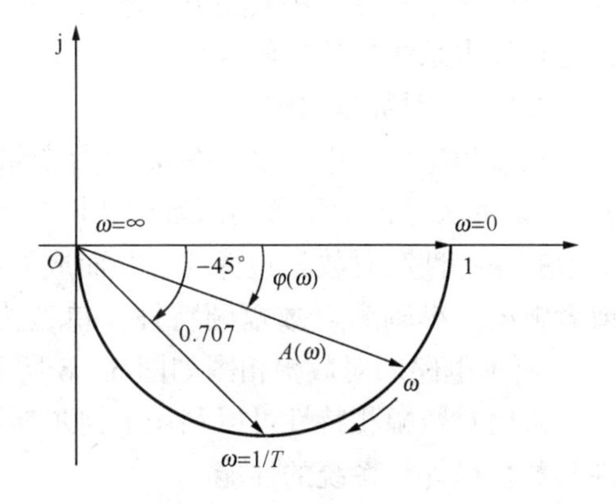

图 5 - 5　RC 电路的极坐标图

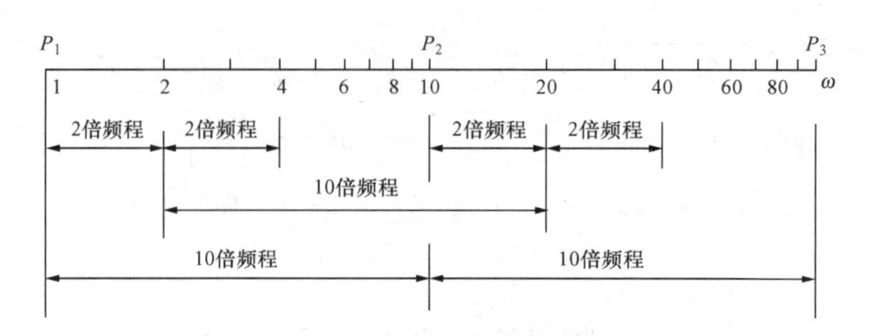

图 5 - 6　对数分度

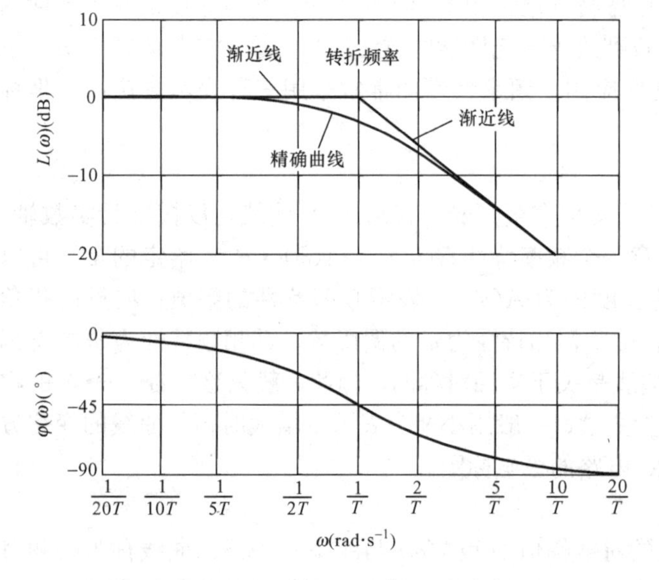

图 5 - 7　*RC* 电路的对数频率特性图

图 5 - 1 所示电路的对数分度如图 5 - 6 所示；对数频率特性图如图 5 - 7 所示。

采用对数坐标图有很多优点，主要表现在：

（1）使用对数频率特性图表示频率特性可以把幅频特性的乘除法转化为简单的加减法。当绘制由多个环节串联而成的系统的对数坐标图时，只要将各环节对数频率特性图的纵坐标相加、减即可，省去了很多绘制工作。

（2）对数频率特性图可以用渐近线表示，并且具有很高的精度，还可以根据需要加以修正。渐近线为直线，这样就简化了图形的绘制。

（3）由于横坐标采用对数刻度，所以对低频段相对展宽了（低频段频率特性的形状对于控制系统性能的研究具有很大意义），同时将高频段相对压缩。可以在较宽的频段范围中研究系统的频率特性。用实验方法求取频率特性时，并用分段直线画出对数频率特性，可以方便地估计出系统的传递函数。

5.2.3　对数幅相图

在直角坐标系中，以频率 ω 为参变量表示 $G(\mathrm{j}\omega)$ 的对数幅频特性 $L(\omega)$ 和相频特性 $\varphi(\omega)$ 之间关系的曲线称为对数幅相图，又称尼柯尔斯（Nichols）曲线。对数幅相特性是由对数幅频特性和对数相频特性合并而成的曲线。对数幅相坐标的横轴为相频特性，单位为度或者弧度，纵轴为对数幅频特性，单位为分贝（dB）。横坐标和纵坐标均是线性刻度。图 5 - 1 所示电路的对数幅相图如图 5 - 8 所示。

采用对数幅相特性可以利用尼柯尔斯图线方便地求得系统的闭环频率特性及其有关的特性参数，以评估系统的性能。

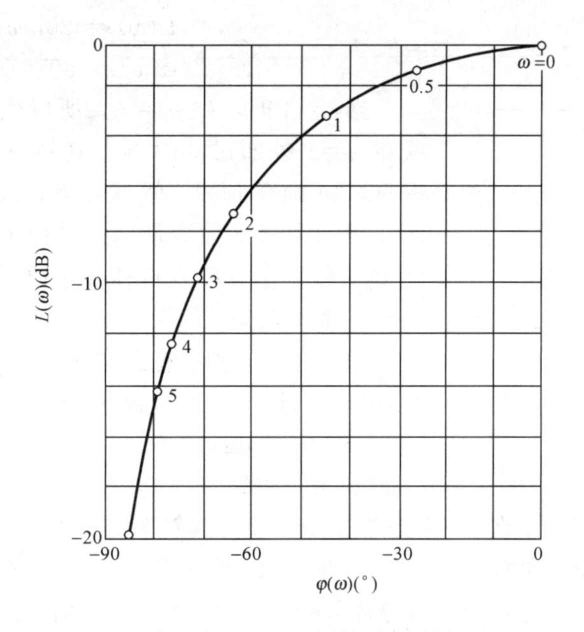

图 5-8 *RC* 电路的幅相特性

5.3 控制系统的对数频率特性图

对数频率特性图（Bode 图）绘制方便且很容易估计出系统的性能，它可以将幅频特性的乘除问题转化为对数幅频特性的加减问题，使分析方法简化，因此 Bode 图是广泛应用的工程法之一，也是频域分析方法中的一种重要图解方法。

5.3.1 典型环节的 Bode 图

控制系统通常是由多个结构不同和性质不同的元件组成，依据它们的数学模型的特点或动态特性，可以将之归纳为几类典型环节。下面介绍这些环节的 Bode 图。

1. 比例环节

比例环节的传递函数 $G(s)=K$，其特点是输出能够无滞后、无失真地复现输入信号。其频率特性为

$$G(\mathrm{j}\omega)=K \tag{5-8}$$

显然，它与频率无关，其对数幅频特性和对数相频特性分别为

$$\left.\begin{aligned}L(\omega)&=20\lg K\\ \varphi(\omega)&=0^\circ\end{aligned}\right\} \tag{5-9}$$

经分析可知，当 $K>1$ 时，其对数幅频特性 $L(\omega)$ 是一条平行于横轴且位于 0dB 之上的直线；当 $0<K<1$ 时，其对数幅频特性 $L(\omega)$ 是平行于横轴且位于 0dB 之下的直线。其相频曲线 $\varphi(\omega)=0^\circ$。比例环节的 Bode 图如图 5-9 所示。

2. 微分环节

微分环节的传递函数 $G(s)=s$，频率特性为 $G(\mathrm{j}\omega)=\mathrm{j}\omega$，其对数幅频特性与对数相频特性分别为

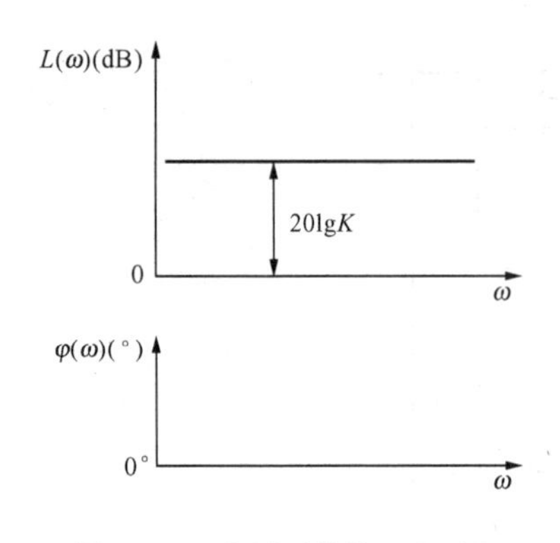

图 5 - 9 比例环节的 Bode 图

$$\left.\begin{aligned}L(\omega) &= 20\lg\omega\\ \varphi(\omega) &= 90^\circ\end{aligned}\right\}\tag{5 - 10}$$

当 $\omega=1$ 时，$L(\omega)=0$，所以微分环节的对数幅频曲线在 $\omega=1$ 处通过 0dB 线，其斜率为 20dB/dec，表示频率每增加 10 倍频程，幅值就增加 20dB；对数相频特性为 90°，因此其相频曲线是一条平行于横轴且距离纵坐标为 90°的直线。微分环节的 Bode 图如图 5 - 10 曲线①所示。

3. 积分环节

积分环节的传递函数 $G(s)=1/s$，频率特性为 $G(\mathrm{j}\omega)=1/\mathrm{j}\omega$，其对数幅频特性与对数相频特性分别为

$$\left.\begin{aligned}L(\omega) &= -20\lg\omega\\ \varphi(\omega) &= -90^\circ\end{aligned}\right\}\tag{5 - 11}$$

积分环节对数幅频曲线在 $\omega=1$ 处通过 0dB 线，其斜率为－20dB/dec；对数相频特性为一条平行于横轴且距离纵坐标为－90°的直线。积分环节的 Bode 图如图 5 - 10 曲线②所示。

由图 5 - 10 可知，积分环节与微分环节的 Bode 图对称于横轴。这是因为两个环节的传递函数互为倒数，所以其对数频率特性的幅值和相角总是大小相等、方向相反。事实上若任意两个环节的传递函数互为倒数，那么它们的对数幅相特性曲线总是对称于 0dB，对数相频特性曲线图则对称于 0°线。

4. 惯性环节

惯性环节的传递函数 $G(s)=\dfrac{1}{1+Ts}$，频率特性为 $G(\mathrm{j}\omega)=\dfrac{1}{1+\mathrm{j}\omega T}$，其对数幅频与对数相频特性表达式为

$$\left.\begin{aligned}L(\omega) &= -20\lg\sqrt{1+\left(\frac{\omega}{\omega_1}\right)^2}\\ \varphi(\omega) &= -\arctan\frac{\omega}{\omega_1}\end{aligned}\right\}\tag{5 - 12}$$

式中，$\omega_1=\dfrac{1}{T}$，$\omega T=\dfrac{\omega}{\omega_1}$。

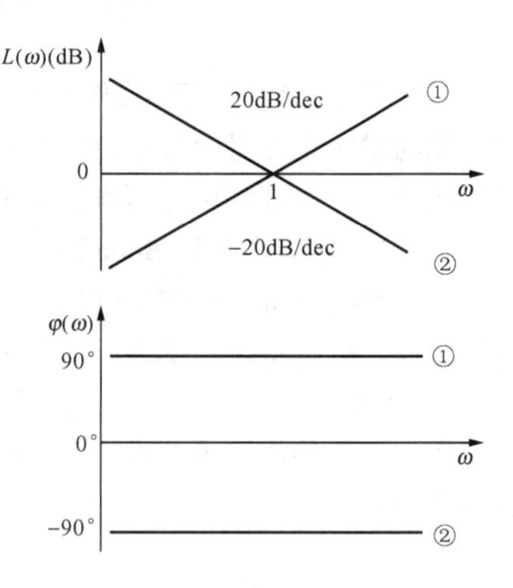

图 5 - 10 微/积分环节的 Bode 图

绘制时可以将不同的 ω 值带入式（5 - 12）中以计算不同的 $L(\omega)$，但一般用渐近线的方法先画出曲线的大致图形，然后再加以修正。

低频段上，当 $\omega\ll\omega_1$（即 $\omega T\ll1$）时，则有

$$L(\omega)=20\lg|G(\mathrm{j}\omega)|\approx-20\lg1=0\mathrm{dB}\tag{5 - 13}$$

上式表明：$L(\omega)$ 的低频段渐近线是 0dB 水平线。

高频段上，当 $\omega\gg\omega_1$（即 $\omega T\gg1$）时，则有

$$L(\omega)=20\lg|G(\mathrm{j}\omega)|=-20\lg(\omega T)\tag{5 - 14}$$

上式表明：$L(\omega)$ 的高频段渐近线是斜率为－20dB/dec 的直线。两条渐近线的交点频率 $\omega_1=1/T$ 称为转折频率。

在确定出转折频率以后，就可以方便地绘制出惯性环节对数幅频特性 $L(\omega)$ 的高频和低频渐近线与精确曲线，以及其对数相频曲线 $\varphi(\omega)$，如图 5-11 曲线①所示。其中，幅值的最大误差发生在 $\omega_1=1/T$ 处，其值近似等于 -3dB，在要求精确的场合，可用图 5-12 所示的误差曲线来进行修正。惯性环节的对数相频特性从 0°变化到 $-90°$，并且关于点（ω_1，$-45°$）对称。

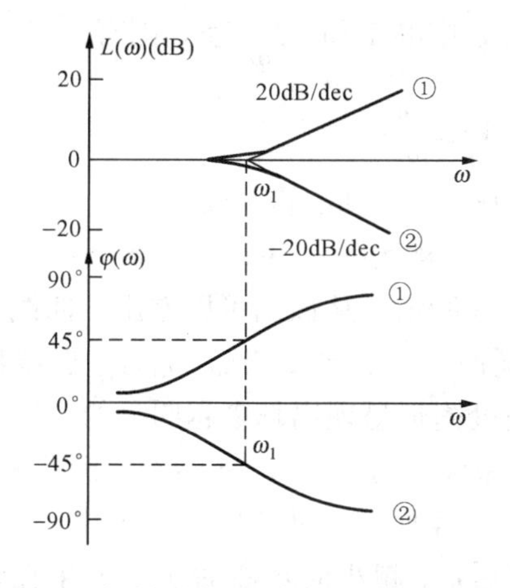

图 5-11　惯性环节/一阶微分环节的 Bode 图

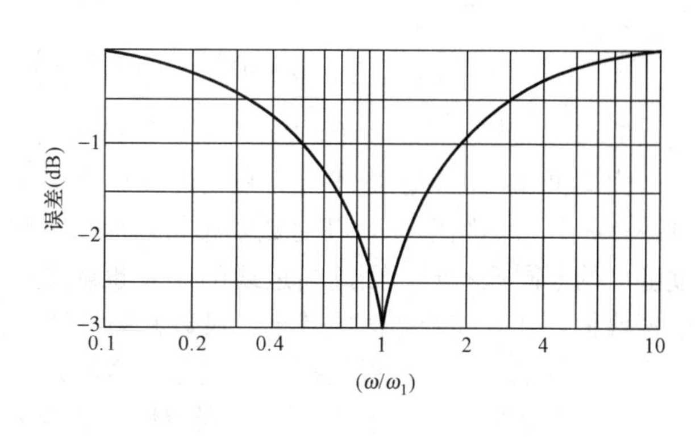

图 5-12　惯性环节对数相频特性误差修正曲线

5. 一阶微分环节

一阶微分环节的传递函数为 $G(s)=1+Ts$，是惯性环节的倒数，频率特性 $G(\mathrm{j}\omega)=1+T\mathrm{j}\omega$。其对数幅频与对数相频特性表达式为

$$\left.\begin{aligned} L(\omega) &= 20\lg\sqrt{1+\left(\frac{\omega}{\omega_1}\right)^2} \\ \varphi(\omega) &= \arctan\frac{\omega}{\omega_1} \end{aligned}\right\} \tag{5-15}$$

一阶微分环节的 Bode 图如图 5-11 曲线②所示。若一阶微分环节与惯性环节具有相同的时间常数，那么它们的对数幅相特性图是基于横轴对称。

6. 二阶振荡环节

二阶振荡环节的传递函数为 $G(s)=\dfrac{1}{T^2s^2+2\zeta Ts+1}$，频率特性为

$$G(\mathrm{j}\omega)=\frac{1}{1-\left(\frac{\omega}{\omega_n}\right)^2+\mathrm{j}2\zeta\left(\frac{\omega}{\omega_n}\right)} \tag{5-16}$$

式中，$\omega_n=\dfrac{1}{T}$，$0<\zeta<1$。

其对数幅频与对数相频特性表达式为

$$\left.\begin{aligned} L(\omega) &= -20\lg\sqrt{\left[1-\left(\frac{\omega}{\omega_n}\right)^2\right]^2+\left(2\zeta\frac{\omega}{\omega_n}\right)^2} \\ \varphi(\omega) &= -\arctan\frac{\frac{2\zeta\omega}{\omega_n}}{1-\left(\frac{\omega}{\omega_n}\right)^2} \end{aligned}\right\} \tag{5-17}$$

低频段上，$\frac{\omega}{\omega_n} \ll 1$（即 $\omega T \ll 1$）时，忽略式（5 - 17）中的 $\left(\frac{\omega}{\omega_n}\right)^2$ 和 $2\zeta\frac{\omega}{\omega_n}$ 项，则有

$$L(\omega) \approx -20\lg 1 = 0\text{dB} \tag{5 - 18}$$

式（5 - 18）表明：$L(\omega)$ 的低频段渐近线是一条 0dB 的直线，与 ω 轴重合。

高频段上，$\frac{\omega}{\omega_n} \gg 1$（即 $\omega T \gg 1$）时，忽略式（5 - 17）中的 1 和 $2\zeta\frac{\omega}{\omega_n}$ 项，则有

$$L(\omega) = -20\lg\left(\frac{\omega}{\omega_n}\right)^2 = -40\lg\frac{\omega}{\omega_n} \tag{5 - 19}$$

式（5 - 18）表明：$L(\omega)$ 的高频段渐近线是一条斜率为 -40dB/dec 的直线。

由此可知，低频渐进线与高频渐近线相交于 $\omega = 1/T$，称为振荡环节的转折频率，转折频率就是其自然频率 ω_n，其对数幅相特性曲线见图 5 - 13 所示。从该图可以看出，曲线的精度随 ζ 的不同而不同，因此渐近线的误差也随 ζ 的不同而不同。当 $\zeta < 0.707$ 时，曲线出现谐振峰值，并且随着 ζ 值的减小，对数幅频特性在转折处附近呈现出越来越明显的“突起”，表明振荡越来越厉害，误差越大。突起的峰值并不在转折频率上，而是略小于转折频率 ω_n，并且 ζ 越小越接近 ω_n。振荡环节的误差修正曲线见图 5 - 14 所示。从该图可以看出，不同 ζ 值的半对数相频特性在转折频率处都有 $-90°$ 的相位滞后，ζ 越小时，滞后主要发生在转折频率附近；ζ 越大时，滞后主要发生在转折频率前后的较宽频带。

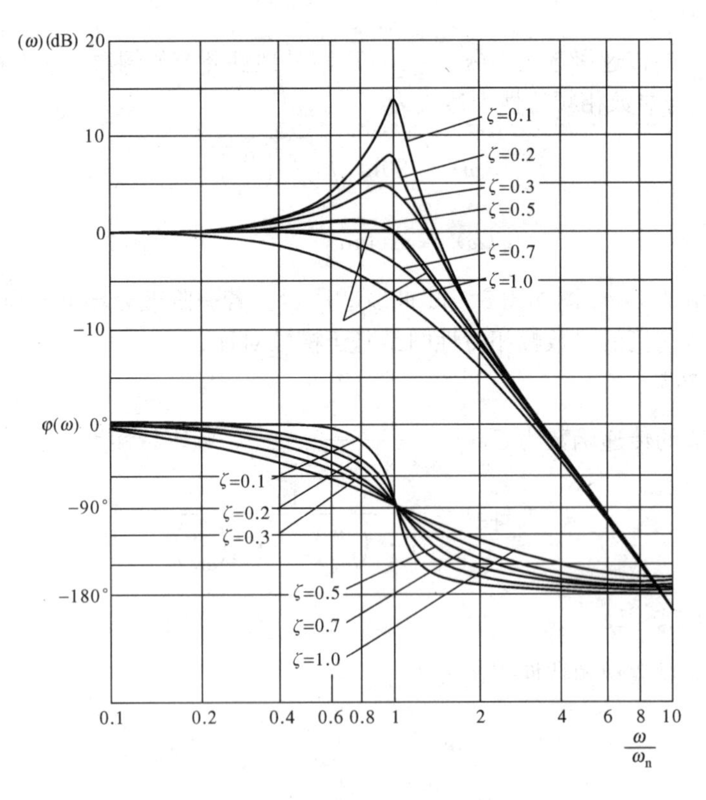

图 5 - 13　振荡环节的 Bode 图

7. 二阶微分环节

二阶微分环节的传递函数为 $G(s) = T^2s^2 + 2\zeta Ts + 1$，频率特性为

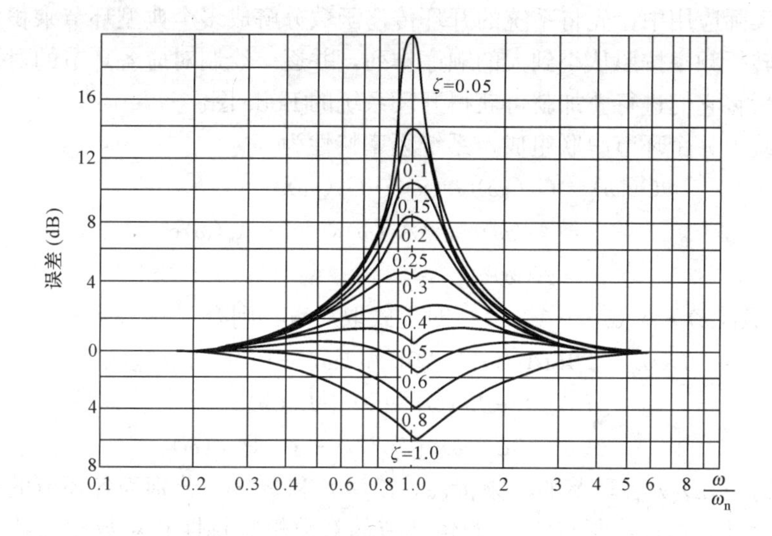

图5-14 振荡环节的误差修正曲线

$$G(j\omega) = 1 - \left(\frac{\omega}{\omega_n}\right)^2 + j2\zeta\left(\frac{\omega}{\omega_n}\right) \tag{5-20}$$

式中，$\omega_n = \frac{1}{T}$，$0<\zeta<1$。

其对数幅频与对数相频特性表达式为

$$\left.\begin{aligned} L(\omega) &= 20\lg\sqrt{\left[1-\left(\frac{\omega}{\omega_n}\right)^2\right]^2 + \left(2\zeta\frac{\omega}{\omega_n}\right)^2} \\ \varphi(\omega) &= \arctan\frac{\frac{2\zeta\omega}{\omega_n}}{1-\left(\frac{\omega}{\omega_n}\right)^2} \end{aligned}\right\} \tag{5-21}$$

二阶微分环节与振荡环节互为倒数，若它们的时间常数是相同的，则两个环节的Bode图是关于横轴对称。

8. 延迟环节

延迟环节的传递函数为$G(s) = e^{-\tau s}$，频率特性为

$$G(j\omega) = e^{-j\tau\omega} = A(\omega)e^{j\varphi(\omega)} \tag{5-22}$$

式中，$A(\omega) = 1$，$\varphi(\omega) = -\tau\omega$。

其对数幅频与对数相频特性表达式为

$$\left.\begin{aligned} L(\omega) &= 20\lg|G(j\omega)| = 0 \\ \varphi(\omega) &= -\tau\omega \end{aligned}\right\} \tag{5-23}$$

延迟环节的对数幅频特性与$L(\omega)=0$的直线重合，即与ω轴重合；对数相频特性值与ω成正比，当$\omega\to\infty$时，则$\varphi(\omega)\to\infty$。延迟环节的Bode图见图5-15所示。

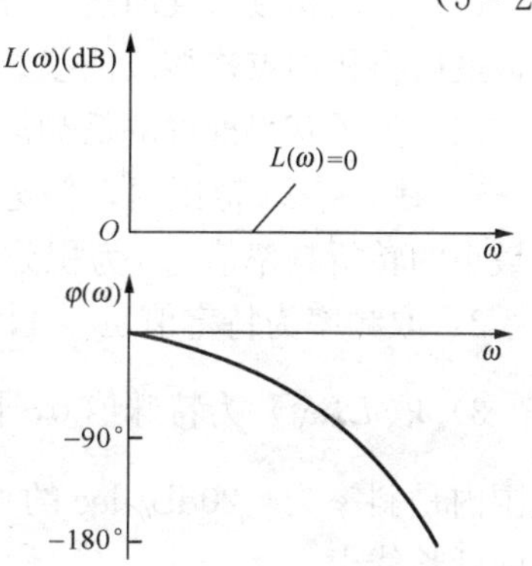

图5-15 延迟环节的Bode图

5.3.2 开环系统的Bode图

复杂控制系统通常是由多个同类或不同类型的环节组成，但直接绘制其对数幅相特性图是非常困难且很繁琐的

事情。因此在实际应用中，先将系统的开环传递函数分解成多个典型环节乘积的形式，然后对各个环节的转折频率按照从小到大的顺序排列，并逐一绘制对应各环节的对数幅频和相频特性曲线，最后将它们进行叠加就可获得开环系统的 Bode 图。

设开环系统由 n 个环节串联组成，系统频率特性为

$$\begin{aligned} G(\mathrm{j}\omega) &= G_1(\mathrm{j}\omega)G_2(\mathrm{j}\omega)\cdots G_n(\mathrm{j}\omega) \\ &= A_1(\omega)\mathrm{e}^{\mathrm{j}\varphi_1(\omega)}A_2(\omega)\mathrm{e}^{\mathrm{j}\varphi_2(\omega)}\cdots A_n(\omega)\mathrm{e}^{\mathrm{j}\varphi_n(\omega)} \\ &= A(\omega)\mathrm{e}^{\mathrm{j}\varphi(\omega)} \end{aligned} \tag{5-24}$$

式中，$A(\omega)=A_1(\omega)\cdot A_2(\omega)\cdots A_n(\omega)$。对上式取对数，则有

$$\begin{aligned} L(\omega) &= 20\lg A_1(\omega)+20\lg A_2(\omega)+\cdots+20\lg A_n(\omega) \\ &= L_1(\omega)+L_2(\omega)+\cdots+L_3(\omega) \end{aligned} \tag{5-25}$$

$$\varphi(\omega)=\varphi_1(\omega)+\varphi_2(\omega)+\cdots+\varphi_n(\omega) \tag{5-26}$$

$A_i(\omega)(i=1,2,\cdots,n)$ 为各环节的幅频特性，$L_i(\omega)$ 和 $\varphi_i(\omega)$ 分别为各环节的对数幅频特性和相频特性。因此，通过绘制 $G(\mathrm{j}\omega)$ 的各环节的对数幅频特性和对数相频特性曲线，并将它们分别叠加即求得开环系统的 Bode 图。最小相位系统对数幅频特性与相频特性是一一对应的关系，是唯一确定的。对数幅频特性是下降的，表明系统具有低通滤波性。下面详细介绍 Bode 图的绘制步骤。

（1）将开环传递函数写成尾一的标准形式，即各环节的传递函数的常数项为 1。

（2）确定系统的开环增益 K，并计算 $20\lg K$ 的分贝值。

（3）把各典型环节的转折频率由小到大排序，并依次标注在频率轴上。

（4）绘制开环对数幅频特性的渐近线。由于系统低频段渐近线的频率特性为 $K/(\mathrm{j}\omega)^v$，所以低频段渐近线为过点（1，$20\lg K$），斜率为 $-20v$dB/dec 的直线（v 为积分环节数）。

（5）从低频段开始，沿频率增大的方向每遇到一个转折频率就改变一次斜率。其规律是遇到惯性环节的转折频率，则斜率变化量为 -20dB/dec；遇到一阶微分环节的转折频率，斜率变化量为 20dB/dec；遇到振荡环节的转折频率，斜率变化量为 -40dB/dec；遇到二阶微分环节，斜率变化量为 40dB/dec 等。渐近线最后一段（高频段）的斜率为 $-20(n-m)$dB/dec，其中 n、m 分别为开环传递函数的分母与分子的阶次。

（6）按照各典型环节的误差曲线对相应段的渐近线进行修正，即可获得精确的对数幅频特性曲线。

（7）绘制相频特性曲线。分别绘出各环节的相频特性曲线，再沿频率增大的方向逐点叠加，最后将相加点连接成曲线。

（8）为了获得准确的低频渐近线，还需要在该直线上确定一点。通常用下面三种方法：

1）在 $\omega<\omega_{\min}$ 范围内，任选一点 ω_0，计算 $L(\omega_0)=20\lg K-20v\lg\omega_0$，其中 $\omega_{\min}$ 为各环节中最小的转折频率值，v 为积分环节数；

2）取频率为特定值 $\omega_0=1$，则 $L(1)=20\lg K$；

3）取 $L(\omega_0)$ 为特殊值 0，则有 $\dfrac{K}{\omega_0^v}=1$，$\omega_0=K^{\frac{1}{v}}$，于是，过点［ω_0，$L(\omega_0)$］、在 $\omega<\omega_{\min}$ 范围内是斜率为 -20dB/dec 的直线，若 $\omega>\omega_{\min}$，则点［ω_0，$L_a(\omega_0)$］位于低频渐近特性曲线的延长线上。

注意，当系统的多个环节具有相同的转折频率的时候，该转折频率点处的斜率变化应该

是各个环节对应的斜率变化的代数和。

【例 5-3】 已知单位反馈系统的开环传递函数为

$$G(s)=\frac{100(s+4)}{s(s+1)(s+10)(s^2+2s+4)}$$

试绘制系统的开环对数频率特性曲线。

解 先绘制对数幅频渐近特性，然后根据误差曲线查得的值进行修正。

（1）对开环传递函数作典型环节分解。

$$G(s)=\frac{10\left(\frac{s}{4}+1\right)}{s(s+1)\left(\frac{s}{10}+1\right)\left(\frac{s^2}{4}+2\times\frac{1}{2}\times\frac{s}{2}+1\right)}$$

显然，系统由一个比例环节、一个积分环节、两个惯性环节、一个微分环节和一个二阶振荡环节组成。系统为Ⅰ型（$v=1$），低频段渐近特性的斜率为-20dB/dec，并且其延长线与零分贝线的交点为$\omega=10$。系统的开环增益$K=10$，频率$\omega_0=1$处的$L(1)=20\lg K=20$dB。

$\omega_1=1$为惯性环节的交接频率。在ω_1处渐近线斜率变化-20dB/dec，即渐近线的频率从-20dB/dec变为-40dB/dec；

$\omega_2=2$为振荡环节的交接频率，在ω_2处渐近线斜率变化-40dB/dec，即渐近线的频率从-40dB/dec变为-80dB/dec；

$\omega_3=4$为一阶微分环节的交接频率。在ω_3处渐近线斜率变化20dB/dec，即从-80dB/dec变为-60dB/dec；

$\omega_4=10$为惯性环节的交接频率。在ω_4处渐近线斜率变化-20dB/dec，高频段渐近线斜率从-60dB/dec变为-80dB/dec。

该系统的开环对数幅频的渐近特性曲线概略绘制如图5-16中虚线所示。

（2）由前述过程所绘制的对数幅频特性渐近线是不精确的，尤其是在各环节的转折频率处存在较大的误差，因此需要对幅频特性渐近线进行误差修正操作。根据误差曲线求得若干频率处对数幅频特性的修正值，见表5-1。根据表中的修正值对系统开环对数幅频特性渐近曲线进行修正，并将各修正点光滑连接，最后绘制系统的精确开环对数幅频特性曲线如图5-16中的实线所示。

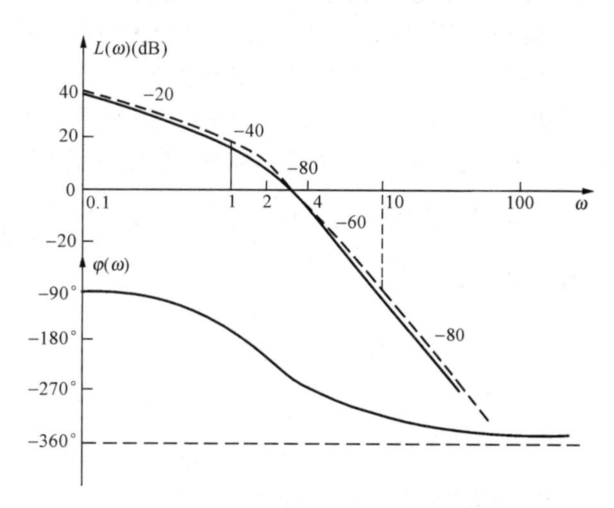

图5-16 ［例5-3］系统开环对数频率特性曲线图

表5-1　系统开环对数幅频特性修正值

ω	0.5	1	2	4	5	8	10	20
$\frac{j\omega}{4}+1$	0	0.3	1	3	2	1	0.2	0
$\frac{1}{j\omega+1}$	−1	−3	0	−0.3	−0.2	0	0	0

续表

ω	0.5	1	2	4	5	8	10	20
$1/\left(1-\frac{\omega^2}{4}+\frac{j\omega}{2}\right)$	−0.5	−1	−1	−1	−0.7	−0.5	−0.2	0
$\frac{1}{j\omega/10+1}$	0	0	−0.2	−0.4	−1	−2.2	−3	−1
$\Delta L(\omega)$	−1.5	−3.7	−0.2	1	0.1	−1.7	−3	−1

（3）求系统相频特性

$$\varphi(\omega)=-90^\circ-\arctan\omega-\arctan\frac{\frac{\omega}{2}}{1-\frac{\omega^2}{4}}+\arctan\frac{\omega}{4}-\arctan\frac{\omega}{10}$$

选取若干点，计算出相应的相角，见表 5 - 2。

表 5 - 2　系统开环对数相频特性计算表

ω	0.1	0.3	0.5	0.8	1
$\varphi(\omega)$	−97.7°	−112.9°	−127.2°	−147.4°	−160.4°
ω	2	4	8	10	20
$\varphi(\omega)$	−228.2°	−289.1°	−313.3°	−319.3°	−336.1°

系统的准确对数相频特性曲线，如图 5 - 16 所示。

5.3.3　最小相角系统和非最小相角系统

当系统开环传递函数中在 s 右半平面无极点或零点，且不包含延时环节时，称该系统为最小相角系统，否则称为非最小相角系统。一般，具有相同幅频特性的系统，最小相角系统的相角变化范围最小，而非最小相角系统的相角变化都大于最小相角系统的相角变化范围，故由此得名最小相角。在系统分析中应当注意正确区分和处理非最小相角系统。

【例 5 - 4】　试判断 $G_1(s)=\frac{1+T_1s}{1+T_2s}$，$G_2(s)=\frac{1-T_1s}{1+T_2s}$是否为最小相位系统。

解　由频率特性

$$G_1(j\omega)=\frac{1+j\omega T_1}{1+j\omega T_2}=\frac{\sqrt{1+T_1^2\omega^2}}{\sqrt{1+T_2^2\omega^2}}\angle(\arctan T_1\omega-\arctan T_2\omega)$$

$$G_2(j\omega)=\frac{1-j\omega T_1}{1+j\omega T_2}=\frac{\sqrt{1+T_1^2\omega^2}}{\sqrt{1+T_2^2\omega^2}}\angle(-\arctan T_1\omega-\arctan T_2\omega)$$

分析可知：$|G_1(j\omega)|=|G_2(j\omega)|$，　$\angle G_1(j\omega)\neq\angle G_2(j\omega)$。

$G_1(s)$ 的相角变化范围最小，$G_2(s)$ 的相角变化范围较大，所以 $G_1(s)$ 为最小相角系统而 $G_2(s)$ 为非最小相角系统。

对于最小相角系统，对数幅频特性与对数相频特性之间存在唯一确定的对应关系，根据对数幅频特性就可以完全确定相应的对数相频特性和传递函数，反之亦然。由于对数幅频特性容易绘制，所以在分析最小相角系统时，通常只画其对数幅频特性，对数相频特性则只需概略画出，或者不画。

【例 5 - 5】 已知某些部件的开环对数幅频特性如图 5 - 17 所示，试写出它们的传递函数 $G(s)$，并计算出各环节参数值。

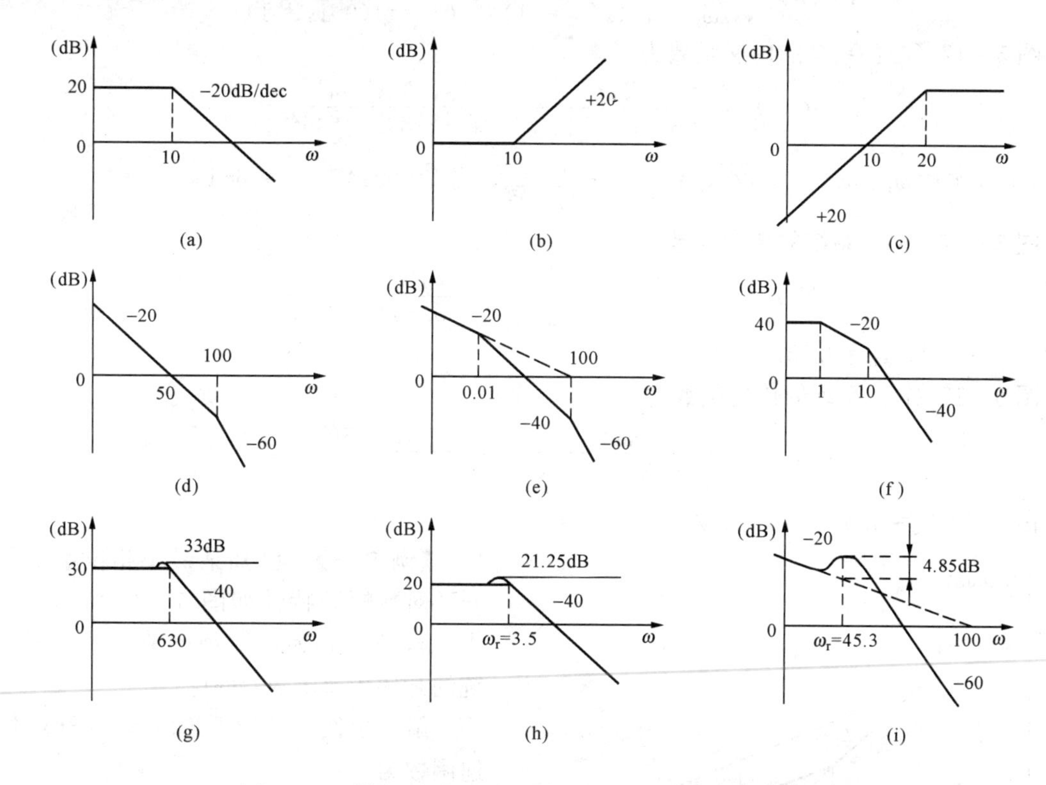

图 5 - 17　[例 5 - 5] 中各系统的开环对数幅频特性曲线图

解　分析上述各图，计算出各图的传递函数如下：

图 5 - 17 (a)：系统的传递函数 $G(s)=\dfrac{K}{s/\omega_1+1}$，其中转折频率 $\omega_1=10$。由 $20\lg K=20$ $\Rightarrow K=10$ 得

$$G(s)=\frac{10}{0.1s+1}$$

图 5 - 17 (b)：系统的传递函数为

$$G(s)=\frac{s}{\omega_1}+1=0.1s+1$$

图 5 - 17 (c)：系统的传递函数为

$$G(s)=\frac{Ks}{\dfrac{s}{\omega_1}+1}=\frac{0.1s}{0.05s+1}$$

图 5 - 17 (d)：系统的传递函数为

$$G(s)=\frac{K}{s(s/\omega_1+1)^2}=\frac{50}{s(0.01s+1)^2}$$

图 5 - 17 (e)：系统的传递函数为

$$G(s)=\frac{K}{s(s/\omega_1+1)(s/\omega_2+1)}=\frac{100}{s(100s+1)(0.01s+1)}$$

图 5 - 17（f）：系统的传递函数为

$$G(s)=\frac{K}{(s/\omega_1+1)(s/\omega_2+1)}=\frac{100}{(s+1)(0.1s+1)}$$

图 5 - 17（g）：系统的传递函数为

$$G(s)=\frac{K\omega_n^2}{s^2+2\zeta\omega_n s+\omega_n^2}=\frac{31.6\times 644^2}{s^2+189s+644^2}$$

其中：ω_n，ζ 由 $\omega_r=\omega_n\sqrt{1-2\zeta^2}$，$M_r=\dfrac{1}{2\zeta\sqrt{1-\zeta^2}}$，得 $\zeta=0.147$，$\omega_n=644$。

图 5 - 17（h）：系统的传递函数为

$$G(s)=\frac{K\omega_n^2}{s^2+2\zeta\omega_n s+\omega_n^2}=\frac{10\times 3.55^2}{s^2+0.852s+3.55^2}$$

其中：$\zeta=0.12$，$\omega_n=3.55$。

图 5 - 17（i）：系统的传递函数为

$$G(s)=\frac{K\omega_n^2}{s(s^2+2\zeta\omega_n s+\omega_n^2)}=\frac{10\times 50^2}{s(s^2+30s+50^2)}$$

由 $-20\lg 2\zeta=4.85$，$\omega_r=\omega_n\sqrt{1-2\zeta^2}$，得 $\zeta=0.298\approx 0.3$，$\omega_n=50$。

【例 5 - 6】 已知某最小相位系统的开环对数幅频特性如图 5 - 18 所示，其中，a，b 和 c 为已知频率值。试求该系统的开环传递函数 $G(s)$。

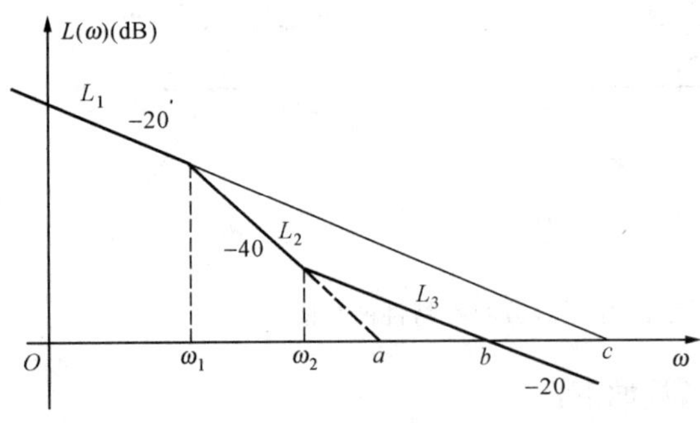

图 5 - 18 ［例 5 - 6］系统开环对数幅频特性图

解 由图 5 - 18 可知系统的开环传递函数为

$$G(s)=\frac{K\left(\dfrac{s}{\omega_2}+1\right)}{s\left(\dfrac{s}{\omega_1}+1\right)}$$

其中，K，ω_1 和 ω_2 待定，且有

$$L_1:\ \frac{K_1}{s},\ K_1=K=c$$

$$L_2:\ \frac{K_2}{s^2},\ K_2=a^2$$

$$L_3:\ \frac{K_3}{s},\ K_3=b$$

由 ω_1 为 L_1 与 L_2 的交点可得

$$\frac{c}{\omega_1}=\frac{a^2}{\omega_1^2},\ \omega_1=\frac{a^2}{c}$$

由 ω_2 为 L_2 与 L_3 的交点可得

$$\frac{a^2}{\omega_2^2}=\frac{b}{\omega_2},\ \omega_2=\frac{a^2}{b}$$

故得系统的开环传递函数为

$$G(s)=\frac{c\left(\dfrac{b}{a^2}s+1\right)}{s\left(\dfrac{c}{a^2}s+1\right)}=\frac{c(bs+a^2)}{s(cs+a^2)}$$

5.4 控制系统的极坐标图

开环系统的极坐标图是系统频域分析的重要依据。Nyquist 稳定判据正是通过分析极坐标图而获得的稳定判据。掌握典型环节的幅相特性是绘制开环系统极坐标图的基础，开环系统的极坐标图又称为幅相特性曲线图或奈奎斯特曲线图。

5.4.1 典型环节的极坐标图

1. 比例环节

比例环节 K 的频率特性为 $G(\mathrm{j}\omega)=K+\mathrm{j}0=K\mathrm{e}^{\mathrm{j}0}$，即

$$A(\omega)=|G(\mathrm{j}\omega)|=K,\ \varphi(\omega)=\angle G(\mathrm{j}\omega)=0^\circ \tag{5-27}$$

比例环节的极坐标图是坐标平面实轴上的一个点，与频率 ω 无关，如图 5-19 所示。这表明比例环节稳态正弦响应的振幅是输入信号的 K 倍，且响应与输入有相同的相位。

2. 微分环节

微分环节 s 的频率特性为 $G(\mathrm{j}\omega)=0+\mathrm{j}\omega=\omega\mathrm{e}^{\mathrm{j}90^\circ}$，即

$$A(\omega)=\omega,\ \varphi(\omega)=90^\circ \tag{5-28}$$

微分环节的幅值与 ω 成正比，相角为 90°。当 $\omega=0\to\infty$ 时，其极坐标图是从坐标平面的原点起始，沿虚轴趋于 $+\mathrm{j}\infty$ 处，如图 5-20 曲线①所示。

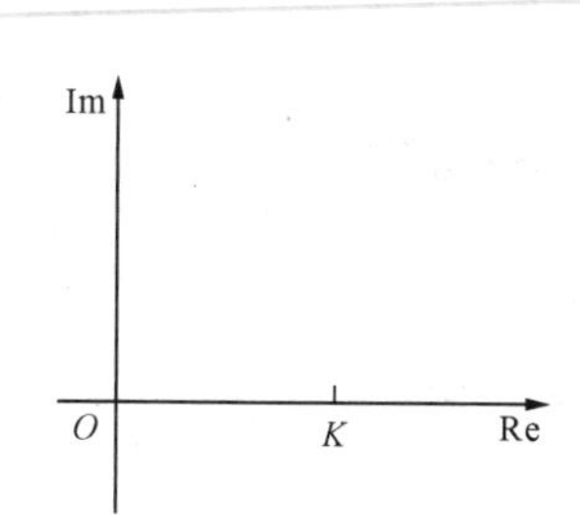

图 5-19 比例环节的极坐标图

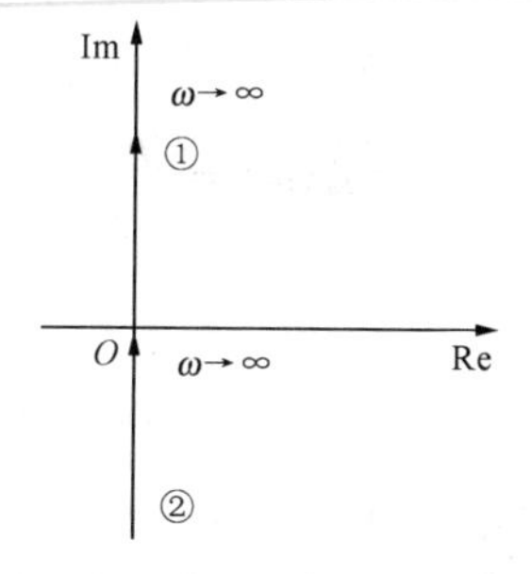

图 5-20 微/积分环节的极坐标图

3. 积分环节

积分环节 $1/s$ 的频率特性为 $G(\mathrm{j}\omega)=0+\dfrac{1}{\mathrm{j}\omega}=\dfrac{1}{\omega}\mathrm{e}^{-\mathrm{j}90^\circ}$，即

$$A(\omega)=\frac{1}{\omega},\ \varphi(\omega)=-90^\circ \tag{5-29}$$

积分环节的幅值与 ω 成反比，相角为 −90°。当 $\omega=0\to\infty$ 时，其极坐标图是从虚轴 $-\mathrm{j}\infty$ 处出发，沿负虚轴逐渐趋于坐标原点，如图 5-20 曲线②所示。

4. 惯性环节

惯性环节 $\dfrac{1}{Ts+1}$ 的频率特性为

$$G(\mathrm{j}\omega)=\frac{1}{1+\mathrm{j}T\omega}=\frac{1}{\sqrt{1+T^2\omega^2}}\mathrm{e}^{-\mathrm{j}\arctan T\omega}$$

即

$$A(\omega)=\frac{1}{\sqrt{1+T^2\omega^2}},\ \varphi(\omega)=-\arctan T\omega \tag{5-30}$$

当 $\omega=0$ 时，$A(\omega)=1$，$\varphi(\omega)=0°$；当 $\omega=\infty$ 时，$A(\omega)=0$，$\varphi(\omega)=-90°$。事实上已证明，惯性环节的极坐标图是一个以（1/2，j0）为圆心、1/2 为半径的半圆，如图 5 - 21 所示。

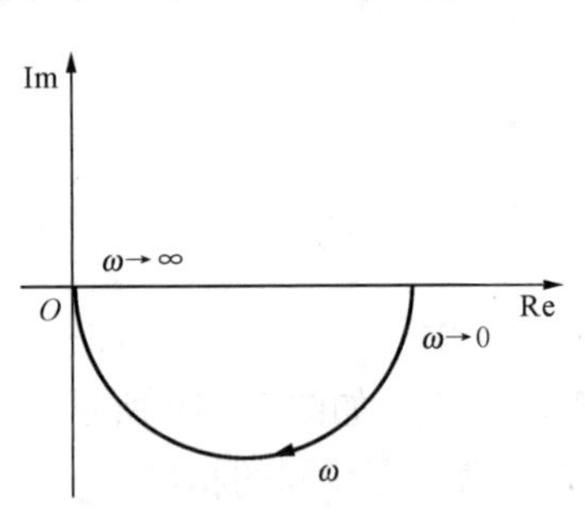

图 5 - 21　惯性环节的极坐标图

【例 5 - 7】 设系统开环传递函数为 $G(s)=\frac{K}{Ts+1}$，测得系统的频率响应。当 $\omega=1\text{rad/s}$ 时，幅频 $|G(\text{j}\omega)|=12/\sqrt{2}$，相频 $\varphi(\text{j}\omega)=-45°$。试问放大系数 K 及时间常数 T 各为多少？

解　已知系统开环传递函数 $G(s)=\frac{K}{Ts+1}$，频率特性为 $G(\text{j}\omega)=\frac{K}{\text{j}\omega T+1}$。

幅频特性为

$$A(\omega)=|G(\text{j}\omega)|=\frac{K}{\sqrt{1+T^2\omega^2}}$$

相频特性为

$$\varphi(\omega)=-\arctan T\omega$$

当 $\omega=1\text{rad/s}$ 时有

$$A(\omega)=\frac{K}{\sqrt{2}}=12/\sqrt{2},\ \varphi(\omega)=-\arctan T=-45°$$

则有

$$K=12,\ T=1\Rightarrow G(s)=\frac{12}{s+1}$$

5. 一阶微分环节

一阶微分环节 $Ts+1$ 的频率特性为

$$G(\text{j}\omega)=1+\text{j}T\omega=A(\omega)\text{e}^{\text{j}\varphi(\omega)}$$

即

$$A(\omega)=\sqrt{1+T^2\omega^2},\ \varphi(\omega)=\arctan T\omega \tag{5-31}$$

一阶微分环节幅相特性的实部为常数 1，虚部与 ω 成正比，如图 5 - 22 所示。

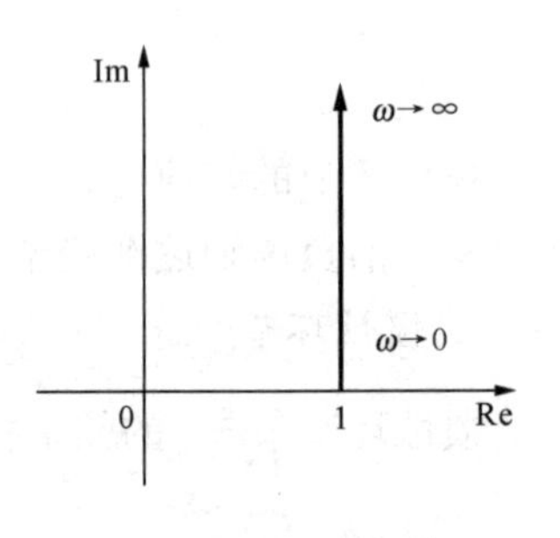

图 5 - 22　一阶微分环节的极坐标图

6. 二阶振荡环节

二阶振荡环节 $G(s)=\frac{1}{T^2s^2+2\zeta Ts+1}(0<\zeta<1)$ 的频率特性为

$$G(\text{j}\omega)=\frac{1}{\left(1-\frac{\omega^2}{\omega_\text{n}^2}\right)+\text{j}2\zeta\frac{\omega}{\omega_\text{n}}}$$

即

$$A(\omega)=\frac{1}{\sqrt{\left(1-\frac{\omega^2}{\omega_n^2}\right)^2+4\zeta^2\frac{\omega^2}{\omega_n^2}}},\ \varphi(\omega)=-\arctan\frac{2\zeta\frac{\omega}{\omega_n}}{1-\frac{\omega^2}{\omega_n^2}} \tag{5-32}$$

分析可知，二阶振荡环节的极坐标图起点是 $G(\mathrm{j}0)=1\angle 0^\circ$（即 $\omega=0$），是实轴上的点；终点是 $G(\mathrm{j}\infty)=0\angle-180^\circ$（即 $\omega=\infty$），相频特性逆着实轴的负方向逐渐终止于坐标原点；中间点是 $G(\omega_n)=1/(2\zeta)\angle-90^\circ$（即转折频率处 $\omega=\omega_n$），是一个经过虚轴的点。

分析振荡环节的 $A(\omega)$ 和 $\varphi(\omega)$：ω 在0→∞之间变化时，绘制出二阶振荡环节的极坐标图，如图5-23所示。从图中可知若 ζ 越小，$A(\omega)$ 随 ω 的增加其衰减程度就越小；ζ 越大则相反。为了分析 ζ 值的影响，分别设 $\zeta=0.4$、0.6、0.8，绘制对应的极坐标图见图5-23所示。由该图也可知无论 ζ 取何值，奈氏曲线的起点总是起始于实轴上的点，终点总是为坐标原点。$A(\omega)$ 达到极大值时对应的幅值称为谐振峰值，记为 M_r，对应的频率称为谐振频率，记为 ω_r，当然 ζ 值会影响谐振峰值和谐振频率。

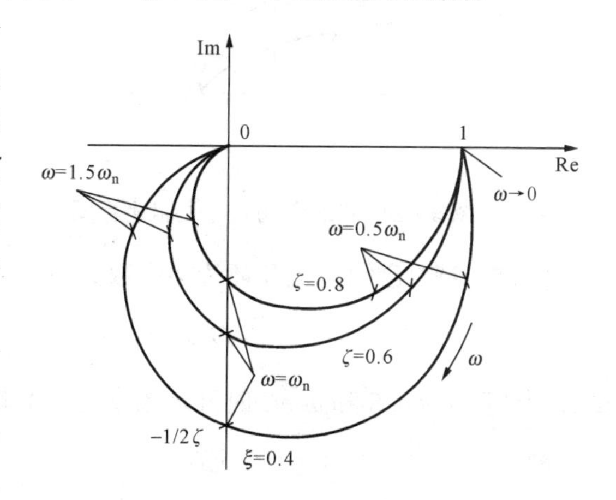

图5-23　二阶振荡环节的极坐标图

通过计算可推导出 M_r、ω_r 的计算公式如下：

$$\omega_r=\omega_n\sqrt{1-2\zeta^2}\quad(0<\zeta<0.707) \tag{5-33}$$

$$M_r=A(\omega_r)=\frac{1}{2\zeta\sqrt{1-\zeta^2}} \tag{5-34}$$

由式（5-33）和式（5-34）分析可知：当 $\zeta<0.707$ 时，此时二阶振荡环节存在 ω_r 和 M_r；随着 ζ 逐渐减小，ω_r 则随之增加，渐趋近于 ω_n 值，M_r 则越来越大，趋向于∞；当 $\zeta=0$ 时，$M_r=\infty$，此时会出现无阻尼系统的共振现象。

7. 二阶微分环节

二阶微分环节 $G(s)=T^2s^2+2\zeta Ts+1$ 的频率特性为

$$G(\mathrm{j}\omega)=\left(1-\frac{\omega^2}{\omega_n^2}\right)+\mathrm{j}2\zeta\frac{\omega}{\omega_n}$$

即

$$A(\omega)=\sqrt{\left(1-\frac{\omega^2}{\omega_n^2}\right)^2+4\zeta^2\frac{\omega^2}{\omega_n^2}},\ \varphi(\omega)=\arctan\frac{2\zeta\frac{\omega}{\omega_n}}{1-\frac{\omega^2}{\omega_n^2}} \tag{5-35}$$

分析可知：二阶微分环节的极坐标图起始于 $G(\mathrm{j}0)=1\angle 0^\circ$（即 $\omega=0$），是实轴上的点；终点是 $G(\mathrm{j}\infty)=\infty\angle 180^\circ$（即 $\omega=\infty$），相频特性沿着实轴的负方向趋于无穷远处；中间点是 $G(\omega_n)=2\zeta\angle 90^\circ$（即 $\omega=\omega_n$），是一个经过虚轴的点。二阶微分环节的极坐标图，如图5-24所示。

8. 延迟环节

延迟环节 $e^{-\tau s}$ 的频率特性为 $G(\mathrm{j}\omega)=e^{-\mathrm{j}\tau\omega}$，即

$$A(\omega)=1,\varphi(\omega)=-\tau\omega \tag{5-36}$$

延迟环节的极坐标图是圆心在原点的单位圆，如图 5-25 所示。ω 值越大，其相角滞后就越大。

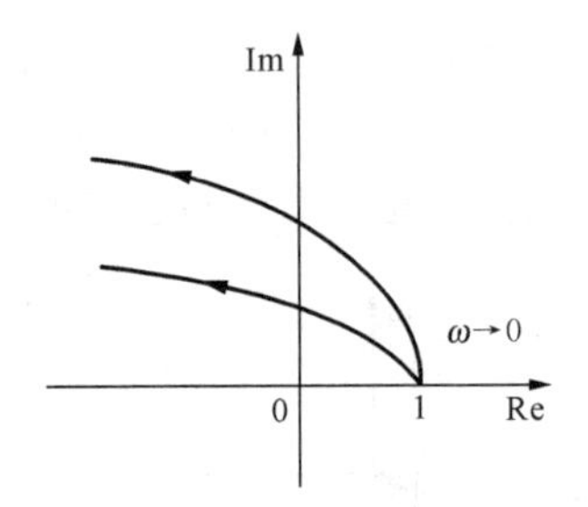

图 5-24　二阶微分环节的极坐标图

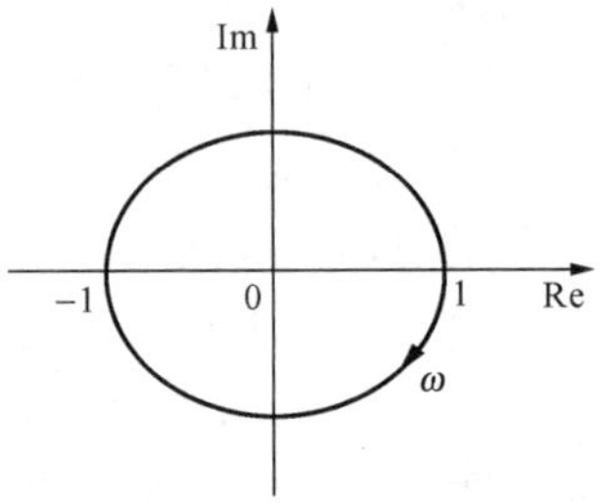

图 5-25　延迟环节的极坐标图

【例 5-8】 已知系统开环传递函数为

$$G(s)=\frac{10}{s(2s+1)(s^2+0.5s+1)}$$

试分别计算 $\omega=0.5$ 和 $\omega=2$ 时开环频率特性的幅值 $A(\omega)$ 和相角 $\varphi(\omega)$。

解

$$G(\mathrm{j}\omega)=\frac{10}{\mathrm{j}\omega(1+\mathrm{j}2\omega)(1-\omega^2+\mathrm{j}0.5\omega)}$$

$$A(\omega)=\frac{10}{\omega\sqrt{1+(2\omega)^2}\sqrt{(1-\omega^2)^2+(0.5\omega)^2}}$$

$$\varphi(\omega)=-90^\circ-\arctan2\omega-\arctan\frac{0.5\omega}{1-\omega^2}$$

计算可得：

$$\begin{cases}A(0.5)=17.8885\\ \varphi(0.5)=-153.435^\circ\end{cases},\quad\begin{cases}A(2)=0.3835\\ \varphi(2)=-327.53^\circ\end{cases}$$

5.4.2　开环极坐标图绘制

若已知系统的开环频率特性 $G(\mathrm{j}\omega)$，令 $\omega\to\infty$，计算 $A(\omega)$ 和 $\varphi(\omega)$，可以通过取点、计算和作图绘制系统的极坐标图。以下结合工程需要，概略介绍绘制开环极坐标图的方法。当 $\omega=0\sim\infty$时，分析各开环零极点指向 $s=\mathrm{j}\omega$ 复向量的变化趋势，就能概略绘制开环系统的极坐标图。概略绘制的极坐标图应反映开环频率特性的三个重要因素：

（1）开环极坐标图的起点（$\omega=0$）和终点（$\omega=\infty$）。

（2）开环极坐标图与实轴的交点。

设 $\omega=\omega_g$ 时，$G(\mathrm{j}\omega)$ 的虚部为

$$\mathrm{Im}[G(\mathrm{j}\omega_g)]=0 \tag{5-37}$$

或

$$\varphi(\omega_g)=\angle G(\mathrm{j}\omega_g)=k\pi;\ k=0,\pm1,\pm2\cdots \tag{5-38}$$

式中：ω_g 为相角交界频率，也称穿越频率。极坐标图与实轴交点的坐标值为

$$\mathrm{Re}[G(\mathrm{j}\omega_g)]=G(\mathrm{j}\omega_g) \tag{5-39}$$

（3）开环极坐标图的变化范围（象限、单调性）。

当然，开环系统典型环节的分解和各典型环节极坐标图的特点是绘制开环极坐标图的基

础，下面结合具体的系统进行介绍。

【例5-9】 已知单位反馈控制系统的开环传递函数，试概略绘制系统的极坐标图。

$$G(s)=\frac{K(1+2s)}{s^2(0.5s+1)(s+1)}$$

解 由于 $v=2$，零极点分布见图5-26所示。

(1) 起点：$G(\mathrm{j}0)=\infty\angle-180^\circ$

(2) 终点：$G(\mathrm{j}\omega)\Big|_{\omega\to\infty}=0\angle-270^\circ$

(3) 与坐标轴的交点为

$$G(\mathrm{j}\omega)=\frac{k}{\omega^2(1+0.25\omega^2)}[-(1+2.5\omega^2)-\mathrm{j}(0.5-\omega^2)]$$

当 $\omega_g^2=0.5$，即 $\omega_g=0.707$ 时，极坐标图与实轴有一交点，其坐标为 $R(\omega_g)=-2.67K$。

在确定了上述三点后，就可概略绘制系统的极坐标图，如图5-27所示。

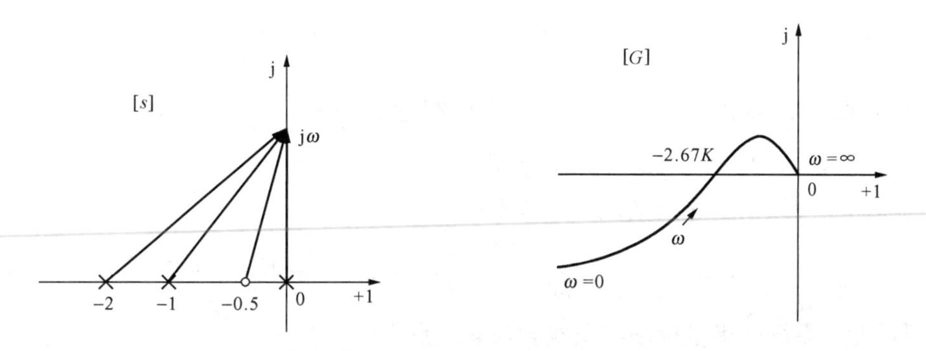

图5-26 [例5-9] 系统的零极点分布图　　图5-27 [例5-9] 系统的极坐标图

一般地，设系统的开环传递函数为

$$G(s)=\frac{K(\tau_1 s+1)(\tau_2 s+1)\cdots(\tau_m s+1)}{s^v(T_1 s+1)(T_2 s+1)\cdots(T_n s+1)}$$

则幅相特性具有以下特点：

(1) 起点：($\omega=0$) 完全由 $G(s)$ 中 $\frac{K}{s^v}$ 来确定，$G(\mathrm{j}0)=\begin{cases}K & v=0\\ \infty\angle v(-90^\circ) & v\neq 0\end{cases}$

(2) $\omega\to0$ 时，I型系统的幅相曲线的渐近线是平行于虚轴的直线，其横坐标为

$$V_x=\lim_{\omega\to0}\mathrm{R_e}\,|G(\mathrm{j}\omega)|$$

(3) 终点：($\omega\to\infty$)，当 $n>m$ 时，$G(\mathrm{j}\infty)=0\angle-90^\circ(n-m)$，即幅相曲线以 $(n-m)$ 90°的相角与原点相切。

(4) 当 $G(\mathrm{j}\omega)$ 中不含有零点时，$|G(\mathrm{j}\omega)|$ 及 $\angle G(\mathrm{j}\omega)$ 一般会连续减小，曲线是连续收缩的。当含有微分环节时，$|G(\mathrm{j}\omega)|$ 及 $\angle G(\mathrm{j}\omega)$ 不一定会连续减小，曲线则可能会有凹凸。

(5) 中间部分由零极点矢量随 ω 的变化趋势来大致确定。

特殊点的确定：

1) $G(\mathrm{j}\omega)$ 与负实轴的交点处的频率及幅值

试探 $s=\mathrm{j}\omega$，当 $\angle G(\mathrm{j}\omega_g)=\sum\varphi_i-\sum\theta_j=-180^\circ$ 时

$$|G(\mathrm{j}\omega_{\mathrm{g}})|=\frac{K\cdot|\mathrm{j}\omega_{\mathrm{g}}-z_1|\cdots|\mathrm{j}\omega_{\mathrm{g}}-z_m|}{|\mathrm{j}\omega_{\mathrm{g}}-p_1|\cdots|\mathrm{j}\omega_{\mathrm{g}}-p_n|}$$

2）$|G(\mathrm{j}\omega)|=1$ 时的频率和相角：

试探 $s=\mathrm{j}\omega$，当 $|G(\mathrm{j}\omega_{\mathrm{c}})|=1$ 时，$\angle G(\mathrm{j}\omega_{\mathrm{c}})=\sum\varphi_{\mathrm{i}}-\sum\theta_{\mathrm{j}}$

【例 5 - 10】 试绘制下列传递函数的极坐标图。

(1) $G(s)=\dfrac{5}{(2s+1)(8s+1)}$；

(2) $G(s)=\dfrac{10(1+s)}{s^2}$。

解 (1)

$$|G(\mathrm{j}\omega)|=\frac{5}{\sqrt{(1-16\omega^2)^2+(10\omega)^2}}$$

$$\angle G(\mathrm{j}\omega)=-\tan^{-1}2\omega-\tan^{-1}8\omega=-\tan^{-1}\frac{10\omega}{1-16\omega^2}$$

取 ω 为不同值进行计算并描点画图，可以快速绘制出系统的极坐标图：

1）起点：$\omega=0$ 时，$|G(\mathrm{j}\omega)|_{\omega=0}=5$，$\angle G(\mathrm{j}\omega)\Big|_{\omega=0}=0^\circ$

2）中间点：$\omega=0.25$ 时，$|G(\mathrm{j}\omega)|_{\omega=0.25}=2$，$\angle G(\mathrm{j}\omega)\Big|_{\omega=0.25}=-90^\circ$

3）终点：$\omega=\infty$时，$|G(\mathrm{j}\omega)|=0$，$\angle G(\mathrm{j}\omega)=-180^\circ$

所以概略绘制该系统的极坐标图如图 5 - 28 所示。

(2)

$$|G(\mathrm{j}\omega)|=\frac{10\sqrt{1+\omega^2}}{\omega^2},\ \angle G(\mathrm{j}\omega)=\tan^{-1}\omega-180^\circ$$

分析可知，系统的极坐标图与负实轴没有交点。

1）起点：$\omega=0$ 时，$|G(\mathrm{j}\omega)|=\infty$，$\angle G(\mathrm{j}\omega)=-180^\circ$

2）终点：$\omega=\infty$时，$|G(\mathrm{j}\omega)|=0$，$\angle G(\mathrm{j}\omega)=-90^\circ$

概略绘制该系统的极坐标图如图 5 - 29 所示。

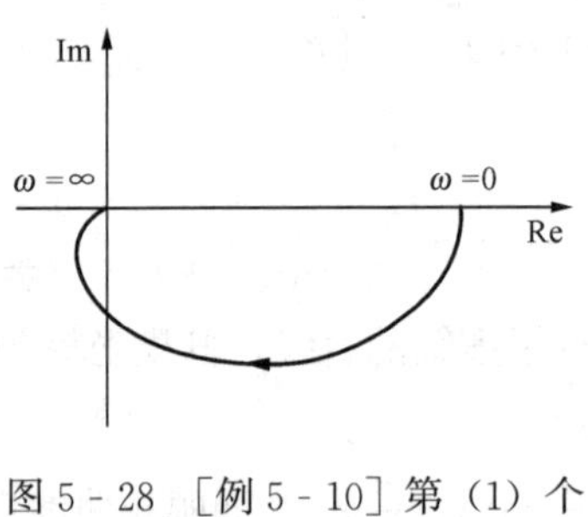

图 5 - 28 ［例 5 - 10］第（1）个系统的极坐标图

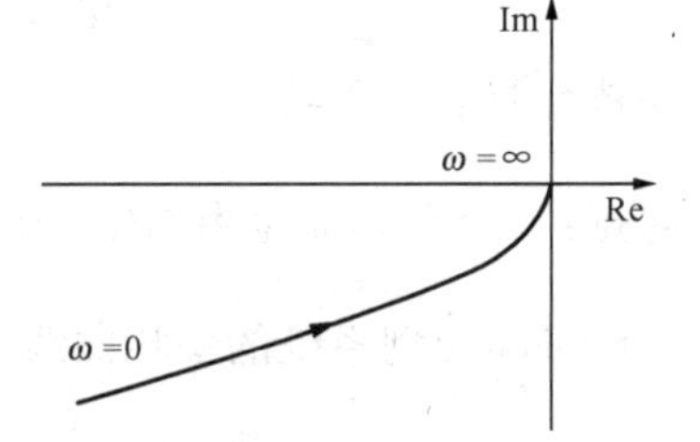

图 5 - 29 ［例 5 - 10］第（2）个系统的极坐标图

5.5 频域稳定判据及相对稳定性分析

5.5.1 奈奎斯特稳定判据

奈奎斯特稳定判据（简称奈氏判据）是控制系统的频域稳定判据，它是根据开环频率特性曲线来判断闭环系统的稳定性。控制系统稳定的充要条件是：闭环特征方程的根均具有负的实部，或者说全部闭环极点都位于左半 s 平面。第 3 章中介绍的劳斯判据是一种代数判据，其特点是利用闭环特征方程的系数构造劳斯阵列表，并用之来判断闭环系统的稳定性，但前提是必须求出系统的闭环特征方程，且这种方法无法准确判断系统的稳定程度。根轨迹法则是依据特征方程的根随系统参量变化的轨迹来判断系统的稳定性。

本节介绍的奈氏判据是利用系统的开环频率特性 $G(j\omega)H(j\omega)$ 来判断闭环系统的稳定性。奈氏判据不仅可以判断闭环系统是否稳定以及不稳定系统的不稳定闭环极点数，还能够给出系统的相对稳定性（即稳定裕度）。另外，奈氏判据是通过作图分析，计算量小，信息量大，且可以用实验手段获得频率特性。因此奈氏判据使用方便，易于推广。

一、奈氏判据的数学基础

1. 柯西幅角原理

对于复变函数

$$F(s)=\frac{k(s-z_1)(s-z_2)\cdots(s-z_m)}{(s-p_1)(s-p_2)\cdots(s-p_n)} \tag{5-40}$$

式中：s 为复变量，以 s 复平面上的 $s=\sigma+j\omega$ 表示。$F(s)$ 为复变函数，$F(s)$ 复平面上的 $F(s)=\mathrm{Re}+j\mathrm{Im}$。对于 s 平面上除了有限奇点之外的任一点 s，复变函数 $F(s)$ 为解析函数，即单值、连续的函数，则 s 平面上的每一点都必将会在 $F(s)$ 平面上有与之对应的映射点。

设有 $F(s)=(s+2)/(s+3)$，则 s 平面与 F 平面的映射关系如图 5 - 30 所示。

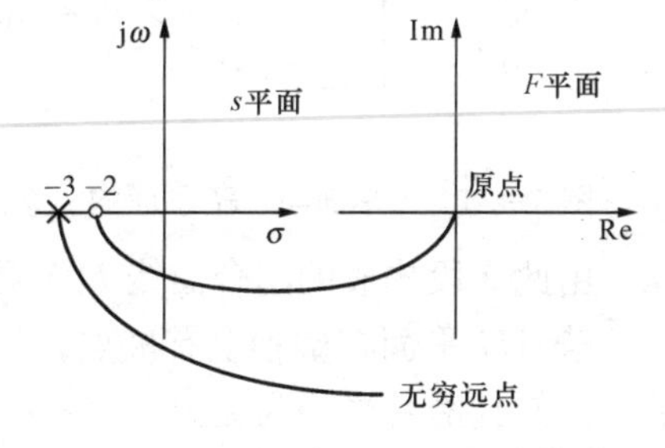

图 5 - 30　s 平面与 F 平面的映射关系

若在 s 平面上绘制一条封闭曲线，并使其不通过 $F(s)$ 平面的任一奇点，则在 $F(s)$ 平面上必定有一条对应的映射曲线。若 s 平面上的封闭曲线是沿顺时针方向运动，则在 $F(s)$ 平面上的封闭曲线的运动方向由 $F(s)$ 函数的特性决定。

由式（5 - 40）可计算出 $F(s)$ 的相角如下：

$$\angle F(s)=\sum_{j=1}^{m}\angle(s-z_j)-\sum_{i=1}^{n}\angle(s-p_i) \tag{5-41}$$

设在 s 平面上的封闭曲线包围了一个零点 z_1，其他零极点都在封闭曲线之外。当 s 沿着 s 平面上的封闭曲线顺时针方向移动一周时，向量（$s-z_1$）的相角变化了 -2π 弧度，而其他各相量的相角变化为 0，也就是说在 $F(s)$ 平面上的映射曲线沿顺时针方向围绕原点旋转了一周；同理可以推知，若 s 平面上的封闭曲线包围了一个极点 p_1，当 s 沿着 s 平面上的封闭曲线顺时针方向移动一周时，则在 $F(s)$ 平面上的映射曲线沿逆时针方向围绕原点旋转了一周。综上所述，可以归纳如下：

柯西幅角原理：设 s 平面上不通过 $F(s)$ 任何奇异点的某条封闭曲线 D，它包围了 $F(s)$ 在 s 平面上的 Z 个零点和 P 个极点。当 s 以顺时针方向沿封闭曲线 D 移动一周时，则在 F 平面上对应于封闭曲线 D 的像 D_F 将围绕原点旋转 R 圈。R 与 Z、P 的关系为

$$R=P-Z \tag{5-42}$$

$R>0$ 和 $R<0$ 分别表示 D_F 逆时针和顺时针包围 $F(s)$ 平面上的原点，$R=0$ 表示 D_F 不包围 $F(s)$ 平面上的原点。

2. 辅助函数 $F(s)$ 的定义

控制系统的稳定性判定是利用已知的开环传递函数来判定闭环系统的稳定性。为应用柯

西幅角原理，选择辅助函数的思路是：使 $F(s)$ 与系统传递函数相联系。定义 $F(s)$ 如下：

$$F(s)=1+G(s)H(s)=1+\frac{N_0(s)}{D_0(s)}=\frac{D_0(s)+N_0(s)}{D_0(s)}=\frac{D_C(s)}{D_0(s)} \tag{5-43}$$

$F(s)$ 具有以下特点：

（1）$F(s)$ 的零点为闭环传递函数的极点，$F(s)$ 的极点为开环传递函数的极点。

（2）通常开环传递函数分母多项式的阶次一般大于或等于分子多项式的阶次，所以 $F(s)$ 的零、极点数相同。

（3）s 沿闭合曲线 D 运动一周所产生的两条闭合曲线 D_F 和 D_{GH} 只相差常数 1。这意味着 F 平面上的坐标原点就是 GH 平面上的（-1，j0）点，如图 5 - 31 所示。

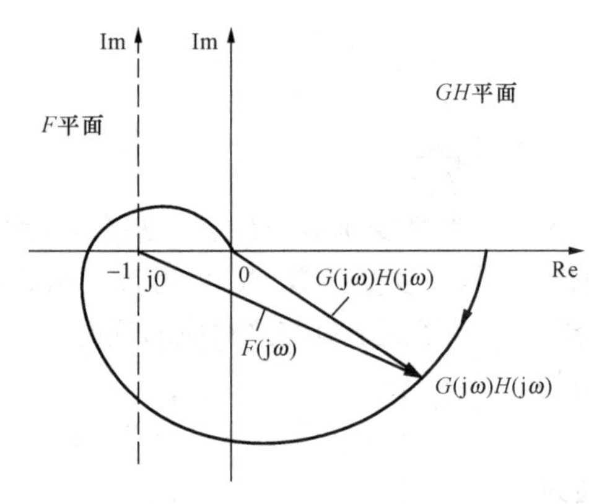

图 5 - 31　F 平面与 GH 平面的关系图

3. s 平面上闭合曲线 D 的选择

$F(s)$ 的零点位置就决定了系统的稳定性，因此若 D 曲线包围了右半 s 平面且 $Z=0$，则系统闭环稳定。

考虑到闭合曲线 D 应不通过 $F(s)$ 的零极点的要求，将 D 扩展为整个右半 s 平面，因此 D 由以下 3 段所组成：

（1）$s=\mathrm{j}\omega$，$\omega\in[0，+\infty]$，即正虚轴；

（2）$s=\infty e^{\mathrm{j}\theta}$，$\theta\in[90°，-90°]$，即半径为无限大的右半圆；

（3）$s=\mathrm{j}\omega$，$\omega\in[-\infty，0]$，即负虚轴。

由此 3 段构成的闭合曲线 D 又称为奈奎斯特路径，如图 5 - 32（a）所示。

若 GH 平面在虚轴上有极点，为了避开开环虚极点，对图 5 - 32（a）上的曲线 D 进行扩展，使其沿着半径为无穷小（$r\to 0$）的右半圆绕过虚轴上的极点，形成图 5 - 32（b）所示的曲线。半径无穷小的右半圆的局部放大图见图 5 - 32（c）所示。

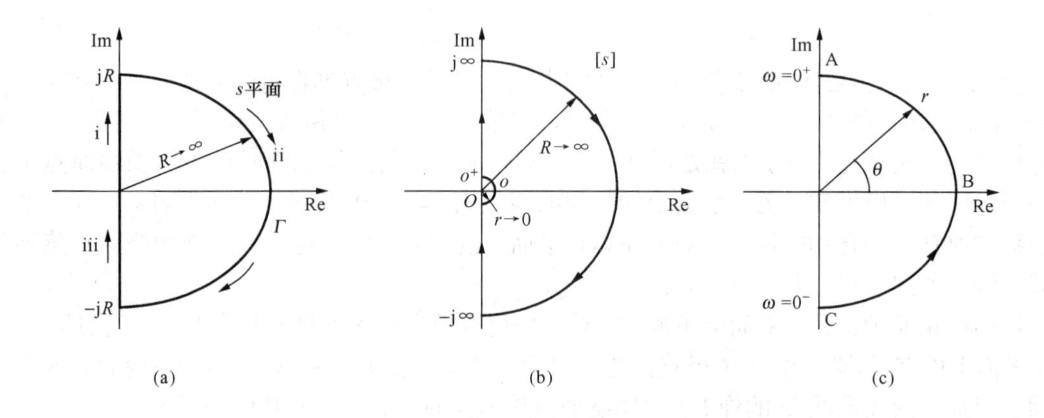

图 5 - 32　s 平面上扩展前后的闭合曲线 D 及局部放大图

若 GH 含有积分环节（即 GH 平面在原点处有极点），原点附近取 $s=re^{\mathrm{j}\theta}(r\to 0)$ $\theta\in[-90°，90°]$，即圆心为原点，半径为无穷小的圆；若 GH 含有等幅振荡环节（即 GH 平面在虚轴上有极点），在 $\pm\mathrm{j}\omega$ 附近，取 $s=\pm\mathrm{j}\omega+re^{\mathrm{j}\theta}$（$r\to 0$，$\theta\in[-90°，90°]$），即圆心为 $\pm\mathrm{j}\omega$，半径为

无穷小的圆。将图5-32（a）和图5-32（b）比较可知，扩展后的D除了存在无穷小的半圆外，其他部分与D相同。

函数$F(s)$位于右半s平面的极点数即开环传递函数$G(s)H(s)$位于右半s平面的极点数P应不包括$G(s)H(s)$位于s平面虚轴上的极点数。

4. 闭合曲线D_{GH}的绘制

第一类情况：开环传递函数中无纯积分环节或振荡环节。GH平面上绘制与D相对应的映射曲线D_{GH}，当s沿D顺时针变化一周时，分析D_{GH}将由下面几段组成：

（1）正虚轴对应的是系统的开环幅相特性曲线$G(j\omega)H(j\omega)$；

（2）半径为无穷大的右半圆对应的是$G(s)H(s)\to 0$。由于$G(s)H(s)$的分母阶数高于分子阶数，当$s\to\infty$时，$G(s)H(s)\to 0$；

（3）负虚轴对应的是$G(j\omega)H(j\omega)$对称于实轴的镜像。

s平面上的闭合曲线D关于实轴对称，$G(s)H(s)$又为实系数有理分式函数，所以闭合曲线D_{GH}也关于实轴对称，因此只需绘制D_{GH}在$\mathrm{Im}s\geqslant 0$，$s\in D$对应的曲线段，得到$G(s)H(s)$的半闭合曲线，称为奈奎斯特路径（简称奈氏路径），仍然记为D_{GH}。

第二类情况：当开环传递函数中有纯积分环节或振荡环节，就表示s平面原点或虚轴上有极点。以纯积分环节为例，图5-32（b）所示的小半圆绕过了原点处的极点，使奈氏路径避开了极点，又包围了整个右半s平面，因此在绘制幅相曲线时，s取值需要先从$j0$（对应图5-32（c）中的B点）绕半径无限小的圆弧逆时针转90°至$j0^+$［对应图5-32（c）中的A点］，然后再沿虚轴到$j\infty$。这样需补充$s=j0\to j0^+$小圆弧所对应的$G(j\omega)H(j\omega)$特性曲线。

设系统开环传递函数为

$$G(s)H(s)=\frac{1}{s^v}G_1(s)H_1(s)\quad [v>0, |G_1(j0)H_1(j0)|\neq\infty] \tag{5-44}$$

式中：v为系统型别。当沿着无穷小半圆逆时针方向移动时，有$s=\lim\limits_{r\to 0}re^{j\theta}$，映射到$GH$平面的曲线可求得

$$G(s)H(s)\Big|_{s=\lim\limits_{r\to 0}re^{j\theta}}=\frac{1}{s^v}G_1(s)H_1(s)\Big|_{s=\lim\limits_{r\to 0}re^{j\theta}}=\lim_{r\to 0}\frac{1}{r^v}e^{-jv\theta}=\infty e^{-jv\theta} \tag{5-45}$$

经上述分析可知，当s沿小半圆从$\omega=0$变化到$\omega=0^+$时，θ角沿逆时针方向从0变化到$\pi/2$，GH平面上的D_{GH}将从$G_1(j0)H_1(j0)$点起，沿半径为∞的圆弧按顺时针方向转过$-v\pi/2$角度。

【例5-11】 已经系统的开环传递函数为

$$G(s)H(s)=\frac{k}{s(s+1)}$$

试绘制其在GH平面上的闭合曲线D_{GH}。

解 $v=1$，系统为Ⅰ型系统。起点：$\omega=0$，$G(j0)H(j0)=\infty\angle-90°$；终点：$\omega\to\infty$，$G(j\infty)H(j\infty)=0\angle-180°$。由于系统无开环零点，因此其开环幅相特性曲线是单调减小，如图5-33（a）所示，并添加$\omega=-\infty\to 0$部分的奈氏路径。

由于该系统有一个积分环节，因此应当在图5-33（a）上补充$s=j0\to j0^+$小圆弧［见图5-32（c）］所对应的$G(j\omega)H(j\omega)$特性曲线。由前可知，该段$G(j\omega)H(j\omega)$特性曲线将从

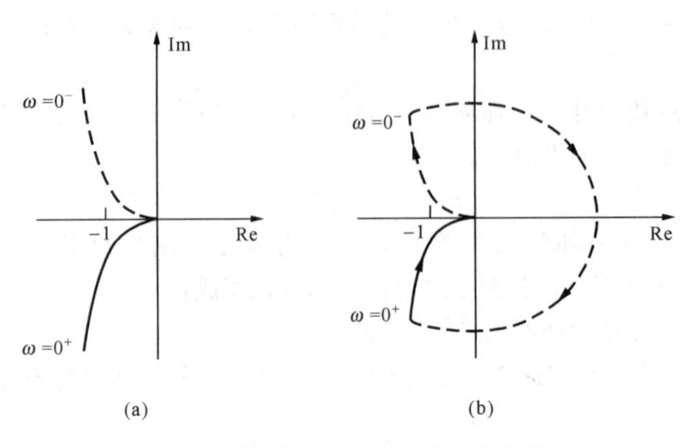

图 5 - 33　系统在 GH 平面上的闭合曲线 D_{GH}

$G_1(\mathrm{j}0)H_1(\mathrm{j}0)$ 点起，沿半径为 ∞ 的圆弧按顺时针方向转过 $-\pi/2$ 角度。并添加 $\omega=-\infty\to 0$ 部分的奈氏路径，从而获得完整的 D_{GH}，如图 5 - 33（b）所示。

二、奈奎斯特判据

式（5 - 42）中的 Z 和 P 分别为闭环传递函数和开环传递函数在右半 s 平面上的极点数，R 是 F 平面上 D_F 包围原点的圈数，即 GH 平面上的系统开环幅相特性曲线及其镜像包围（−1，j0）的圈数。实际上通常只绘制半闭合曲线 D_{GH} 而不绘制其镜像曲线，有

$$R=2N=2(N_{+}-N_{-}) \tag{5-46}$$

式中，N 为半闭合曲线 D_{GH} 穿越 GH 平面上（−1，j0）点左侧负实轴的次数，N_+ 表示正穿越的次数和（从上向下穿越），N_- 表示负穿越的次数和（从下向上穿越）。在奈氏图上，正穿越一次，对应于幅相曲线逆时针包围（−1，j0）点一圈，而负穿越一次，对应于顺时针包围点（−1，j0）一圈。

奈氏判据：闭环控制系统稳定的充要条件是半闭合曲线 D_{GH} 不穿过点（−1，j0）且逆时针包围临界点（−1，j0）的圈数 R 等于开环传递函数位于右半 s 平面的极点数 P。

将式（5 - 46）代入式（5 - 42），可得奈氏判据为

$$Z=P-2N \tag{5-47}$$

式中：Z 为右半 s 平面中闭环极点的个数，P 为右半 s 平面中开环极点的个数，N 是 GH 平面上 $G(\mathrm{j}\omega)H(\mathrm{j}\omega)$ 包围（−1，j0）点的圈数（逆时针为正）。显然，只有当 $Z=P-2N=0$ 时，闭环系统才是稳定的。

当半闭合曲线 D_{GH} 穿过（−1，j0）点时，表示存在 $s=\pm\mathrm{j}\omega_{\mathrm{n}}$，使得

$$G(\pm\mathrm{j}\omega_{\mathrm{n}})H(\pm\mathrm{j}\omega_{\mathrm{n}})=-1 \tag{5-48}$$

即系统闭环特征方程存在共轭纯虚根，则系统可能临界稳定。因此计算 D_{GH} 的穿越次数 N 时，应注意不计算 D_{GH} 穿越点（−1，j0）的次数。

【例 5 - 12】 已知系统的开环传递函数，试用奈氏判据判断系统的稳定性。

$$G(s)H(s)=\frac{K}{(T_1s+1)(T_2s+1)}$$

解　绘出系统的开环幅相特性曲线如图 5 - 34 所示。当 $\omega=0$ 时，曲线起点在实轴上 $G(\mathrm{j}0)H(\mathrm{j}0)=K\angle 0^\circ$；当 $\omega=\infty$ 时，曲线终点为 $G(\mathrm{j}\infty)H(\mathrm{j}\infty)=0\angle-180^\circ$。

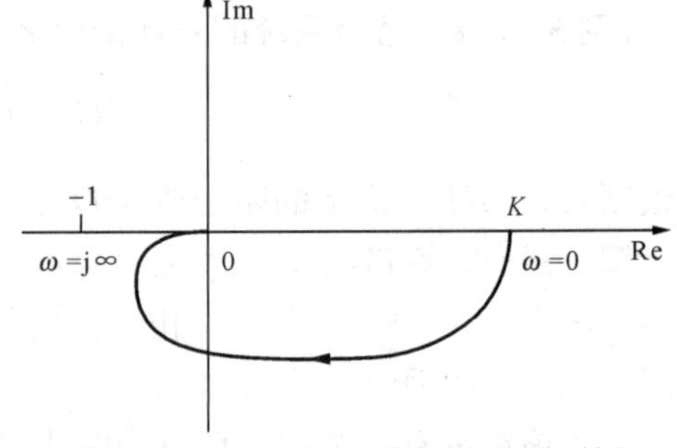

图 5 - 34　［例 5 - 12］系统的开环幅相特性曲线

分析：在右半 s 平面上，系统的开环极点数 $P=0$。开环频率特性 $G(\mathrm{j}\omega)H(\mathrm{j}\omega)$ 随着 ω 从 $0\to+\infty$ 时，逆时针方向包围（−1，j0）点 0 圈，即

$N=0$。由式（5-47）可求得闭环系统在右半 s 平面的极点数为 $Z=P-2N=0-0=0$，所以闭环系统稳定。

【例5-13】 已知系统的开环传递函数为

$$G(s)H(s)=\frac{100}{(s+1)(0.5s+1)(0.2s+1)}$$

试用奈氏判据判断系统的稳定性。

解 绘出系统的开环幅相特性曲线如图5-35中的实线所示。

当 $\omega=0$ 时，曲线起点为 $G(\mathrm{j}0)H(\mathrm{j}0)=100\angle0^\circ$；

当 $\omega=\infty$ 时，曲线终点为 $G(\mathrm{j}\infty)H(\mathrm{j}\infty)=0\angle-270^\circ$。

幅相特性曲线和负实轴相交，即令 $\mathrm{Im}[G(\mathrm{j}\omega)H(\mathrm{j}\omega)]=0\Rightarrow\omega_g=\sqrt{17}$，计算开环幅相特性曲线与实轴的交点为 $\mathrm{Re}[G(\mathrm{j}\omega)H(\mathrm{j}\omega)]\Big|_{\omega=\omega_g}=-100$。

分析：右半 s 平面上的开环极点数 $P=0$。开环频率特性 $G(\mathrm{j}\omega)H(\mathrm{j}\omega)$ 随着 ω 从 $0\to+\infty$ 时，$N_+=0$，$N_-=1$，即 $N=N_+-N_-=-1$。由式（5-47）可求得闭环系统在右半 s 平面的极点数为 $Z=P-2N=0-(-2)=2$，有两个闭环极点在右半平面，所以系统不稳定。

【例5-14】 已知系统的开环传递函数为

$$G(s)H(s)=\frac{k}{s^2(Ts+1)}$$

试用奈氏判据判断系统的稳定性。

解 绘出系统的完整闭合曲线 D_{GH} 如图5-36所示。当 $\omega=0$ 时，曲线起点为 $G(\mathrm{j}0)H(\mathrm{j}0)=\infty\angle-180^\circ$；当 $\omega=\infty$ 时，曲线终点为 $G(\mathrm{j}\infty)H(\mathrm{j}\infty)=0\angle-270^\circ$ 由于系统为Ⅱ型，所以 D_{GH} 曲线必定与负实轴相交于无穷远处。

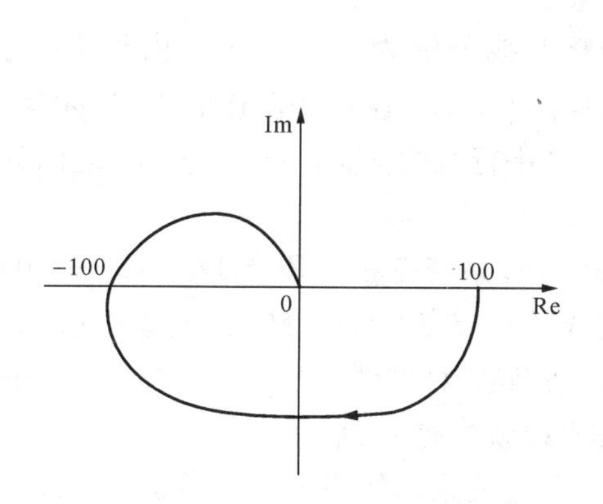

图5-35 系统的开环幅相特性曲线

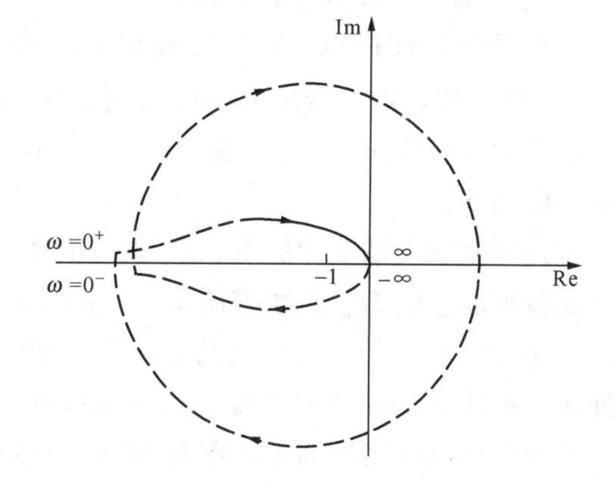

图5-36 ［例5-14］系统的完整闭合曲线 D_{GH}

分析：右半 s 平面上的开环极点数 $P=0$。开环频率特性 $G(\mathrm{j}\omega)H(\mathrm{j}\omega)$ 随着 ω 从 $0\to+\infty$ 时，$N_+=0$，$N_-=1$，即 $N=N_+-N_-=-1$。由式（5-47）可求得闭环系统在右半 s 平面的极点数为 $Z=P-2N=0-(-2)=2$，即有两个闭环极点在右半 s 平面，所以系统不稳定。

【例5-15】 已知系统开环传递函数为

$$G(s)H(s)=\frac{K(s+3)}{s(s-1)}$$

试绘制奈氏图，并分析闭环系统的稳定性。

解 由于$G(s)H(s)$在右半s平面有一极点，故$P=1$。当$0<K<1$时，其奈氏图如图5-37（a）所示，由图可见ω从0到$+\infty$变化时，奈氏曲线逆时针包围（-1，j0）点$-1/2$圈，即$N_+=0$，$N_-=1/2$，$N=N_+-N_-=-1/2$，$Z=P-2N=1+2\times(1/2)=2$，因此闭环系统不稳定。当$K>1$时，其奈氏图如图5-37（b）所示，当ω从0到$+\infty$变化时，奈氏曲线逆时针包围（-1，j0）1/2圈，$N_+=1$，$N_-=1/2$，$N=N_+-N_-=1/2$，$Z=P-2N=1-2\times(1/2)=0$，此时闭环系统是稳定的。

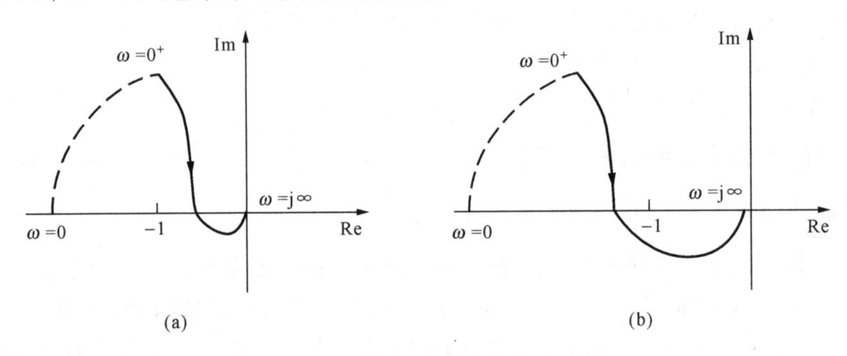

图5-37 ［例5-15］系统奈氏图

三、对数频率稳定判据

实际上，系统的频域分析设计除了应用奈奎斯特判据还通常利用Bode图上进行判定。由于半闭合曲线D_{GH}可以转换为半对数坐标下的曲线，因此，可以将奈氏判据推广到Bode图上，以Bode图的形式表现出来，即为对数频率稳定判据。在Bode图上运用奈氏判据的关键在于确定D_{GH}曲线的穿越次数N或N_+和N_-。

1. 对数幅频曲线和对数相频曲线

设半对数坐标下D_{GH}的对数幅频曲线和对数相频曲线分别为D_L和D_φ，由于D_L与$L(\omega)$完全一致，则D_{GH}在$A(\omega)>1$时，穿越负实轴的点等于D_{GH}在半对数坐标下，$L(\omega)>0$时对数相频特性曲线D_φ与$(2k+1)\pi$，$k=0$，±1，…，平行线的交点。D_φ与$\varphi(\omega)$之间的关系分析如下：

若开环系统虚轴上无极点，D_φ就等同于$\varphi(\omega)$；若开环系统有积分环节$1/s^v$（即$v>0$）时，复数平面上的D_{GH}曲线需从$\omega=0_+$的开环幅相曲线的对应点$G(j0_+)H(j0_+)$起，逆时针方向补作$v\times90°$半径为无穷大的虚圆弧。所以需从对数相频特性曲线ω较小且$L(\omega)>0$的点处向上补作$v\times90°$的虚直线，$\varphi(\omega)$曲线和补作的虚直线就构成了D_φ。

系统开环频率特性的奈氏图与Bode图存在一定的对应关系，如图5-38所示。奈氏图上$|G(j\omega)H(j\omega)|=1$的单位圆与Bode图对数幅频特性的零分贝线相对应，单位圆以外对应于$L(\omega)>0$，奈氏图上的负实轴对应于Bode图上相频特性的$-180°$线。

2. 穿越次数的确定

在Bode图上，在$L(\omega)>0$的频段内随着ω的增加，对数相频特性曲线D_φ自下而上（意味着相角增加）穿过$-180°$线称为正穿越；反之曲线自上而下（意味着相角减小）穿过$-180°$为负穿越。同样，若沿ω增加方向，对数相频特性曲线D_φ自$-180°$线开始向上或向下，分别称为半次正穿越或半次负穿越，如图5-38（b）所示。应该指出的是：补作的虚直线所产生的穿越皆为负穿越。

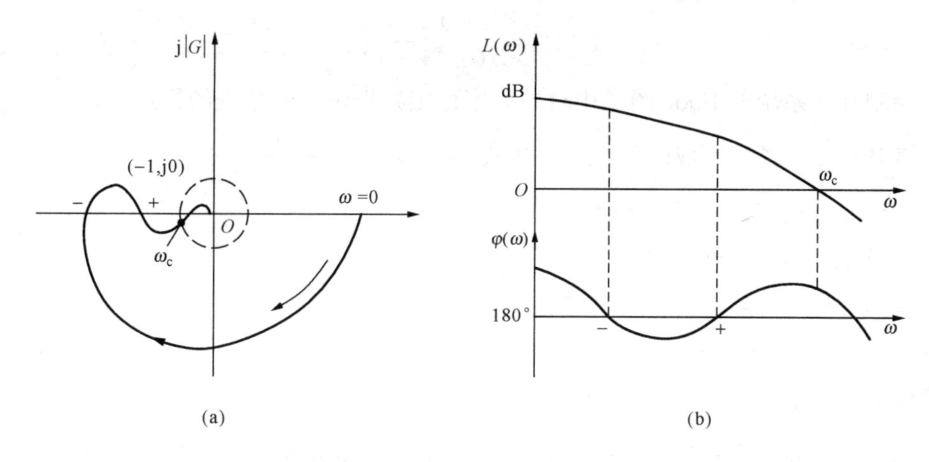

图 5 - 38　奈氏图与 Bode 图的对应关系

一般地，当系统的开环增益大为降低或提高时，系统的开环幅相特性曲线将在 $G(j\omega)H(j\omega)$ 平面上按比例缩小和放大。图 5 - 38 所示系统在这样的开环增益下，闭环是稳定的，但在开环增益降低或提高到一定程度时，有可能将点（−1，j0）包围在其开环幅相特性之内，则闭环不稳定，通常此类系统又叫条件稳定系统。

由上面分析可归纳出对数频率稳定判据：闭环系统稳定的充要条件是，当 ω 从 $0\to\infty$ 时，在开环对数幅频特性 $L(\omega)>0$ 的频段内，对数相频特性曲线 D_φ 穿越 $(2k+1)\pi$ 线的次数 N（即正穿越与负穿越之差）等于 $P/2$，P 为右半 s 平面的开环极点数。

【例 5 - 16】 设控制系统的开环传递函数为

$$G(s)H(s)=\frac{K}{s^2(s+1)}$$

当 $K=10$ 时，用对数频率稳定判据来判断系统的稳定性。

解　该系统为Ⅱ型系统，位于右半 s 平面的开环极点数 $P=0$，绘制出系统的 Bode 图如图 5 - 39 所示。由于 $v=2$，需要在低频处由 $\varphi(\omega)$ 曲线向上补作 180°的虚直线，而此虚直线恰好与实轴重合，如图 5 - 39 所示。在 $L(\omega)>0$ 的频段内，对数相频特性曲线 D_φ 在 $\omega=0$ 处由上向下穿越−180°线，故 $N_+=0$，$N_-=1$，$Z=P-2(N_+-N_-)=2$。由此可知有 2 个特征根在右半 s 平面，闭环系统不稳定。

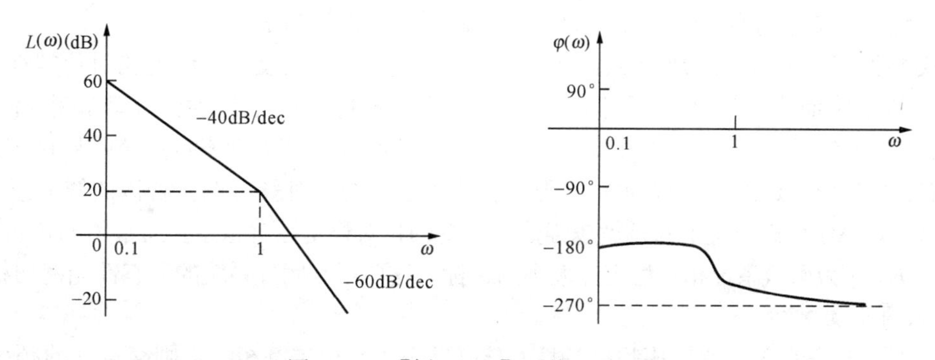

图 5 - 39　[例 5 - 16] 系统 Bode 图

【例 5 - 17】 设已知单位负反馈系统的开环传递函数为

$$G(s)=\frac{10(s+10)}{s(0.1s-1)}$$

要求绘制开环系统的 Bode 图，用对数频率稳定判据来判断系统的稳定性。

解　将开环传递函数写成时间常数表达式 $G(s)=\dfrac{-100(0.1s+1)}{s(-0.1s+1)}$

分析相角变化如下：

积分环节 $1/s$：$-90°\to-90°$；

不稳定比例环节 -100：$-180°\to-180°$

一阶微分环节 $0.1s+1$：$0°\to90°$；

不稳定惯性环节 $\dfrac{1}{-0.1s+1}$：$0°\to90°$

故 $\varphi(\omega)$ 变化范围为 $-270°\to-90°$，且 $\omega=1$ 时，$20\lg K=40\text{dB}$。开环系统的 Bode 图如图 5-40 所示。

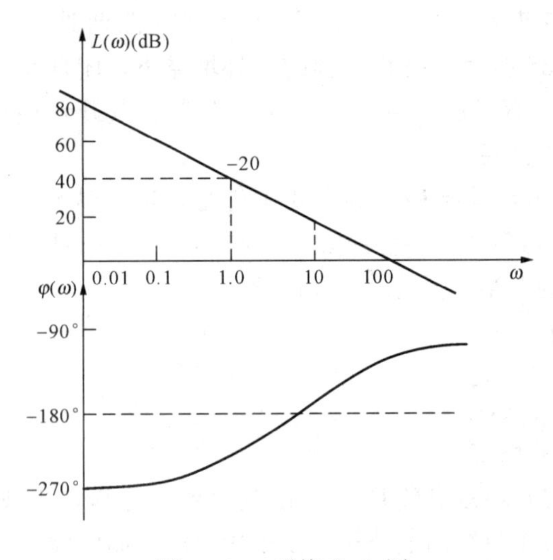

图 5-40　系统 Bode 图

分析可知该系统为Ⅰ型系统，位于右半 s 平面的开环极点数 $P=1$。由于 $v=1$，需要在低频处由 $\varphi(\omega)$ 曲线向上补作 90°的虚直线，而此虚直线恰好与 $-180°$线重合，如图 5-40 所示。在 $L(\omega)>0$ 的频段内，对数相频特性曲线 D_φ 在 $\omega=0$ 时由上向下起于 $-180°$线，在接近 $\omega_c=100$ 处由下向上穿越 $-180°$ 线，故 $N_-=0.5$，$N_+=1$，$Z=P-2(N_+-N_-)=0$，闭环系统稳定。

5.5.2　相对稳定性分析

Routh 判据和 Nyquist 判据能给出系统稳定与否的信息，属于绝对稳定性的范畴。但在实际工程应用中，人们不仅需要知道系统稳定与否，更想了解系统的稳定程度大小，即稳定系统离不稳定边缘还有多远？即系统的相对稳定性。设计一个控制系统时，不仅要求它必须是绝对稳定的，而且还应保证系统具有一定的稳定程度。只有这样，才能不致因系统参数变化而导致系统性能变差甚至不稳定，由此引出稳定裕量的概念。

奈氏判据不仅可以定性判断系统的稳定性，而且还能定量反映系统的相对稳定性。对一个最小相角系统而言，若系统开环稳定，则闭环系统稳定的条件为：开环频率特性曲线 $G(\mathrm{j}\omega)H(\mathrm{j}\omega)$ 不包围点（-1，j0）。若 $G(\mathrm{j}\omega)H(\mathrm{j}\omega)$ 曲线穿过该点则表示系统临界稳定。所以 $G(\mathrm{j}\omega)H(\mathrm{j}\omega)$ 曲线靠近点（-1，j0）的程度表征了系统的相对稳定性。若该曲线靠近（-1，j0）点越近，系统阶跃响应的振荡就越强烈，系统的相对稳定性就越差。通常用相角裕度 γ 和幅值裕度 K_g 作为衡量系统相对稳定性大小的指标，这两者与闭环系统的动态性能密切相关。

1. 相角裕度 γ

当 $\omega\in[0,+\infty)$，若幅相频率特性 $G(\mathrm{j}\omega)H(\mathrm{j}\omega)$ 与单位圆相交，则交点处的频率 ω_c 称为截止频率（又称为幅值穿越频率或剪切频率），此时有 $A(\omega_c)=|G(\mathrm{j}\omega_c)H(\mathrm{j}\omega_c)|=1$，与负实轴的夹角即定义为相角裕度，用 γ 表示

$$\gamma = 180° + \angle G(j\omega_c)H(j\omega_c) \tag{5-49}$$

相角裕度的物理意义在于：稳定系统在截止频率 ω_c 处若相角再滞后一个 γ 角度，则系统处于临界状态；若相角滞后大于 γ，系统将变成不稳定。为使最小相角系统稳定，系统的相角裕度必须为正。

2. 幅值裕度 K_g

当 $\omega \in [0, +\infty)$，若幅相频率特性 $G(j\omega)H(j\omega)$ 与负实轴相交，则交点处的频率 ω_g 称为相位穿越频率，此时有 $\varphi(\omega_g) = \angle G(j\omega_g)H(j\omega_g) = -180°$。幅值裕度定义为相位穿越频率 ω_g 所对应的开环频率特性幅值的倒数，用 K_g 表示。幅值裕度的物理意义在于：稳定系统的开环增益再增大 K_g 倍，则 $\omega=\omega_g$ 处的幅值 $A(\omega_g)$ 等于1，曲线正好通过（−1，j0）点，系统处于临界稳定状态；若开环增益增大 K_g 倍以上，系统将变成不稳定。显然对于稳定的最小相位系统，幅值裕度应该大于1，一阶和二阶系统的幅值裕度为∞。

$$K_g = \frac{1}{|G(j\omega_g)H(j\omega_g)|} \tag{5-50}$$

在对数坐标下，幅值裕度按下式定义

$$K_g(\mathrm{dB}) = 20\lg\frac{1}{|G(j\omega_g)H(j\omega_g)|} = -20\lg|G(j\omega_g)H(j\omega_g)| \tag{5-51}$$

对于最小相角系统，若 $|G(j\omega_g)H(j\omega_g)| < 1$ 或 $K_g(\mathrm{dB}) > 0$ 时，闭环系统稳定；反之，若 $|G(j\omega_g)H(j\omega_g)| > 1$ 或 $K_g(\mathrm{dB}) < 0$ 时，闭环系统不稳定；若 $|G(j\omega_g)H(j\omega_g)| = 1$ 或 $K_g(\mathrm{dB}) = 0$ 时，闭环系统临界稳定。

相角裕度和幅值裕度在极坐标和对数坐标图上的表示分别如图 5-41 和图 5-42 所示。

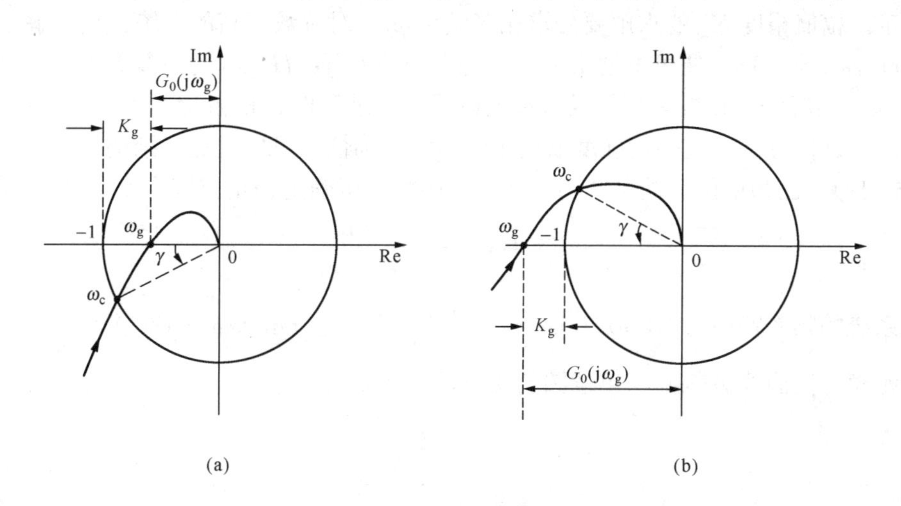

图 5-41　极坐标图上的相角裕度和幅值裕度

(a) 稳定系统；(b) 不稳定系统

严格地讲，只有同时给出相角裕度和幅值裕度，才能确定系统的相对稳定性。但在粗略估计系统的暂态响应指标时，主要是对相角裕度提出要求。对于最小相角系统，这样做是合理的。保持适当的稳定裕度，可以预防系统中元件性能变化可能带来的不利影响。为了获得满意的暂态响应，通常相角裕度应当在30°～60°之间，而幅值裕度应大于6dB。这就意味着开环对数频率特性图在截止频率 ω_c 处的斜率应大于−40dB/dec，而在实际中常取−20dB/dec。

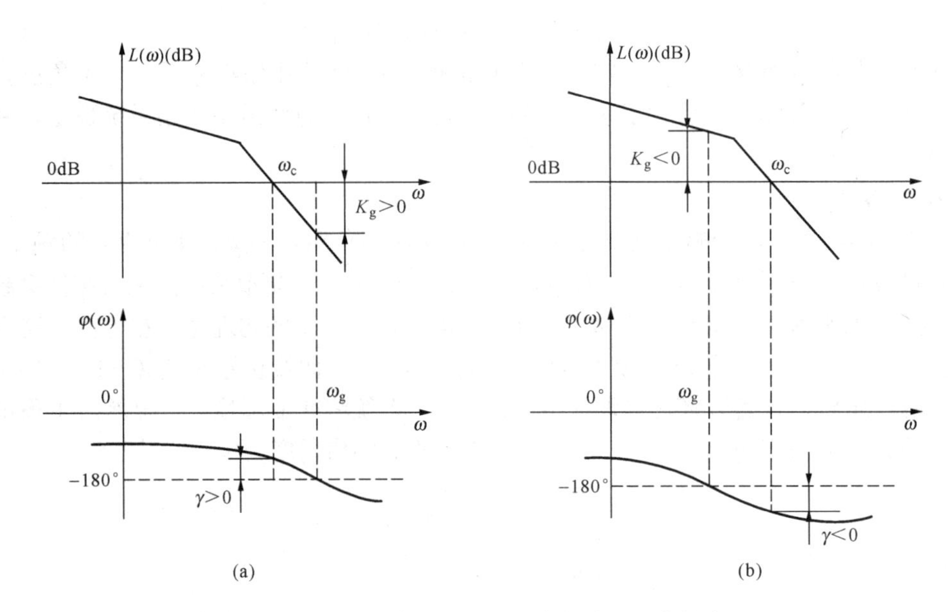

图 5-42 对数坐标图上的相角裕度和幅值裕度

(a) 稳定系统；(b) 不稳定系统

3. 稳定裕度的计算

稳定裕度可以用解析法或图解法计算。解析法是根据定义分别求出幅值裕量和相角裕量。计算相角裕度 γ 需先求 ω_c，通常是由幅频特性曲线 $A(\omega)=|G(j\omega)H(j\omega)|$ 与单位圆的交点来确定。幅值裕度 K_g 的求解要先求相穿频率 ω_g，对阶数不高的系统，直接解三角方程 $\angle G(j\omega_g)H(j\omega_g)=-180°$ 便可方便求解 ω_g。通常是将 $G(j\omega)H(j\omega)$ 写成复数形式，令虚部为零而解得 ω_g。图解法是在极坐标图或对数坐标图上通过量取相角裕量 γ 和幅值裕量的倒数。图解法是一种近似方法，它的精确度取决于作图的准确性，可以避免复杂的计算。

【例 5-18】 已知单位反馈系统的开环传递函数，试确定相角裕度为 45°时的 a 值。

$$G(s)H(s)=\frac{as+1}{s^2}$$

解 系统的频率特性为 $G(j\omega)H(j\omega)=\dfrac{\sqrt{1+(a\omega)^2}}{\omega^2}\angle(\tan^{-1}a\omega-180°)$

计算幅频特性曲线 $A(\omega)$ 与单位圆的交点，以便获得 ω_c：

$$A(\omega)=\frac{\sqrt{1+a^2\omega_c^2}}{\omega_c^2}=1$$

即
$$\omega_c^4=a^2\omega_c^2+1 \tag{5-52}$$

相角裕度：
$$\gamma=180°+\varphi(\omega_c)=45°$$
$$\Rightarrow\varphi(\omega_c)=\tan^{-1}a\omega_c-180°=45°-180°=-135°$$
$$\Rightarrow a\omega_c=1 \tag{5-53}$$

联立求解式（5-52）和式（5-53）可得：$\omega_c=1.19$，$a=0.84$。

【例 5-19】 某最小相角系统的开环对数幅频特性如图 5-43 所示。要求：

（1）写出系统开环传递函数；

（2）利用相角裕度判断系统的稳定性；

（3）将其对数幅频特性向右平移 10 倍频程，试讨论对系统性能的影响。

解　（1）由图可写出系统开环传递函数为

$$G(s)=\frac{10}{s\left(\frac{s}{0.1}+1\right)\left(\frac{s}{20}+1\right)}$$

（2）该系统是最小相角系统，系统的相频特性为

$$\varphi(\omega)=-90^{\circ}-\arctan\frac{\omega}{0.1}-\arctan\frac{\omega}{20}$$

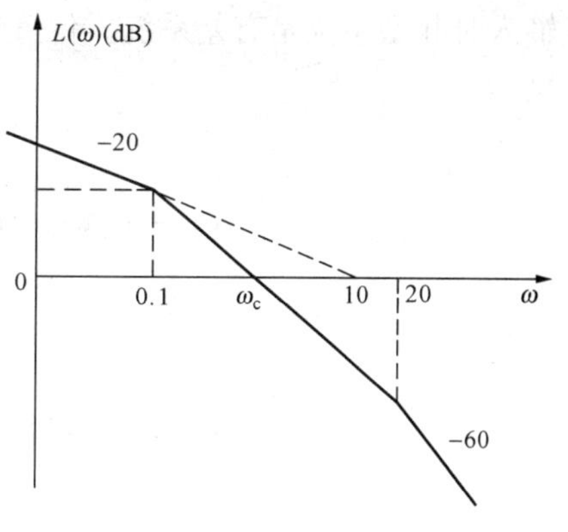

图 5－43　系统的开环对数幅频特性图

由图 5－43 分析可知：

$$-40\lg\frac{\omega_c}{0.1}=-20\lg\frac{10}{0.1}\Rightarrow\omega_c=1$$

相角裕度为　$$\gamma=180^{\circ}+\varphi(\omega_c)=2.85^{\circ}>0$$

故系统稳定。

（3）将系统的对数幅频特性向右平移 10 倍频程后，可得系统新的开环传递函数

$$G(s)=\frac{100}{s(s+1)\left(\frac{s}{200}+1\right)}$$

其截止频率为　$$\omega_{c1}=10\omega_c=10$$

相角裕度为　$$\gamma_1=180^{\circ}+\varphi(\omega_{c1})=2.85^{\circ}=\gamma$$

故系统稳定性不变。由时域指标估算公式可得

$$\sigma_1\%=0.16+0.4\left(\frac{1}{\sin\gamma_1}-1\right)=\sigma\%$$

$$t_{s1}=\frac{K_0\pi}{\omega_{c1}}=\frac{K_0\pi}{10\omega_c}=0.1t_s$$

所以系统的超调量不变，调节时间缩短，动态响应加快。

5.6　利用频率特性分析系统的性能

时域分析法是用时域性能指标来评价系统的品质，频域分析法则用频域性能指标来评价系统的品质。频率特性法比时域分析法更简单，而且当系统的频率特性不满足期望的性能指标时，可以从频率特性上直接修改系统的结构参数来满足要求。由于人们习惯时域分析法及其时域性能指标，因此为了加深对频率性能分析的理解，本节还将介绍频域指标与时域指标之间的关系。

5.6.1　开环频率特性及其频域性能指标

1. 利用开环对数幅频特性求闭环系统的稳态误差

前面章节讨论了闭环系统的稳态误差，是指系统误差函数当 t 趋于无穷大时的解。用拉氏变换终值定理求其值时，它是 s 乘以误差象函数取 s 趋于 0 的极限。低频渐近线是开环对数幅频特性取 ω 趋于 0 的极限，又因为 ω 是 s 的子域，因此低频渐近线（即低频段）包含了控制系统稳态误差的全部信息。

由第 3 章可知阶跃输入时 0 型系统是有差系统，斜坡输入时 I 型系统是有差系统，抛物

线输入时Ⅱ型系统是有差系统。位置误差系数 K_p、速度误差系数 K_v 和加速度误差系数 K_a 分别为

$$K_p = \lim_{s\to 0} G(s)H(s) = \lim_{s\to 0} \frac{K\prod_{j=1}^{m}(\tau_j s+1)}{\prod_{i=1}^{n}(T_i s+1)} = K \tag{5-54}$$

$$K_v = \lim_{s\to 0} sG(s)H(s) = \lim_{s\to 0} s\frac{K\prod_{j=1}^{m}(\tau_j s+1)}{s\prod_{i=1}^{n}(T_i s+1)} = K \tag{5-55}$$

$$K_a = \lim_{s\to 0} s^2G(s)H(s) = \lim_{s\to 0} s^2\frac{K\prod_{j=1}^{m}(\tau_j s+1)}{s^2\prod_{i=1}^{n}(T_i s+1)} = K \tag{5-56}$$

式中：K_p、K_v 和 K_a 都等于开环放大系数 K。0型系统的低频渐近线为 $L_d'=\lim_{\omega\to 0}L(\omega)=20\lg K$，Ⅰ型系统的低频渐近线为 $L_d'(\omega)=20\lg K-20\lg\omega$，Ⅱ型系统的低频渐近线为 $L_d'(\omega)=20\lg K-40\lg\omega$，故由渐近线上 K 的信息即可确定 K_p、K_v 和 K_a 的值。0型系统的阶跃响应稳态误差为 $e_{ss}=u/(1+K_p)$（u 为阶跃输入函数的幅值），Ⅰ型系统的斜坡响应稳态误差为 $e_{ss}=u/K_v$（u 为斜坡输入函数的幅值），抛物线函数输入时的稳态误差为 $e_{ss}=u/K_a$（u 为抛物线函数的强度）

【例 5-20】 已知系统的开环传递函数。当 $\omega=1$ 时，$\angle G(j\omega)H(j\omega)=-180°$，$|G(j\omega)H(j\omega)|=0.5$；当输入为单位速度信号时，系统的稳态误差1。试写出系统开环频率特性表达式 $G(j\omega)H(j\omega)$。

$$G(s)H(s)=\frac{K(-T_2s+1)}{s(T_1s+1)},\ K,T_1,T_2>0$$

解 将开环传递函数改写为 $G(s)H(s)=\dfrac{-K(T_2s-1)}{s(T_1s+1)}$

先绘制 $G_0(s)H_0(s)=\dfrac{K(T_2s-1)}{s(T_1s+1)}$ 的幅相曲线，然后顺时针转180°即可得到 $G(j\omega)H(j\omega)$ 幅相曲线。$G_0(s)H_0(s)$ 的零极点分布图及极坐标图分别如图5-44（a）、（b）所示。$G(s)H(s)$ 的极坐标图如图5-44（c）所示。

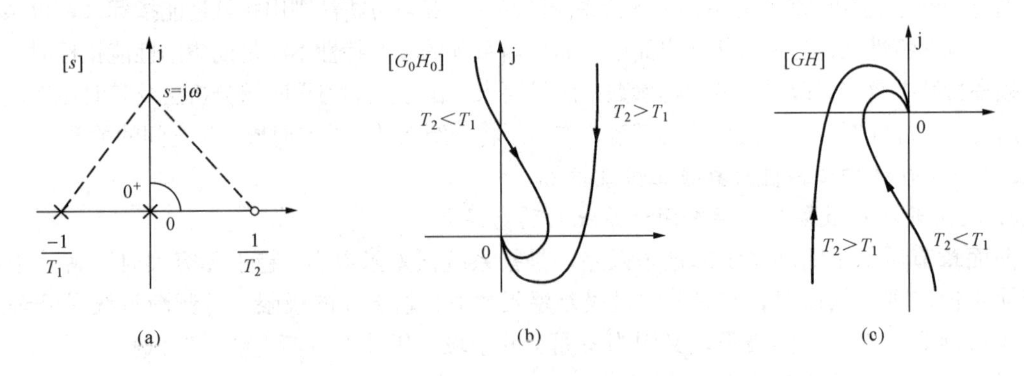

图5-44 ［例5-20］系统的开环零、极点图和极坐标图

依题意有 $K_v=\lim_{s\to 0}sG(s)H(s)=K$，$e_{ssv}=1/K=1$，因此 $K=1$。

$$\angle G(\mathrm{j}1)H(\mathrm{j}1)=-\arctan T_2-90°-\arctan T_1=-180°$$

$$\arctan T_1+\arctan T_2=\arctan\frac{T_1+T_2}{1-T_1T_2}=90°\Rightarrow T_1T_2=1$$

另有

$$|G(\mathrm{j}1)H(\mathrm{j}1)|=\left|\frac{(1-\mathrm{j}T_2)(1-\mathrm{j}T_1)}{1+T_1^2}\right|=\frac{|1-T_1T_2-\mathrm{j}(T_1+T_2)|}{1+T_1^2}=\frac{T_1+T_2}{1+T_1^2}=0.5$$

$$T_1^2-2T_2+1-2T_1=T_1^2-2T_1+1-\frac{2}{T_1}=0$$

$$\Rightarrow T_1^3-2T_1^2+T_1-2=(T_1^2+1)(T_1-2)=0$$

可得

$$T_1=2,\ T_2=\frac{1}{T_1}=0.5,\ K=1$$

所以

$$G(\mathrm{j}\omega)H(\mathrm{j}\omega)=\frac{1-\mathrm{j}2\omega}{\mathrm{j}\omega(1+\mathrm{j}0.5\omega)}$$

2. 二阶系统的开环频域指标与时域指标

由前可知，系统的稳态误差完全由系统的低频渐近线的斜率和幅值决定。而暂态响应主要取决于截止频率 ω_c 前后的一段频率（即中频段），此时系统的频域指标和时域指标都能够反映系统的振荡程度和响应速度，且两类指标之间有着准确或近似的换算关系。

典型二阶系统的开环传递函数为 $G(s)H(s)=\dfrac{K}{s(Ts+1)}=\dfrac{\omega_n^2}{s(s+2\zeta\omega_n)}(0<\zeta<1)$，其闭环传递函数为

$$\Phi(s)=\frac{\omega_n^2}{s^2+2\zeta\omega_n s+\omega_n^2}$$

(1) γ 和 $\sigma\%$ 的关系。

系统开环频率特性为

$$G(\mathrm{j}\omega)H(\mathrm{j}\omega)=\frac{\omega_n^2}{\mathrm{j}\omega(\mathrm{j}\omega+2\zeta\omega_n)} \tag{5-57}$$

开环幅频和相频特性分别为

$$A(\omega)=\frac{\omega_n^2}{\omega\sqrt{\omega^2+(2\zeta\omega_n)^2}},\quad \varphi(\omega)=-90°-\arctan\frac{\omega}{2\zeta\omega_n}$$

$\omega=\omega_c$ 处 $A(\omega)=1$，即

$$A(\omega_c)=\frac{\omega_n^2}{\omega_c\sqrt{\omega_c^2+(2\zeta\omega_n)^2}}=1$$

解得

$$\omega_c=\omega_n\sqrt{\sqrt{4\zeta^4+1}-2\zeta^2} \tag{5-58}$$

$\omega=\omega_c$ 时，有

$$\varphi(\omega_c)=-90°-\arctan\frac{\omega_c}{2\zeta\omega_n}$$

故系统的相角裕度为

$$\gamma=180°+\varphi(\omega_c)=\arctan\frac{2\zeta\omega_n}{\omega_c} \tag{5-59}$$

将式（5-58）代入式（5-59），得

$$\gamma = \arctan \frac{2\zeta}{\sqrt{\sqrt{4\zeta^4+1}-2\zeta^2}} \tag{5-60}$$

而典型二阶系统的超调量

$$\sigma\% = e^{-\pi\zeta/\sqrt{1-\zeta^2}} \times 100\% \tag{5-61}$$

由式（5-60）、式（5-61）分析可知：γ 下降时，ζ 也随之下降，而 $\sigma\%$ 随之上升；反之，γ 上升时，ζ 也随之上升，而 $\sigma\%$ 随之下降。通常取 $30° \leqslant \gamma \leqslant 60°$ 为宜。

（2）γ、ω_c 与 t_s 的关系。

由前可知典型二阶系统的调节时间（取 $\Delta=0.05$ 时）为

$$t_s = \frac{3.5}{\zeta\omega_n} \quad (0.3 < \zeta < 0.8) \tag{5-62}$$

式（5-62）与式（5-58）相乘可得

$$t_s\omega_c = \frac{3.5}{\zeta}\sqrt{\sqrt{4\zeta^4+1}-2\zeta^2} \tag{5-63}$$

由式（5-60）和式（5-63）可得

$$t_s\omega_c = \frac{7}{\tan\gamma} \tag{5-64}$$

从式（5-64）可知，调节时间 t_s 与相角裕度 γ 和截止频率 ω_c 都有关。当 γ 确定时，t_s 与 ω_c 成反比。若两个典型二阶系统的 γ 相同，则它们的 $\sigma\%$ 也相同。这样对于 ω_c 较大的系统，其调节时间 t_s 必然较短。

【例 5-21】 已知单位反馈系统的开环传递函数。若已知单位速度信号输入下的稳态误差 $e_{ss}(\infty) = 1/9$，相角裕度 $\gamma=60°$，试确定系统的时域指标 $\sigma\%$ 和 t_s。

$$G(s) = \frac{K}{s(Ts+1)}$$

解 该系统为Ⅰ型系统，单位速度输入下的稳态误差为 $1/K$，由已知条件可得 $K=9$。将 $\gamma=60°$ 代入式（5-60），计算出 $\zeta=0.62$。所以有

$$\sigma\% = e^{-\pi\zeta/\sqrt{1-\zeta^2}} \times 100\% = 7.5\%$$

由于
$$K/T = \omega_n^2, \quad 1/T = 2\zeta\omega_n$$

所以
$$\omega_n = 2K\zeta = 11.16, \quad t_s = \frac{3.5}{\zeta\omega_n} = 0.506(\Delta = 5\%)$$

3. 高阶系统的开环频域指标与时域指标

对于三阶或三阶以上的高阶系统，要准确推导出开环频域特征量（γ 和 ω_c）与时域指标（$\sigma\%$ 和 t_s）之间的关系是很困难的，而且实用意义不大。实际应用中常常采用以下几个近似公式由频域指标估算系统的动态性能指标：

$$\sigma\% = \left[0.16 + 0.4\left(\frac{1}{\sin\gamma} - 1\right)\right] \times 100\% \quad (35° \leqslant \gamma \leqslant 90°) \tag{5-65}$$

$$t_s = \frac{\pi}{\omega_c}\left[2 + 1.5\left(\frac{1}{\sin\gamma} - 1\right) + 2.5\left(\frac{1}{\sin\gamma} - 1\right)^2\right] \quad (35° \leqslant \gamma \leqslant 90°) \tag{5-66}$$

从式（5-65）和式（5-66）可知：随着 γ 的增加，高阶系统的超调量 $\sigma\%$ 和调节时间 t_s（ω_c 一定时）都会降低。

4. 开环对数幅频特性高频段对噪声抑制的作用

高频段特性通常是由较小时间常数的环节构成的，其转折频率均远离截止频率 ω_c，所以对系统的动态响应影响不大，但是从系统抗干扰的角度出发，对抑制噪声具有实际的意义。控制系统本身的高频衰减性能常使低频信号容易通过闭环系统传输，而高频部分却很难通过闭环系统传输。单位负反馈控制系统的幅频特性可由开环频率特性 $G(\mathrm{j}\omega)$ 表示为

$$|\Phi(\mathrm{j}\omega)|=\frac{|G(\mathrm{j}\omega)|}{|1+G(\mathrm{j}\omega)|}$$

开环对数幅频特性在 ω 高于截止频率 ω_c 以后的部分位于横轴的下方，高频段通常有 $20\lg|G(\mathrm{j}\omega)|\ll 0$ 即 $|G(\mathrm{j}\omega)|\ll 1$，所以 $|\Phi(\mathrm{j}\omega)|\approx|G(\mathrm{j}\omega)|$。这就表明：闭环幅频特性的高频段与开环幅频特性的高频段有近似相等的幅频特性，所以将开环对数频率特性的高频段设置成负的斜率并陡一些，可实现对噪声的抑制。

综上分析，期望的开环对数幅频特性应具有以下特点：

(1) 若系统在阶跃或斜坡作用下无稳态误差，则开环对数幅频特性 $L(\omega)$ 的低频段应具有 $-20\mathrm{dB/dec}$ 或 $-40\mathrm{dB/dec}$ 的斜率，且应有较高的分贝数。

(2) 为了保证系统有足够的稳定裕度和平稳性，开环对数幅频特性 $L(\omega)$ 应以 $-20\mathrm{dB/dec}$ 的斜率穿过零分贝线，且具有一定的中频段宽度。

(3) 为了提高闭环系统的快速性，开环对数幅频特性 $L(\omega)$ 应有较高的截止频率 ω_c。

(4) 开环对数幅频特性 $L(\omega)$ 的高频段应有较高负值斜率的渐近线，以增强系统的抗高频干扰能力。

5.6.2 闭环频率特性及其频域性能指标

系统的输入信号除了控制输入外，常伴随输入端和输出端其他的确定性和不确定性扰动，因而闭环系统的频域性能指标应该反应控制系统跟踪控制输入信号和抑制扰动信号的能力。单位反馈系统的闭环频率特性为

$$\Phi(\mathrm{j}\omega)=\frac{G(\mathrm{j}\omega)}{1+G(\mathrm{j}\omega)}=M(\omega)\cdot \mathrm{e}^{\mathrm{j}\varphi(\omega)}$$

$$\left.\begin{aligned} M(\omega)&=|\Phi(\mathrm{j}\omega)|=\left|\frac{G(\mathrm{j}\omega)}{1+G(\mathrm{j}\omega)}\right| \\ \varphi(\omega)&=\angle\Phi(\mathrm{j}\omega)=\angle\frac{G(\mathrm{j}\omega)}{1+G(\mathrm{j}\omega)}\end{aligned}\right\} \tag{5-67}$$

闭环频率特性的求法比较多，大致分为两类：解析法和工程法。解析法主要是指向量法，该方法是在系统的开环幅相频率曲线 $G(\mathrm{j}\omega)H(\mathrm{j}\omega)$ 上，在 $\omega=0\sim\infty$ 的范围内逐点采用图解法求出整个系统的闭环频率特性。此方法几何意义清晰，容易理解，但求解过程比较麻烦。工程中比较常用的是等 M 圆，等 N 圆和尼柯尔斯 (Nichols) 图。

1. 闭环频率性能指标

一般地，系统的闭环幅频特性 $M(\omega)$ 如图 5-45 所示，常用来评价系统性能的闭环频率性能指标主要有：

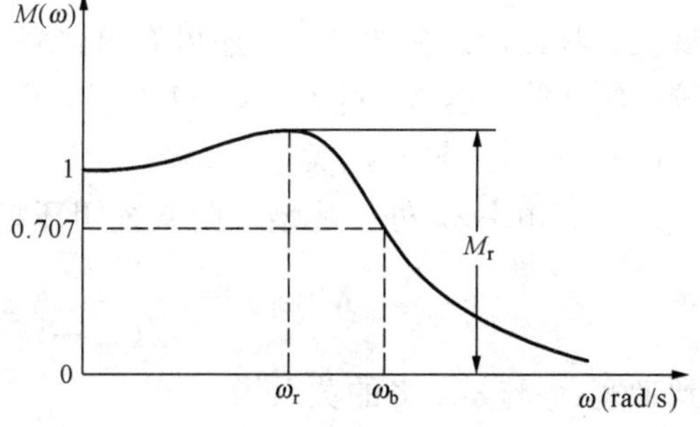

图 5-45 典型的闭环幅频特性

(1) 谐振峰值 M_r：是指 ω 由 0→∞变化

时，闭环系统幅频特性的最大值。随着 M_r 值逐渐增加，表明系统的相对稳定性也随之变差，其单位阶跃响应的超调量也不断变大。

（2）谐振频率 ω_r：表示出现谐振峰值时的角频率。它在一定程度上反映了系统瞬态响应的速度。ω_r 越大，则瞬态响应速度也越快。

（3）带宽频率 ω_b：表示当频率特性的幅值 $M(\omega)$ 从其初始值 $M(0)$ 到 $0.707M(0)$ 时的频率范围，用 ω_b 表示，也称频带宽度。ω_b 越大，上升时间和调节时间越短，系统瞬态响应的速度越快，但对高频干扰的过滤能力就越差；ω_b 越小，抑制高频干扰的能力增强，但时域响应通常较慢。

2. 二阶系统的闭环频域指标与时域指标

正如开环频域指标与时域指标存在一定的换算关系一样，闭环频域指标 M_r，ω_r 或 ω_b 与时域指标 $\sigma\%$、t_s 之间亦会存在某种关系，在二阶系统中是可以准确表示它们之间的关系。

典型二阶系统的闭环传递函数为

$$\Phi(s)=\frac{\omega_n^2}{s^2+2\zeta\omega_n s+\omega_n^2}=M(\omega)\cdot e^{j\varphi(\omega)}$$

（1）$\sigma\%$ 与 M_r 的关系。系统的幅频特性和相频特性如下：

$$M(\omega)=\frac{1}{\sqrt{\left(1-\frac{\omega^2}{\omega_n^2}\right)^2+\left(2\zeta\frac{\omega}{\omega_n}\right)^2}},\ \varphi(\omega)=-\tan^{-1}\frac{2\zeta\frac{\omega}{\omega_n}}{1-\left(\frac{\omega}{\omega_n}\right)^2} \tag{5-68}$$

对式（5-68）求导，有

$$\left.\frac{dM(\omega)}{d\omega}\right|_{\omega=\omega_r}=0\Rightarrow\omega_r=\omega_n\sqrt{1-2\zeta^2}\quad(0\leqslant\zeta\leqslant 0.707) \tag{5-69}$$

将式（5-69）代入式（5-68），得

$$M_r=\frac{1}{2\zeta\sqrt{1-\zeta^2}}\quad(0\leqslant\zeta\leqslant 0.707) \tag{5-70}$$

二阶系统的超调量为

$$\sigma\%=e^{\frac{-\pi\zeta}{\sqrt{1-\zeta^2}}}\times 100\% \tag{5-71}$$

由式（5-70）和式（5-71）可得

$$\sigma\%=e^{-\pi\sqrt{\frac{M_r-\sqrt{M_r^2-1}}{M_r+\sqrt{M_r^2-1}}}} \tag{5-72}$$

图 5-46 所示的曲线表明：$\sigma\%=f(M_r)$［即式（5-72）所描述的 M_r 与 ζ 的函数关系］。由图可知 M_r 越小，$\sigma\%$ 也越小，系统的阻尼性能越好。若 M_r 值较高，则系统的动态过程超调量大，收敛慢。从图 5-46 还可看出：$M_r=1.2\sim1.5$ 时对应 $\sigma\%=20\%\sim30\%$，这时系统有较好的性能。若 M_r 过大（如 $M_r>2$），则闭环系统的超调量可达 40%以上。

（2）M_r、ω_b 与 t_s 的关系。

在带宽频率 ω_b 处，典型二阶系统闭环频率特性的幅值为

$$M(\omega_b)=\frac{\omega_n^2}{\sqrt{(\omega_n^2-\omega_b^2)^2+(2\zeta\omega_n\omega_b)^2}}=0.707$$

得到带宽 ω_b 与 ω_n、ζ 的关系为

$$\omega_b=\omega_n\sqrt{1-2\zeta^2+\sqrt{2-4\zeta^2+4\zeta^4}} \tag{5-73}$$

将式（5-62）与式（5-73）相乘，得

$$\omega_b t_s = \frac{3.5}{\zeta}\sqrt{1-2\zeta^2+\sqrt{2-4\zeta^2+4\zeta^4}} \tag{5-74}$$

由式（5-74）与式（5-70）可得 $\omega_b t_s$ 与 M_r 的函数关系，并绘成曲线如图5-47所示。

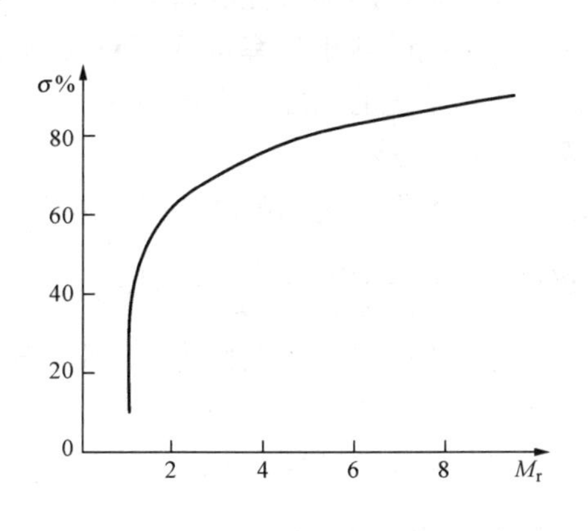

图5-46　σ%与 M_r 的关系

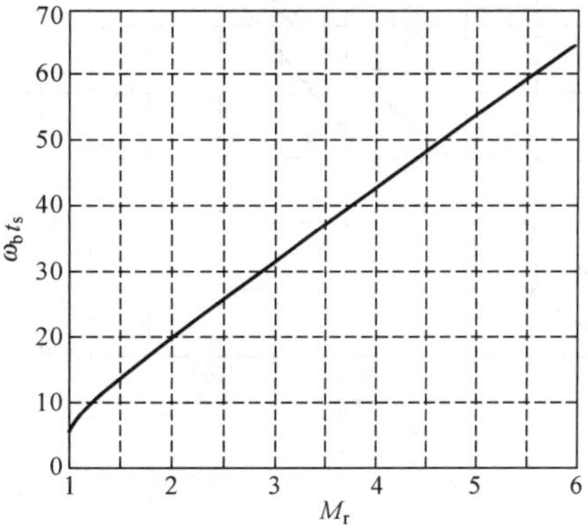

图5-47　二阶系统 $\omega_b t_s$ 与 M_r 的关系曲线

从图5-47可以看到，对于给定的谐振峰值 M_r，调节时间 t_s 与带宽 ω_b 成反比，频带宽度越宽，则调节时间越短。

3. 高阶系统的闭环频域指标与时域指标

高阶系统的闭环频域指标的求解过程类似于二阶系统，但由于高阶系统模型的复杂性，导致难以求解出其闭环频率指标和时域指标之间的准确换算关系。当高阶系统的主导极点为一对共轭复数极点时，就可用前述二阶系统的两类指标之间的换算关系来近似。当然，实际工程中通常采用下面的经验公式来估算高阶系统的动态指标，即

$$\left.\begin{aligned}
&\sigma\% = \left[0.16+0.4\times\left(\frac{1}{\sin\gamma}-1\right)\right]\times 100\%,\quad (35^\circ\leqslant\gamma\leqslant 90^\circ)\\
&t_s = \frac{\pi}{\omega_c}\left[2+1.5\times\left(\frac{1}{\sin\gamma}-1\right)+2.5\times\left(\frac{1}{\sin\gamma}-1\right)^2\right],\quad (35^\circ\leqslant\gamma\leqslant 90^\circ)\\
&M_r = \frac{1}{\sin\gamma}
\end{aligned}\right\} \tag{5-75}$$

上述经验公式计算出的值，一般偏于保守，实际性能要好于估算结果。式（5-75）表明高阶系统的 $\sigma\%$ 和调节时间 t_s 都随 M_r 增大而增大，且 t_s 还随 ω_c 的增大而减小。图5-48直观地表示了它们之间的关系。

【例5-22】 对于高阶系统，要求时域指标 $\sigma=18\%$，$t_s=0.05$s，试将其转换成频域指标。

解 根据近似经验公式（5-75），代入要求的时域指标可得

$$\frac{1}{\sin\gamma} = \frac{1}{0.4}\times(\sigma\%-0.16)+1 = 1.5 \Rightarrow \gamma = 41.8^\circ$$

$$\omega_c = \frac{\pi}{t_s}\left[2+1.5\times\left(\frac{1}{\sin\gamma}-1\right)+2.5\times\left(\frac{1}{\sin\gamma}-1\right)^2\right] = 212.1(\text{rad/s})$$

即所求的频域指标为 $\gamma=41.8^\circ$，$\omega_c=212.1$。

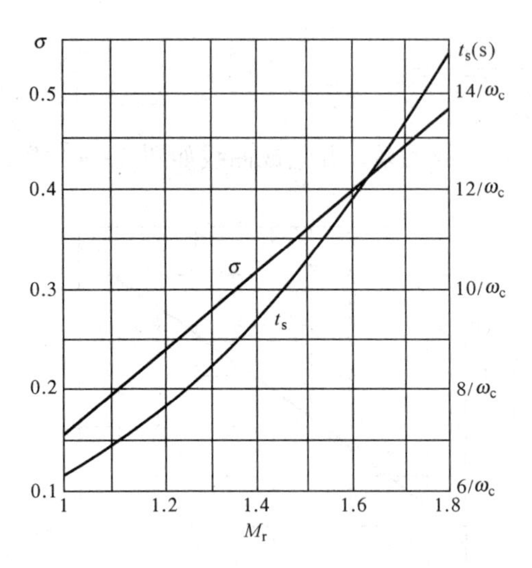

图 5-48　高阶系统 $\sigma\%$、t_s 与 M_r 的关系曲线

【例 5-23】 设有某Ⅰ型单位反馈的典型欠阻尼二阶系统，当输入正弦信号 $r(t)=\sin\omega t$，并调整频率 $\omega=7.07$ 时，系统稳态输出幅值达到最大值 1.1547。

(1) 计算系统的动态性能指标 $\sigma\%$ 和 t_s；

(2) 求系统的截止频率 ω_c 和相角裕度 γ；

(3) 计算系统的速度稳态误差 e_{ss}。

解　(1) 求 $\sigma\%$ 和 t_s：

由题意，可得系统的闭环传递函数为

$$\Phi(s)=\frac{\omega_n^2}{s^2+2\zeta\omega_n s+\omega_n^2}=M(\omega)e^{-j\omega(\varphi)}$$

由于输入正弦信号的振幅为 1，故当输出幅值最大时 $M(\omega)=M_r$，$\omega=\omega_r$，所以

$$M_r=1.1547,\quad \omega_r=7.07$$

根据 $\omega_r=\omega_n\sqrt{1-2\zeta^2}$，$M_r=\dfrac{1}{2\zeta\sqrt{1-\zeta^2}}$，可得 $\zeta_1=0.866$，$\zeta_2=0.5$

因系统产生谐振峰值时，要求 $\zeta\leqslant0.707$，所以舍去 $\zeta_1=0.866$ 的解。于是

$$\zeta=0.866,\ \omega_n=\frac{\omega_r}{\sqrt{1-2\zeta^2}}=10$$

由
$$t_s=\frac{3.5}{\zeta\omega_n}\Rightarrow t_s=0.7$$

由
$$\sigma\%=e^{\frac{-\pi\zeta}{\sqrt{1-\zeta^2}}}\times100\%\Rightarrow\sigma\%=16.3\%。$$

(2) 求 ω_c 和相角裕度 γ。

$$\omega_c=\omega_n\sqrt{\sqrt{4\zeta^4+1}-2\zeta^2}=7.86,\ \gamma=\tan^{-1}\frac{2\zeta}{\sqrt{\sqrt{1+4\zeta^4}-2\zeta^2}}=51.83°$$

(3) 求 e_{ss}。

因 $v=1, K_v=\dfrac{\omega_n}{2\zeta}=10$，故速度稳态误差为 $e_{ss}=\dfrac{1}{K_v}=0.1$

5.6.3　闭环频域指标和开环频域指标的关系

1. M_r 与 γ 的关系

闭环谐振峰值 M_r 与开环相位裕度 γ 都可以反映系统超调量的大小，表征系统的平稳性，它们的函数关系由式（5-60）和式（5-70）来确定。

对于高阶系统，通常采用图解法找到它们的近似关系，图 5-49 给出了单位负反馈控制系统的开环幅相频率特性在 ω_c 前至 ω_g 后一段的曲线。设置 M_r 出现在 ω_c 附近，这意味着 $\omega_r\approx\omega_c$，用 ω_r 代替 ω_c 来计算谐振峰值。在 γ 取较小值时，$AB=|1+G(j\omega)|$，有

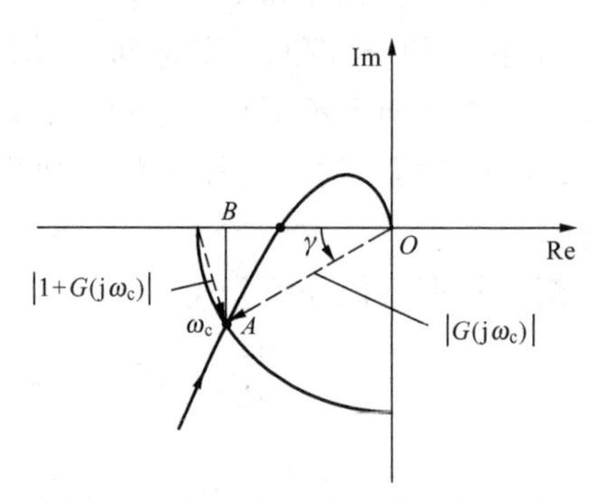

图 5-49　M_r 和 γ 之间的近似关系

$$M_r \approx \frac{|G(j\omega_c)|}{|1+G(j\omega_c)|} \approx \frac{|G(j\omega_c)|}{AB} = \frac{|G(j\omega_c)|}{|G(j\omega_c)|\sin\gamma} = \frac{1}{\sin\gamma} \tag{5-76}$$

2. 带宽频率 ω_b 与穿越频率 ω_c 的关系

ω_b 与 ω_c 都有频带宽的含义，且都与调节时间成反比，这同时也说明 ω_b 与 ω_c 成反比。对于二阶系统，可通过式（5-58）和式（5-73）联立求解，可得

$$\frac{\omega_b}{\omega_c} = \sqrt{\frac{1-2\zeta^2+\sqrt{(1-2\zeta^2)^2+1}}{-2\zeta^2+\sqrt{1+4\zeta^4}}} \tag{5-77}$$

式中：比值是 ζ 的函数。例如，$\zeta=0.4$ 时，$\omega_b=1.6\omega_c$。对于高阶系统，初步设计时近似采用 $\omega_b=1.8\omega_c$。

5.7 MATLAB 在频域分析中的应用

本节主要介绍在 MATLAB 环境中绘制系统频率特性的函数。MATLAB 的控制系统工具箱具有丰富的线性连续系统频域分析功能，通过相应频率函数计算系统的相角裕度和幅值裕度，可实现系统频率特性的分析。

5.7.1 对数频率特性图（波特图）的绘制

【例 5-24】 求典型二阶系统在自然振荡频率 $\omega_n=6$，阻尼比 $\zeta=0.1$ 以 0.1 的递增率增加到 10 时的系统波特图。

解 MATLAB 程序为

```
% Example 5 - 24
wn = 6;
kosi = [0.1:0.1:1.0]; % 对数空间上生成 10^( - 1)到 10^1 共 100 个数据的横坐标
w = logspace( - 1,1,10000);
num = wn^2;
for kos = kosi
    den = [1 2 * kos * wn wn^2];
    [mag,pha,w1] = bode(num,den,w);
   % mag 的单位不是分贝,若需要分贝表示可以通过 20 * log10(mag)进行转换
   subplot(221);
   hold on;
   semilogx(w1,20 * log10(mag))
   % 注意在所绘制的图形窗口 x 轴并没有取对数分度
   subplot(222)
   grid on;
   hold on;
   semilogx(w,20 * log10(mag))
   subplot(223);
   hold on;
   semilogx(w1,pha)
   subplot(224)
   grid on;
```

```
    hold on;
    semilogx(w,pha)
end
subplot(221)
grid on
title('bode plot')
xlabel('frequency w(rad/sec)')
ylabel('amplitude(dB)')
text(6.2,5,'kosi = 0.1')
text(2,0.5,'kosi = 1.0')
subplot(223)
grid on
xlabel('frequency w(rad/sec)')
ylabel('phase deg')
text(5,-20,'kosi = 0.1')
text(2,-85,'kosi = 1.0')
hold off
```

执行后的 Bode 图如图 5-50 所示。

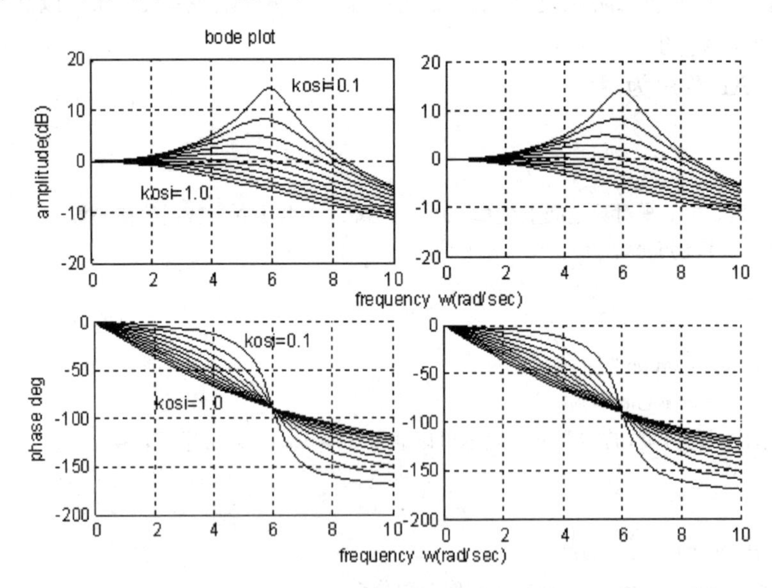

图 5-50 典型二阶系统的 Bode 图

从图 5-50 可以看出，当 $\omega_n \to 0$ 时，$\varphi(\omega)\to 0°$；随着 ω_n 越大，$\varphi(\omega)\to -180°$。在 ω_n 固定不变的情况下，$\zeta=0.1$ 时系统出现较大超调量，平稳性能较差；随着 ζ 的逐渐增加超调量也随之减小，平稳性能增强；当 $\zeta=1.0$ 时，系统的超调量为 0，处于临界阻尼状态。

5.7.2 奈奎斯特图（幅相频率特性图）的绘制

【例 5-25】 已知某系统的开环传递函数为：$G(s)=\dfrac{K}{s(s^2+52s+100)}$，求当 K 分别取 1300 和 5500 时，试绘制系统的奈奎斯特图，并判断系统的稳定性。

解 MATLAB程序为

```
%Example 5-25
clear
k1 = 1300;
k2 = 5200;
num1 = k1;
num2 = k2;
den = [1 52 100 0];
subplot(321)
pzmap(numc1, denc1);
subplot(322)
pzmap(numc2, denc2);
subplot(323)
nyquist(num1,den);
[numc1,denc1] = cloop(num1,den);
subplot(325)
step(numc1,denc1)
subplot(324)
nyquist(num2,den);
subplot(326)
[numc2,denc2] = cloop(num2,den);
step(numc2,denc2)
```

运行结果如图5-51所示。

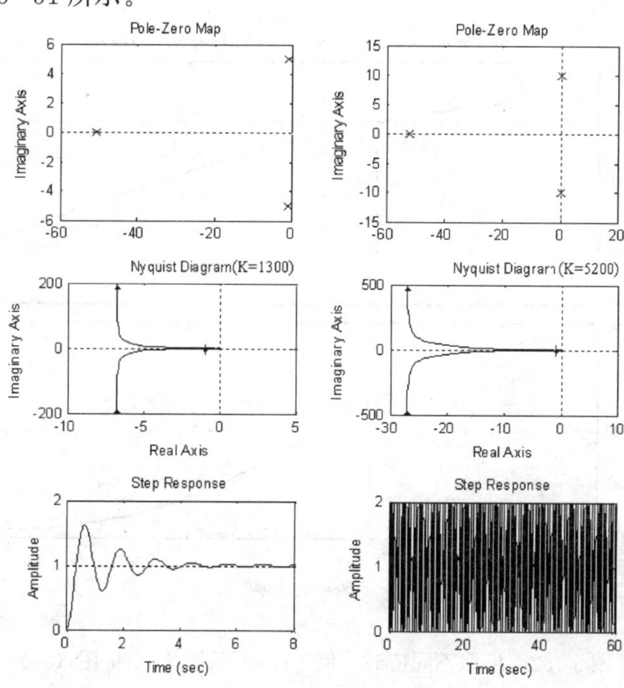

图5-51 [例5-25]系统的奈奎斯特图、阶跃响应图和闭环零、极点图

从图 5-51 可以看出该系统是Ⅰ型系统。当 $K=1300$，系统的闭环极点均位于右半 s 平面，此时是稳定的系统，对应的阶跃响应是衰减振荡；$K=5200$，系统有两个闭环极点且为一对纯虚数根，系统为临界稳定系统，其阶跃响应则表现为等幅振荡。

5.7.3 系统的幅值裕度和相角裕度的求解

【例 5-26】 已知某系统的开环传递函数为：$G(s)=\dfrac{K}{s(s+1)(0.2s+1)}$，求 K 分别为 2 和 20 时的幅值裕度与相角裕度。

解 MATLAB 程序为

```
% Example 5 - 26
num1 = 2;num2 = 20;
den = conv([1 0],conv([1 1],[0.2 1]));
w = logspace( - 1,2,100);
figure(1)
[mag1,pha1] = bode(num1,den,w);
margin(mag1,pha1,w)
figure(2)
[mag2,pha2] = bode(num2,den,w);
margin(mag2,pha2,w)
```

程序运行结果如图 5-52 所示。从图可知，开环放大系数 K 取不同值时系统的幅值裕度和相角裕度发生了明显的变化。$K=2$ 时，系统的幅值裕度 $K_g=9.55\text{dB}$，相角裕度 $\gamma=25.4°$；$K=20$ 时，系统的幅值裕度 $K_g=-10.5\text{dB}$，相角裕度 $\gamma=-23.6°$。由于该系统为开环稳定的Ⅰ型系统，由对数稳定判据可得：$K=2$ 时系统闭环稳定，$K=20$ 时系统闭环不稳定。

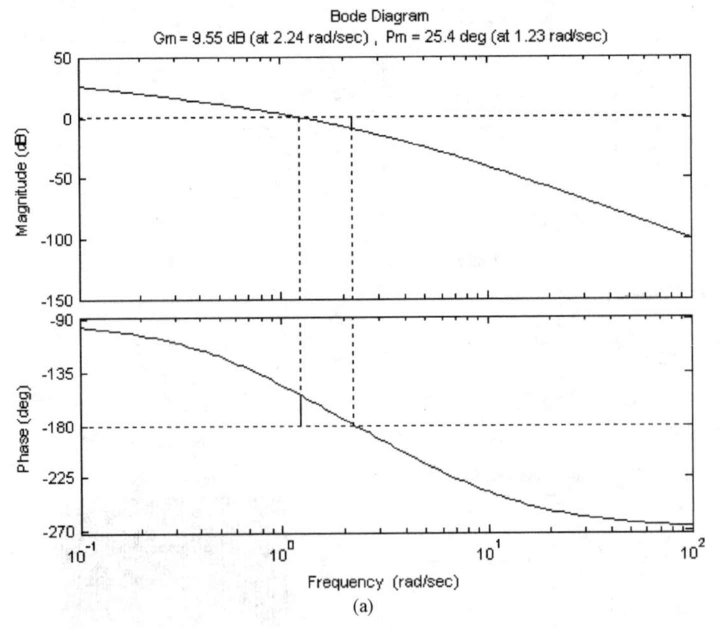

(a)

图 5-52 K 取不同值时［例 5-26］系统的 Bode 图（一）

(a) $K=2$

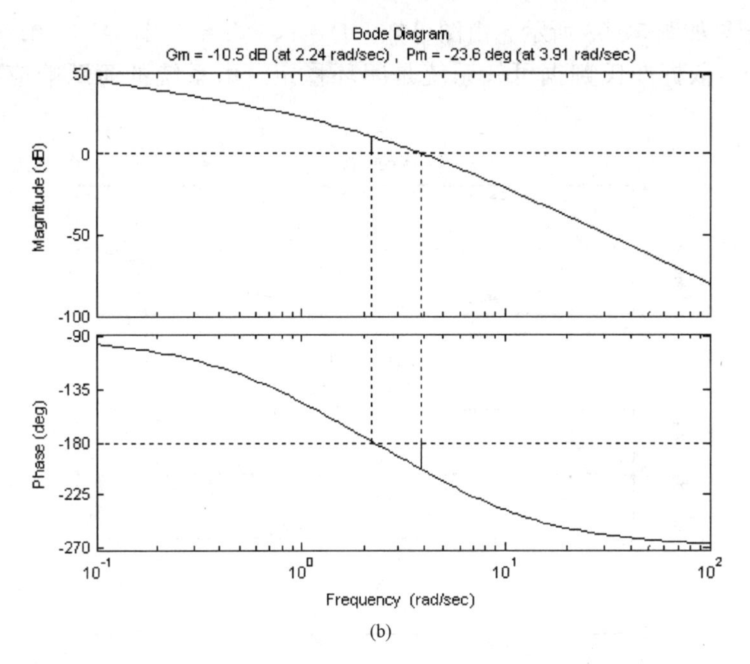

(b)

图 5-52 K 取不同值时［例 5-26］系统的 Bode 图（二）

（b）$K=20$

5.7.4 系统频率特性的分析

【例 5-27】 已知某系统的开环传递函数为 $G(s)=\dfrac{26}{(s+6)(s-1)}$。

（1）绘制系统的奈奎斯特曲线，判断闭环系统的稳定性，求出系统的单位阶跃响应。

（2）给系统增加一个开环极点 $P=2$，求此时的奈奎斯特曲线，判断此时闭环系统的稳定性，并绘制系统的单位阶跃响应曲线。

解 （1）绘制系统的奈奎斯特曲线，判断闭环系统的稳定性，求出系统的单位阶跃响应。

```
%Example 5-27
clear
close all
k=26;
z=[];
p=[-6 1];
[num,den]=zp2tf(z,p,k);
figure(1)
subplot(311)
nyquist(num,den)
subplot(312)
pzmap(p,z)
[numc,denc]=cloop(num,den);
subplot(313)
step(numc,denc)
```

程序运行结果如图 5-53 所示。由图可知，$P=1$，$N_+=1/2$，$N_-=0$，所以 $Z=P-2(N_+-N_-)=0$，依据奈氏判据可知系统是闭环稳定。由系统的阶跃响应曲线验证了此结论。

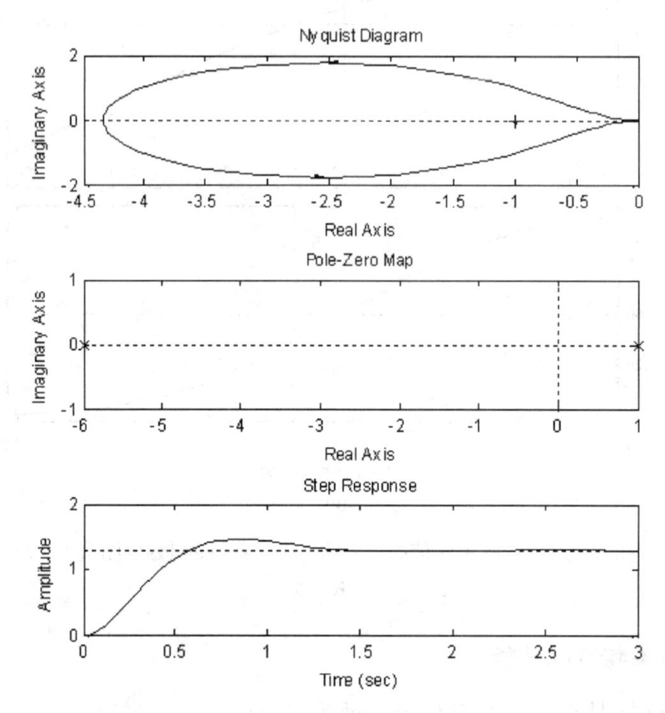

图 5-53 ［例 5-27］系统的奈奎斯特图、开环零极点图和单位阶跃响应

（2）给系统增加一个开环极点 $P=2$，求此时的奈奎斯特曲线，判断此时闭环系统的稳定性，并绘制系统的单位阶跃响应曲线。

```
%Example 5-27
clear
close
k=26;
z=[];
p=[-6 1 2];
[num,den]=zp2tf(z,p,k);
figure(1)
subplot(311)
nyquist(num,den)
title('nyquist diagrams')
subplot(312)
pzmap(p,z)
[numc,denc]=cloop(num,den);
subplot(313)
step(numc,denc)
title('step response')
```

程序运行结果如图5-54所示。由图可知，$P=1$，$N_+=0$，$N_-=0$，所以$Z=P-2(N_+-N_-)=1$，表明有一个闭环极点位于右半s平面，因此系统是闭环不稳定。其阶跃响应曲线也验证了此结论。因此在添加一个开环极点后使得系统闭环不稳定。

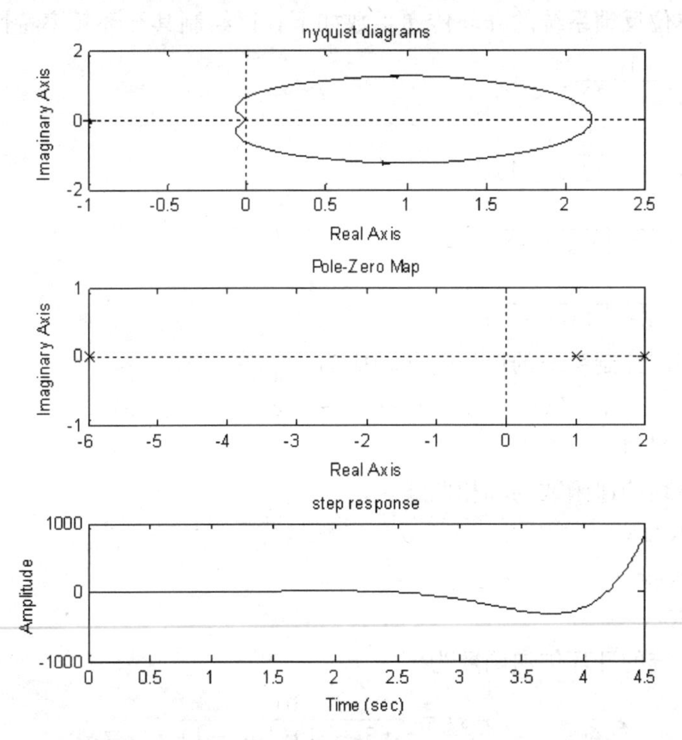

图5-54　系统添加开环极点后的奈奎斯特图、开环零极点图和单位阶跃响应

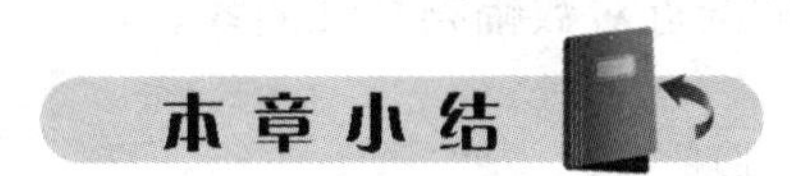

本章小结

频率分析法是一种常用的图解分析法，是依据开环系统的频率特性来判断闭环系统的性能，且能够方便地分析系统参量对时域响应的影响，指出改善系统性能的措施。频率特性图形因其采用的坐标不同而分为幅相特性（Nyquist图）、对数频率特性（Bode图）和对数幅相特性（Nicols图）等形式。各种图形相互联系且有各自特定的应用场合。开环幅相特性从理论分析的角度可方便地判断闭环系统的稳定性；从Bode图上很容易分析出参数变化对系统性能的影响，工程中常采用此方法；对数幅相特性图上则可以直接获取闭环频率指标。

奈奎斯特稳定判据是频率法的理论基础，它不仅能判断闭环系统的稳定性，还可方便地衡量出系统的相对稳定性。伯德图是控制系统工程设计的重要工具，开环对数幅频特性的低频段表征了系统的稳态性能；其中频段体现了系统的动态性能；其高频段则反映了系统的抗干扰能力。闭环频率特性的谐振峰值M_r、谐振频率ω_r和带宽频率ω_b和时域指标$\sigma\%$、t_s之间有密切的关系，利用闭环频率特性的上述特征量可以粗略估算出系统的时域性能指标值，且估算的时域指标值基本满足工程设计的需求。

5-1 已知单位反馈系统的开环传递函数如下，试绘制其开环频率特性的极坐标图。

(1) $G(s)=\dfrac{1}{s(5s+1)}$；

(2) $G(s)=\dfrac{1}{s(5s+1)(s+1)}$；

(3) $G(s)=\dfrac{1}{(5s+1)(s+1)}$；

(4) $G(s)=\dfrac{1}{s^2(5s+1)(s+1)}$。

5-2 已知某一控制系统的单位阶跃响应为

$$h(t)=1-1.8e^{-4t}+0.8e^{-9t}\quad(t\geqslant 0)$$

试求系统频率特性。

5-3 绘制下列传递函数的幅相曲线：

(1) $G(s)=K/s$；

(2) $G(s)=K/s^2$；

(3) $G(s)=K/s^3$。

5-4 已知系统的开环传递函数为

$$G(s)=\frac{10}{s(5s+1)(10s+1)}$$

试绘制其 Bode 图、奈氏曲线，并得出系统频率响应的性能指标。

5-5 绘制下列传递函数的渐近对数幅频特性曲线。

(1) $G(s)=\dfrac{2}{(2s+1)(8s+1)}$；

(2) $G(s)=\dfrac{200}{s^2(s+1)(10s+1)}$；

(3) $G(s)=\dfrac{20(3s+1)}{s^2(6s+1)(s^2+4s+25)(10s+1)}$。

5-6 已知系统开环传递函数

$$G(s)=\frac{10(s^2-2s+5)}{(s+2)(s-0.5)}$$

试概略绘制幅相特性曲线，并根据奈氏判据判定闭环系统的稳定性。

5-7 已知某系统的开环传递函数，其中各时间常数满足 T_1、T_2、$T_3>T_0>T_4$，试概略绘制系统的 Nyquist 图和 Bode 图。

$$G_0(s)=\frac{k(T_0\mathrm{j}\omega+1)}{(T_1\mathrm{j}\omega+1)(T_2\mathrm{j}\omega+1)(T_3\mathrm{j}\omega+1)(T_4\mathrm{j}\omega+1)}$$

5-8 请根据图 5-55 所示的开环对数幅频特性图确定系统的开环传递函数。

5-9 已知最小相位开环系统的渐进对数幅频特性曲线如图 5-56 所示，试完成：

(1) 求取系统的开环传递函数；

(2) 利用稳定裕度判断系统稳定性。

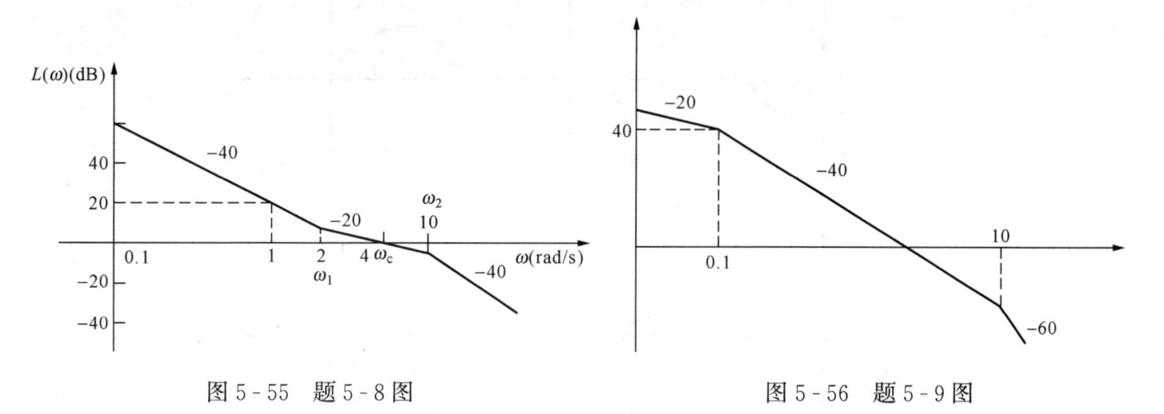

图 5-55 题 5-8 图　　图 5-56 题 5-9 图

5-10 某系统的结构图和 Nyquist 图如图 5-57 所示，图中

$$G(s)=\frac{1}{s(s+1)^2}\quad H(s)=\frac{s^3}{(s+1)^2}$$

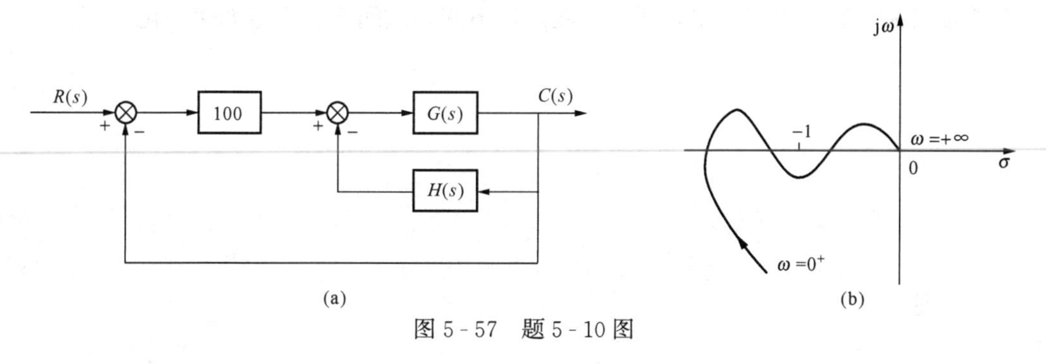

图 5-57 题 5-10 图

试判断奈氏判据判别闭环系统稳定性，并决定闭环特征方程正实部根的个数。

5-11 设系统开环频率特性曲线如图 5-58 所示，试用奈氏判据判别对应闭环系统的稳定性。已知对应开环传递函数分别为

(1) $G(s)=\dfrac{K}{(T_1s+1)(T_2s+1)(T_3s+1)}$；

(2) $G(s)=\dfrac{K}{s(T_1s+1)(T_2s+1)}$；

(3) $G(s)=\dfrac{K}{s^2(T_1s+1)}$；

(4) $G(s)=\dfrac{K(T_1s+1)(T_2s+1)}{s^3}$；

(5) $G(s)=\dfrac{K(T_5s+1)(T_6s+1)}{s(T_1s+1)(T_2s+1)(T_3s+1)(T_4s+1)}$；

(6) $G(s)=\dfrac{K}{T_1s-1}$， $K>1$ 。

5-12 已知单位反馈系统的开环传递函数

$$G(s)=\frac{K}{s(Ts+1)}$$

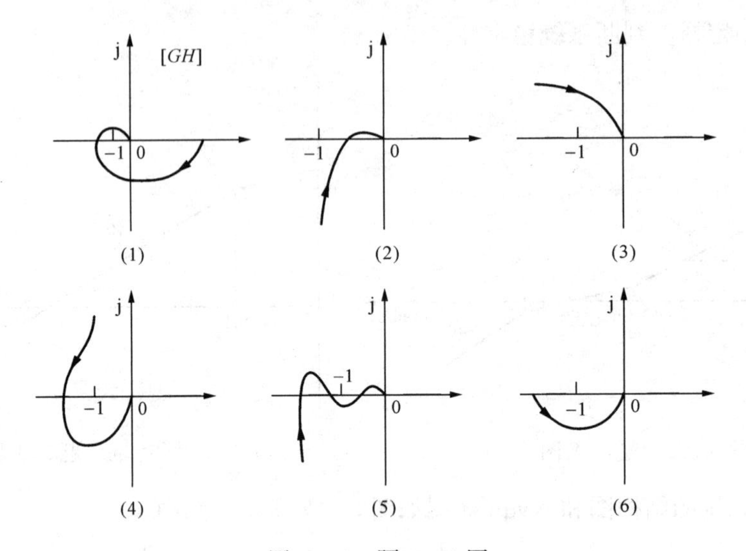

图 5-58　题 5-11 图

若要求将截止频率提高 a 倍，相角裕度保持不变，试问 K、T 应如何变化？

第 6 章　自动控制系统的校正

对于一个控制系统，人们总期望它能达到一定的性能指标。如果系统达不到期望的性能指标，就需要对其进行校正。所谓控制系统的校正，就是指在系统的基本部分（通常指对象、执行机构、测量元件等主要部件）已确定的条件下，设计校正装置的传递函数或调整系统放大倍数，使系统性能得到改善，从而满足给定的各项指标要求。本章将主要介绍目前工程实践中常用的三种校正方法，即串联校正、反馈校正和复合方法。

6.1　控制系统校正的基本概念

由于校正设计问题以达到系统的动态性能指标为目的，因此先对系统分析中所引入的性能指标进行归纳；其次对校正方式与设计方法作简单介绍。

6.1.1　性能指标

性能指标是由系统分析提出来的，分析方法不同，性能指标也不一样，有时域指标、复频域指标、频域指标等。不同指标之间有一定的对应关系或者可以相互换算。性能指标为校正的效果提出了衡量标准。

1. 稳态性能指标

稳态性能指标表征被控对象要达到的控制精度，可以由 K_p、K_v、K_a 等稳态误差系数给出，也可由相应的稳态误差给出。

2. 动态性能指标

(1) 时域指标：时域指标包括调节时间 t_s，上升时间 t_r，峰值时间 t_p，延迟时间 t_d 和超调量 $\sigma\%$等。

(2) 复频域指标：复频域指标是指二阶闭环主导极点的阻尼比 ξ，无阻尼自然振荡角频率 ω_n，阻尼振荡角频率 ω_d等指标。

(3) 频域指标：频域指标分为开环频域指标和闭环频域指标。开环频域指标有相位裕度 γ，幅值裕度 K_g 和截止频率 ω_c 等；闭环频域指标有谐振峰值 M_r，谐振频率 ω_r 和带宽频率 ω_b 等。

上述这些性能指标之间有一定的换算关系，但有时很复杂。在实际应用中，常常把高阶系统看作一、二阶系统进行粗略的换算，虽然这样做有时会带来较大的误差，但却大大简化了换算与理论设计过程；另外由于理论设计的结果最终还要经过检验和试验调整，这样也可以弥补因为换算粗糙带来的影响。动态性能各个指标之间对系统的参数与结构的要求往往存在着矛盾，这就造成设计与调试工作的困难。例如，稳态误差与稳定性、振荡性对系统开环增益、积分环节数目的要求；系统快速性与振荡性对放大系数的要求；系统的快速性与抑制噪声的能力对频带宽度的要求等。正确的认识这些矛盾，才能比较深入地理解引入各种校正的思路。性能指标通常是由控制系统的使用单位或是被控对象的设计制造单位提出的。一个具体系统对指标的要求应有所侧重，例如，调速系统对平稳性和稳态精度要求严格；而随动系统则对快速性期望很高。由于性能指标在一定程度上决定了系统的工艺要求、可靠性和成本，因此性能指标的提出要有依据，不能脱离实际的可能。一般来说，要求响应快，必然使运动部件具有较高的速度和加速度，则将承受过大的离心负载和惯性负载，如果超过强度极限就会遭到破坏。再者，能源的功率也是有限制的，超出可能也无法实现。系统除一般性指标外，具体系统往往还有一些特殊的要求，如低速平稳性、对变负载的适应性等。这应在设计中给予针对性的考虑。

6.1.2 校正方式

在系统基本部分已确定的条件下，为了保证系统满足动态性能指标，往往需要在系统中加上一些具有一定动力学性质的附加装置，这些附加装置通常是简单的电网络或机械网络，将此类装置统称为校正元件或校正装置。由于校正装置加入系统的方式和所起的作用不同，又可分为串联校正、反馈校正、前置校正和干扰补偿等四种，后两种也称为前馈或顺馈校正。串联校正和反馈校正，是在系统主反馈回路之内采用的校正方式，如图 6 - 1（a）、（b）所示。前置校正是在系统主反馈回路之外采用的校正，它一般又分为对控制输入的前置校正和对干扰的补偿校正，如图 6 - 1（c）、（d）所示。

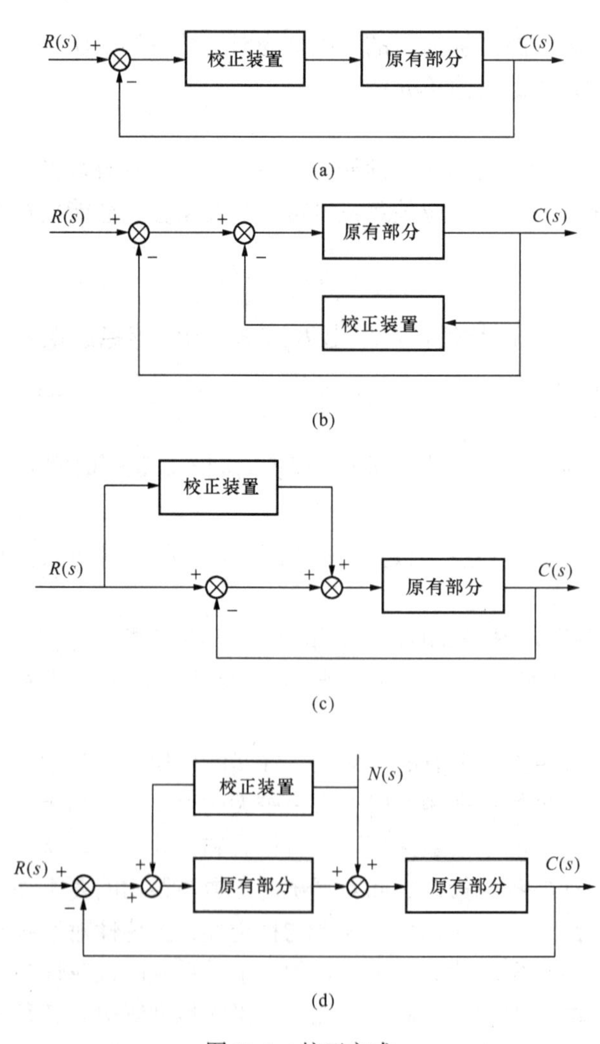

图 6 - 1 校正方式

（a）串联校正；（b）反馈校正；（c）前置校正；（d）干扰补偿校正

对系统的校正可以采取上述四种方式中的任一种，也可以指系统中综合采取多种方式。例如，飞行模拟转台的框架随动系统，它对快速性、平稳性及精度都要求很高，为了达到这一要求，通常采用串联校正、反馈校正以及对控制作用的前置校正。图 6 - 2 所示为某转台框架随动系统的结构组成原理图。图中测速机起反馈校正作用，滞后网络起串联校正作用，在进行飞行模拟实验时，可由计算机排出的飞机方程中引出 $u_{\dot{\theta}}$ 和 $u_{\ddot{\theta}}$ 的信号，它们是与飞机姿态角速度和角加速度成比例的信号，将 $u_{\dot{\theta}}$ 与 $u_{\ddot{\theta}}$ 经过衰减器和与角度成比例的信号 u_{θ} 一起组成一个二阶微分网络，这个网络就是图 6 - 2 中的前置校正部分。

6.1.3 校正设计的方法

用以进行系统校正设计的方法大体上可分成三类：

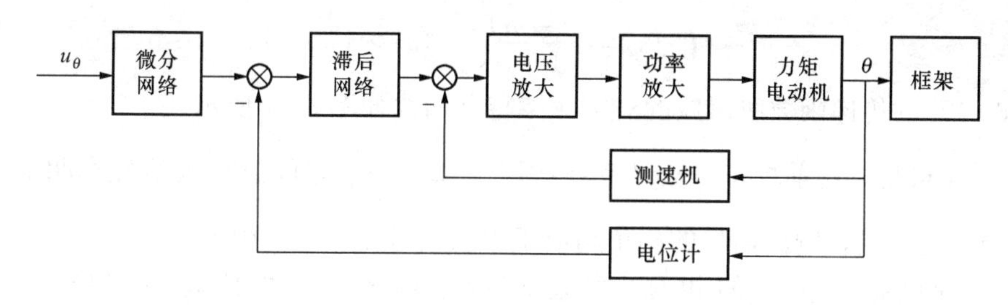

图6-2　转台框架随动系统

1. 频率法

频率法主要应用开环Bode图。它的基本做法是利用适当的校正装置的Bode图，配合开环增益的调整，来修改原有开环系统的Bode图，使得开环系统经校正与增益调整后的Bode图符合性能指标的要求。

2. 根轨迹法

在系统中加入校正装置，即加入了新的开环零、极点，这些新的零、极点将使校正后的闭环根轨迹，也就是闭环极点，向有利于改善系统性能的方向改变，这样可以做到使闭环零、极点重新布置，从而满足闭环系统的性能要求。

3. 等效结构与等效传递函数方法

由于前几章中已经比较详细地研究了单位负反馈系统和典型一、二阶系统的性能指标，这种方法充分运用这些结果，将给定结构等效为已知的典型结构进行对比分析，这样往往使问题变得简单。

显然，上述几种方法都是建立在系统性能定性分析与定量估算的基础上，而近似分析与估算的基础又是一、二阶系统，因此前几章的概念与分析方法是进行校正设计的必要基础。

最后应当强调指出，校正设计的一个特点就是设计是非唯一的，即只要能达到给定性能指标，所采取校正方式和校正装置的具体形式可以不止一种，具有较大的灵活性，这也给设计工作带来了困难。在设计过程中，通常是运用基本概念，在粗略估计的基础上，经过若干次试验来达到要求的性能指标。因此，理论的方向性指导固然重要，而实践经验的积累更加起决定性作用。当然在设计过程中借助于仿真手段会带来许多方便。

6.2　频域法串联校正

图6-3所示为加入串联校正的系统结构图。

图6-3中，$G_c(s)$表示了串联校正装置的传递函数，$G(s)$表示系统不变部分的传递函数。在工程实践中常用的串联校正有超前校正、滞后校正和滞后—超前校正。下面分别介绍这三种校正作用的数学模型、动态性质和它们在系统中所起的校正作用。

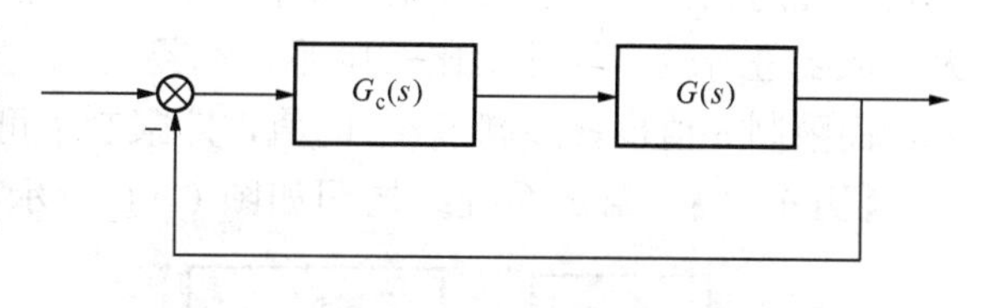

图6-3　加入串联校正的系统结构图

6.2.1　相位超前校正

相位超前校正装置的传递函数为

$$G_c(s) = \frac{1 + aTs}{1 + Ts} \quad (\alpha > 1) \tag{6-1}$$

式（6-1）的传递函数所对应的对数频率特性曲线如图 6-4 所示。

由图 6-4 可见，超前校正对数频率在频段 $\left(\frac{1}{\alpha T}, \frac{1}{T}\right)$ 之间的输入信号有明显的微分作用，在该频率范围内，输出信号的相角超前于输入信号的相角。由此可知，式（6-1）校正装置的主要特点是提供正的相移，故称相位超前校正。相位超前主要发生在频段 $\left(\frac{1}{\alpha T}, \frac{1}{T}\right)$，而且超前角的最大值为

$$\varphi_m = \arcsin \frac{\alpha - 1}{\alpha + 1} \tag{6-2}$$

这一最大值发生在对数频率特性曲线的几何中心处，对应的角频率为

$$\omega_m = \frac{1}{\sqrt{\alpha} T} \tag{6-3}$$

式（6-2）和式（6-3）可以通过对 $\angle G_c(j\omega)$ 求极值得出。

通常，式（6-1）的传递函数可以通过图 6-5 所示的无源网络来实现。利用复数阻抗的方法，不难求出图 6-5 所示网络的传递函数为

$$G_c(s) = \frac{U_c(s)}{U_r(s)} = \frac{1 + \alpha Ts}{\alpha(1 + Ts)}$$

其中：$\alpha = \frac{R_1 + R_2}{R_2} > 1$，$T = \frac{R_1 R_2 C}{R_1 + R_2}$。

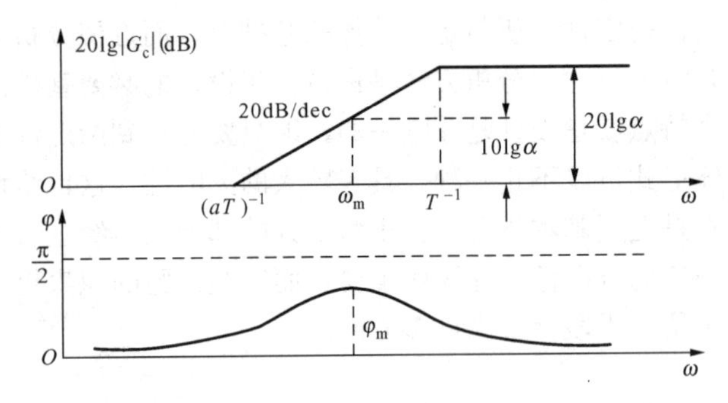

图 6-4　相位超前校正网络的对数频率特性曲线

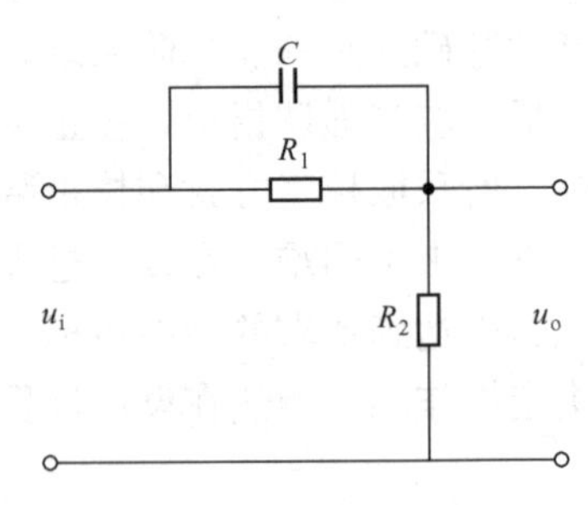

图 6-5　无源微分网络

由于 $\alpha > 1$，故系统串联入这一网络将会使系统的开环放大系数下降，但这很容易通过提高系统的其他环节的放大系数来补偿。由于在工程实践中，当系统部件已初步确定时，放大系数要进行较多的补偿比较困难，如易于引起饱和。因此就限制了 α 的值，不可取得太大，而限制 α 值也就限制了 φ_m 的值，即限制了可能提供的最大正相角。

【例 6-1】 给定系统结构图如图 6-6 所示，要求设计 $G_c(s)$ 和调整 K，使得系统在 $r(t)=t$ 作用下的稳态误差 $e_{ssr} \leqslant 0.01$，且相稳定裕度 $\gamma \geqslant 45°$，截止频率 $\omega_c \geqslant 40$。

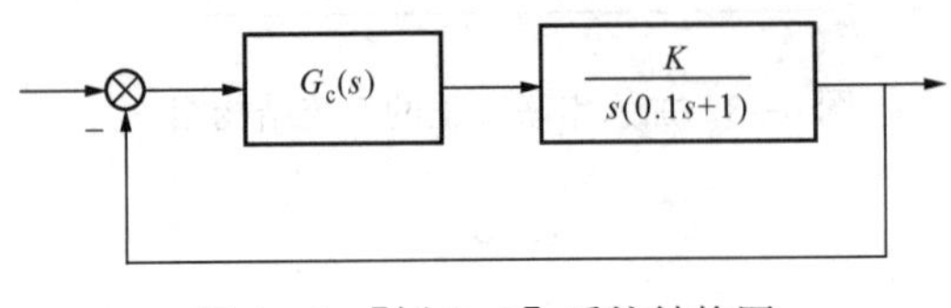

图 6-6 ［例 6-1］系统结构图

解 $G_c(s)$ 的设计和 K 的调整步骤如下：

（1）根据稳态误差的要求调整 K。未加校正时，系统在 $r(t)=t$ 作用下的稳态误

差，可由终值定理求出。

$$e_{rss}=\frac{1}{K}$$

因此，若 $e_{rss}\leqslant 0.01$，就要求 $K\geqslant 100$。现取定 $K=100$。

(2) 根据取定的值 K，做出未校正系统的开环渐近对数幅频特性和相频特性曲线。它们如图 6-7 中曲线 L_1、φ_1 所示，直接由图中可知 $\omega_c=31$，γ 也可由下式算出。

$$\gamma=180°+(-90°-\arctan 3.1)=17.9°$$

由此可知，无论 ω_c 与 γ 均不能满足要求。

(3) 选取校正环节。由于满足稳态要求时，ω_c 与 γ 均比期望的值要小，因此要求加入 $G_c(s)$ 后能使校正后的系统的截止频率和相稳定裕度同时增大，为此选取式 (6-1) 的相位超前校正。

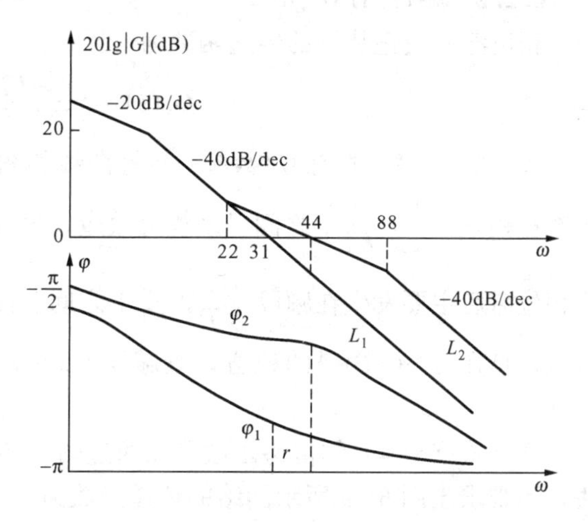

图 6-7 ［例 6-1］系统的串联超前校正后的 Bode 图

(4) 校正环节 $G_c(s)$ 中参数的确定。式 (6-1) 的传递函数中有参数 a、T 待定。a、T 确定的原则是：最大相位超前角 φ_m 发生在新的截止频率 ω_c' 处，这里 $\omega_c'>40$。因此应有 $\omega_m=\omega_c'>40$。

由于要求 $\omega_c'>40$，故可在 ω 轴上 40 的右边邻近处取一点例如 44rad，作为校正后的截止频率 ω_c'，则有 $\omega_c'=44$。在曲线 L_1 上可知 $\omega=44$ 时幅频特性是 -6dB，为了使得频率为 44rad 时能成为校正后的截止频率，校正环节需在 $\omega=44$rad 处能够提供 6dB 的增益。因而，根据图 6-4 和式 (6-3) 可得

$$10\lg a=6$$

$$\frac{1}{\sqrt{a}T}=44$$

由上两式可求出 $a=4$，$T=0.011\,36$。由式 (6-2) 可得 $G_c(s)$ 和 φ_m 为

$$G_c(s)=\frac{0.045\,44s+1}{0.011\,36s+1},\quad \varphi_m=\arcsin\frac{4-1}{4+1}=37°$$

(5) 检验校正后的结果。加入 $G_c(s)$ 后的开环传递函数为

$$G_c(s)G(s)=\frac{100(0.045\,44s+1)}{s(0.011\,36s+1)(0.1s+1)}$$

它所对应的 Bode 图为图 6-7 中的曲线 L_2、φ_2。由于在 $\omega=44$rad 处，相频特性曲线 φ_1 与 $-180°$线之间的距离比 17.9°小，这一影响是因为截止频率增大而产生的。故需验算实际校正的结果。校正后的相角稳定裕度为

$$\gamma'=180°+(-90°-\arctan 4.4)+37°=128°+37°=49.8°$$

γ'符合要求，当然也可通过直接观察图 6-7 中相频特性曲线 φ_2 来验证之。

在步骤 (4) 中是先取定 $\omega_c'=44$rad，从而由 $\omega_m=\omega_c'$的原则，定出 a、T。另一种选取参数的做法是：先计算相角稳定裕度的差值 $\Delta\varphi_m=45°-17.9°=27°$，根据 $\Delta\varphi_m>27°$，按式 (6-2)

来选取 a，再求出直线 $10\lg a$ 与幅频特性曲线 L_1 交点处的频率作为 ω'_c，由 $\omega_m=\omega'_c$ 确定 T。这样做需在确定 a 时就要保证 γ' 及 ω'_c 同时满足要求，有时难以做到，但在截止频率无要求时，这样做会比较方便，但选取 a 的时候同样要考虑截止频率增大的影响。

6.2.2　相位滞后校正

相位滞后校正装置的传递函数为

$$G_c(s)=\frac{1+bTs}{1+Ts}\quad(b<1) \tag{6-4}$$

式（6-4）所对应的对数频率特性曲线如图 6-8 所示。由图 6-8 可见，滞后校正对数频率在频段 $\left(\frac{1}{T},\frac{1}{bT}\right)$ 之间呈现积分效应，另外它的相频特性总取负值，故称为滞后校正，且相位滞后主要发生在频段 $\left(\frac{1}{T},\frac{1}{bT}\right)$ 之间。滞后校正环节的幅频特性，从 $\omega=T^{-1}$ 处发生衰减，且在 $\omega>(bT)^{-1}$ 的地方，衰减了 $|20\lg b|$ dB，这一性质称滞后校正环节的高频衰减特性。

通常式（6-4）的传递函数可以通过图 6-9 所示的无源网络来实现。利用复数阻抗的方法，不难求出图 6-9 所示网络的传递函数为

$$G_c(s)=\frac{U_c(s)}{U_r(s)}=\frac{1+bTs}{1+Ts}$$

其中，$b=\dfrac{R_2}{R_1+R_2}<1$，$T=(R_1+R_2)C$。

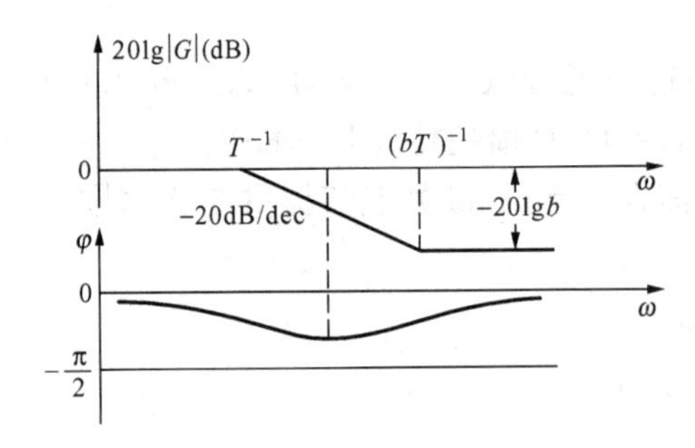

图 6-8　滞后校正网络的对数频率特性曲线

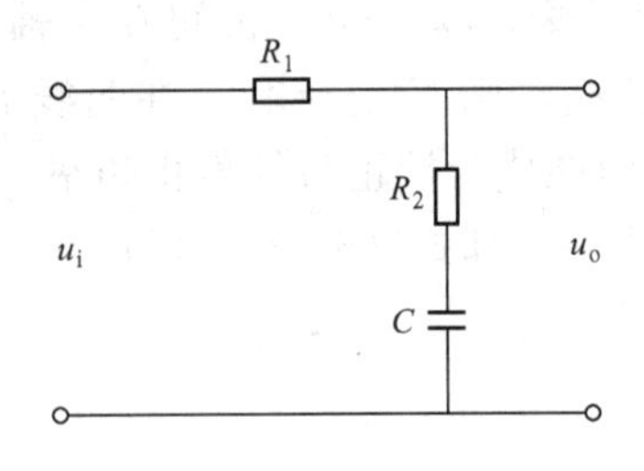

图 6-9　无源积分网络

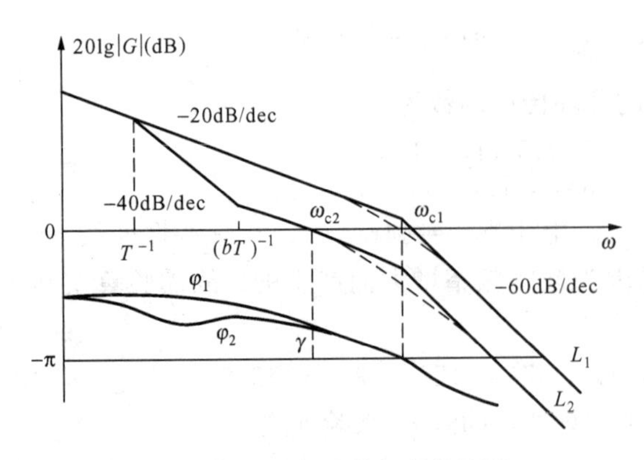

图 6-10　系统对数频率特性图

滞后校正加入系统后所起的作用，可以用［例 6-1］来说明。

设单位负反馈系统原有的开环 Bode 图如图 6-10 中曲线 L_1、φ_1 所示。曲线 L_1 可以看作是根据稳态精度的要求所确定的开环放大系数而绘制的。由图中可见，$20\lg|G(j\omega)|$ 在中频段截止频率 ω_{c1} 附近为 −60dB/dec，故系统动态响应的平稳性很差或不稳定，对照相频曲线可知，系统接近于临界情况。

系统串联滞后校正环节，并将滞后校

正环节的转折频率 T^{-1}、$(bT)^{-1}$设置在远离 ω_{c1} 的地方，这时校正后系统的开环对数频率特性如图 6-10 中曲线 L_2、φ_2 所示。由于校正环节的相位滞后主要发生在低频段，故对中频段的相频特性曲线几乎无影响。因此，校正的作用是利用网络的高频衰减特性，减小系统的截止频率，图中的 ω_{c1} 变为 ω_{c2}，从而使稳定裕度增大，保证了稳定性和振荡性的改善，由此可以认为滞后校正是以牺牲快速性来换取稳定性和改善振荡性的。同时由于校正后系统高频段衰减了 $|20\lg b|$ dB，因而校正后的系统具有较好的抑制高频干扰的能力。

图 6-10 中的曲线 L_1 所对应的开环增益，是根据稳态精度的要求而设计的，故由校正后的曲线 L_2 可知校正后的系统既满足了稳态精度的要求又满足了稳定性、振荡性的要求，较好地解决了这一对矛盾。

但是必须强调指出：如前所述，系统的稳态精度取决于 K、v。滞后校正并没有起到直接提高稳态精度的作用，而是由于校正的加入，使得系统可能在较大的放大系数时，不至于发生振荡性过大或不稳定的现象，稳态精度的提高仍然是通过增大 K 的手段来实现的。

对于［例 6-1］，如果没有截止频率 ω_c 的要求，只是要求 $e_{rss} \leqslant 0.01$ 和 $\gamma \geqslant 45°$，也可以选取式（6-4）的滞后校正，$G_c(s)$ 的设计和 K 的调整步骤如下：

（1）根据稳态误差的要求调整 K。选取 $K=100$。

（2）根据取定的值 K，做出未校正系统的开环渐近对数幅频特性和相频特性曲线。它们如图 6-11 中曲线 L_1、φ_1 所示。

（3）选取校正环节。由于满足稳态要求时，相角裕度 γ 不符合要求，又考虑到希望校正后的系统对高频干扰有较好的抑制能力，因此选取式（6-4）的相位滞后校正。

（4）校正环节 $G_c(s)$ 中参数的确定。式（6-4）的传递函数中有参数 b，T 待定。由于滞后校正参数的选择原则是它的两个转折频率都应当在低频区，因而 $G_c(s)$ 的相位滞后对中频区影响很小。所以可由幅频特性曲线 L_1 和相频特性曲线 φ_1 共同来选择校正后的截止频率 ω_c'。由于相频曲线 φ_1 在 $\omega=8$ 时离 $-180°$线的距离为 51°，故可以初步选定 $\omega_c'=8$。参看图 6-11。

在 $\omega_c'=8$ 处，幅频特性曲线 L_1 的高度为 22dB，要求加入校正后幅频特性为零分贝，根据图 6-8，应有

$$20\lg b + L_1(\omega_c') = 0$$

式中，$L_1(\omega_c')$ 是幅频特性曲线 L_1 在 $\omega=\omega_c'$ 处的值。将 $\omega_c'=22$dB 代入上式，可得 $b=0.08$。

为了使滞后校正部分的相位滞后特性对 $\omega_c'=8$ 处影响不大，校正环节的转折频率 $(bT)^{-1}$ 应设置在远离 ω_c' 低频区，工程上常取在远离 ω_c' 十倍频程的地方，即

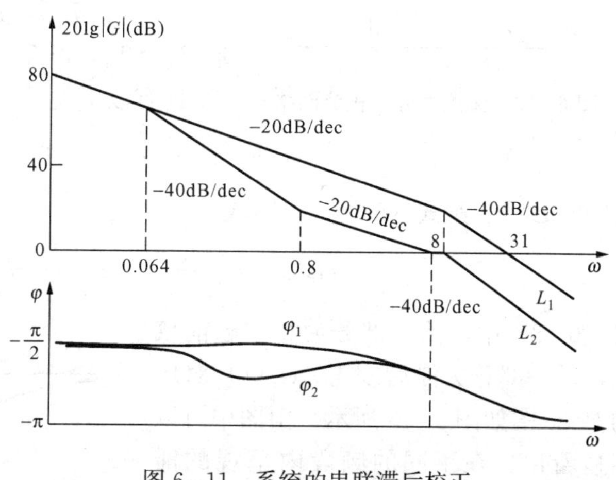

图 6-11　系统的串联滞后校正

$$(bT)^{-1} = 0.1\omega_c'$$

将 b、ω_c'代入上式，可得 $T=15.625$，由此可得校正环节的传递函数为

$$G_c(s)=\frac{1.25s+1}{15.625s+1}$$

（5）检验校正后的结果。加入 $G_c(s)$ 后的开环传递函数为

$$G_c(s)G(s)=\frac{100\times(1.25s+1)}{s(15.625s+1)(0.1s+1)}$$

它所对应的 Bode 图如图 6 - 11 中的曲线 L_2、φ_2 所示。虽然 $G_c(s)$ 在 $\omega_c'=8$ 处产生一定的相位滞后，但在选取 $\omega'_c=8$ 时，已考虑使相角有一定的富余量。校正后的相稳定裕度为

$$\gamma'=180^\circ+(-90^\circ+\arctan10-\arctan0.8-\arctan125)=51.3^\circ-5.2^\circ=46.1^\circ$$

式中，5.2°即是滞后环节在 $\omega_c'=8$ 处产生的负相移。

6.2.3 滞后—超前校正

利用相位超前的校正，可增加频宽提高系统的快速性，并可使稳定裕度加大，以此改善系统的振荡情况。而滞后校正则可解决提高稳态精度与振荡性的矛盾，但会使频带变窄。为了全面提高系统的动态品质，使稳态精度、快速性和振荡性均有所改善，可同时采用超前与滞后的校正，并配合增益的合理调整。鉴于超前校正的转折频率应选在系统中频段，而滞后校正的转折频率应选在系统的低频段，因此滞后—超前串联校正的传递函数的一般形式应为

$$G_c(s)=\frac{(1+bT_1s)(1+aT_2s)}{(1+T_1s)(1+T_2s)} \tag{6-5}$$

式中：$a>1$，$b<1$，且有 $bT_1>aT_2$。

式（6 - 5）的传递函数可用图 6 - 12 的无源网络来实现。

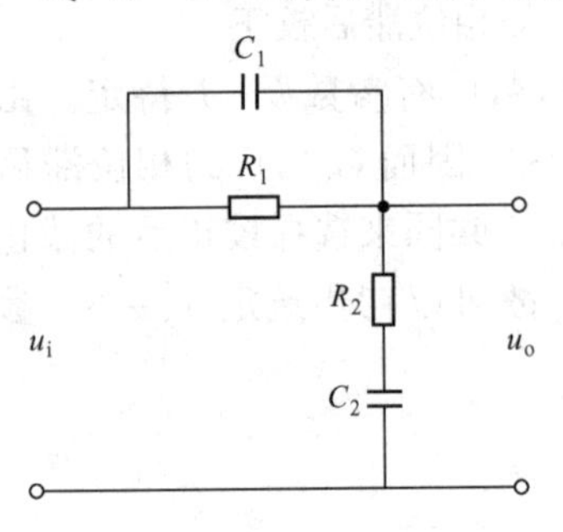

图 6 - 12 无源微分—积分网络

图 6 - 12 所示无源网络的传递函数为

$$G_c(s)=\frac{U_o(s)}{U_i(s)}=\frac{(R_1C_1s+1)(R_2C_2s+1)}{(R_1C_1s+1)(R_2C_2s+1)+R_1C_2s}$$
$$=\frac{(T_as+1)(T_bs+1)}{(T_1s+1)(T_2s+1)} \tag{6-6}$$

式中：$T_a=R_1C_1$，$T_b=R_2C_2$，$T_{ab}=R_1C_2$。并且有

$$T_1T_2=T_aT_b, T_1+T_2=T_a+T_b+T_{ab} \tag{6-7}$$

取 $T_b>T_a$，设 $T_1>T_2$，可以证明满足式（6 - 7）的 T_1、T_2 具有以下关系

$$T_1=aT_b,\quad T_2=\frac{1}{a}T_a$$

式中：$a>1$。则式（6 - 6）可写成

$$G_c(s)=\frac{U_o(s)}{U_i(s)}=\frac{(T_as+1)(T_bs+1)}{(1+a^{-1}T_as)(1+aT_bs)} \tag{6-8}$$

式（6 - 8）中，前一部分为相位超前校正，后一部分为滞后校正。$G_c(s)$ 对应的 Bode 图如图 6 - 13 所示。由图中可以明显看出，在不同的频段内呈现的滞后、超前校正作用。

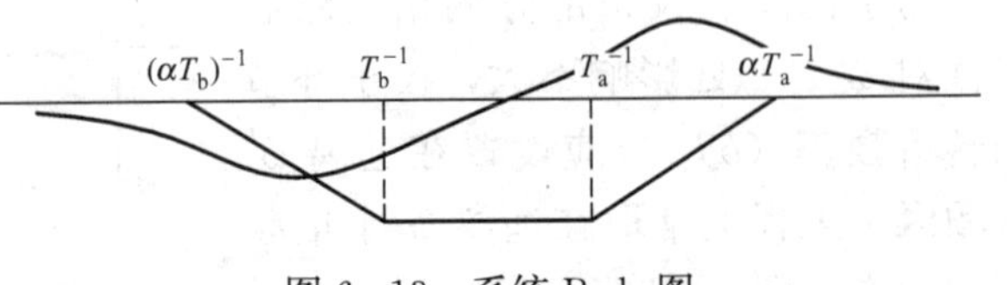

图 6 - 13 系统 Bode 图

6.2.4 PID 校正器

在工业自动化设备中，经常采用由电动或气动单元构成的组合型校正装置，由比例（P）单元 K_P、微分（D）单元 K_ds，及积分（I）单元 $(T_is)^{-1}$ 可组成 PD、PI 及 PID 三种校正器。

1. PD校正器

PD校正器又称比例—微分校正，其传递函数为

$$G_c(s) = K_d s + K_p$$

或

$$G_c(s) = K_p\left(\frac{K_d}{K_p}s + 1\right) = K_p(Ts + 1)$$

其作用等同于式（6-1）的超前校正。

2. PI校正器

PI校正器又称比例—积分校正，其传递函数为

$$G_c(s) = K_p + \frac{1}{T_i s} = \frac{T_i K_p s + 1}{T_i s}$$

其作用等同于式（6-4）的滞后校正。

3. PID校正器

PID校正器又称比例—积分—微分校正，其传递函数为

$$G_c(s) = K_p + K_d s + \frac{1}{T_i s} = \frac{T_i K_d s^2 + T_i K_p s + 1}{T_i s}$$

其作用等同于式（6-5）的滞后—超前校正。

6.3 根轨迹法串联校正

根轨迹设计的基础是闭环零、极点与系统品质之间的关系，闭环系统的品质通常是通过闭环主导极点来反映的。因此在设计开始需要把对闭环性能指标的要求，通过转换关系式，近似地用闭环主导极点在复平面上的位置来表示。校正设计的主要任务是，选择合适的校正装置 $G_c(s)$，使得由 $G_c(s)G(s)$ 所得的闭环根轨迹，在要求的增益下的主导极点与期望的主导极点一致，从而保证闭环系统具有要求的动态性能指标。下面通过例子分别阐明超前校正和滞后校正的情况。

6.3.1 超前校正

【例6-2】 已知系统的结构图如图6-14所示。

图中，$K^* = 2K$。要求设计串联超前校正环节 $G_c(s)$，使得系统阶跃响应满足以下要求：超调量 $\sigma\% < 0.16$，调节时间 $t_s < 2s$。

解 对二阶系统而言，超调量 $\sigma\% < 0.16$，相当于系统的阻尼比 $\zeta > 0.5$，或极点的阻尼角小于60°。做出未加校正时系统的根轨迹图，如图6-15所示。

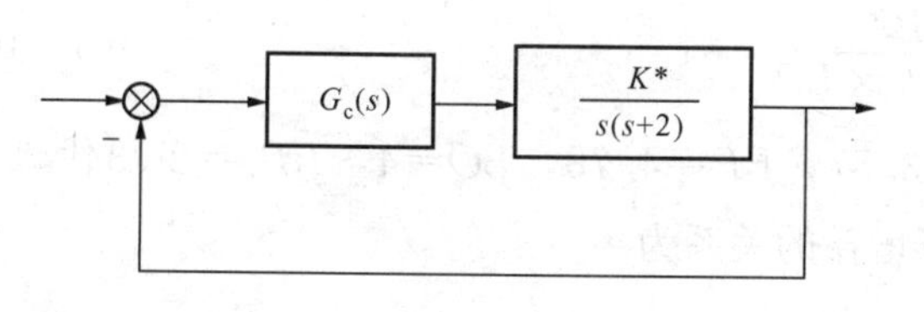

图6-14 ［例6-2］系统结构图

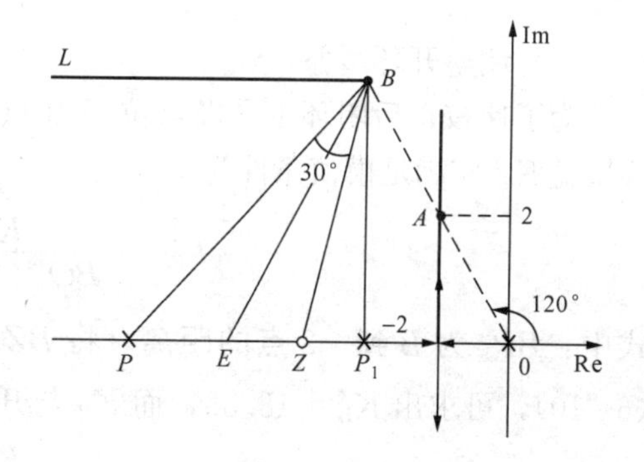

图6-15 ［例6-2］主导极点的选取

从图 6-15 中的原点 O，作 60°的阻尼线，它和未校正时的闭环根轨迹交于 A 点，A 点的位置是$-1+\sqrt{3}j$，由二阶系统时域指标的估算公式可知，这时 $t_s=\frac{3.5}{\zeta\omega_n}=3.5$，不符合题意要求。这说明单纯通过增益 K 的调整，不能同时满足 σ、t_s 的要求。需加入校正环节的零、极点，以改变闭环根轨迹的走向，经过以上分析，原系统主要是快速性达不到要求，故可选取式（6-1）的超前校正装置，做法如下：

（1）选取期望的闭环主导极点：

在保证 ζ 的要求下，在图 6-15 中取点 B，B 点的位置为$-2+2\sqrt{3}j$。验算表明 B 点所对应的 $\omega_n=4$，因而 t_s 可为 1.75s，符合题意要求，故 B 点可作为期望的主导极点（注意 B 点的选择不是唯一的）。

（2）计算主导极点处的相角差额：

如果不加入校正环节，B 点就不会在原来系统的根轨迹上，因为它不满足根轨迹的相角条件。事实上，由原来系统的极点-2、0 向 B 点所引向量与实轴的夹角，分别为 90°和 120°，因此 B 点的相角与奇数倍的 180°相差 30°，这个差角称为 B 点的相角差额。要使 B 点位于校正后的根轨迹上，就要求加入的校正环节的零点与极点能在 B 处补上上述 30°的差额。

（3）选取超前校正的参数 a、T：

系统串联入式（6-1）的超前校正，就增加了系统的开环零点$-(aT)^{-1}$和极点$-T^{-1}$，它们在复平面上的位置分别用字母 Z 和 P 表示。Z、P 的选取必须在 B 点处补上上述 30°的相角差额，即满足

$$\angle BZO-\angle BPO=30^\circ \tag{6-9}$$

满足上式的 Z、P 可以有无穷多种取法。

这里介绍一种使 a 取最小的法则，如图 6-15 所示。由 B 点作平行于实轴的直线 BL，作$\angle OBL$ 的等分角线 BE，在 E 点的两侧取 Z、P，使得$\angle PBE=\angle ZBE=15^\circ$。显然这样选取的 Z、P 可满足式（6-9）的要求，并且可以证明这种取法可以使 $OP/OZ=a$ 最小，即在给出 30°相角差额的所有 a 中，此时 a 取值最小。

根据上述 a 取最小的法则，可求出 $OP=5.3$，$OZ=2.85$，所以 $a=1.86$，$T=0.189$。这样 $G_c(s)$ 为

$$G_c(s)=\frac{1+aTs}{1+Ts}=\frac{1+0.35s}{1+0.189s}$$

（4）调整开环增益：

为了使校正后闭环主导极点位于 B 点，应当适当选取开环增益。校正后 B 点处的根轨迹增益 K_B^* 应满足模值条件为

$$\frac{K_B^*\,BZ}{BO\times BP_1\times BP}=1 \tag{6-10}$$

式中：BP_1 为 B 到-2 点的距离。将 $BZ=3.57$，$BP=4.78$，$BO=4$，$BP_1=2\sqrt{3}$代入式（6-10），可求出 $K_B^*=18.55$，而 K_B^* 与开环增益的关系为

$$K_B^*=\frac{K\times0.35}{0.5\times0.189}=3.7K$$

式中：K_B^* 为校正后的根轨迹增益。为了使得校正后的主导极点位于 B，开环增益 K 应取

$$K = \frac{18.55}{3.7} = 5.02$$

（5）做出校正后闭环系统的根轨迹图。

校正后系统的开环传递函数为

$$G_c(s)G(s) = \frac{5.02 \times (0.35s + 1)}{s(0.5s + 1)(0.189s + 1)}$$

由 $G_c(s)G(s)$ 做出的闭环系统的根轨迹图如图 6 - 16 所示。

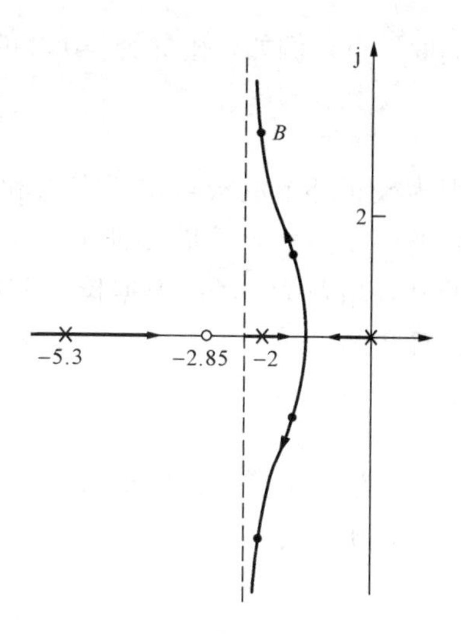

图 6 - 16 ［例 6 - 2］校正后系统的根轨迹

6.3.2 滞后校正

由频率法分析可知，串联滞后校正参数的选取原则，是使它的两个转折频率位于低频区。因此若是从零、极点的角度来看，引入式（6 - 4）的滞后校正，就是使开环增加了一对零、极点，它们是位于 s 平面原点附近的一对偶极子，而且极点比零点更加接近原点。下面用例子说明这对偶极子的选择方法。

【例 6 - 3】 系统结构图如图 6 - 17 所示。要求设计滞后校正 $G_c(s)$ 和调整开环增益，使系统在 $r(t)=t$ 作用下的稳态误差 $e_{ssr}<0.25$，并且阶跃响应的超调量 $\sigma\%<20\%$。

解 做出未加校正时系统的根轨迹，如图 6 - 18 所示。要求超调量小于 20%，可取系统的阻尼比 $\zeta=0.5$。由原点作 60°的阻尼线，与根轨迹交于 B 点，B 点在复平面上的位置为 $-0.75+0.75\sqrt{3}\mathrm{j}$，$B$ 点处的根轨迹增益为

$$K_B^* = BO \times BC \times BD = 14.6$$

故 B 点对应的 K 值为

$$K = \frac{K_B^*}{12} = 1.22$$

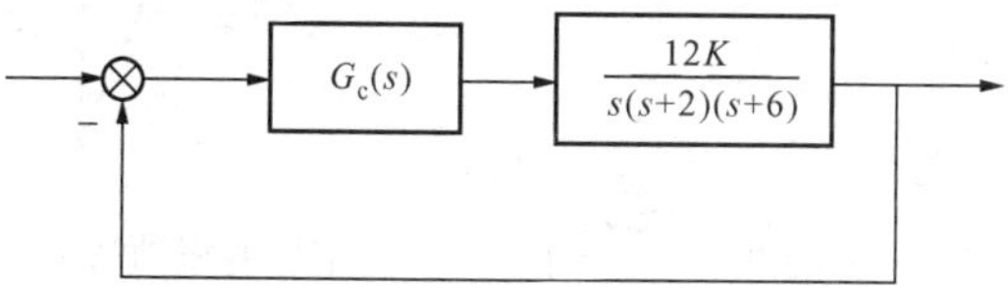

图 6 - 17 ［例 6 - 3］系统结构图

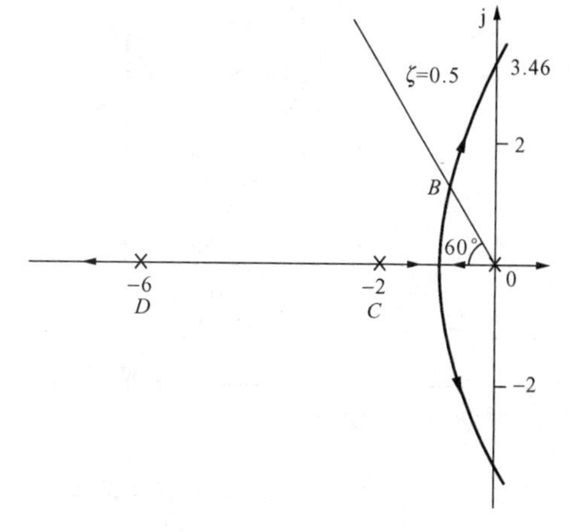

图 6 - 18 ［例 6 - 3］未校正时系统的根轨迹

（1）根据系统稳态要求选取开环增益：

由终值定理可求出等速输入下的稳态误差为 $e_{ssr}=\frac{1}{K}$。因此要满足 $e_{ssr}<0.25$，K 应取大于 4 的值，由 B 点处的增益计算可知，单纯调整开环增益不能同时满足 e_{ssr} 与 σ 的要求。

加入滞后环节的目的在于使校正后的闭环根轨迹通过 B 点，且在 B 点处对应的 K 值大于 4，如 $K=5$。

（2）确定滞后校正环节的参数 b、T：

由 B 点偏离 BO 线段 8°角作一直线，交横坐标轴为 E 点，如图 6 - 19 所示。在 E 点的右

侧取一点，例如，坐标为－0.2的地方作为滞后环节零点的位置，即有

$$\frac{-1}{bT}=-0.2 \tag{6-11}$$

因为校正环节的极点位于零点和原点之间，故加入这一对偶极子后，B点仍近似满足校正后的辐角条件，从而保证了B点近似的在校正后的根轨迹上。为了保证校正后B点对应的开环增益为5，可根据校正前后B点对应的开环增益之比来选取b，并可由式（6-11）计算出

$$b=\frac{1.22}{5}=0.244,\quad T=20.49$$

B点的根轨迹增益在校正前后基本不变，所以开环增益之间的比值为b。这样可得校正环节的传递函数为

$$G_c(s)=\frac{4.998s+1}{20.49s+1}$$

（3）作出校正后的根轨迹图。

校正后系统的开环传递函数为

$$G_c(s)G(s)=\frac{5\times(4.998s+1)}{s(20.49s+1)(0.5s+1)(0.167s+1)}=\frac{14.6\times(s+0.2)}{s(s+2)(s+6)(s+0.0488)}$$

作出校正后的根轨迹图如图6-20所示。

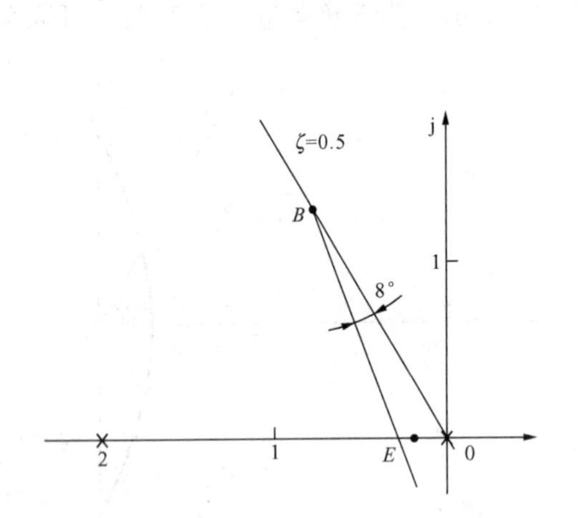

图6-19 ［例6-3］选取滞后校正的零点

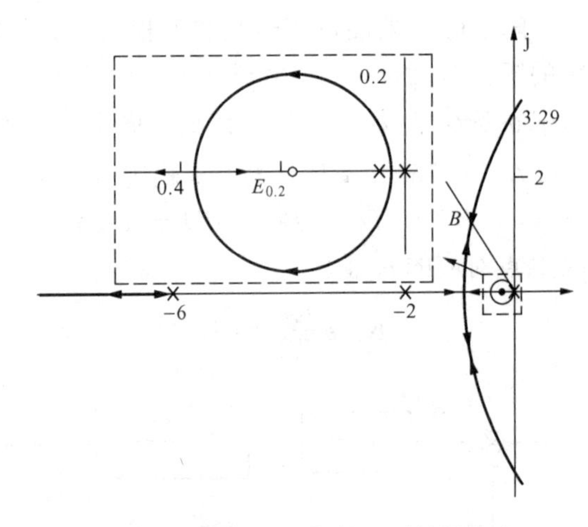

图6-20 ［例6-3］校正后的根轨迹

图中，虚线框出的部分为原点附近的根轨迹形状。由图上可知，当K取5时，闭环有一个极点远离虚轴，有一个极点与零点－0.2构成闭环偶极子，闭环主导极点位于B附近，即有阻尼$\zeta=0.5$左右，满足超调量的要求。

6.4 反 馈 校 正

反馈校正在控制系统中得到了广泛的应用，例如，在角位置随动系统中，输出角的速度信号经常被用来作反馈信号，以改善系统的相对阻尼比。一个加有反馈校正的系统结构图如图6-21所示。

图 6-21 系统结构特点为：系统中一部分传递函数 $G_2(s)$ 被传递函数为 $H(s)$ 的环节所包围，从而形成了局部的反馈结构形式。由于引入这一局部反馈，使得传递函数 $X_c(s)/X(s)$ 由 $G_2(s)$ 变为

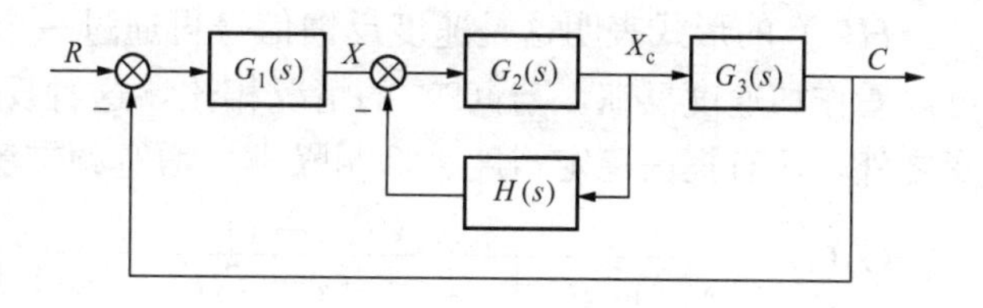

图 6-21　系统中的局部反馈校正

$$G_2'(s) = \frac{G_2(s)}{1+G_2(s)H(s)} \tag{6-12}$$

显然，引进 $H(s)$ 的作用是希望 $G_2'(s)$ 的特性将会使整个闭环系统的品质得到改善。除了这种改变局部结构与参数达到校正的目的之外，在一定条件下，$H(s)$ 的引入还会大大削弱 $G_2(s)$ 的特性与参数变化以及各种干扰给系统带来的不利影响。下面分别给以介绍。

6.4.1　利用反馈改变局部结构和参数

最常见反馈校正环节的传递函数 $H(s)$ 为 K_f、$K_t s$、$K_a s^2$ 等，分别称为位置反馈、速度反馈和加速度反馈。现在介绍几种典型情况。

（1）$G_2(s)=\frac{K}{s}$，$H(s)=K_f$。

这是用位置反馈包围积分环节。根据式（6-12）可得

$$G_2'(s) = \frac{1}{K_f}\times\frac{1}{(Ts+1)},\quad T=\frac{1}{KK_f}$$

由上式可知反馈结构可等效为一个放大环节和一个惯性环节。这一变化将使原系统的相位滞后减少。而增益由 K 变为 $1/K_f$，这一变化可以通过调整其他部分的增益来补偿。

（2）$G_2(s)=\frac{K}{s\ (Ts+1)}$，$H(s)=K_t s$。

这是用速度反馈 $K_t s$ 包围惯性、积分和放大环节。根据式（6-12）可得

$$G_2'(s) = \frac{K_1}{s(T_1 s+1)},\quad T_1=\frac{T}{1+KK_t},\quad K_1=\frac{K}{1+KK_t}$$

这一反馈校正并未改变典型环节的类型。由于保持了积分环节，因而未改变系统的相位，而惯性环节的时间常数由 T 变为 T_1，在 $K_t>0$ 时有 $T_1<T$，时间常数减小了，可以增宽系统的频带，有利于快速性的提高，至于增益由 K 降为 K_1，也可以通过改变 K 或改变其他部分的增益来弥补。

（3）$G_2(s)=\frac{K\omega_n^2}{s^2+2\zeta\omega_n s+\omega_n^2}$，$(\zeta<1)$，$H(s)=K_t s$。

这是用速度反馈 $K_t s$ 包围一个小阻尼的二阶振荡环节和放大环节。根据式（6-12）可得

$$G_2'(s) = \frac{K\omega_n^2}{s^2+2(\zeta+0.5KK_t\omega_n)\omega_n s+\omega_n^2}$$

$G_2'(s)$ 与 $G_2(s)$ 相比较，典型环节的形式不变，但阻尼比显著增大，若 $\zeta+0.5KK_t\omega_n\geqslant 1$，$G_2'(s)$ 就成为二个惯性环节和一个放大环节了。由于加入速度反馈，增加了阻尼，从而有效地减弱了小阻尼环节的不利影响。

（4）$G_2(s)=\frac{K_1}{s(T_1 s+1)}$，$H(s)=K_t s\frac{T_2 s}{T_2 s+1}=\frac{K_t T_2 s^2}{T_2 s+1}$。

$H(s)$ 的形式表明这是速度反馈信号再通过一个微分网络，时间常数 T_2 较小时，$H(s)$ 可以看作加速度反馈。与（2）的情况相比，这种反馈校正除了可以保持增益不变、相位不变之外，还有提高稳定裕度、抑制噪声、增宽频带等特点。根据式（6-12）可得

$$G_2'(s)=\frac{K_1(T_2s+1)}{s[T_1T_2s^2+(T_1+T_2+T_2K_1K_t)s+1]}=\frac{K_1(T_1s+1)(T_2s+1)}{s(T_1s+1)(T's+1)(T''s+1)}$$

其中，$T'+T''=T_1+T_2+K_1K_tT_2$，$T'T''=T_1T_2$

类似对式（6-7）的讨论，可知如有 $T_1>T_2$，则有 $T''>T_1>T_2>T'$，故 $G_2'(s)$ 与 $G_2(s)$ 相比，相当串联了一个相位滞后—超前的校正环节，只要 K_t、T_2 适当就会有上述的特点。这里对 $H(s)$ 作用的分析与设计问题，可相当于相应的串联校正的分析与设计。由于串联校正的分析、设计方法比较规则，特别是用对数频率特性时还是比较方便的。因此通过结构上的等价变换，将反馈校正的设计问题化为一个相应的串联校正的设计问题，无疑是一种可行的途径。

以上几种典型情况的分析，都是在已知 $G_2(s)$ 和 $H(s)$ 的条件下，求出 $G_2'(s)$。再将 $G_2'(s)$ 分离成一些典型环节，比较 $G_2(s)$ 和 $G_2'(s)$ 所含的典型环节及参数差异，从而得到加入局部反馈 $H(s)$ 对整个系统的影响，这是一种具有普遍意义的方法。

6.4.2 利用反馈削弱非线性因素的影响

利用反馈削弱非线性因素的影响，最典型的例子是高增益的运算放大器，当运算放大器开环时，它一般总是处在饱和状态，几乎谈不上什么线性区。然而，当高增益放大器有负反馈时，例如，组成一个比例器，它就有比较宽的线性区，而且比例器的放大系数由反馈电阻与输入电阻的比值决定，与开环增益无关。在控制系统中，上述性质在一定条件下也会呈现出来。因为

$$G'(j\omega)=\frac{G(j\omega)}{1+G(j\omega)H(j\omega)}$$

若满足

$$|G(j\omega)H(j\omega)|=1 \tag{6-13}$$

时 $G'(j\omega)$ 可简化为

$$G'(j\omega)\approx\frac{G(j\omega)}{G(j\omega)H(j\omega)}=\frac{1}{H(j\omega)} \tag{6-14}$$

这表明 $G'(j\omega)$ 主要取决于 $H(j\omega)$，而和 $G(j\omega)$ 无关，若反馈元件的线性度比较好，特性比较稳定，那么反馈结构的线性度也好，特性也比较稳定，正向回路中的非线性因素、元件参数不稳定等不利因素均可得到削弱。式（6-13）的条件有时至少在某个频率范围内是不难满足的。

6.4.3 反馈可提高对模型摄动的不灵敏性

若被系统包围部分 $G(s)$ 有由于模型参数变化或某些不确定因素引起的某种摄动，即 $G(s)$ 摄动后变为 $G^*(s)$。现在研究串联校正与反馈校正时，摄动对 $G(s)$ 输出的影响。如图 6-22 所示，表示了 $G(s)$ 无摄动时，串联校正与反馈校正的结构图。

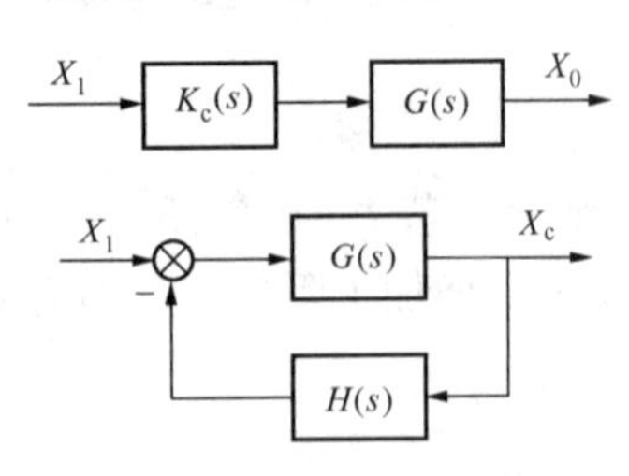

图 6-22 串联校正与反馈校正

当图 6-22 中的 $K_c(s)$ 取为 $(1+GH)^{-1}$ 时，显然可得 $X_c=X_0$，两种校正方式的效果相同，当 $G(s)$ 变为 $G^*(s)$ 时，图 6-22 中的输出 X_0' 和 X_c'，以及由于 $G(s)$ 变化带来的输出误差 E_0 和 E_c 分别为

$$X_0' = G^* K_c(s) X_1,\quad X_c' = \frac{G^*}{1+G^* H} X_1,$$

$$E_c = X_c - X_c' = \left(\frac{G}{1+GH} - \frac{G^*}{1+G^* H}\right) X_1$$

$$E_0 = X_0 - X_0' = \left(\frac{G}{1+GH} - \frac{G^*}{1+GH}\right) X_1$$

因而可得

$$E_c = \frac{1}{1+G^* H} E_0 \tag{6-15}$$

只要 $|1+G^* H| > 1$，就有 $|E_c| < |E_0|$，这说明采取反馈校正比串联校正对模型摄动更为不敏感。一般来说，X_1 是低频的控制信号，在低频区做到 $|1+G^* H| > 1$ 或 $|G^* H| > 1$ 是不困难的。这只需要在低频区使 $|GH|$ 比较大，而 G 的摄动在一定限制范围内即可。

6.4.4　利用反馈抑制干扰

这里讨论反馈对低频干扰的抑制问题。如图 6-23 所示，图中，N 表示系统中的干扰作用，在没有反馈 $H(s)$ 时，干扰引起的输出为 $X_c = N$。

由于引入 $H(s)$，干扰 N 引起的输出变为 $X_c = (1+GH)^{-1} N$，因此只要 $|1+GH| > 1$，干扰的影响就可以得到抑制，这时对 GH 的要求和 6.4.3 中的要求一致。

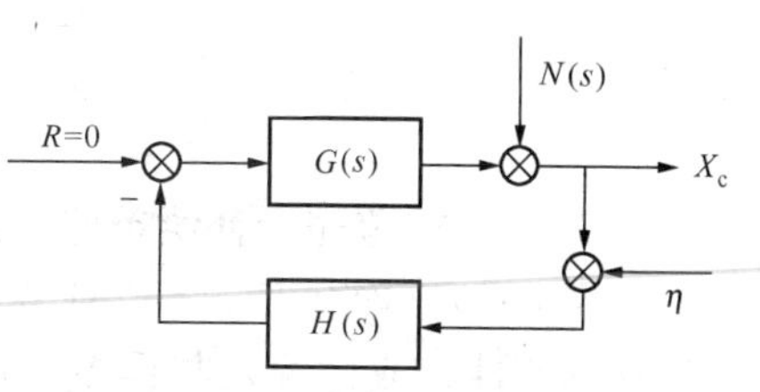

图 6-23　反馈抑制干扰

引入反馈环节 $H(s)$，一般也会附加产生测量噪声 η，如图 6-23 所示，由 η 引起的输出为

$$X_c = \frac{GH}{1+GH} \eta \tag{6-16}$$

从抑制 η 的角度，要求 $|GH| < 1$，但由于 η 是频率较高的信号，故 $|GH| < 1$ 只需在高频区成立即可，这和抑制低频干扰的要求并不发生矛盾。

与串联校正比较起来，反馈校正虽有削弱非线性因素影响、对模型摄动不敏感以及对干扰有抑制作用等特点，但由于引入反馈校正一般需要专门的测量部件。例如，角速度的测量就需要测速电机、角速度陀螺等部件，因此就使系统的成本提高。

6.5　复 合 校 正

在系统的反馈回路中加入前馈通路，组成一个前馈控制与反馈控制相组合的系统，只要参数选择得当，不但可以保持系统稳定，极大地减小乃至消除稳态误差，而且可以抑制几乎所有的可测量扰动，其中包括低频强扰动。这样的系统称之为复合控制系统，相应的控制方式称为复合控制，即复合校正。复合校正是一种开式、闭式相结合的校正方式，在高精度的控制系统中得到了广泛的应用。

复合校正中的前馈装置是按不变性原理进行设计的，可分为控制输入的前置校正和干扰补偿校正两种方式。

6.5.1　控制输入的前置校正

前置校正的信号取自系统的给定值或参考输入 $r(t)$，校正元件位于系统的前端，和反馈

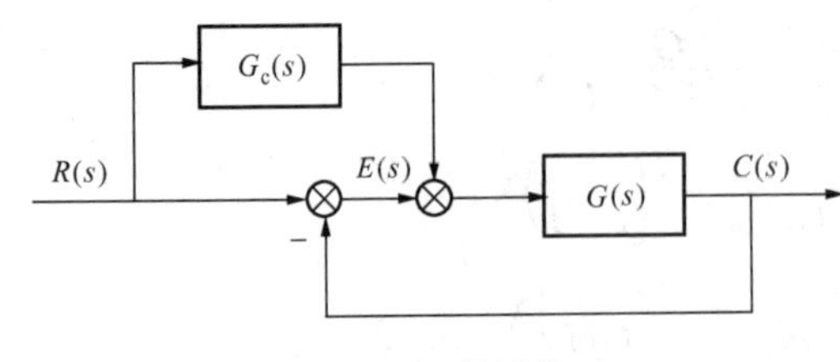

图 6-24　前置校正

回路的前向通道成并联形式，如图 6-24 所示。当然图 6-24 也可理解为 $1+G_c(s)$ 和反馈回路串联。

在系统设计中采用这种附加前置校正，对解决系统稳定性与稳态精度的矛盾、振荡性与快速性的矛盾，有着特殊可取之处。对精度要求高的快速随动系统，经常采用前置校正。

图 6-24 所示的闭环系统的传递函数如下

$$\frac{C(s)}{R(s)}=[1+G_c(s)]\frac{G(s)}{1+G(s)} \tag{6-17}$$

一种理想的情况是希望系统的输出 $C(s)$ 完全复现控制输入 $R(s)$，即误差的拉氏变化为

$$E(s)=R(s)-C(s)=0$$

根据式（6-17）可知，若要 $E(s)=0$，即

$$E(s)=R(s)-C(s)=\frac{1-G(s)G_c(s)}{1+G(s)}R(s)=0 \tag{6-18}$$

则应有

$$G_c(s)=G^{-1}(s) \tag{6-19}$$

式（6-19）称为误差完全补偿条件。当前置校正的传递函数 $G_c(s)$ 满足式（6-19）时，对任意的输入 $R(s)$，均有 $E(s)=0$ 成立，即误差完全与输入无关。这又称为误差相对于输入信号具有不变性，或称输入与误差之间达到了完全解耦，即输入与误差之间完全无耦合关系。所以，从控制理论的角度来看，前置校正控制是不变性原理或解耦控制理论的应用。

从图 6-24 的结构形式来看，输入 R 到误差 E 之间存在着两个正向通道。选取满足式（6-19）的 $G_c(s)$，可以使两个通道的传递函数相同且符号相反，即附加的通道起到完全补偿原有通道的作用。

一般来说，因为 $G(s)$ 的分母多项式的次数总是高于分子多项式的次数，因此精确实现式（6-19）的补偿比较困难，另外因为 $G(s)$ 比较复杂、阶次较高，精确实现式（6-19）会导致附加校正部分过于复杂而难以实现，特别是当 $G(s)$ 中包含有非最小相位环节时，完全补偿还存在着原理的困难，即出现不稳定的零、极点对消现象。因此，在应用中常常是进行近似补偿，以提高系统的无差度和改善系统的快速性。

系统的无差度反映了系统在时间幂函数输入下的复现能力。对单位负反馈系统，无差度可以简单地用传递函数 $G(s)$ 中积分环节的数目 ν 来表示。对于图 6-24 所示的系统，可以用误差传递函数分子多项式包含因子 s 的数目表示。为了简单起见，设

$$G(s)=\frac{N(s)}{D(s)}=\frac{b_m s^m+\cdots+b_1 s+b_0}{s^n+a_{n-1}s^{n-1}+\cdots+a_1 s+a_0}(n\geqslant m)$$

$$G_c(s)=d_2 s^2+d_1 s+d_0$$

根据误差的定义，可以求出误差传递函数为

$$\frac{E(s)}{R(s)}=\frac{s^n+a_{n-1}s^{n-1}+\cdots+a_1 s+a_0-(d_2 s^2+d_1 s+d_0)(b_m s^m+\cdots+b_1 s+b_0)}{s^n+\cdots+(a_m+b_m)s^m+\cdots+(a_0+b_0)} \tag{6-20}$$

写出式（6-20）中分子多项式的常数项以及 s、s^2 项的系数，它们分别是

$$a_0 - d_0 b_0 \tag{6-21}$$

$$a_1 - (d_1 b_0 + d_0 b_1) \tag{6-22}$$

$$a_2 - (b_2 d_0 + b_1 d_1 + b_0 d_2) \tag{6-23}$$

要使式（6-20）的分子多项式有因子 s，显然式（6-21）应为零，同理要使式（6-20）的分子多项式有因子 s^2，除了式（6-21）为零之外，还要求式（6-22）也为零。若要使式（6-20）的分子多项式包含因子 s^3，则要求式（6-21）、式（6-22）、式（6-23）均为零。由于式（6-20）中的分母多项式就是闭合回路的特征多项式，它是稳定多项式，因此利用终值定理容易验证以下结论：

（1）误差传递函数有且只有一个 s 因子时，系统在阶跃输入 $r(t)=1(t)$ 时的稳态误差 $e_{\mathrm{rss}}=0$，在等速输入 $r(t)=t$ 作用下的稳态误差 e_{rss} 为非零常数。

（2）误差传递函数有且只有两个 s 因子时，系统在阶跃输入、等速输入下均无稳态误差，但在等加速输入 $r(t)=t^2$ 作用下，稳态误差为非零常数。

（3）误差传递函数有且仅有三个 s 因子时，系统在阶跃输入、等速输入以及等加速输入下均无稳态误差，但在 $r(t)=t^3$ 的输入作用下，有非零的常值稳态误差。

上述三种情况分别对应于单位负反馈系统 $\nu=1$、2、3 的情况。但这里是通过附加前置校正且适当选取 d_i 来实现的，并未增加回路内部的积分环节数目，在回路中增加积分环节的数目来提高无差度的做法，将会使系统的稳定裕度下降，甚至使系统变为结构不稳定。因此单靠回路内部来解决稳定性与无差度的矛盾，会给回路的校正设计带来困难。采用附加前置校正的办法，实质上是将稳定性和稳态误差的要求分开来考虑，稳定性由原来闭合回路的设计来保证，而稳态精度的提高依靠合适地选取前置校正来实现。

【例 6-4】 系统结构如图 6-25 所示，图中 $0.855^{-1}s$ 是附加的前置校正。分析比较系统加附加前置校正前后的性能。

解 系统在等速输入 $r(t)=t$ 作用下无稳态误差，相当于无差度 $\nu=2$ 的情况，而系统的闭合回路内仍只有一个积分环节。

可以将图 6-25 的结构图化为图 6-26 的等效单位负反馈的典型形式，由 $C(s)$ 对 $R(s)$ 的传递函数不变的等效原则，应有

$$\frac{C(s)}{R(s)} = \frac{[1+G_c(s)]G(s)}{1+G(s)} = \frac{G_0(s)}{1+G_0(s)} \tag{6-24}$$

由式（6-24）可解出等效单位负反馈系统的开环传递函数为

$$G_0(s) = \frac{5.7(1.17s+1)}{s^2(0.033s+1)}$$

$G_0(s)$ 具有两个积分环节，图 6-26 的系统具有无差度 $\nu=2$。

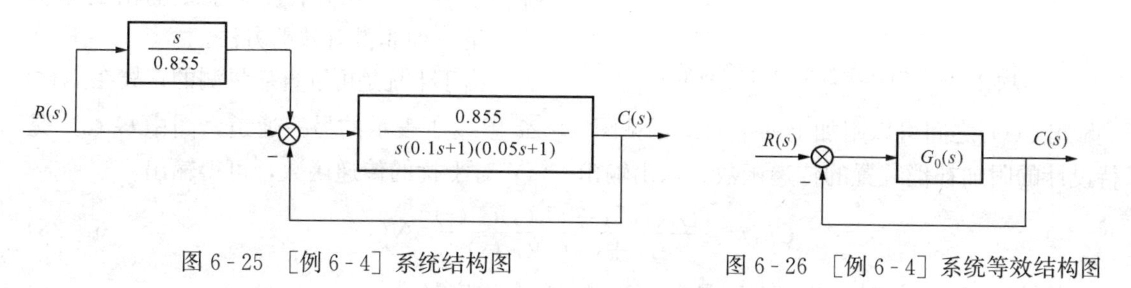

图 6-25 ［例 6-4］系统结构图　　图 6-26 ［例 6-4］系统等效结构图

$G_c(s)=0.855^{-1}s$ 的前置校正不仅提高了系统的无差度，而且也使快速性提高。当系统未加前置校正时，闭环的三个极点分别位于 s 平面的 -1，-8.26 和 -20.75 的位置，加入 $G_c(s)=0.855^{-1}s$，相当于闭环增加了一个 $z=-0.855$ 的零点，这一零点与 -1 的极点可以看成闭环的一对偶极子，它们对系统阶跃响应的影响可以忽略，这样就使得系统的闭环的主导极点变为 -8.26，系统的快速性大大提高。快速性提高也可以通过频率的指标来说明，若是做出 $G_0(s)$ 和 $G(s)$ 的对数频率特性曲线，就可以通过 ω_c 的比较来说明，或是通过比较加附加校正前后的闭环频宽 ω_b 说明。

附加校正装置并没有改变系统原有闭环回路的极点位置的能力，它不能改变系统的稳定性，即不能使一个不稳定的系统变成稳定的系统，因为闭环设计中不稳定极点与零点的对消是不允许的。因此，在图 6-24 中闭环回路的设计首先应当保证系统稳定性。通常为了便于前置校正的设计与调整，往往希望闭环回路的极点位于负实轴上，即回路具有较大的稳定裕度，而整个系统的快速性主要是通过附加前置校正来保证。这一做法也可以理解为将系统快速性及振荡性的要求，由前置校正及回路分别负担，从而使回路的设计简单，而整个系统的性能又可得到保证。

由于前置校正部分一般是线性校正，即校正部分的数学模型是 s 的有理函数或简单的多项式。如果回路部分的线性度很差，那就限制了前置校正改善系统性能的能力，为了充分发挥前置校正的优势，要求回路应调整得有较好的线性度。这一要求可以在回路内采取一些局部的反馈校正来达到。

图 6-2 所示的转台框架随动系统中，采取了测速机作为反馈校正，它的作用除了改善系统的性能、使被包围部分特性比较稳定之外，还有减弱被包围部分非线性因素影响的作用，而串联滞后校正则保证了系统有较大的稳定裕度，前置校正部分进一步改善了系统的快速性和提高了系统的无差度。

6.5.2 干扰补偿校正

对干扰的补偿控制也是一种前置校正方式。引入干扰前置补偿的系统结构图如图 6-27 所示。图中，N 是可量测的干扰。如果 $N(s)$ 是高频噪声，它们可以通过限制系统的频带给以抑制，但系统频宽受限将会使系统对控制输入的快速复现受到时间限制。如果 $N(s)$ 是时间的幂函数，根据第 3 章的知识可知，可以通过增加 $G_1(s)$ 部分的积分环节数目或提高 $G_1(s)$ 的放大系数来消除或减小干扰，但这样做会带来振荡性增大或者系统变成不稳定。总之，单纯依靠回路的设计来达到干扰抑制，有一定的困难与不便。利用附加的干扰补偿装置，实现干扰对系统输出的不变性，是一种非常有效的方法。

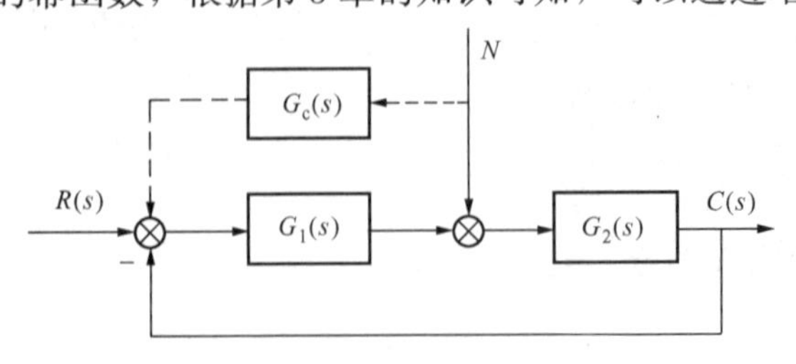

图 6-27 引入干扰前置补偿的系统

由于干扰是可以直接量测的，故在 $N(s)$ 到输出 $C(s)$ 之间可以附加上一个通道，见图 6-27 虚线所表示的另一通道，图中 $G_c(s)$ 是待设计的附加补偿装置的传递函数。求出输出 $C(s)$ 对干扰的传递函数，可得输出

$$C(s)=\frac{G_2(s)[1+G_1(s)G_c(s)]}{1+G_1(s)G_2(s)}N(s) \tag{6-25}$$

为了使输出 $C(s)$ 相对干扰 $N(s)$ 具有不变性，$G_c(s)$ 应当满足

$$G_c(s)=-G_1^{-1}(s) \tag{6-26}$$

式（6-26）就是达到干扰完全补偿的条件。在实际应用中，也常常是利用一些简单的 $G_c(s)$ 来达到近似补偿，以改善稳态精度。

【例 6-5】 对干扰进行补偿的系统结构图如图 6-28 所示。假定原来的闭合回路的特征多项式已满足稳定性条件，现要求设计 $G_c(s)$ 对干扰 $N(s)$ 进行补偿。

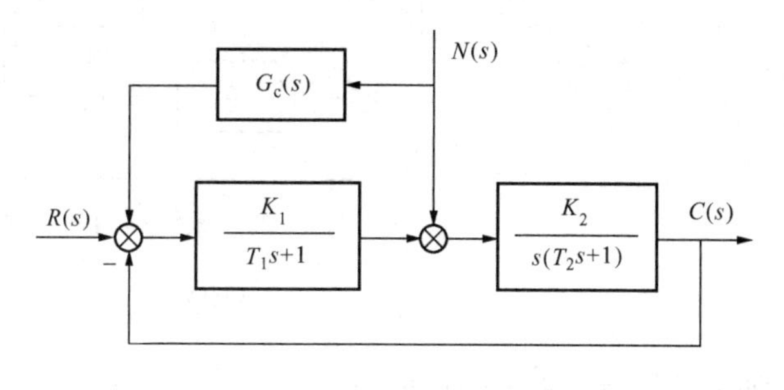

图 6-28 ［例 6-5］系统结构图

解 根据式（6-26）对干扰 N 完全补偿的条件可得

$$G_c(s)=-\frac{1}{K_1}(T_1s+1)$$

这一传递函数可以用测量干扰的传感器和微分装置组合而成。现在若假定干扰为阶跃作用的形式，只要取 $G_c(s)=-K_1^{-1}$ 就可以达到稳态补偿，即干扰所引起的稳态误差 e_{nss} 为零，事实上

$$e_{nss}=\lim_{s\to 0}\frac{-K_2T_1s}{s(T_1s+1)(T_2s+1)+K_1K_2}\times\frac{1}{s}=0$$

在实际系统中，经常有多种干扰存在，如温度的漂移、负载变动、能源的波动等，如果都用附加校正的方法来补偿将会使控制系统过于复杂，而且有些干扰也难以测量到，因此通常只是对一两个主要干扰进行补偿，而对主要干扰的补偿方案也可根据系统的实际情况灵活运用。

【例 6-6】 系统结构图如图 6-29 所示，图中干扰 $N(s)$ 不可量测，但系统中的 a 点或 b 点可测，试选择干扰补偿方案。

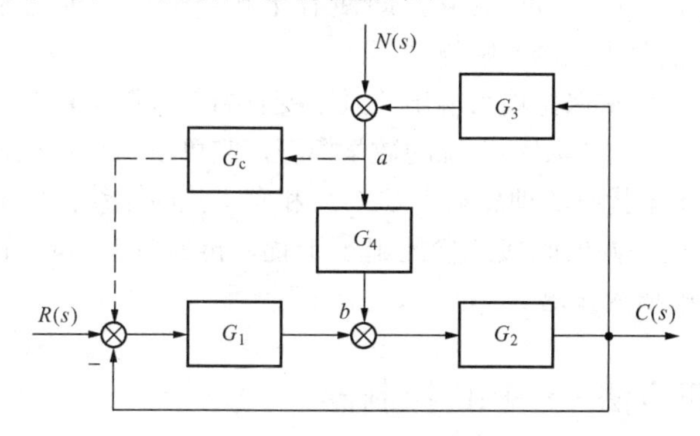

图 6-29 ［例 6-6］系统结构及补偿方案图

解 因为 a 点可测量，可将 a 点的变量看作干扰信号，组成干扰补偿通道，如图中虚线部分所示，这时全补偿的条件为

$$G_c(s)G_1(s)+G_4(s)=0$$

由此可得补偿器的传递函数为

$$G_c(s)=-\frac{G_4(s)}{G_1(s)}$$

既然 a 点变量对系统的影响被完全补偿，故干扰 $N(s)$ 对系统输出的影响也就不再存在。这一做法的好处，还在于 $G_3(s)$ 和 $G_4(s)$ 对系统的作用也被补偿，这将给系统的动态结构带来简化，便于提高对输入 $r(t)$ 的复现能力。如果 $G_3(s)$ 中有经常变化的不确定参数，对 a 点进行全补偿，将大大降低系数对变化参数的敏感度，使得系统对局部结构参数也具有不变性。这就更具有应用的价值。若是 b 点的信号可测量，也同样可以组成类似的补偿方式。

下面再介绍一种利用系统的模型组成的干扰抑制方案，这种方案可以补偿不可测量干扰的影响。系统和补偿方案的结构图如图 6-30 所示。

在未加补偿时，即图 6-30 中 W_1、W_2、W_3 都没有的时候，系统的输出为

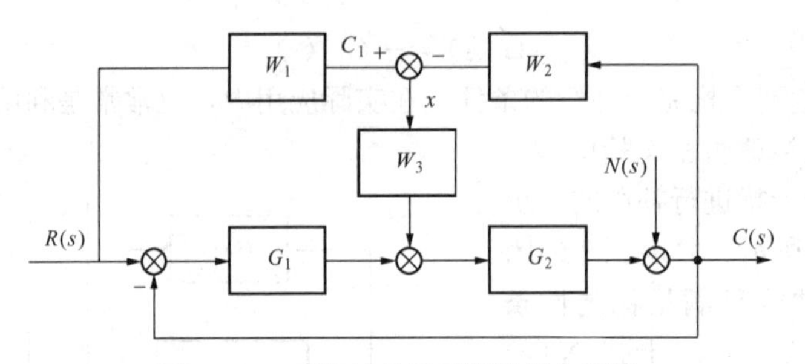

图 6-30 系统结构及反馈补偿方案图

$$C(s)=\frac{G_1G_2}{1+G_1G_2}R(s)+\frac{1}{1+G_1G_2}N(s) \tag{6-27}$$

再加上补偿后，系统的输出为

$$C(s)=\frac{G_2(G_1+W_1W_3)}{1+G_2(G_1+W_2W_3)}R(s)+\frac{1}{1+G_2(G_1+W_2W_3)}N(s) \tag{6-28}$$

在式（6-28）中，若 $N(s)=0$，且取

$$W_1=\frac{G_1G_2}{1+G_1G_2},\quad W_2=1 \tag{6-29}$$

则有

$$C(s)=\frac{G_1G_2}{1+G_1G_2}R(s) \tag{6-30}$$

这说明当没有干扰时，式（6-29）的关系可以保持输入与输出的关系不变，即式（6-27）中 $N(s)=0$ 时的关系。这时附加的 W_1，W_2 部分的输出相抵消，图 6-30 中的信号 $x=0$。

当 $N(s)\neq 0$ 时，$x(s)\neq 0$，则 W_1、W_2、W_3 组成的部分就起作用，若 W_3 的增益很大，仍可以做到 $C(s)/N(s)=0$，所以只要式（6-29）成立，即使有干扰，也可以通过使 $|W_3|$ 很大做到式（6-30）保持不变，这说明干扰的影响被抑制。

上面所阐明的干扰抑制方案，可用在既要求保持输入输出关系不变且希望抑制不可测量干扰的情况。式（6-29）的关系说明 $W_1(s)$ 就是闭环系统的数学模型。它可以用计算机或网络来实现。信号 $x(s)$ 实际上是系统在无干扰时的理想输出 $C_1(s)$ 和有干扰时系统的实际输出 $C(s)$ 之偏差。该方案的实质是利用这一差值间接地检测出了干扰，再通过 $W_3(s)$ 进行调整，从而使实际输出 $C(s)$ 跟踪理想模型的输出 $C_1(s)$。

6.6 工程校正方法——PID 控制器

PID 控制方法是从工程实践中发展起来的一种工程控制方法，其数学基础还是自动控制理论的滞后—超前校正，区别在于形式上 PID 控制方法有一个统一的表达式，其参数不是用数学方法获得，而是用试验方法现场整定得到。具有比例＋积分＋微分控制规律的控制器称为 PID 控制器，其典型控制组合如图 6-31 所示。

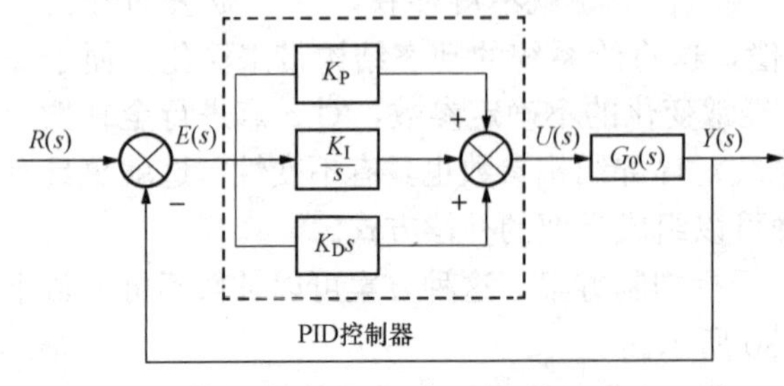

图 6-31 典型 PID 控制组合

一般工业控制中很少单独使用比例控制器，往往是与其他控制规律同时作用，以达到更好的控制效果。在实际工业自动化设备中，经常采用由电动或气动单元构成的组合型校正装置，由比例（P）单元 K_P、微分（D）单元$K_D s$ 及积分（I）单元$K_I s^{-1}$可组成 PD、PI 及 PID 三种控制器。

6.6.1 P 控制器

P 控制器又称比例校正，其传递函数为

$$G_c(s) = K_P$$

采用 MATLAB 仿真方法改变 P 控制器的参数，对参数改变引起的系统性能的变化进行定性分析。其 P 控制器仿真曲线如图 6-32 所示。

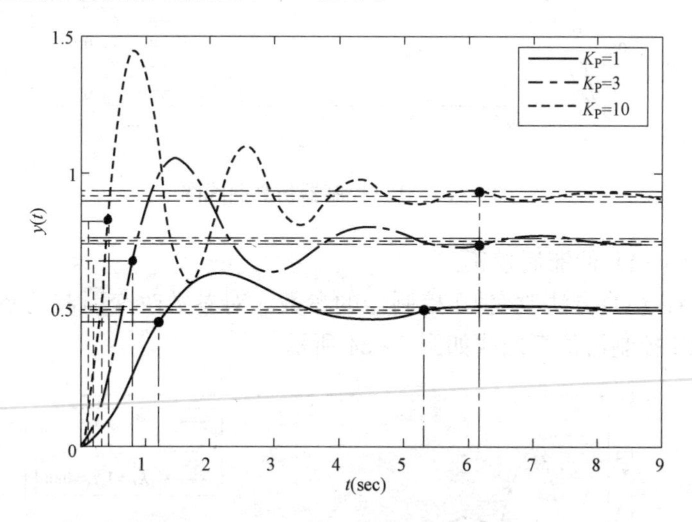

图 6-32 P 控制器仿真曲线图

根据仿真结果可知比例系数增大时，上升时间减小，系统响应加快，但超调量增大。同时由曲线可见，当比例系数增大时，该系统稳态误差减小，调节时间变化微小。

6.6.2 PD 控制器

PD 控制器又称比例—微分校正，其传递函数为

$$G_c(s) = K_d s + K_p$$

或

$$G_c(s) = K_p\left(\frac{K_d}{K_p}s + 1\right) = K_p(Ts + 1)$$

其作用等同于式（6-1）的超前校正。

采用 MATLAB 仿真方法改变 PD 控制器的参数，对参数改变引起的系统性能的变化进行定性分析。其 PD 控制器仿真曲线如图 6-33 所示。

根据仿真结果可知合理选择参数值，串联 PD 控制器可以提高系统的平稳性，加快系统的响应速度；串联 PD 控制实际是串联超前校正，它容易放大高频噪声，抗高频干扰能力下降。

6.6.3 PI 控制器

PI 控制器又称比例—积分校正，其传递函数为

$$G_c(s) = K_p + \frac{1}{T_i s} = \frac{T_i K_p s + 1}{T_i s}$$

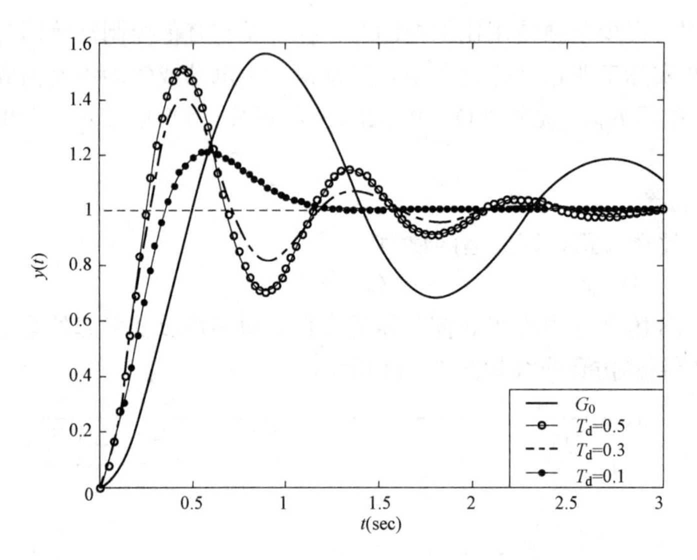

图 6-33　PD 控制器仿真曲线图

其作用等同于式（6-4）的滞后校正。

采用 MATLAB 仿真方法改变 PI 控制器的参数，对参数改变引起的系统性能的变化进行定性分析。其 PI 控制器仿真曲线如图 6-34 所示。

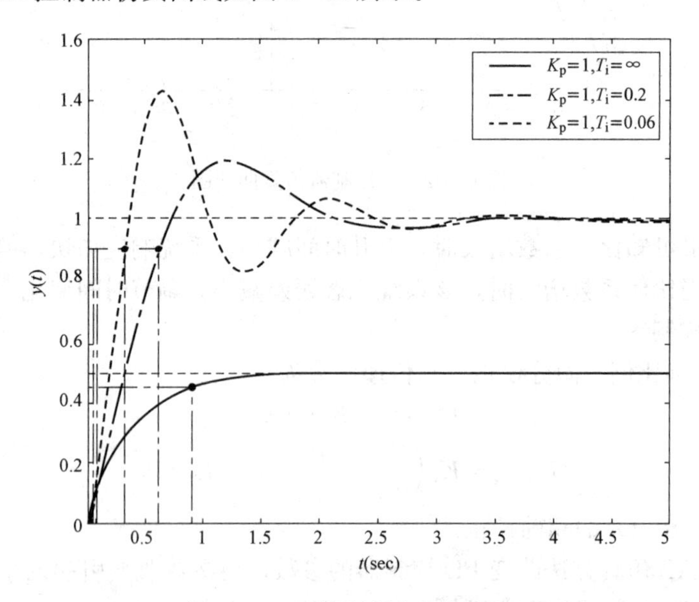

图 6-34　PI 控制器仿真曲线图

根据仿真结果可知串联 PI 控制器后会使系统成为一个有左实数零点的 $n+1$ 阶系统，系统的型别提高，可改善系统的稳态性能，但 T_i 越小，积分作用越强，平稳性越差。在实际工程中，PI 控制器通常用来改善系统的稳态性能。

6.6.4 PID 控制器

PID 控制器又称比例—积分—微分校正，其传递函数为

$$G_c(s)=K_p+K_ds+\frac{1}{T_is}=\frac{T_iK_ds^2+T_iK_ps+1}{T_is}$$

其作用等同于式（6-5）的滞后—超前校正。同时，这种组合兼顾了比例、积分、微分三种单独控制作用的优点。

6.7　应用 MATLAB 进行系统校正设计

本节通过具体实例介绍 MATLAB 环境下的系统校正设计。

【例 6-7】 由电阻和电容构成的无源微分校正网络如图 6-35 所示，设 $\tau=R_1C$，$k=\frac{R_2}{R_1+R_2}$，则网络的传递函数为 $G(s)=k\frac{1+\tau s}{1+k\tau s}$。

图 6-35 ［例 6-7］无源微分校正网络

解　利用 MATLAB 画出对应校正网络的零、极点图 6-36 和 Bode 图 6-37。

MATLAB 程序如下：

```
r1 = 2000;  r2 = 100;
k = r2/(r1 + r2)
c = 1e - 6;
tao = r1 * c;
num = [k * tao k];
den = [k * tao 1];
figure(1)
pzmap(num,den)
figure(2)
Bode(num,den,'k')
```

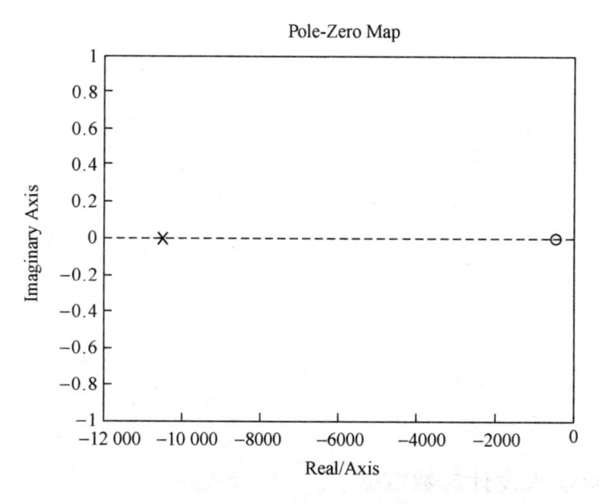

图 6-36 ［例 6-7］校正网络的近似零、极点图

运行上述程序，仿真曲线如图 6-36 和图 6-37 所示。

从图 6-36 可以看出，由于总有 $k<1$，校正网络的零点总是位于极点的右边，因此零点起主要作用。k 越小，则零点与极点相距越远，网络越接近于理想的校正状态。从图 6-37 可以看出，传递函数的相角总为正，从而起到导前作用。在实际设计 PD 调节器时，应该使最大导前角的频率位于对象开环特性穿越频率附近，这样才能有效地提高系统的相位裕度，改善系统的稳定性和暂态性能。

【例 6-8】 已知系统的开环传递函数为 $G(s)=\frac{4}{s(s+3)}$，试设计滞后校正环节。要求阻尼比 $\zeta=0.4$，自然频率 $\omega_n=1.5\text{rad/s}$。

解　设 $K_c=10$。

输入MATLAB程序如下：

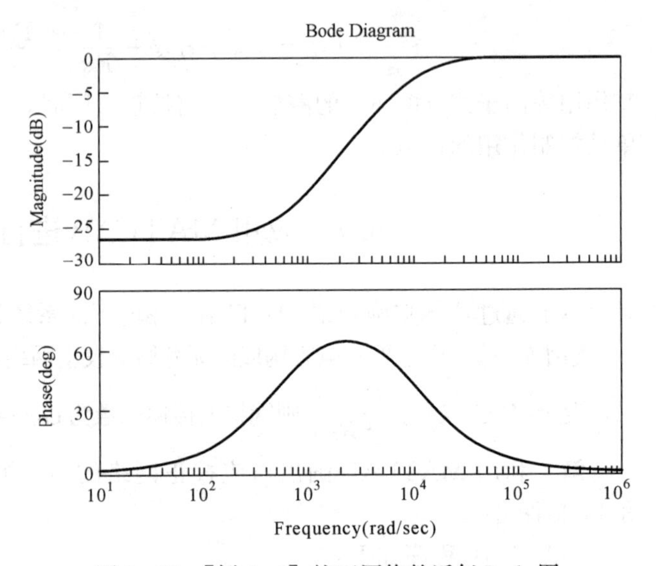

图6-37　［例6-7］校正网络的近似Bode图

```
num = 4;
den = [130];
G = tf(num,den);  % 构建开环传递函数
zeta = input('请输入阻尼比\zeta = ');
Pm = 2 * sin(zeta) * 180/pi; % 求相位裕度
dPm = Pm + 5;
Kc = 10; % 滞后环节传递函数
G = tf(G);
Num = G.num{1}; % 将分子写成多项式系数形式
Den = G.den{1};
[mag,phase,w] = Bode(G * Kc); % 扩大系数后的开环频率曲线幅值和相位值
wcg = spline(phase(1,:),g',dPm - 180);
magdb = 20 * log10(mag); % 相位对数
Wr = - spline(w',magdb(1,:),wcg);
Alpha = 10^(Wr/20); % 求滞后系数
T = 10/(alpha * wcg);
Gc = tf([alpha * T1],[T1]); % 滞后校正传递函数
Gy_c = feedback(G * Kc,1); % 校正前系统闭环传递函数
Gx_c = feedback(G * Kc * Gc,1), % 校正后系统闭环传递函数
Figure(1);
Step(Gx_c,'b',6); % 校正后系统阶跃曲线
Holdon;
Step(Gy_c,'r',6); % 校正前系统阶跃曲线
Figure(2);
Bode(G * Kc * Gc'b'); % 校正后系统伯德图
hold on;
Bode(G * Kc * Gc'r'); % 校正前系统伯德图
Figure(3);
Nyquist(Gx_c,'b'); % 校正后系统奈奎斯特图
hold on;
Nyquist(Gy_c,'r'); % 校正前系统奈奎斯特图
```

运行上述程序，在命令窗口中将会要求输入设计参数数据。

输入阻尼比 zeta=0.4

运行结果如下：

滞后环节传递函数：

```
Trans fer function:
```

```
3.92s + 1
-----------
15.61s + 1
```

校正前闭环传递函数：

```
Transferfunction:
        40
--------------
s^2 + 3s + 40
```

校正后闭环传递函数：

```
Transferfunction:
                156.8 + 40
------------------------------------
15.61s^3 + 47.83s^2 + 159.8s + 40
```

仿真曲线如图 6-38～图 6-40 所示。

由运行结果显示可知，滞后环节传递函数为 $G_c(s)=\frac{3.92s+1}{15.61s+1}$，由运行图示可知，校正前系统的超调量为 $\sigma\%=46.4\%$，上升时间 $t_r=0.295s$，调节时间 $t_s=1.72s$，系统的稳定幅值为 1。校正后系统的超调量为 $\sigma\%=26.2\%$，上升时间 $t_r=0.7s$，调节时间 $t_s=1.84s$，系统的稳定幅值为 1。根据以上性能参数数据可知，经过滞后校正后的系统，性能明显提高。

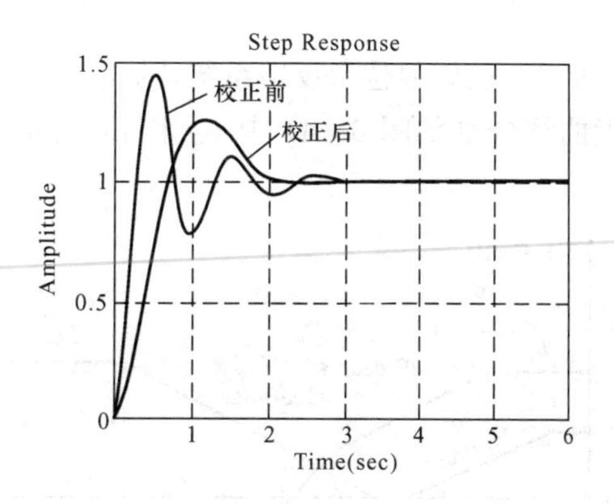

图 6-38 ［例 6-8］校正前后闭环系统的单位阶跃响应曲线

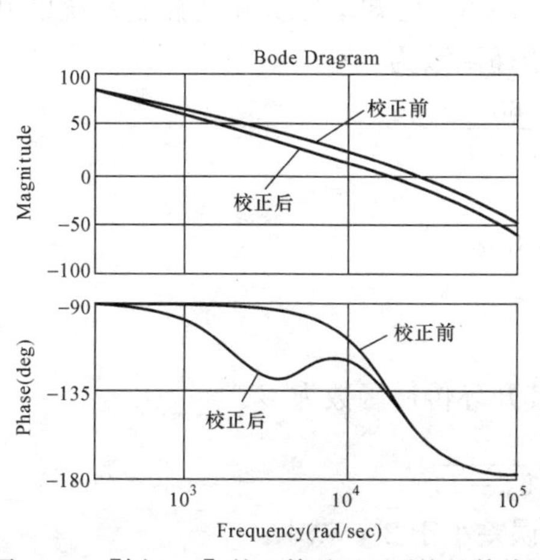

图 6-39 ［例 6-8］校正前后开环系统的伯德图

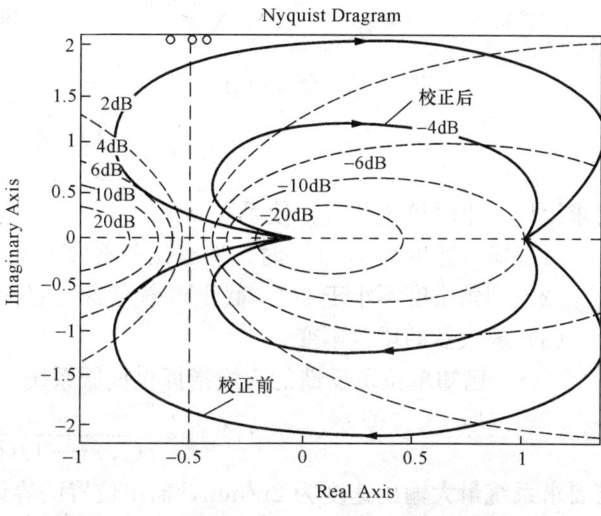

图 6-40 ［例 6-8］校正前后系统奈奎斯特图

由开环系统伯德图可知，在低频段相位被滞后；同时，经滞后校正环节的校正作用，系统的增益裕度减小。

本章小结

控制系统的校正主要有两个目的，一是使不稳定的系统经过校正变为稳定，二是改善系统的动态和静态性能。串联校正和反馈校正是控制系统工程中两种常用的校正方法，在一定程度上可以使已校正系统满足给定的性能指标的要求。然而，对于稳态精度、平稳性和快速性要求都很高的系统，或者系统中存在强干扰，特别是低频强干扰，则一般的反馈校正方法难以满足要求。此时，除了在主反馈回路内部进行串联校正或局部反馈校正之外，往往还同时在回路之外设置前置校正或干扰补偿校正，进行复合校正。

习　题

6-1　已知单位负反馈系统，原有的开环传递函数 $G_0(s)$ 和校正装置 $G_c(s)$ 的对数幅频渐近曲线分别如图 6-41 中 L_1 和 L_2 所示。并设 $G_0(s)$ 与 $G_c(s)$ 均没有右半面的极点和零点。

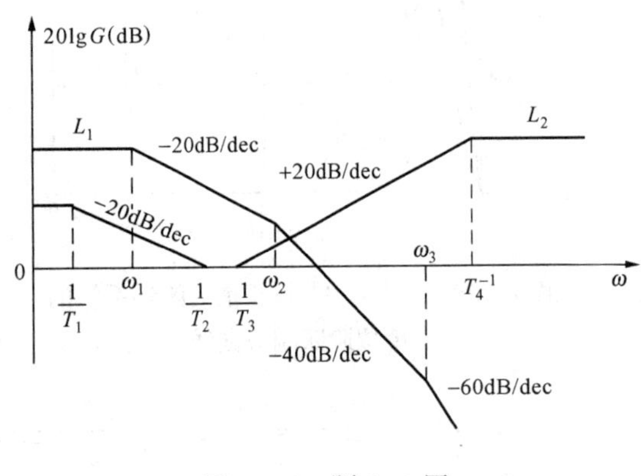

图 6-41　题 6-1 图

要求写出 $G_c(s)G_0(s)$ 的表达式，并画出它所对应的对数幅频渐近曲线，分析 $G_c(s)$ 对系统的校正作用。

6-2　已知单位负反馈控制系统的开环传递函数为

$$G(s)=\frac{200}{s(0.1s+1)}$$

试设计一个校正网络，使系统的相稳定裕度不小于 45°，截止频率不低于 50rad/s。

6-3　已知单位负反馈控制系统的开环传递函数为

$$G(s)=\frac{126\times10\times60}{s(s+10)(s+60)}$$

要求设计一串联校正装置，使系统满足：

(1) 输入速度为 1rad/s 时，稳态误差不大于 1/126rad；

(2) 相角裕度不小于 30°，截止频率为 20rad/s；

(3) 放大器的增益不变。

6-4　已知单位负反馈的火炮指挥仪伺服系统，其开环传递函数为

$$G(s)=\frac{K}{s(0.2s+1)(0.5s+1)}$$

若要求系统最大输出速度为 2r/min，输出位置的容许误差小于 2°，试求：

(1) 确定满足上述指标的最小 K 值，计算该 K 值下系统的相角裕度和幅值裕度；

(2) 在前向通路中串接超前校正网络

$$G_c(s)=\frac{0.4s+1}{0.08s+1}$$

计算校正后系统的相角裕度和幅值裕度，说明超前校正对系统动态性能的影响。

6-5　已知单位负反馈控制系统的开环传递函数为

$$G(s)=\frac{K}{s(s+1)}$$

试设计一串联超前校正装置，使系统满足如下指标：

（1）在单位斜坡输入下的稳态误差 $e_{ss}<\frac{1}{15}$；

（2）截止频率 $\omega_c\geqslant7.5\text{rad/s}$；

（3）相角裕度 $\gamma\geqslant45°$。

6-6　已知三种串联校正装置的对数幅频渐近曲线如图 6-42 所示，它们分别对应在右半面无零、极点的传递函数。若原系统为单位负反馈系统，且开环传递函数为

$$G(s)=\frac{400}{s^2(0.01s+1)}$$

试问哪一种校正装置可使系统的稳定裕度最大，若要将 12Hz 的正弦噪声削弱 10 倍左右，应选择哪种校正。

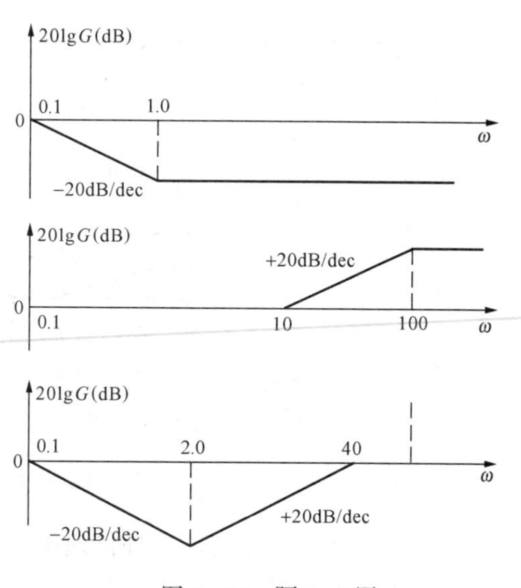

图 6-42　题 6-6 图

6-7　已知单位负反馈控制系统的开环传递函数为

$$G(s)=\frac{K}{s(0.05s+1)(0.2s+1)}$$

试设计串联超前校正网络，使系统的静态速度误差系数 $K_v\geqslant5\text{rad/s}$，超调量 $\delta\%\leqslant25\%$，调节时间 $t_r\leqslant1\text{s}$。

6-8　已知单位负反馈控制系统的开环传递函数为

$$G(s)=\frac{K^*}{s(s+4)(s+5)}$$

若要求校正后系统的静态速度误差系数 $K_v\geqslant30\text{rad/s}$，$\zeta=0.707$，并保证原主导极点位置基本不变，试用根轨迹法求滞后校正装置。

6-9　已知单位负反馈控制系统的开环传递函数为

$$G(s)=\frac{K}{s(s+1)(0.25s+1)}$$

要求校正后系统的静态速度误差系数 $K_v\geqslant5\text{rad/s}$，相角裕度 $\gamma\geqslant45°$，试设计串联滞后校正装置。

6-10　已知单位负反馈控制系统的开环传递函数为

$$G(s)=\frac{40}{s(0.2s+1)(0.0625s+1)}$$

（1）若要求校正后系统的相角裕度为 30°，幅值裕度为 10～12dB，试设计串联超前校正装置；

（2）若要求校正后系统的相角裕度为 50°，幅值裕度为 30～40dB，试设计串联滞后校正装置。

6-11　已知单位负反馈控制系统的开环传递函数为

$$G(s)=\frac{K}{s(s+1)(0.25s+1)}$$

要求校正后系统的静态速度误差系数 $K_v\geqslant 5\text{rad/s}$，截止频率 $\omega_c\geqslant 2\text{rad/s}$，相角裕度 $\gamma\geqslant 45°$，试设计串联校正装置。

6-12　已知一单位负反馈控制系统，其被控对象 $G_0(s)$ 和串联校正装置 $G_c(s)$ 的对数幅频特性分别如图 6-43（a）、（b）和（c）中 L_0 和 L_c 所示。要求：

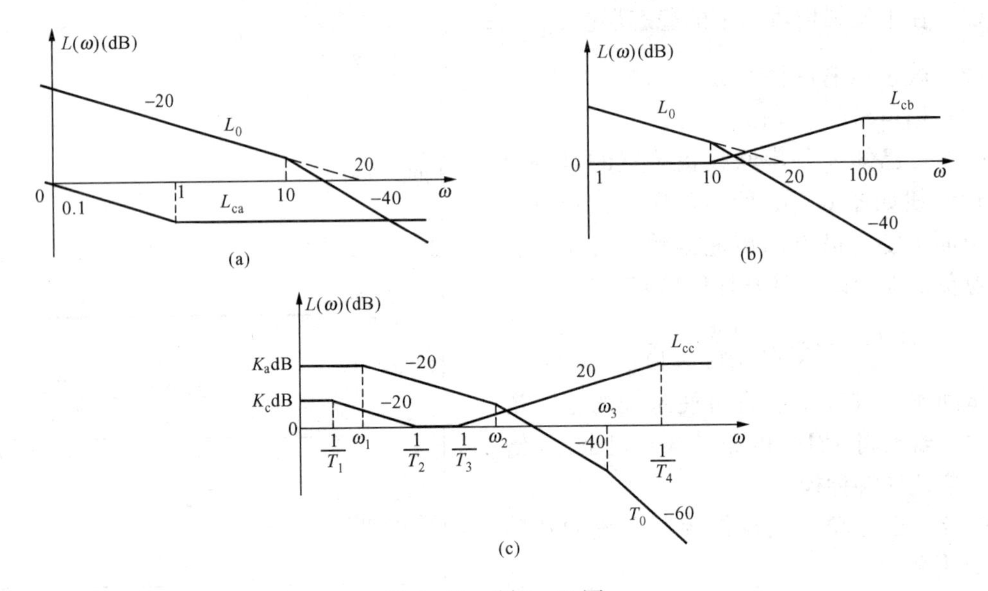

图 6-43　题 6-12 图

（1）写出校正后各系统的开环传递函数；

（2）分析各 $G_c(s)$ 对系统的作用，并比较其优缺点。

6-13　已知单位负反馈控制系统的开环传递函数为

$$G(s)=\frac{K}{s(s+3)(s+9)}$$

（1）如果要求系统在单位阶跃输入作用下的超调量 $\sigma\%=20\%$，试确定 K 值；

（2）根据所求得的 K 值，求出系统在单位阶跃输入作用下的调节时间 t_s，以及静态速度误差系数 K_v；

（3）设计一串联校正装置，使系统的 $K_v\geqslant 20$，$\sigma\%\leqslant 17\%$，t_s 减小到校正前系统调节时间的一半以内。

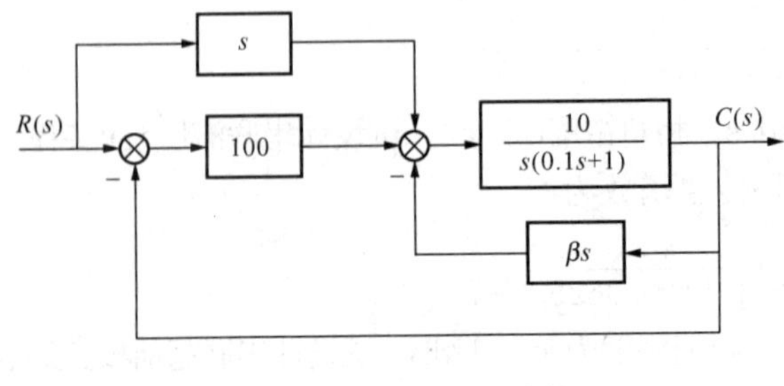

图 6-44　题 6-14 图

6-14　已知系统结构图如图 6-44 所示。选取 β 值使 $C(s)/R(s)$ 为一阶系统的传递函数，并求这时阶跃响应的调节时间和系统在 $r(t)=t$ 作用下的稳态误差。

6-15　已知系统结构图如图 6-45 所示，$K_1>0$，试完成：

（1）选取 $G_c(s)$ 使干扰 N 对系统无影响；

（2）选取 K_2 使系统具有阻尼比 $\zeta=0.707$。

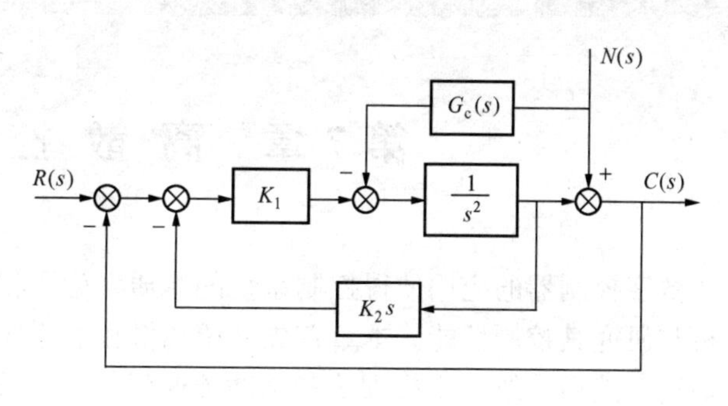

图6-45　题6-15图

6-16　已知系统结构图如图6-46所示，图中，K_1、K_2、T 均大于零，$G_0(s)$ 的特性有一定的变化。若要求 $G_0(s)$ 的特性变化不影响输出 $c(t)$，且系统在 $r(t)=t$ 作用下无稳态误差。试设计 $G_1(s)$、$G_2(s)$，并说明 $G_1(s)$、$G_2(s)$ 参数应满足的条件。

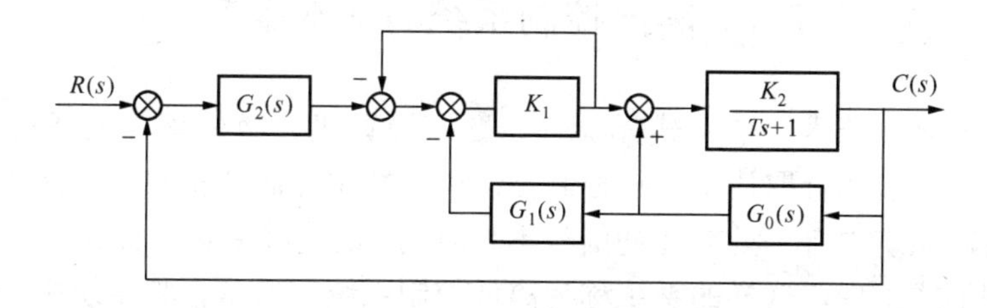

图6-46　题6-16图

第7章　离散控制系统

数字控制器的应用使得控制系统的本质发生了很大变化，因此，必须用离散控制理论来分析与研究其控制性能。本章首先介绍离散控制系统的基本概念，给出信号采样和保持的数学描述，然后介绍Z变换理论和脉冲传递函数，以及差分方程的特点及求解方法，最后研究线性离散系统稳定性和性能的分析方法。

7.1　离散控制系统的基本概念

近年来，随着脉冲技术、数字式元器件、数字计算机、微处理器的迅速发展和广泛应用，数字控制器在许多场合取代了模拟控制器。由于数字控制器接收、处理和传送的是数字信号，如果在控制系统中有一处或几处信号不是时间 t 的连续函数，而是以离散的脉冲序列或数字脉冲序列形式出现，这样的系统称为离散控制系统。通常，将系统中的离散信号是脉冲序列形式的离散系统，称为采样控制系统或脉冲控制系统；将系统中的离散信号是数字序列形式的离散系统，称为数字控制系统或计算机控制系统。

典型的采样控制系统如图7-1所示。

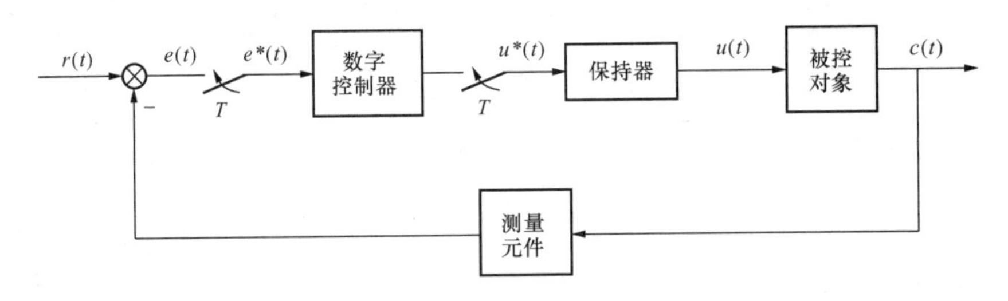

图7-1　采样控制系统

从图7-1中可以看出，在采样系统中，不仅有模拟部件，还有脉冲部件。其中被控对象属于连续子系统，控制信号 $u(t)$ 与输出信号 $c(t)$ 都是模拟信号。测量元件与一般连续系统中所用相同。控制器是脉冲形式的，其输入量 $e^*(t)$ 与输出量 $u^*(t)$ 均为脉冲信号。采样开关 T 对误差信号 $e(t)$ 进行采样；保持器则把控制脉冲信号 $u^*(t)$ 转换为相应的模拟控制信号 $u(t)$。

典型的计算机控制系统如图7-2所示。

图7-2中，A/D转换模数转换器对连续误差信号 $e(t)$ 进行定时采样并转换为数字信号 $e^*(t)$送入计算机。计算机输出的控制信号 $u^*(t)$ 也是数字信号，通过D/A数模转换器将其恢复成连续的控制信号 $u(t)$，再去控制被控对象。图中，A/D、D/A转换器作为计算机的输入/输出接口设备；计算机用作数字控制器。

计算机控制系统与连续控制系统相比，具有很多优点。由于计算机可以进行复杂的数学运算，所以能实现一些模拟控制器难以实现的控制规律，方便地改变控制规律和调节器的参数，使系统能够自动地适应各种工作状况。用一台计算机可以同时控制多个控制系统，提高

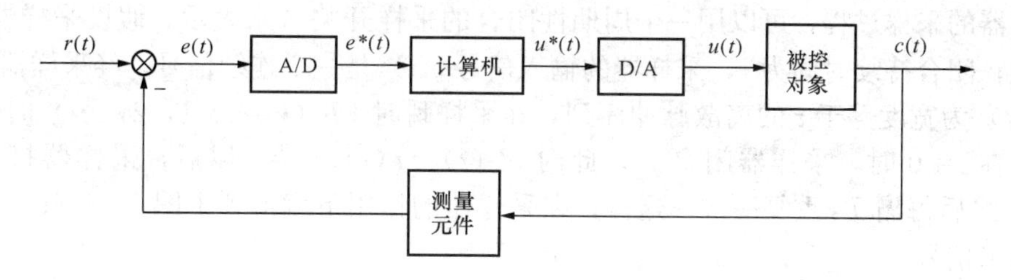

图 7-2　计算机控制系统

了设备的利用率。通过网络还可以组成多级计算机控制和生产管理系统，在计算机控制系统中可以采用高精度的数字测量元件，从而提高控制系统的精度。数字信号或脉冲信号的抗干扰性能好，可以提高系统的抗干扰能力。

由于离散控制系统与连续控制系统之间存在着一些本质上的差别，所以以前介绍的连续系统的分析和设计方法不能直接用于离散控制系统。本章将讨论离散控制系统的分析和综合方法。离散控制系统与连续控制系统之间既有差别又有联系，所以在学习时应注意二者之间的相同和不同之处。

7.2　信号的采样和采样定理

7.2.1　信号的采样

在离散系统中，有一处或几处的信号是脉冲序列或数字序列。将连续信号转换成脉冲信号的过程称为采样，实现采样过程的装置称为采样器。图 7-3 所示为采样过程示意图。

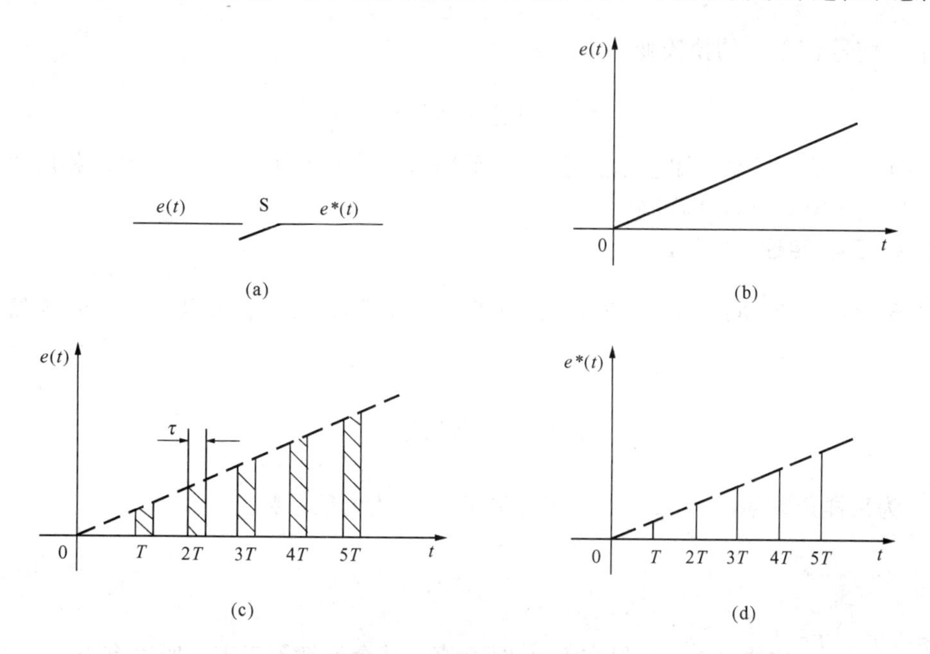

图 7-3　采样过程示意图

(a) 采样；(b) 输入信号；(c) 实际采样器输出；(d) 理想采样器输出

采样器的采样过程，可以用一个周期性闭合的采样开关 S 来表示。假设采样器每隔 Ts 闭合一次，闭合持续时间为 τ，采样器的输入信号 $e(t)$ 是一个连续信号，经采样器 s 后输出信号 $e^*(t)$ 为宽度等于 τ 的离散脉冲序列，在采样瞬时 kT（$k=0$，1，2，…）时出现。也就是说，在 $t=0$ 时，采样器闭合 τs，此时 $e^*(t)=e(t)$；$t=\tau$ 以后，采样器打开，此时 $e(t)=0$；之后每隔 Ts 重复一次。这样，在采样器的作用下就得到了图 7-3（c）所示的采样器的输出信号。

由于采样器的闭合时间 τ 一般都很小，远小于采样间隔时间 T，也远小于受控系统中的所有时间常数，这样，可以令采样闭合时间 $\tau=0$。采样器就可以用一个理想采样器代替。图 7-3（d）所示为理想采样器的输出信号。

从图 7-3 可见，采样输出信号 $e^*(t)$ 为脉冲序列 $e\{nT\}$（$n=0$，1，2，…）。当将采样器 s 视为理想采样器时，$e^*(t)$ 可表示如下

$$e^*(t)=\sum_{n=0}^{\infty}e(nT)\delta(t-nT) \tag{7-1}$$

若记理想单位脉冲序列 $\delta_T(t)$ 为

$$\delta_T(t)=\sum_{n=0}^{\infty}\delta(t-nT) \tag{7-2}$$

则式（7-1）又可表示为

$$e^*(t)=e(t)\delta_T(t) \tag{7-3}$$

式（7-3）即为 $e^*(t)$ 与 $e(t)$ 之间的关系表达式。

为了分析采样过程，对式（7-1）表示的 $e^*(t)$ 取拉氏变换，得

$$E^*(s)=\mathscr{L}[e^*(t)]=\mathscr{L}\left[\sum_{n=0}^{\infty}e(nT)\delta(t-nT)\right]$$

所以，采样信号 $e^*(t)$ 的拉氏变换 $E^*(s)$ 为

$$E^*(s)\sum_{n=0}^{\infty}e(nT)\mathrm{e}^{-nTs} \tag{7-4}$$

由式（7-4）可见：只要已知连续信号 $e(t)$ 采样后的脉冲序列 $e(nT)$ 的值，相应采样信号 $e^*(t)$ 的拉氏变换 $E^*(s)$ 即可求。

7.2.2 采样定理

由式 $\delta_T(t)=\sum_{n=0}^{\infty}\delta(t-nT)$ 表明 $\delta_T(t)$ 是一个周期函数，故可以将其展开为傅氏级数如下

$$\delta_T(t)=\sum_{n=-\infty}^{\infty}C_n\mathrm{e}^{\mathrm{j}n\omega_s t} \tag{7-5}$$

式中：ω_s 为采样角频率 $\omega_s=\frac{2\pi}{T}$；T 为采样周期；C_n 为傅氏系数。

$$C_n=\frac{1}{T}\int_{-\frac{T}{2}}^{\frac{T}{2}}\delta_T(t)\mathrm{e}^{-\mathrm{j}n\omega_s t}\mathrm{d}t$$

由于在 $\left[-\frac{T}{2},\ \frac{T}{2}\right]$ 之内，$\delta_T(t)$ 仅在 $t=0$ 时有值，其余处都等于零，所以有

$$C_n=\frac{1}{T}\int_{-\frac{T}{2}}^{\frac{T}{2}}\delta_T(t)\mathrm{d}t=\frac{1}{T} \tag{7-6}$$

将式（7-6）代入式（7-5）中得

$$\delta_T(t)=\frac{1}{T}\sum_{n=-\infty}^{\infty}\mathrm{e}^{\mathrm{j}n\omega_s t} \tag{7-7}$$

将式（7-7）进一步代入式（7-3）中得

$$e^*(t)=\frac{1}{T}\sum_{n=-\infty}^{\infty}e(t)\mathrm{e}^{\mathrm{j}n\omega_s t} \tag{7-8}$$

对该式取拉氏变换，且由拉氏变换的复数位移定理，得

$$E^*(s)=\frac{1}{T}\sum_{n=-\infty}^{\infty}E(s+\mathrm{j}n\omega_s) \tag{7-9}$$

如果 $E^*(s)$ 在右半 s 平面没有极点，则可令 $s=\mathrm{j}\omega$，得到采样器的输出信号 $e^*(t)$ 的傅氏变换为

$$E^*(\mathrm{j}\omega)=\frac{1}{T}\sum_{n=-\infty}^{\infty}E(\mathrm{j}\omega+\mathrm{j}n\omega_s) \tag{7-10}$$

由式（7-10）可知：$|E(\mathrm{j}\omega)|$ 为连续信号 $e(t)$ 的频谱；$|E^*(\mathrm{j}\omega)|$ 为采样信号 $e^*(t)$ 的频谱。一般来说，连续 $e(t)$ 的频谱 $|E(\mathrm{j}\omega)|$ 是单一的连续频谱，如图 7-4（a）所示，其中 ω_h 为连续频谱 $|E(\mathrm{j}\omega)|$ 中的最高角频率；而采样信号 $e^*(t)$ 的频谱 $|E^*(\mathrm{j}\omega)|$，则是以采样频率 ω_s 为周期的无穷多个频谱之和。$n=0$ 的频谱称为采样频谱的主分量，它与连续频谱 $|E(\mathrm{j}\omega)|$ 形状一致，仅在幅值上变化了 $1/T$ 倍；其余频谱（$n=\pm1$，$\pm2\cdots$）都是由于采样

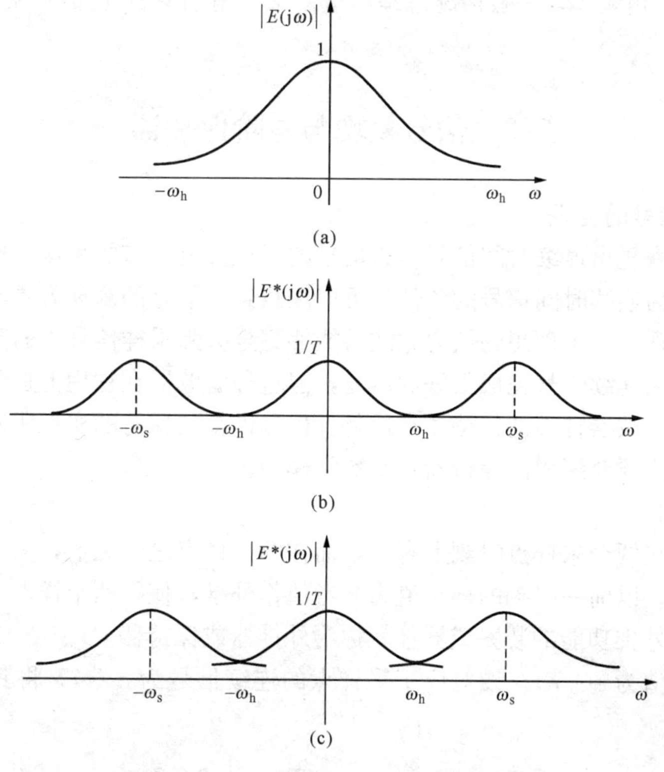

图 7-4　采样器输入及输出频谱

（a）输入频谱；（b）$\omega_s>2\omega_h$ 时输出频谱；（c）$\omega_s<2\omega_h$ 时输出频谱

而引起的高频频谱，称为采样频谱的补分量。图 7-4（b）所示为采样角频率 ω_s 大于两倍 ω_h 的情况。如果加大采样周期 T，采样角频率 ω_s 相应减小，当 $\omega_s<2\omega_h$ 时，采样频谱中的补分量相互重叠，致使输出信号发生畸变，如图 7-4（c）所示。

假定一个理想滤波器的频率特性如图7-5（a）所示，显然，如果 $\omega_s>2\omega_h$ 时，滤波器的输出信号 $\hat{e}(t)$ 可以不失真地复现采样前的连续信号 $e(t)$，如图 7-5（b）所示。但如果 $\omega_s<2\omega_h$，即使是这样的滤波器也不能完全复现输入信号。因此，一个输入信号要被完全恢复，则对 ω_s 应有一定的要求，这一要求是香农最早发现的，在此基础上即形成了香农采样定理。

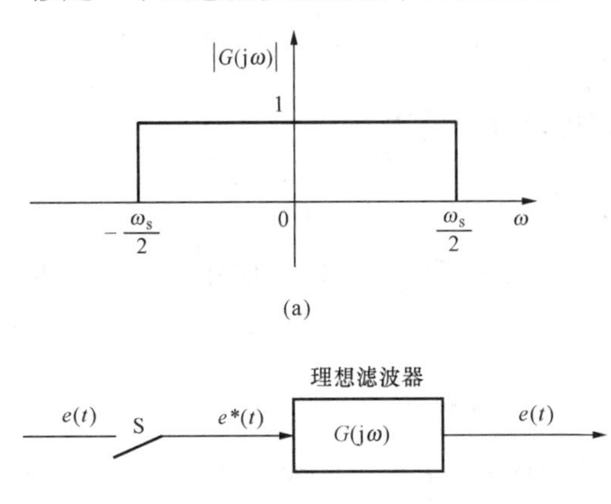

图 7-5　用一个理想滤波器恢复输入信号

香农采样定理的内容如下：如果采样器的输入信号具有有限带宽，并且有直到 ω_h 的频率分量，则当且仅当采样角频率满足 $\omega_s\geqslant 2\omega_h$ 时，信号 $e(t)$ 可以完全地从采样信号 $e^*(t)$ 中恢复过来。

香农采样定理是必须严格遵守的一条准则，它指明了从采样信号中不失真地复现原连续信号所必需的理论上的最小采样周期 T。但是，在实际工程中常根据具体问题和实际条件通过实验方法确定采样角频率，一般情况总是尽量使采样角频率 ω_s 比信号频谱的最高频率 $2\omega_h$ 大很多。

7.3　信号复现与零阶保持器

7.3.1　采样信号的复现

从采样信号中恢复出连续时间信号称为信号的复现。上一节的采样定理从理论上提出了采样信号可以恢复为连续时间信号的条件，可以注意到，信号的复现需要通过一个理想的低通滤波器才可以实现。一个理想的低通滤波器能够完全去除采样信号中的高频谐波成分，从而对输入到采样器的连续信号完成很好的恢复，但这种滤波器在物理上是无法实现的，工程上通常用接近低通滤波器特性的保持器来代替。信号恢复与保持的实现所依据的是信号的定值外推理论。本节主要介绍零阶保持器及其数学模型。

7.3.2　保持器

由于采样信号在两个采样点时刻上有值，而在两个样点之间无值，为了使得两个样点之间为连续信号过渡，以前一时刻的样点值为参考值作外推，使得两个样点之间不为零值。可以实现样点值不同外推功能的装置或器件就称为外推器或保持器。

已知采样点的值为 $e(nT)$，设对应于采样点的连续信号为 $e_n(t)$，将其在该点领域展开成泰勒级数为

$$e_n(t)\big|_{t=nT}=e(nT)+\dot{e}(nT)(t-nT)+\frac{1}{2}\ddot{e}(nT)(t-nT)^2+\cdots \qquad (7-11)$$

式（7-11）即为 $t=nT$ 时刻的外推公式。由于式（7-11）中有连续时间信号 $e(t)$，在采样

时刻的各阶导数项$\dot{e}(nT)$，$\ddot{e}(nT)\cdots$，在信号未恢复时是未知的，但是这些导数可以从采样信号本身近似估算得到，由此使采用外推法成为可能。

7.3.3　零阶保持器

数据恢复最简单的形式是保持采样信号的幅值从一个采样状态持续到下一个采样状态，即

$$e(t)=e(nT),\ nT\leqslant t<(n+1)T \tag{7-12}$$

这样的保持器称为零阶保持器，零阶保持器的输入输出信号如图 7-6 所示。

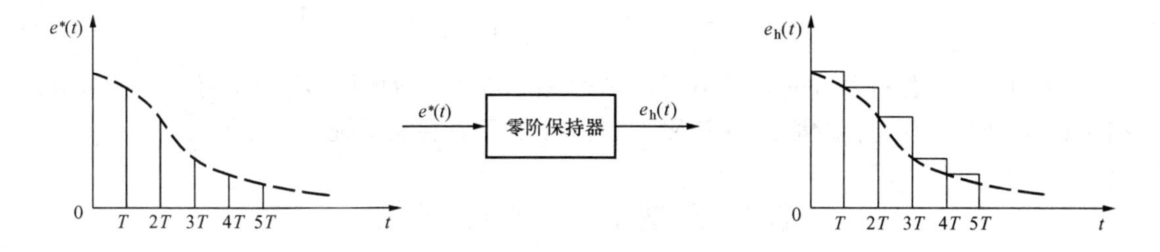

图 7-6　零阶保持器的信号复现

由图 7-6 可以发现，对应于一理想单位脉冲$\delta(t)$，其输出响应是幅值为 1、持续时间为T的矩形脉冲，其表达式为

$$g_h(t)=u(t)-u(t-T) \tag{7-13}$$

对式（7-13）两边取拉氏变换，可得零阶保持器的传递函数为

$$G_h(s)=\frac{1}{s}-\frac{1}{s}e^{-Ts}=\frac{1-e^{-Ts}}{s} \tag{7-14}$$

在式（7-14）中，令$s=j\omega$，可以得到零阶保持器的频率特性为

$$G_h(j\omega)=\frac{1-e^{-j\omega T}}{j\omega}=\frac{e^{-\frac{1}{2}j\omega T}\left(e^{\frac{1}{2}j\omega T}-e^{-\frac{1}{2}j\omega T}\right)}{j\omega}=T\cdot\frac{\sin\frac{\omega T}{2}}{\frac{\omega T}{2}}\cdot e^{-\frac{1}{2}j\omega T} \tag{7-15}$$

因采样频率$\omega_s=\frac{2\pi}{T}$，则式（7-15）可以表示为

$$G_h(j\omega)=\frac{2\pi}{\omega_s}\cdot\frac{\sin\pi\frac{\omega}{\omega_s}}{\pi\frac{\omega}{\omega_s}}\cdot e^{-j\pi\frac{\omega}{\omega_s}} \tag{7-16}$$

其频率特性如图 7-7 所示。

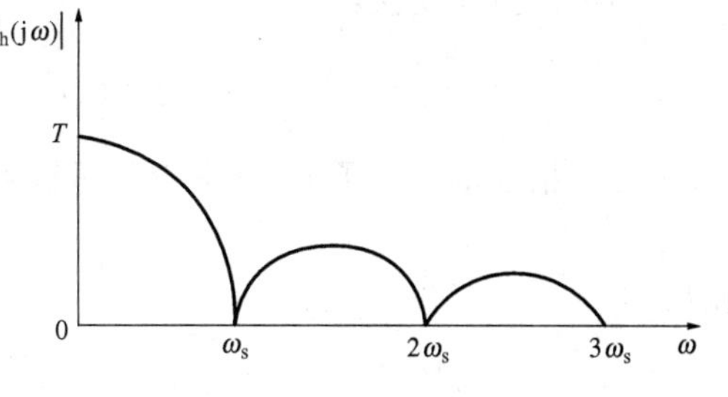

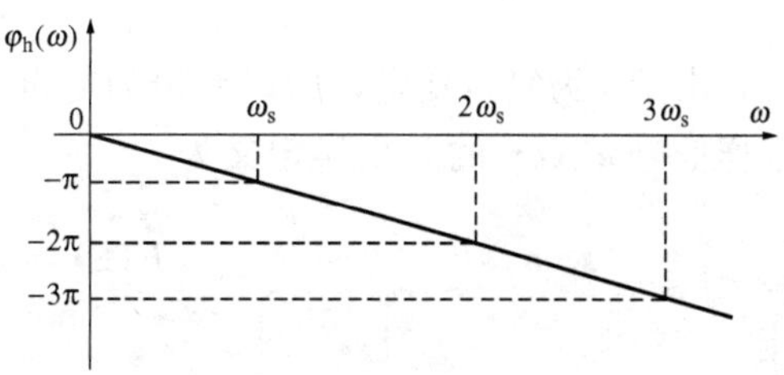

图 7-7　零阶保持器的频率特性

零阶保持器的频率特性和低通滤波器非常相像，但不是一个理想的低通滤波器，高频分量仍能通过一部分，所以零阶保持器的输出信号与原信号相比有一定的畸变，虽然这种畸变对输出的影响并不太大。另外，信

号通过零阶保持器将产生滞后相移，且随 ω 的增加而增大，在 $\omega=\omega_s$ 处，相移达 $-180°$，这对闭环系统的稳定性将产生不利的影响。

另外，零阶保持器可以用无源网络近似代替，可把 $G_h(s)$ 扩展为 e^{sT} 的级数就可以看到这一点，即

$$G_h(s)=\frac{1-e^{-Ts}}{s}=\frac{1}{s}\left(1-\frac{1}{e^{Ts}}\right)=\frac{1}{s}\left(1-\frac{1}{1+Ts+\frac{1}{2}!T^2s^2+\cdots}\right) \tag{7-17}$$

取泰勒级数的前两项，有

$$G_h(s)\approx\frac{1}{s}\left(1-\frac{1}{1+Ts}\right)=\frac{T}{1+Ts} \tag{7-18}$$

由此可知零阶保持器可近似用 RC 网络来实现。除了零阶保持器以外，还有一阶或高阶保持器。由于这些保持器的原理和实现较为复杂，因而在控制系统中不常采用。

7.4 Z 变换和 Z 反变换

在分析线性连续系统的动态及稳态特性时，拉氏变换作为数学工具，把系统时域的微分方程转换成 s 域中的代数方程，并得到线性连续系统的传递函数，从而可以很方便地分析系统的性能。与此相似，在分析线性离散系统的性能时，可使用Z变换建立线性离散系统的脉冲传递函数（也称为Z传递函数），从而较为方便地分析线性离散系统的性能。Z变换是从拉氏变换引申出来的一种变换方法，实际是离散时间信号拉氏变换的一种变形，可由拉氏变换导出，因此也称为离散拉氏变换。

7.4.1 Z 变换定义

已知连续时间信号 $e(t)$，其采样信号为 $e^*(t)$。当为理想采样时，即采样脉冲的宽度 τ 为无穷小的时候，采样信号 $e^*(t)$ 可表示为

$$e^*(t)=\sum_{k=0}^{\infty}e(kT)\delta(t-kT) \tag{7-19}$$

对上式两边作拉氏变换，有

$$E^*(s)=\sum_{k=0}^{\infty}e(kT)e^{-kTs} \tag{7-20}$$

上式中含有指数函数因子 e^{Ts}，是一个超越函数，为此引入新的变量 z，令

$$z=e^{Ts} \tag{7-21}$$

相应地有

$$s=\frac{1}{T}\ln z \tag{7-22}$$

式中，由于 s 为复自变量，所以 z 也为复自变量；T 为采样周期。将其代入式（7-20），得到采样信号 $e^*(t)$ 的Z变换定义为

$$E(z)=\sum_{k=0}^{\infty}e(kT)z^{-k} \tag{7-23}$$

记作

$$E(z)=\mathscr{Z}[e^*(t)] \tag{7-24}$$

由Z变换的定义得

$$E(z)=\sum_{0}^{\infty}e(kT)z^{-k}=e(0)+e(T)z^{-1}+e(2T)z^{-2}+e(3T)z^{-3}+\cdots \quad (7-25)$$

由式（7-25）可以看出：采样信号 $e^{*}(t)$ 的Z变换 $E(z)$ 与采样点上的采样值有关，所以当知道 $E(z)$ 时，就可以求得时间序列 $e(kT)$；或者，当知道时间序列 $e(kT)$，$k=0$，1，2，…，时，就可以求得 $E(z)$。这是求Z变换的一种方法。

7.4.2 Z变换方法

求离散信号Z变换的方法有很多，简便常用的有以下几种。

1. 级数求和法

级数求和法是由Z变换的定义而来的，将式（7-23）展开可得

$$E(z)=e(0)+e(T)z^{-1}+e(2T)z^{-2}+\cdots \quad (7-26)$$

这样，就可根据采样开关的输入连续信号 $e(t)$ 及采样周期 T，由式（7-26）得到Z变换的级数展开式，这是一个无穷多项的级数，是开放式的。通常，对于一些常用的函数Z变换的级数形式可以写成闭式。

【例7-1】 试求单位阶跃信号 $1(t)$ 的Z变换。

解 单位阶跃信号 $1(t)$ 采样后的离散信号为单位阶跃序列，在各个采样时刻上的采样值均为1，即

$$e(nT)=1 \qquad (n=0,1,2\cdots)$$

故由式（7-26）

$$E(z)=1+z^{-1}+z^{-2}+\cdots$$

若 $|z^{-1}|<1$，则该级数收敛，利用等比级数求和公式，可得其闭合形式为

$$E(z)=\frac{1}{1-z^{-1}}=\frac{z}{z-1}$$

2. 部分分式法

部分分式法是基于这样的思路得到的：如果已知连续函数的拉氏变换式 $E(s)$，通过部分分式法可以展开成一些简单函数的拉氏变换式之和，它们的时间函数 $e(t)$ 可求得，则 $e^{*}(t)$ 及 $E(z)$ 均可相应求得，所以可方便地求出 $E(s)$ 对应的 z 变换 $E(z)$。

【例7-2】 已知连续函数的拉氏变换为

$$E(s)=\frac{a}{s(s+a)}$$

试求相应的Z变换 $E(z)$。

解 将 $E(s)$ 展为部分分式如下

$$E(s)=\frac{a}{s(s+a)}=\frac{1}{s}-\frac{1}{s+a}$$

对上式取拉氏反变换得

$$e(t)=1-\mathrm{e}^{-at}$$

分别求两部分的Z变换

$$\mathscr{Z}[1(t)]=\frac{z}{z-1} \quad \mathscr{Z}(\mathrm{e}^{-at})=\frac{z}{z-\mathrm{e}^{-aT}}$$

则

$$E(z)=\frac{z}{z-1}-\frac{z}{z-\mathrm{e}^{-aT}}=\frac{z(1-\mathrm{e}^{-aT})}{z^2-(1+\mathrm{e}^{-aT})z+\mathrm{e}^{-aT}}$$

3. 留数计算法

若已知连续信号 $e(t)$ 的拉氏变换 $E(s)$ 和它的全部极点 s_i（$i=1, 2, \cdots, n$），可用下列的留数计算公式求 $e(t)$ 采样序列 $e^*(t)$ 的 Z 变换 $E(z)$，即

$$E(z)=\sum_{i=1}^{n}\mathrm{Res}\left[E(s)\frac{z}{z-\mathrm{e}^{sT}}\right]_{s=s_i} \tag{7-27}$$

当 $E(s)$ 具有非重极点 s_i 时

$$\mathrm{Res}\left[E(s)\frac{z}{z-\mathrm{e}^{sT}}\right]_{s=s_i}=\lim_{s\to s_i}\left[E(s)\frac{z}{z-\mathrm{e}^{sT}}(s-s_i)\right] \tag{7-28}$$

当 $E(s)$ 在 s_i 处具有 r 重极点时

$$\mathrm{Res}\left[E(s)\frac{z}{z-\mathrm{e}^{sT}}\right]_{s=s_i}=\frac{1}{(r-1)!}\lim_{s\to s_i}\frac{\mathrm{d}^{r-1}}{\mathrm{d}s^{r-1}}\left[E(s)\frac{z}{z-\mathrm{e}^{sT}}(s-s_i)^r\right] \tag{7-29}$$

【例 7-3】 若 $E(s)=\dfrac{s(2s+3)}{(s+1)^2(s+2)}$，试求 $e(t)$ 采样序列的 Z 变换。

解 $E(s)$ 的极点为 $s_{1,2}=-1$（二重极点），$s_3=-2$，则

$$\begin{aligned}E(z)=&\frac{1}{(2-1)!}\lim_{s\to-1}\frac{\mathrm{d}}{\mathrm{d}s}\left[\frac{s(2s+3)}{(s+1)^2(s+2)}\frac{z}{z-\mathrm{e}^{sT}}(s+1)^2\right]\\&+\lim_{s\to-2}\left[\frac{s(2s+3)}{(s+1)^2(s+2)}\frac{z}{z-\mathrm{e}^{sT}}(s+2)\right]\\=&\frac{-Tz\mathrm{e}^{-T}}{(z-\mathrm{e}^{-T})^2z}+\frac{2}{z-\mathrm{e}^{-2T}}\end{aligned}$$

7.4.3 Z 变换性质

Z 变换有一些基本的定理，可使 Z 变换的应用变得简单和方便。由于 Z 变换是由拉氏变换导出的，所以这些定理与拉氏变换的基本定理有许多相似之处。

1. 线性定理

若已知 $e_1(t)$ 和 $e_2(t)$ 的 Z 变换分别为 $E_1(z)$ 和 $E_2(z)$，且 a_1 和 a_2 为常数，则有

$$\mathscr{Z}[a_1e_1(t)\pm a_2e_2(t)]=a_1E_1(z)\pm a_2E_2(z) \tag{7-30}$$

Z 变换的线性定理可由定义直接证明。

2. 实数位移定理

实数位移定理又称平移定理。实数位移的含义是指整个采样序列在时间轴上左右平移若干采样周期，左移为超前，右移为滞后。定理如下：

若 $e(t)$ 的 Z 变换为 $E(z)$，则有

$$\mathscr{Z}[e(t-kT)]=z^{-k}E(z) \tag{7-31}$$

$$\mathscr{Z}[e(t+kT)]=z^{k}\left[E(z)-\sum_{n=0}^{k-1}e(nT)z^{-n}\right] \tag{7-32}$$

式中：k 为正整数。

按照移动的方式，式（7-31）称为滞后定理，式（7-32）称为超前定理。其中，算子 z 有明确的物理意义，z^{-k} 代表时域中的滞后环节，也称为滞后算子，它将采样信号滞后 n 个采样周期；z^k 代表超前环节，也称超前算子，它将采样信号超前 n 个采样周期。但 z^k 仅用于运

算，在实际物理系统中并不存在，因为它不满足因果关系。实数位移定理是一个重要的定理，其作用相当于拉氏变换中的微分和积分定理，可将描述离散系统的差分方程转换为 z 域的代数方程。

3. 复数位移定理

若已知 $e(t)$ 的 z 变换为 $E(z)$，则有

$$\mathscr{Z}[e(t)\mathrm{e}^{\mp at}] = E(z\mathrm{e}^{\pm at}) \tag{7-33}$$

式中：a 为常数。

该定理可以由Z变换的定义直接证明。

4. 初值定理

已知 $e(t)$ 的Z变换为 $E(z)$，且有极限 $\lim\limits_{z\to\infty}E(z)$ 存在，则

$$e(0) = \lim_{t\to0}e^*(t) = \lim_{z\to\infty}E(z) \tag{7-34}$$

5. 终值定理

若时间连续信号 $e(t)$ 的Z变换为 $E(z)$，且 $(z-1)E(z)$ 的极点全部在 z 平面的单位圆内，即极限存在且原系统是稳定的，则有：

$$e(\infty) = \lim_{t\to\infty}e^*(t) = \lim_{k\to\infty}e(kT) = \lim_{z\to1}(z-1)E(z) \tag{7-35}$$

6. 卷积定理

设 $e_1(nT)$ 和 $e_2(nT)$ 为两个离散信号，其Z变换分别为 $E_1(z)$ 和 $E_2(z)$，其离散卷积

$$e_1(nT)^*e_2(nT) \doteq \sum_{k=0}^{\infty}e_1(kT)e_2[(n-k)T] \tag{7-36}$$

则卷积定理：如果 $g(nT)=e_1(nT)^*e_2(nT)$，则有：

$$G(z) = E_1(z)E_2(z) \tag{7-37}$$

7.4.4 Z反变换

与连续系统的拉氏变换和拉氏反变换类似，采样控制系统通常在 z 域计算处理后，需要通过Z反变换确定时域解。

所谓Z反变换，是从 z 域函数 $E(z)$，求相应的离散序列 $e(nT)$ 的过程，记作

$$\mathscr{Z}^{-1}[E(z)] = e(kT) \tag{7-38}$$

需要强调的是，由Z反变换可得到离散信号在 $t=0$，T，$2T$，…离散时刻的信息，但它并没有给出这些时刻之间的信息。

通常有以下几种方法求Z反变换。

1. 部分分式法

采用部分分式法求Z反变换，其方法与求拉氏反变换的部分分式法类似。稍有不同的是由于 $E(z)$ 在分子中通常都含有 z，因此先将 $E(z)$ 除以 z 然后再展开为部分分式，再查表来求得部分分式的Z反变换。

【例7-4】 设 $E(z)=\dfrac{z}{(z-1)(z-\mathrm{e}^{-T})}$，求其Z的反变换。

解 按部分分式法，展开 $\dfrac{E(z)}{z}$ 如下

$$\frac{E(z)}{z} = \frac{K_1}{(z-1)} + \frac{K_2}{(z-\mathrm{e}^{-T})}$$

其中

$$K_1=\lim_{z\to 1}\left(\frac{z-1}{z}\right)E(z)=\frac{1}{1-e^{-T}}$$

$$K_2=\lim_{z\to e^{-T}}\left(\frac{z-e^{-T}}{z}\right)E(z)=-\frac{1}{1-e^{-T}}$$

代入得

$$E(z)=\frac{1}{1-e^{-T}}\left(\frac{z}{z-1}-\frac{z}{z-e^{-T}}\right)$$

查Z变换表，其反变换为

$$e(nT)=\frac{1}{1-e^{-T}}(1-e^{-nT})$$

当$E(z)$具有重极点时，系数的获得方法与拉氏反变换相似。

2. 长除法

用$E(z)$的分母去除分子，可以求出z^{-k}降幂次排列的级数展开式，然后用Z反变换求出相应的离散函数的脉冲序列。

$E(z)$的一般表达式为

$$E(z)=\frac{b_m z^m+b_{m-1}z^{m-1}+\cdots+b_0}{a_n z^n+a_{n-1}z^{n-1}+\cdots+a_0}\qquad(n\geqslant m)\tag{7-39}$$

用分母多项式去除分子多项式，并将商按z^{-1}的升幂排列，可得：

$$E(z)=c_0+c_1z^{-1}+c_2z^{-2}+\cdots=\sum_{k=0}^{\infty}c_kz^{-k}\tag{7-40}$$

对式（7-40）取Z反变换，有：

$$e^*(t)=c_0\delta(t)+c_1\delta(t-T)+c_2\delta(t-2T)+\cdots+c_k\delta(t-kT)+\cdots\tag{7-41}$$

式（7-41）中，系数c_k（$k=0$，1，2，…）即为$e(t)$在采样时刻$t=kT$时的值$e(kT)$。用长除法可以求得采样序列的前若干项的具体数值，但要求得采样序列的数学解析式通常较为困难，因而不便于对系统进行分析和研究。

【例7-5】 设$E(z)=\dfrac{z^2-2z-1}{z^2+3z-3}$，试用长除法求$E(z)$的Z反变换。

解 利用长除法可得

$$E(z)=1-z^{-1}+5z^{-2}-18z^{-3}+\cdots$$

故其反变换为

$$e^*(t)=\delta(t)-\delta(t-T)+5\delta(t-2T)-18\delta(t-3T)+\cdots$$

3. 留数计算法

用留数计算法求取$E(z)$的Z反变换，首先求取$e(kT)$，$k=0$，1，2…，即

$$e(kT)=\sum\mathrm{Res}[E(z)z^{k-1}]$$

其中，留数和$\sum\mathrm{Res}[E(z)z^{k-1}]$可写为

$$\sum\mathrm{Res}[E(z)z^{k-1}]=\sum_{i=1}^{l}\frac{1}{(r_i-1)!}\frac{d^{r_i-1}}{dz^{r_i-1}}[(z-z_i)^{r_i}E(z)z^{k-1}]\Big|_{z=z_i}$$

式中：z_i（$i=1$，2，…，l）为$E(z)$彼此不相等的极点，彼此不相等的极点数为l；r_i为重极点z_i的个数。

由求得的 $e(kT)$ 可写出与已知象函数 $E(z)$ 对应的原函数——脉冲序列

$$e^*(t)=\sum_{k=0}^{\infty}e(kT)\delta(t-kT)$$

【例 7-6】 求 $E(z)=\dfrac{z}{(z-a)(z-1)^2}$的 Z 变换。

解 $E(z)$ 中彼此不相同的极点为 $z_1=a$ 及 $z_2=1$，其中 z_1 为单极点，即 $r_1=1$，z_2 为二重极点，即 $r_2=2$，不相等的极点数为 $l=2$。则

$$e(kT)=(z-a)\frac{z}{(z-a)(z-1)^2}z^{k-1}\Bigg|_{z=a}+\frac{1}{(2-1)!}\frac{\mathrm{d}}{\mathrm{d}z}\left[(z-1)^2\frac{z}{(z-a)(z-1)^2}z^{k-1}\right]\Bigg|_{z=1}$$

$$=\frac{a^k}{(a-1)^2}+\frac{k}{1-a}-\frac{1}{(1-a)^2}\qquad k=0,1,2,\cdots$$

最后，求得 $E(z)$的 Z 反变换为

$$e^*(kT)=\sum_{k=0}^{\infty}\left[\frac{a^k}{(a-1)^2}+\frac{k}{1-a}-\frac{1}{(1-a)^2}\right]\delta(t-kT)$$

上面列举了求取 Z 反变换的三种常用方法。其中，长除法最简单，但由长除法得到的 Z 反变换为开式而非闭式。部分分式法和留数计算法得到的均为闭式。

7.5　离散系统的数学模型

为了研究离散系统的性能，需要建立离散系统的数学模型。与连续系统的数学模型类似，线性离散系统的数学模型有差分方程、脉冲传递函数和离散状态空间表达式三种。本节主要介绍差分方程及其解法、脉冲传递函数的基本概念，以及开环脉冲传递函数和闭环脉冲传递函数的建立方法。

7.5.1　差分方程及其求解

采样系统的输入信号与输出信号分别为采样信号 $x(nT)$ 与 $c(nT)$，它们均为离散时间序列。而确定两个离散时间序列关系的方程称为差分方程，表示为

$$c_{k+n}+a_{n-1}c_{k+n-1}+\cdots+a_1c_{k+1}+a_0c_k=b_{k+m}x_{k+m}+b_{k+m-1}x_{k+m-1}+\cdots+b_1x_{k+1}+b_0x_k,\quad n\geqslant m \tag{7-42}$$

式中，省略了采样间隔 T，a_0，a_1，…，a_n 和b_0，b_1，…，b_m 为常系数。方程的左边 c_{k+i} 为输出变量 c_k 的第 i 阶差分，$0\leqslant i\leqslant n$，方程的右边 x_{k+j} 为输入变量 x_k 的第 j 阶差分，$0\leqslant j\leqslant m$。差分方程由输入输出离散时间序列 x_k 和 c_k 所确定的，表现为输入变量 x_k 和输出变量 c_k 各阶差分 x_{k+j} 和 c_{k+i} 的线性组合。由于方程各差分项中的最高阶数为 n 阶，因此称为 n 阶差分方程。

在线性系统理论中，对于 n 阶差分方程，当给定了初始条件，即

$$c_0,\cdots,c_{n-1},x_0,\cdots,x_{m-1} \tag{7-43}$$

时，差分方程的解 c_k 是唯一性的。因此可以通过求解 n 阶差分方程来获得差分方程的解 c_k。

用 Z 变换法求解差分方程较为方便，其方法与用拉氏变换法求解微分方程的方法类似，求解步骤为：对式（7-42）的差分方程进行 Z 变换，并利用 Z 变换的实数位移定理，将时域差分方程化为 z 域的代数方程，求其解，再将 z 域的代数方程经 Z 反变换求得差分方程的时域解。

【例 7-7】 已知差分方程和初始条件为

$$c_{k+2}+3c_{k+1}+2c_k=0 \text{ 和 } c_0=0, \ c_1=1$$

试用Z变换方法求差分方程的解 c_k。

解 方程两边作Z变换得

$$\mathscr{Z}[c_{k+2}+3c_{k+1}+2c_k]=0$$

由线性定理有

$$\mathscr{Z}[c_{k+2}]+\mathscr{Z}[3c_{k+1}]+\mathscr{Z}[2c_k]=0$$

由实位移定理有

$$\mathscr{Z}[c_k]=C(z)$$

$$\mathscr{Z}[c_{k+1}]=zC(z)-zc_0=zC(z)$$

$$\mathscr{Z}[c_{k+2}]=z^2C(z)-z^2c_0-zc_1=z^2C(z)-z$$

代入可得

$$[z^2C(z)-z]+3[zC(z)]+2C(z)=0$$

$$(z^2+3z+2)C(z)=z$$

得到输出量的Z变换为

$$C(z)=\frac{z}{z^2+3z+2}$$

作Z的反变换，由于

$$\frac{C(z)}{z}=\frac{1}{z^2+3z+2}=\frac{1}{z+1}-\frac{1}{z+2}$$

所以

$$C(z)=\frac{z}{z+1}-\frac{z}{z+2}$$

查Z变换表有 $\mathscr{Z}[a^k]=\dfrac{z}{z-a}$，所以有

$$c_k=\mathscr{Z}^{-1}[C(z)]=(-1)^k-(-2)^k$$

解毕。

7.5.2 脉冲传递函数的定义

连续系统的传递函数定义为在零初始条件下，输出量的拉氏变换与输入量的拉氏变换之比，对于离散系统，脉冲传递函数的定义与连续系统的传递函数定义类似。

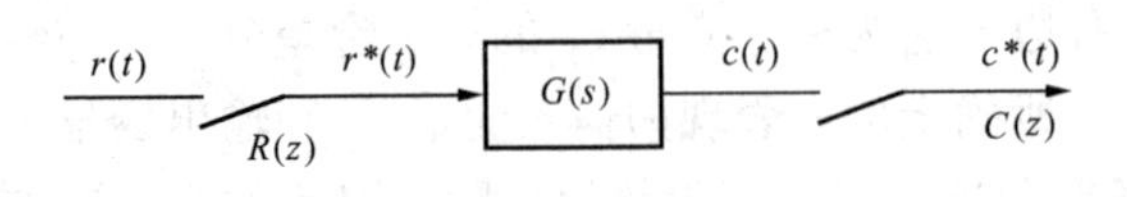

图7-8 开环采样系统

以图7-8为例，如果系统的初始条件为零，输入信号为 $r(t)$，采样后 $r^*(t)$ 的Z变换函数为 $R(z)$，系统连续部分的输出为 $c(t)$，采样后 $c^*(t)$ 的Z变换为 $C(z)$，则线性定常离散系统的脉冲传递函数定义为系统输入采样信号的Z变换与输出采样信号的Z变换之比，记作

$$G(z)=\frac{C(z)}{R(z)} \tag{7-44}$$

此外，零初始条件指 $t<0$ 时，输入脉冲序列各采样值 $r(t-T)$，$r(t-2T)$，…及输出脉冲序列各采样值 $c(t-T)$，$c(t-2T)$，…均为零。

由式（7-44）可知，如果已知系统的脉冲传递函数 $G(z)$ 及输入信号的Z变换 $R(z)$，

那么输出的采样信号为

$$c^{*}(t)=\mathcal{Z}^{-1}[C(z)]=\mathcal{Z}^{-1}[G(z)R(z)] \tag{7-45}$$

实际上，许多采样系统的输出信号是连续信号 $c(t)$，而不是离散信号 $c^{*}(t)$，如图 7-9 所示。在这种情况下，为了应用脉冲传递函数的概念，可以在系统的输出端虚设一个理想采样开关，如图 7-9 虚线所示，该虚设采样开关的采样周期与输入端采样开关的采样周期相同。如果系统的实际输出 $c(t)$ 比较平滑，且采样频率较高，则可以用 $c^{*}(t)$ 近似描述 $c(t)$。必须指出，虚设的采样开关是不存在的，它只表明了脉冲传递函数所能描述的，只是输出连续信号 $c(t)$ 在采样时刻上的离散值 $c^{*}(t)$。

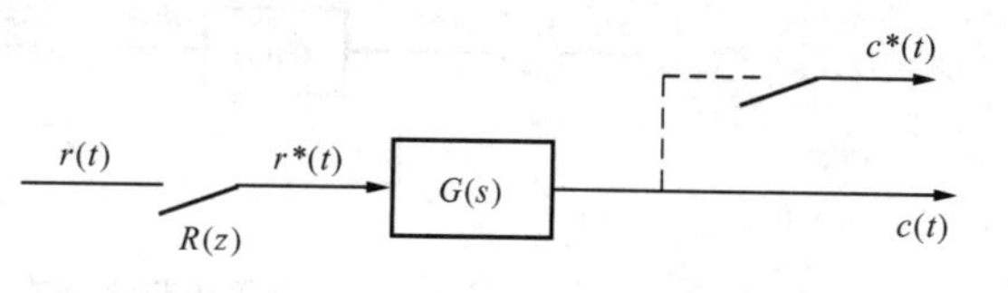

图 7-9　实际开环采样系统

连续系统或元件的脉冲传递函数 $G(z)$，可以通过其传递函数 $G(s)$ 来求取。具体步骤如下：

(1) 对连续传递函数 $G(s)$ 进行拉氏反变换，求得脉冲响应 $g(t)$ 为

$$g(t)=\mathscr{L}^{-1}G(s) \tag{7-46}$$

(2) 对 $g(t)$ 进行采样，求得离散脉冲响应 $g^{*}(t)$

$$g^{*}(t)=\sum_{k=0}^{\infty}g(kT)\delta(t-kT) \tag{7-47}$$

(3) 对 $g^{*}(t)$ 进行 Z 变换，即可得到该系统的脉冲传递函数 $G(z)$

$$G(z)=\mathscr{Z}[g^{*}(t)]=\sum_{k=0}^{\infty}g(kT)z^{-k} \tag{7-48}$$

脉冲传递函数也可由给定连续系统的传递函数，经部分分式法，通过查表求得。

【例 7-8】 连续系统传递函数为

$$G(s)=\frac{1}{s(0.1s+1)}$$

求其对应的脉冲传递函数 $G(z)$。

解　先将 $G(s)$ 展成部分分式形式

$$G(s)=\frac{10}{s(s+10)}=\frac{1}{s}-\frac{1}{s+10}$$

由拉氏变换表和 Z 变换可求得

$$G(z)=\frac{z}{z-1}+\frac{z}{z-\mathrm{e}^{-10T}}=\frac{z(2z-1-\mathrm{e}^{10T})}{(z-1)(z-\mathrm{e}^{-10T})}$$

7.5.3　开环系统脉冲传递函数

1. *有串联环节时的开环脉冲传递函数*

离散系统中有多个环节相串联时，串联环节间有无同步采样开关，串联环节等效的脉冲传递函数是不相同的。

(1) 串联环节间有采样开关。两个环节间有采样开关，如图 7-10 所示。在两个串联环节 $G_1(s)$ 和 $G_2(s)$ 之间，有理想采样开关隔开。由于每个环节的输入变量与输出变量的离散关系独立存在，因此，其脉冲传递函数等于两个环节自身脉冲传递函数的乘积为

$$G(z)=G_1(z)G_2(z) \tag{7-49}$$

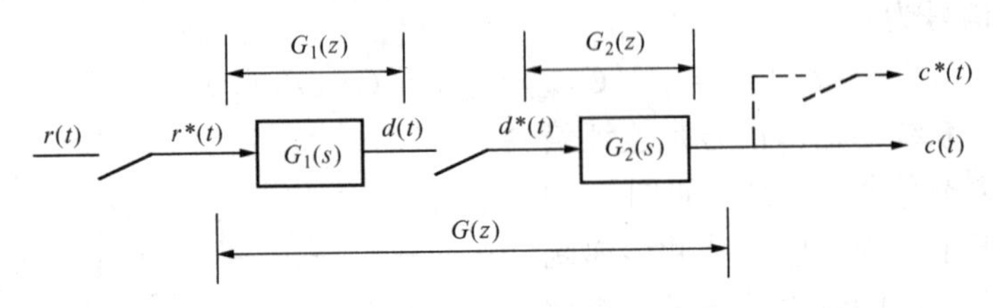

图 7 - 10　串联环节之间有采样开关的开环离散系统

该结论可推广到有采样开关隔开的 n 个环节串联的情况。

(2) 串联环节之间无采样开关。两个环节之间没有采样开关，如图 7 - 11 所示。在两个串联连续环节 $G_1(s)$ 和 $G_2(s)$ 之间，无理想采样开关。

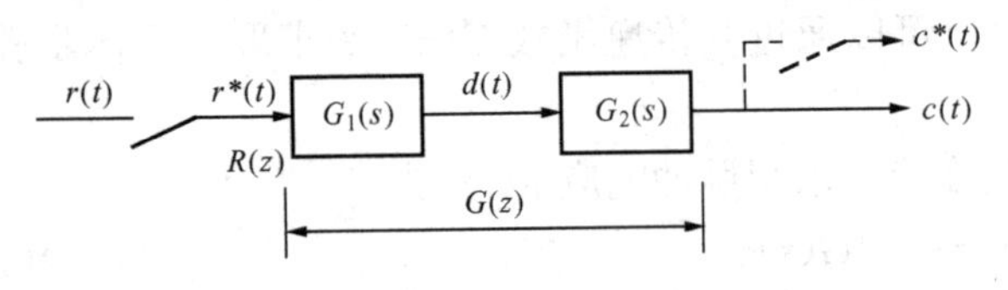

图 7 - 11　串联环节之间无采样开关的开环离散系统

由图可见

$$D(s)=R^*(s)G_1(s)$$

$$C(s)=D(s)G_2(s)$$

$$C(s)=R^*(s)G_1(s)G_2(s)$$

对 $C(s)$ 离散化，并由采样拉氏变换的性质

$$C^*(s)=R^*(s)[G_1G_2(s)]^*$$

取 Z 变换，得

$$C(z)=R(z)G_1G_2(z)$$

即

$$G(z)=G_1G_2(z) \tag{7-50}$$

式 (7 - 50) 表明：两个串联环节之间没有采样开关隔开时，系统的脉冲传递函数等于两个环节传递函数乘积后的相应 Z 变换。该结论可推广到 n 个环节串联而没有采样开关隔开的情况。

【例 7 - 9】 试求图 7 - 12 (a) 和 (b) 所示的两个系统的脉冲传递函数。

解　(1) 图 7 - 12 (a) 中的系统，其脉冲传递函数为

$$\begin{aligned}G(z)&=\mathcal{Z}\{[G_1(s)G_2(s)]\}\\&=\mathcal{Z}\left[\frac{1}{s+2}\frac{1}{s+1}\right]\\&=\mathcal{Z}\left[\frac{1}{s+1}-\frac{1}{s+2}\right]\\&=\frac{z}{z-\mathrm{e}^{-T}}-\frac{z}{z-\mathrm{e}^{-2T}}\\&=\frac{(\mathrm{e}^{-T}-\mathrm{e}^{-2T})z}{z^2-(\mathrm{e}^{-T}+\mathrm{e}^{-2T})z+\mathrm{e}^{-3T}}\end{aligned}$$

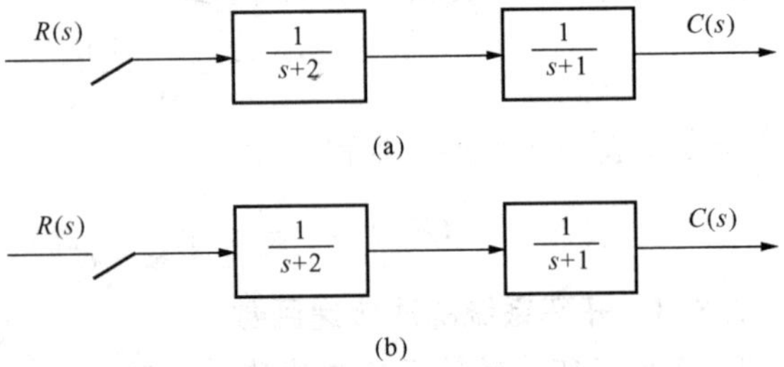

图 7 - 12　[例 7 - 9] 采样系统方框图

(2) 图 7 - 12 (b) 中的两个环节之间有采样开关，因此，其脉冲传递函数为两个串联环节脉冲传递函数的乘积，即

$$\begin{aligned}G(z)&=\mathcal{Z}[G_1(s)]\mathcal{Z}[G_2(s)]=\mathcal{Z}\left[\frac{1}{s+2}\right]\mathcal{Z}\left[\frac{1}{s+1}\right]\\&=\frac{z}{z-\mathrm{e}^{-2T}}\frac{z}{z-\mathrm{e}^{-T}}=\frac{z^2}{z^2-(\mathrm{e}^{-T}+\mathrm{e}^{-2T})z+\mathrm{e}^{-3T}}\end{aligned}$$

2. 有零阶保持器的开环脉冲传递函数

具有零阶保持器的开环离散系统如图 7 - 13 所示。

图 7 - 13 中，$G_h(s)$ 零阶保持器的传递函数，$G_p(s)$ 为连续部分的传递函数。两个串联环节之间没有同步采样开关隔离。由于 $G_h(s)$ 不是 s 的有理分式，所以通常的由 $G(s)$ 求 $G(z)$ 的方法无法使用，应做一些变换。变换的方法如图 7 - 14 所示。

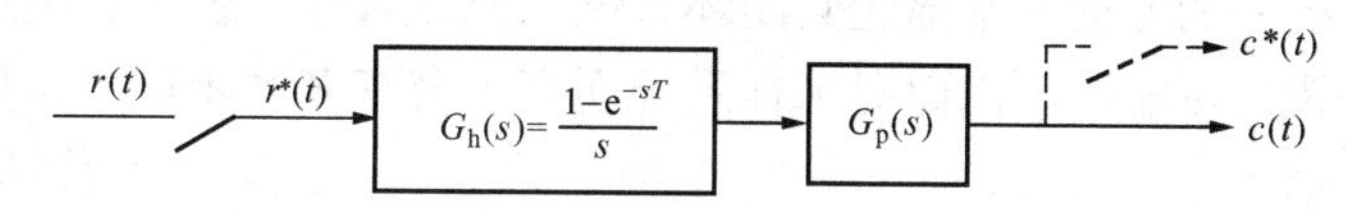

图 7 - 13　有零阶保持器的开环离散系统

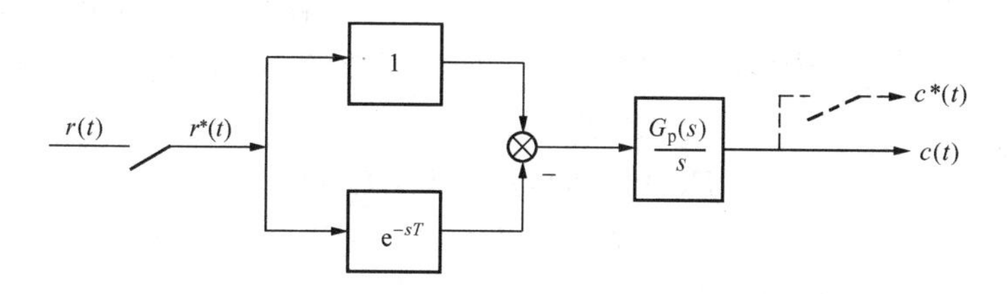

图 7 - 14　有零阶保持器的开环离散系统等效图

由图中可以看出，图 7 - 13 和图 7 - 14 是等效的。由图 7 - 14 可得

$$C(s)=\left[\frac{G_p(s)}{s}-e^{-sT}\frac{G_p(s)}{s}\right]R^*(s)$$

因为，e^{-sT} 为延迟一个采样周期的延迟环节，$e^{-sT}\frac{G_p(s)}{s}$ 对应的采样输出比 $\frac{G_p(s)}{s}$ 对应的采样输出延迟一个采样周期。对上式进行 Z 变换，根据实数位移定理，可得

$$C(z)=\mathscr{Z}\left[\frac{G_p(s)}{s}\right]R(z)-z^{-1}\mathscr{Z}\left[\frac{G_p(s)}{s}\right]R(z)$$

于是，有零阶保持器时，开环系统脉冲传递函数为

$$G(z)=\frac{C(z)}{R(z)}=(1-z^{-1})\mathscr{Z}\left[\frac{G_p(s)}{s}\right] \tag{7 - 51}$$

【例 7 - 10】　设如图 7 - 13 所示离散系统中，其中 $G_p(s)=\frac{a}{s(s+a)}$，试求系统的脉冲传递函数 $G(z)$。

解

$$\mathscr{Z}\left[\frac{G_p(s)}{s}\right]=\mathscr{Z}\left[\frac{a}{(s+a)s^2}\right]=\mathscr{Z}\left[\frac{1}{s^2}-\frac{1}{a}\left(\frac{1}{s}-\frac{1}{s+a}\right)\right]$$

$$=\mathscr{Z}\left[\frac{1}{s^2}\right]-\frac{1}{a}\mathscr{Z}\left[\frac{1}{s}\right]+\frac{1}{a}\mathscr{Z}\left[\frac{1}{s+a}\right]$$

$$=\frac{Tz}{(z-1)^2}-\frac{1}{a}\left(\frac{z}{z-1}-\frac{z}{z-e^{-at}}\right)$$

$$=\frac{\frac{1}{a}z[(e^{-aT}+aT-1)z+(1-aTe^{-aT}-e^{-aT})]}{(z-1)^2(z-e^{-aT})}$$

$$G(z)=(1-z^{-1})\mathscr{Z}\left[\frac{G_p(s)}{s}\right]=\frac{\frac{1}{a}[(e^{-aT}+aT+1)z+(1-aTe^{-aT}-e^{-aT})]}{(z-1)(z-e^{-aT})}$$

7.5.4 闭环系统脉冲传递函数

在连续系统中，闭环传递函数与相应的开环传递函数之间存在确定的关系，因而可以用统一的方框图来描述其闭环系统。但在采样系统中，由于采样器在闭环系统中可以有多种配置的可能性，因而对采样系统而言，会有多种闭环结构形式。这就使得闭环采样系统的脉冲传递函数没有一般的计算公式，只能根据系统的实际结构具体求取。图 7-15 所示为一种比较常见的误差采样闭环离散系统结构图。

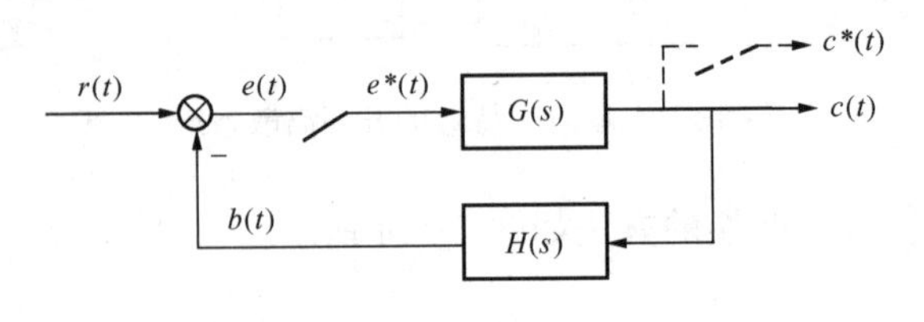

图 7-15　误差采样闭环离散系统

由图 7-15 可见，连续输出信号和误差信号拉氏变换的关系为

$$C(s) = G(s)E^*(s)$$

又

$$E(s) = R(s) - H(s)C(s)$$

所以

$$E(s) = R(s) - H(s)G(s)E^*(s)$$

于是，误差采样信号 $e^*(t)$ 的拉氏变换

$$E^*(s) = R^*(s) - HG^*(s)E^*(s)$$

整理得

$$E^*(s) = \frac{R^*(s)}{1+HG^*(s)} \tag{7-52}$$

由于

$$C^*(s) = [G(s)E^*(s)]^* = G^*(s)E^*(s) = \frac{G^*(s)}{1+HG^*(s)}R^*(s) \tag{7-53}$$

所以对式（7-52）及式（7-53）取 Z 变换，可得

$$E(z) = \frac{1}{1+HG(z)}R(z) \tag{7-54}$$

$$C(z) = \frac{G(z)}{1+HG(z)}R(z) \tag{7-55}$$

根据式（7-54），定义

$$\Phi_e(z) = \frac{E(z)}{R(z)} = \frac{1}{1+HG(z)} \tag{7-56}$$

根据式（7-55），定义

$$\Phi(z) = \frac{C(z)}{R(z)} = \frac{G(z)}{1+HG(z)} \tag{7-57}$$

$$D(z) = 1+GH(z) = 0 \tag{7-58}$$

典型闭环离散系统及输出 Z 变换函数见表 7-1。

表 7-1　　典型闭环离散系统及输出 Z 变换函数

序号	系统结构图	$C(z)$ 计算式
1	R(s)、−、G(s)、C(s)、H(s)	$\frac{G(z)R(z)}{1+GH(z)}$

续表

序号	系统结构图	$C(z)$ 计算式
2	$R(s)$, $G_1(s)$, $G_2(s)$, $C(s)$, $H(s)$, −	$\dfrac{RG_1(z)G_2(z)}{1+G_2HG_1(z)}$
3	$R(s)$, $G(s)$, $C(s)$, $H(s)$, −	$\dfrac{G(z)R(z)}{1+G(z)H(z)}$
4	$R(s)$, $G_1(s)$, $G_2(s)$, $C(s)$, $H(s)$, −	$\dfrac{G_1(z)G_2(z)R(z)}{1+G_1(z)G_2(z)H(z)}$
5	$R(s)$, $G_1(s)$, $G_2(s)$, $G_3(s)$, $C(s)$, $H(s)$, −	$\dfrac{RG_1(z)G_2(z)G_3(z)}{1+G_2(z)G_1G_3H(z)}$
6	$R(s)$, $G(s)$, $C(s)$, $H(s)$, −	$\dfrac{RG(z)}{1+GH(z)}$
7	$R(s)$, $G(s)$, $C(s)$, $H(s)$, −	$\dfrac{R(z)G(z)}{1+G(z)H(z)}$

【例 7-11】 试求图 7-16 所示线性离散系统的闭环脉冲传递函数。

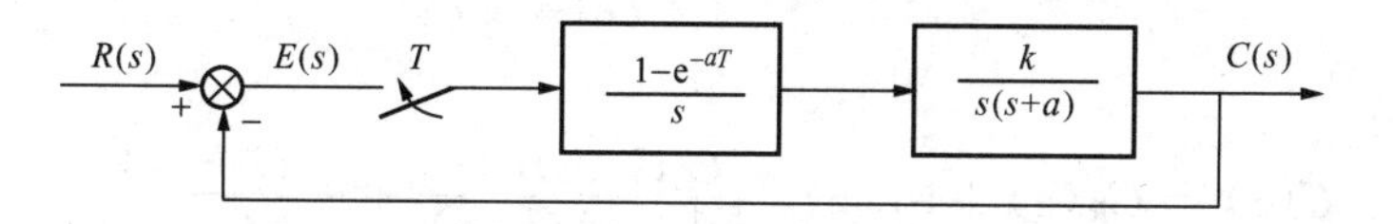

图 7-16 [例 7-11] 线性离散系统方框图

解 系统开环脉冲传递函数为

$$G(z)=\mathscr{Z}[G(z)]=(1-z^{-1})\mathscr{Z}\left[\frac{1}{s}\frac{k}{s(s+a)}\right]$$

$$=\frac{k(aT-1+e^{-aT})z+(1-e^{-aT}-aTe^{-aT})}{a^2(z-1)(z-e^{-aT})}$$

偏差信号对输入信号和被控制信号对输入信号的闭环脉冲传递函数分别为

$$\frac{E(z)}{R(z)}=\frac{a^2(z-1)(z-e^{-aT})}{a^2z^2+[k(aT-1+e^{-aT})-a^2(1+e^{-aT})]z+[k(1-e^{-aT}-aTe^{-aT})+a^2e^{-aT}]}$$

$$\frac{C(z)}{R(z)}=\frac{k[(aT-1+\mathrm{e}^{-aT})z+(1-\mathrm{e}^{-aT}-aT\mathrm{e}^{-aT})]}{a^2z^2+[k(aT-1+\mathrm{e}^{-aT})-a^2(1+\mathrm{e}^{-aT})]z+[k(1-\mathrm{e}^{-aT}aT\mathrm{e}^{-aT})+a^2\mathrm{e}^{-aT}]}$$

【例 7-12】 线性离散系统如图 7-17 所示，试求参考输入 $R(s)$ 和扰动输入 $F(s)$ 同时作用时，系统被控制量的 Z 变换 $C(z)$。

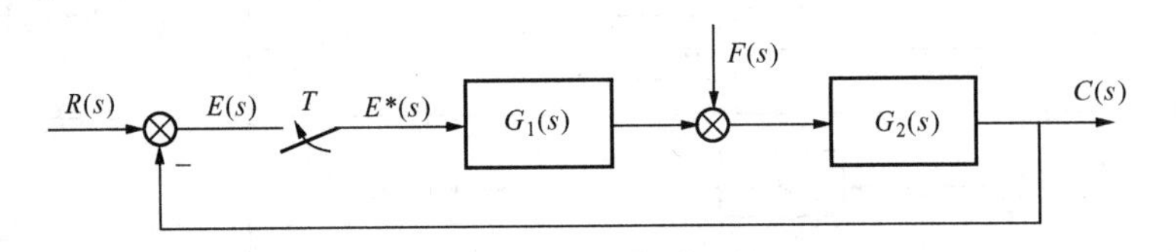

图 7-17 [例 7-12] 离散系统方框图

解 设 $F(s)=0$，$R(s)$ 单独作用，则输出为

$$C_R(s)=G_1(s)G_2(s)E^*(s)$$
$$E(s)=R(s)-C_R(s)$$

对上两式取 Z 变换，有

$$C_R(z)=G_1G_2(z)E(z)$$
$$E(z)=R(z)-C_R(z)$$

根据以上两式整理得

$$C_R(z)=\frac{G_1G_2(z)}{1+G_1G_2(z)}R(z)$$

设 $R(s)=0$，$F(s)$ 单独作用，则输出为

$$C_F(s)=G_2(s)F(s)+G_1(s)G_2(s)E^*(s)$$
$$E(s)=-C_F(s)$$

对上两式取 z 变换，有

$$C_F(z)=G_2F(z)+G_1G_2(z)E(z)$$
$$E(z)=-C_F(z)$$

根据以上两式整理，得到

$$C_F(z)=\frac{G_2F(z)}{1+G_1G_2(z)}$$

同时作用

$$C(z)=C_R(z)+C_F(z)=\frac{G_1G_2(z)R(z)}{1+G_1G_2(z)}+\frac{G_2F(z)}{1+G_1G_2(z)}$$

7.6 线性离散系统的稳定性

在线性连续系统中，系统的稳定性可以根据特征方程的根在 s 平面的分布位置来确定。若系统特征方程的根都具有负实部，即都分布在 s 平面左半部，则系统是稳定的。线性离散系统的数学模型是建立在 Z 变换的基础上的，为了在平面上分析线性离散系统的稳定性，首先要弄清 s 平面和 z 平面之间的映射关系。

7.6.1 s 平面和 z 平面的映射关系

在前面定义 Z 变换时，定义了复变量 s 与复变量 z 之间的转换关系为

$$z = e^{sT} \tag{7-59}$$

式中：T 为采样周期。

将 $s=\sigma+j\omega$ 代入式（7-59）得到

$$z = e^{(\sigma+j\omega)T} = e^{\sigma T} e^{j\omega T} = |z| e^{j\omega T}$$

得到 s 平面到 z 平面的基本映射关系式

$$|z| = e^{\sigma T} \quad \arg z = \omega T \tag{7-60}$$

因此，在 s 域中任意一点 $s=\sigma+j\omega$ 应地在 z 域上对应一点，其模为 $e^{\sigma T}$ 角度为 ωT。

式（7-60）表明：s 平面上的虚轴映射到 z 平面上为圆心在原点的单位圆，且当 ω 从 $-\infty$ 变化到 $+\infty$ 时，z 平面上的轨迹已经沿着单位圆转过了无限多圈。因为当 ω 从 $-\frac{1}{2}\omega_s$ 到 $\frac{1}{2}\omega_s$ 时，对应于 z 的幅角由 $-\pi$ 变化到 $+\pi$，变化了一周。因此，s 平面虚轴由 $s=-j\frac{1}{2}\omega_s$ 到 $s=+j\frac{1}{2}\omega_s$ 区段，映射到 z 平面为一个单位圆，如图 7-18 所示。依此类推。

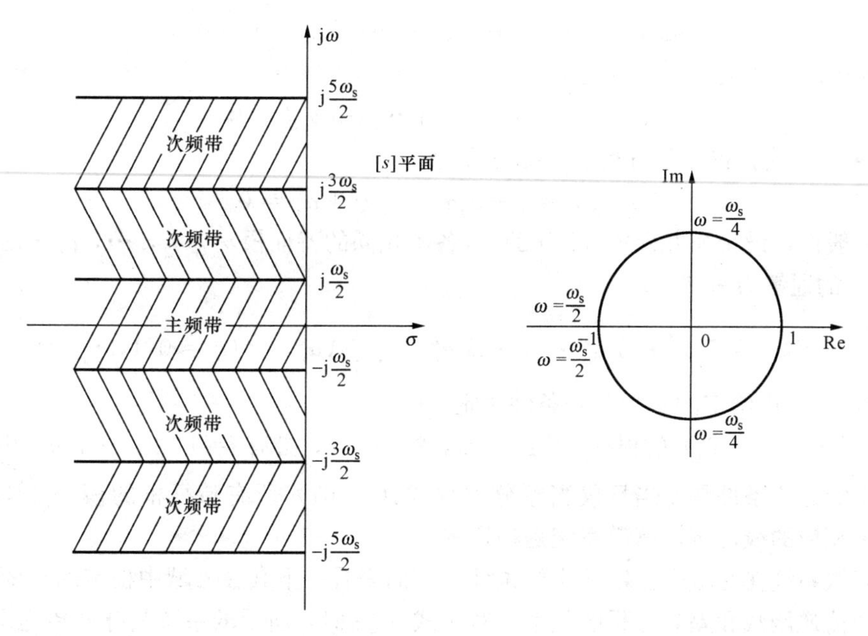

图 7-18　s 平面与 z 平面的映射

在 s 平面左半平面上的点，因为 $\sigma<0$，所以 $|z|=e^{\sigma T}<1$，映射到 z 平面上是在以原点为圆心的单位圆内；反之，在 s 平面的右半平面上的点，因为 $\sigma>0$，所以 $|z|=e^{\sigma T}>1$，映射到 z 平面上是在以原点为圆心的单位圆外。

由此可以看出，s 平面上的稳定区域左半 s 平面在 z 平面上的映射是单位圆内部区域。这说明在 z 平面上，单位圆之内是稳定区域，单位圆外是不稳定区域。z 平面上的单位圆是稳定区域和不稳定区域的分界线。

s 平面左半部可以分成宽度为 ω_s，频率范围为 $\frac{2n-1}{2}\omega_s-\frac{2n+1}{2}\omega_s$（$n=0$，$\pm1$，$\pm2\cdots$），平行于横轴的无数多带域，每一个带域都映射为 z 平面的单位圆内的圆域。其中，$-\frac{1}{2}\omega_s<$

$\omega < \frac{1}{2}\omega_s$ 的带域称为主频带，其余称为次频带。

7.6.2 线性离散系统稳定的充要条件

在线性定常连续系统中，系统在时域稳定的充要条件是：系统齐次微分方程的解是收敛的，或者系统特征方程的根均具有负实部。对线性定常离散系统来说，从时域中的数学模型即线性定常差分方程，同样可以求得其稳定的充要条件。

设线性定常差分方程为

$$c(k) = -\sum_{i=1}^{n} a_i c(k-i) + \sum_{j=0}^{m} b_j r(k-j) \tag{7-61}$$

其齐次差分方程为

$$c(k) + \sum_{i=1}^{n} a_i c(k-i) = 0$$

设通解为 $A\alpha^k$，代入齐次方程得

$$A\alpha^k + a_1 A\alpha^{k-1} + a_2 A\alpha^{k-2} + \cdots + a_n A\alpha^{k-n} = 0$$

或

$$A\alpha^k(\alpha^0 + a_1\alpha^{-1} + a_2\alpha^{-2} + \cdots + a_n\alpha^{-n}) = 0$$

因为 $A\alpha^k \neq 0$，故必有

$$\alpha^0 + a_1\alpha^{-1} + a_2\alpha^{-2} + \cdots + a_n\alpha^{-n} = 0$$

以 α^n 乘以上式，得差分方程的特征方程为

$$\alpha^n + a_1\alpha^{n-1} + a_2\alpha^{n-2} + \cdots + a_n = 0 \tag{7-62}$$

不失一般性，设特征方程式（7-62）有各不相同的特征根 α_1，α_2，…，α_n，则差分方程式（7-61）的通解为

$$c(k) = A_1\alpha_1^k + A_2\alpha_2^k + \cdots + A_n\alpha_n^k = \sum_{i=1}^{n} A_i\alpha_i^k \qquad (k = 0,1,2\cdots)$$

式中，系数 A_i 可由给定的 n 个初始条件决定。

当特征方程式（7-62）的根 $|\alpha_i| < 1$，$i=1$，2，…，n，必有 $i=1$，2，…，n，$\lim\limits_{k\to\infty} c(k) = 0$ 故系统稳定的充要条件是：当且仅当差分方程式（7-61）所有特征根的模 $|\alpha_i| < 1$，$i=1$，2，…，n，相应的线性定常离散系统是稳定的。

知道离散系统在时域中稳定的充要条件，下面来看一下其在 z 域中稳定的充要条件。

由脉冲传递函数和差分方程的关系，对于式（7-61）所示的系统其脉冲传递函数为

$$G(z) = \frac{C(z)}{R(z)} = \frac{\sum\limits_{j=1}^{m} b_j z^{-j}}{1 + \sum\limits_{i=1}^{n} a_i z^{-i}}$$

其特征方程为

$$1 + \sum_{i=1}^{n} a_i z^{-i} = 0$$

两端乘以 z^n 得

$$z^n + a_1 z^{n-1} + a_2 z^{n-2} + \cdots + a_n = 0$$

上式与系统的差分方程对应的特征方程式（7-62）形式完全相同，即同一系统的差分方程与脉冲传递函数具有相同的特征方程。

因此，线性离散系统稳定的充要条件是：当脉冲传递函数的特征方程的所有特征根 z_i 的模 $|z_i|<1$，$i=1, 2, \cdots, n$ 即处于 z 平面的单位圆内时，该系统是稳定的。只要其中有一个特征根在单位圆外，该系统是不稳定的。

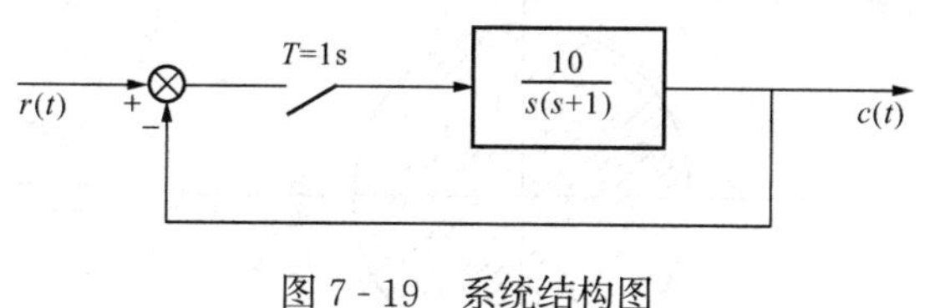

图 7-19 系统结构图

【例 7-13】 已知采样系统如图 7-19 所示，采样间隔为 $T=1$s，试讨论该系统的稳定性。

解 开环脉冲传递函数为

$$G(z)=\mathscr{Z}\left[\frac{10}{s(s+1)}\right]=\frac{10(1-\mathrm{e}^{-T})z}{z^2-(1+\mathrm{e}^{-T})z+\mathrm{e}^{-T}}$$

闭环脉冲传递函数为

$$\frac{C(z)}{R(z)}=\frac{G(z)}{1+G(z)}=\frac{10(1-\mathrm{e}^{-T})z}{z^2+(9-11\mathrm{e}^{-T})z+\mathrm{e}^{-T}}$$

闭环特征方程为

$$z^2+(9-11\mathrm{e}^{-T})z+\mathrm{e}^{-T}=0$$

当采样间隔为 $T=1$s 时，有

$$z^2+4.952z+0.368=0$$

该系统为二阶系统，有两个特征根为

$$z_1=-0.076 \text{ 和 } z_2=-4.876$$

由 z 域稳定的充分必要条件有

$$|z_1|<1,\ |z_2|>1$$

7.6.3 劳斯稳定判据

在线性离散系统中，判断稳定性需要判别特征方程的根是否在 z 平面的单位圆之内，因此不能直接将劳斯判据应用于以复变量 z 表示的特征方程。为了使稳定区域映射到新平面的左半部，采用 w 变换，将 z 平面上的单位圆内部区域，映射为 w 平面的左半部。为此令

$$z=\frac{w+1}{w-1} \tag{7-63}$$

则有

$$w=\frac{z+1}{z-1} \tag{7-64}$$

w 变换是一种可逆的双线性变换。令复变量

$$z=x+\mathrm{j}y \qquad w=u+\mathrm{j}v$$

代入式（7-64）有

$$w=u+\mathrm{j}v=\frac{(x^2+y^2)-1}{(x-1)^2+y^2}-\mathrm{j}\frac{2y}{(x-1)^2+y^2} \tag{7-65}$$

式（7-65）中，分母始终为正，因此 $u=0$ 等价于 $x^2+y^2=1$；$u<0$ 等价于 $x^2+y^2<1$；$u>0$ 等价于 $x^2+y^2>1$，可见经过变换，z 域单位圆映射为 w 域的虚轴，z 域单位圆内映射为 w 域的左半平面，z 域单位圆外映射为 w 域的右半平面，如图 7-20 所示。

由 w 变换可知，通过从 z 域到 w 域的变换，线性定常离散系统 z 域的特征方程 $D(z)$ 转换为 w 域特征方程 $D(w)$，则 z 域的稳定条件即所有特征根均处于单位圆内转换为 w 域

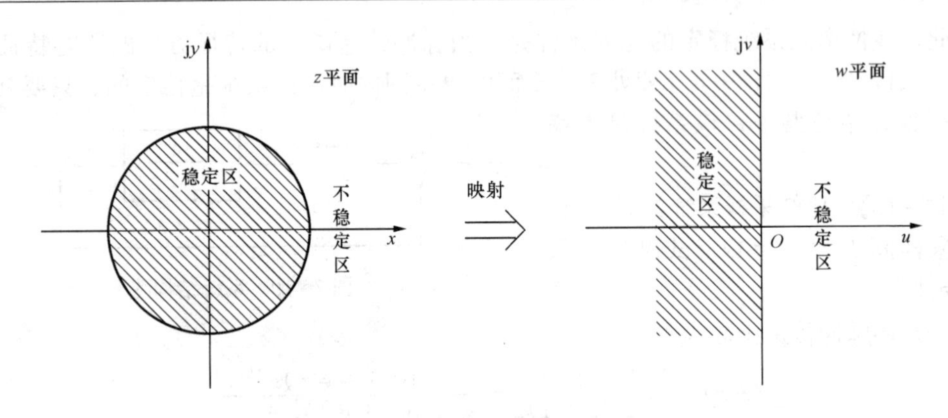

图 7 - 20　z 平面与 w 平面的稳定区域

的稳定条件即特征方程的根严格位于左半平面。因此，经过 w 变换之后，就可以用劳斯判据来判断线性离散系统的稳定性。

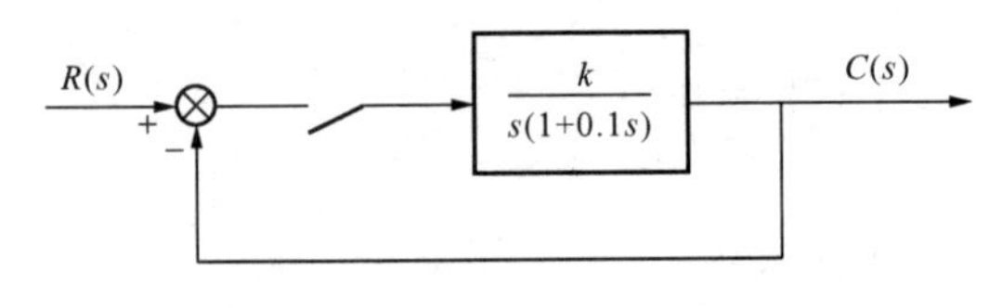

图 7 - 21 ［例 7 - 14］系统结构图

【例 7 - 14】 已知系统结构如图 7 - 21 所示，采样周期 $T=0.1\text{s}$，试求系统稳定时 k 的取值范围。

解　由结构图有

$$G(s)=\frac{k}{s(1+0.1s)}=k\left(\frac{1}{s}-\frac{1}{s+10}\right)$$

相应的 Z 变换可查表求得为

$$G(z)=k\left(\frac{z}{z-1}-\frac{z}{z-\mathrm{e}^{-10T}}\right)$$

$$T=0.1\text{s}\qquad \mathrm{e}^{-10T}=0.368$$

所以

$$G(z)=\frac{0.632kz}{z^2-1.68z+0.368}$$

由于单位负反馈系统的闭环系统传递函数为

$$\Phi(z)=\frac{G(z)}{1+G(z)}$$

则特征方程为

$$D(z)=z^2+(0.632k-1.368)z+0.368=0$$

作双线性变换，将 $z=\dfrac{\omega+1}{\omega-1}$ 代入上式化简后得

$$0.632k\omega^2+1.264\omega+(2.736-0.632k)=0$$

则劳斯表为

ω^2	$0.632k$	$2.736-0.632k$
ω^1	1.264	0
ω^0	$2.736-0.632k$	0

由劳斯表可知，系统稳定时，k 值应满足

$$k>0 \text{ 且 } 2.736-0.632k>0$$

故系统稳定的 k 值范围是 $0<k<4.33$。

分析得知，对于$G(s)=\frac{k}{s(1+0.1s)}$的单位负反馈连续系统来说，只要$k>0$，系统总是稳定的，而由［例7-14］的结论来看，加入采样开关，当k超过一定值时，将使系统不稳定，因此采样周期一定时，加大开环增益会使离散系统的稳定性变差。

另外，当开环增益一定时，如果加大采样周期，则会使系统的信息丢失增加，也可能使系统变得不稳定。

7.7 线性离散系统的稳态误差

离散系统的稳态性能是用稳态误差来表征的，与连续系统类似。离散系统稳态误差和系统本身及输入信号都有关系，在系统特性中起主要作用的是系统的型别及开环增益。稳态误差既可用级数的方法求取，也可用终值定理求取。应用终值定理，方法简便，所以经常使用。

由于离散系统没有唯一的典型结构形式，所以无法给出误差脉冲传递函数一般的计算公式。采样系统的稳态误差需要针对不同形式的采样系统来求取。下面讨论较为典型的单位反馈系统在典型输入信号作用下的稳态误差。

设单位反馈误差采样系统的方框图如图7-22所示。图中，$G(s)$为连续部分的传递函数；$e(t)$为系统连续误差信号；$e^*(t)$为系统采样误差信号。由闭环系统误差脉冲传递函数的定义可知

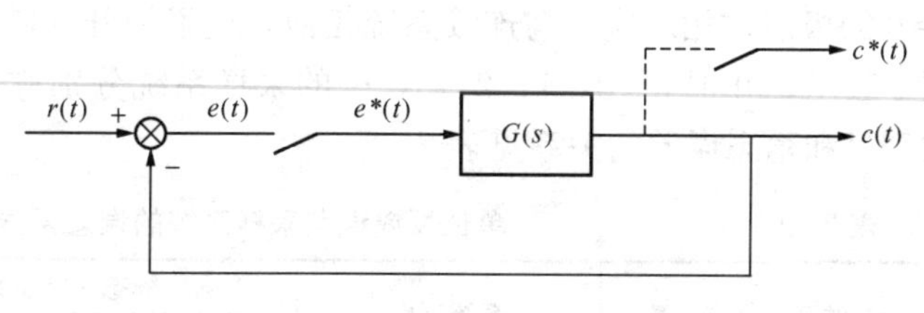

图7-22 单位反馈误差采样系统

$$\Phi_e(z)=\frac{E(z)}{R(z)}=\frac{1}{1+G(z)}$$

如果$\Phi_e(z)$极点全部严格位于z平面上的单位圆内，即系统稳定，则应用z变换的终值定理即可求出采样瞬时的终值误差。

$$e(\infty)=\lim_{t\to\infty}e^*(t)=\lim_{z\to1}(z-1)E(z)=\lim_{z\to1}\frac{(z-1)R(z)}{[1+G(z)]} \tag{7-66}$$

式（7-66）表明：离散系统的稳态误差取决于系统的脉冲传递函数$G(z)$和输入信号的形式。下面分别讨论在三种典型输入信号作用下的稳态误差。

7.7.1 单位阶跃输入信号

输入信号为单位阶跃输入信号，即$r(t)=1(t)$，因为$R(z)=\frac{z}{z-1}$将其代入式（7-66）得

$$e(\infty)=\lim_{z\to1}\frac{(z-1)R(z)}{[1+G(z)]}=\lim_{z\to1}\frac{1}{1+G(z)}=\frac{1}{K_p} \tag{7-67}$$

式中：K_p为采样系统的静态位置误差系数，$K_p=\lim_{z\to1}[1+G(z)]$。

当采样系统为Ⅰ型系统，即$G(s)$中包含一个积分环节，$G(z)$具有一个$z=1$的极点时，$K_p=\infty$，系统的稳态误差为$e(\infty)=0$。

7.7.2 单位斜坡输入信号

输入信号为单位斜坡输入信号，即$r(t)=t$，因为$R(z)=\frac{Tz}{(z-1)^2}$将其代入式（7-66）得

$$e(\infty)=\lim_{z\to1}\frac{(z-1)R(z)}{[1+G(z)]}=\lim_{z\to1}\frac{T}{(z-1)G(z)}=\frac{T}{K_v} \tag{7-68}$$

式中：K_v 为采样系统的静态位置误差系数，$K_v=\lim\limits_{z\to1}(z-1)G(z)$。

当采样系统为Ⅱ型系统，即 $G(s)$ 中包含两个积分环节，$G(z)$ 具有两个 $z=1$ 的极点时，$K_v=\infty$，系统的稳态误差为 $e(\infty)=0$。

7.7.3 单位加速度输入信号

输入信号为单位加速度输入信号，即 $r(t)=\frac{t^2}{2}$，因为 $R(z)=\frac{T^2z(z+1)}{2(z-1)^3}$将其代入式（7-66）得

$$e(\infty)=\lim_{z\to1}\frac{(z-1)R(z)}{[1+G(z)]}=\lim_{z\to1}\frac{T^2(z+1)}{2(z-1)^2[1+G(z)]}=\frac{T^2}{K_a} \tag{7-69}$$

式中：K_a 为采样系统的静态位置误差系数，$K_a=\lim\limits_{z\to1}(z-1)^2G(z)$。

当采样系统为Ⅲ型系统，即 $G(s)$ 中包含三个积分环节，$G(z)$ 具有三个 $z=1$ 的极点时，$K_a=\infty$，系统的稳态误差为 $e(\infty)=0$。

上面讨论了采样系统在三种典型输入信号作用下的稳态误差的终值，可以看出，采样系统的稳态误差的终值与开环脉冲传递函数 $G(z)$ 中 $z=1$ 的极点数密切相关，与连续部分 $G(s)$ 中 $s=0$ 的极点数相对应。与连续系统相似，这里把开环脉冲传递函数 $G(z)$ 中 $z=1$ 的极点数用 v 表示，并把 $v=0$，1，2，3，…的采样系统分别称为 0 型、1 型、2 型和 3 型等。系统的型号和稳态误差的关系见表 7-2。

表 7-2 单位反馈误差采样系统的误差系数和稳态误差

$z=1$ 的开环极点个数	系统型别	静态误差系数			稳态误差 $e(\infty)$		
		K_p	K_v	K_a	$1(t)$	t	$t^2/2$
0	0 型	F	0	0	$\frac{1}{K_p}$	∞	∞
1	Ⅰ型	∞	F	0	0	$\frac{T}{K_v}$	∞
2	Ⅱ型	∞	∞	F	0	0	$\frac{T^2}{K_a}$
3	Ⅲ型	∞	∞	∞	0	0	0

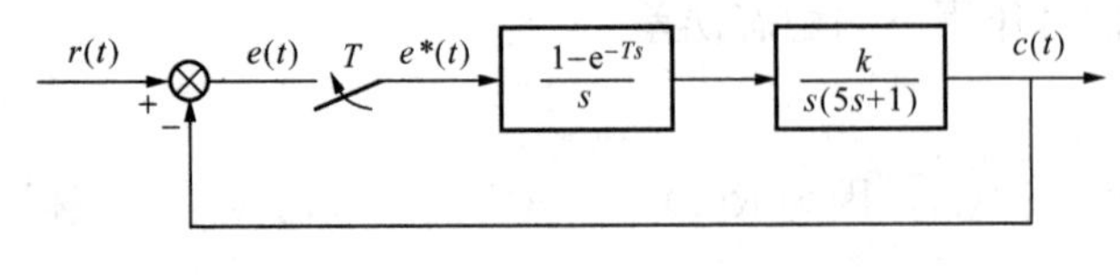

图 7-23 ［例 7-15］采样系统框图

【例 7-15】 已知某采样系统的框图如图 7-23 所示。采样周期 $T=0.1$s，试用稳态误差系数法，求该系统在输入信号 $r(t)=1+t$ 作用下的稳态误差。

解 系统的开环脉冲传递函数为

$$G(z)=\frac{z-1}{z}\mathscr{Z}\left[\frac{k}{s^2(5s+1)}\right]=\frac{z-1}{z}\cdot k\mathscr{Z}\left(\frac{1}{s^2}-\frac{5}{s}+\frac{5}{s+0.2}\right)$$

$$=k\frac{z-1}{z}\left[\frac{Tz}{(z-1)^2}-\frac{5z}{z-1}+\frac{5z}{z-\mathrm{e}^{0.2T}}\right]$$

将采样周期 $T=0.1$s 代入上式并简化得

$$G(z)=\frac{kT}{z-1} \tag{7-70}$$

根据式（7-70），计算该系统的位置、速度和加速度误差系数分别为

$$K_{\mathrm{p}}=\lim_{z\to1}[1+G(z)]=\frac{z+kT-1}{z-1}=\infty$$

$$K_{\mathrm{v}}=\lim_{z\to1}(z-1)G(z)=kT$$

$$K_{\mathrm{a}}=\lim_{z\to1}(z-1)^2G(z)=0$$

因此，系统在输入信号 $r(t)=1+t$ 作用下的稳态误差为 $e(\infty)=\frac{1}{K_{\mathrm{p}}}+\frac{T}{K_{\mathrm{v}}}=\frac{1}{k}$。

7.8　线性离散系统动态性能分析

前面讲述了采样系统稳定的充要条件及稳态误差的计算，但工程上不仅要求系统是稳定的，而且还希望它具有良好的动态品质。通常，如果已知采样控制系统的数学模型（差分方程、脉冲传递函数等），通过递推计算及 Z 变换法，不难求出典型输入信号作用下的系统输出信号脉冲序列 $c^*(t)$，从而可以很方便地分析系统的动态性能。

设闭环脉冲传递函数为

$$\Phi(z)=\frac{M(z)}{D(z)}=\frac{b_0z^m+b_1z^{m-1}+\cdots+b_n}{a_0z^n+a_1z^{n-1}+\cdots+a_n}=\frac{b_0\prod_{j=1}^{m}(z-z_j)}{a_0\prod_{j=1}^{m}(z-p_i)} \quad (m\leqslant n)$$

式中，$z_j(j=1, 2, \cdots, m)$ 表示 $\Phi(z)$ 的零点，$p_i(i=1, 2, \cdots, n)$ 表示 $\Phi(z)$ 的极点，它们既可以是实数，也可以是共轭复数。如果离散系统稳定，则所有闭环极点应严格位于 z 平面上的单位圆内，即 $|p_i|<1(i=1, 2, \cdots, n)$，为便于讨论，假定 $\Phi(z)$ 无重极点，且系统的输入为单位阶跃信号。此时设 $r(t)=1(t)$，有

$$R(z)=\frac{z}{z-1}$$

系统输出的 Z 变换为

$$C(z)=\Phi(z)R(z)=\frac{M(z)}{D(z)}\frac{z}{z-1}$$

将 $\frac{C(z)}{z}$ 展成部分分式，则有

$$\frac{C(z)}{z}=\frac{M(1)}{D(1)}\frac{1}{z-1}+\sum_{i=1}^{n}\frac{C_i}{z-p_i}$$

式中，C_i 为 $C(z)$ 在各极点处的留数，由上式

$$C(z)=\frac{M(1)}{D(1)}\frac{z}{z-1}+\sum_{i=1}^{n}\frac{C_iz}{z-p_i}$$

对于上式取 Z 反变换，可得系统的输出脉冲序列为

$$c(k)=\frac{M(1)}{D(1)}1(t)+\sum_{i=1}^{n}C_i(p_i)^k \tag{7-71}$$

式中，等式左边第一项为输出脉冲序列的稳态分量；第二项为暂态分量，根据 p_i 在 z 平面

上分布的不同，其对应的动态性能也不相同，下面分几种情况讨论。

7.8.1　实数极点

当闭环脉冲传递函数的极点位于实轴上，则在瞬态响应中将含有一个相应的分量

$$c_i(k) = c_i p_i^k \tag{7-72}$$

（1）若 $0 < p_i < 1$，极点在单位圆内正实轴上，其对应的瞬态响应序列单调地衰减；

（2）若 $p_i = 1$，相应的瞬态响应是不变号的等幅序列；

（3）若 $p_i > 1$，极点在单位圆外正实轴上，对应的瞬态响应序列单调地发散；

（4）若 $-1 < p_i < 0$，极点在单位圆内负实轴上，对应的瞬态响应是正、负交替变号的衰减振荡序列，振荡的角频率为 $\frac{\pi}{T}$；

（5）若 $p_i = -1$，对应的瞬态响应是正、负交替变号的等幅序列，振荡的角频率为 $\frac{\pi}{T}$；

（6）若 $p_i < -1$，极点在单位圆外负实轴上，相应的瞬态响应序列是正、负交替变号的发散序列，振荡的角频率为 $\frac{\pi}{T}$。

实数极点对应的瞬态响应序列如图 7-24 所示。

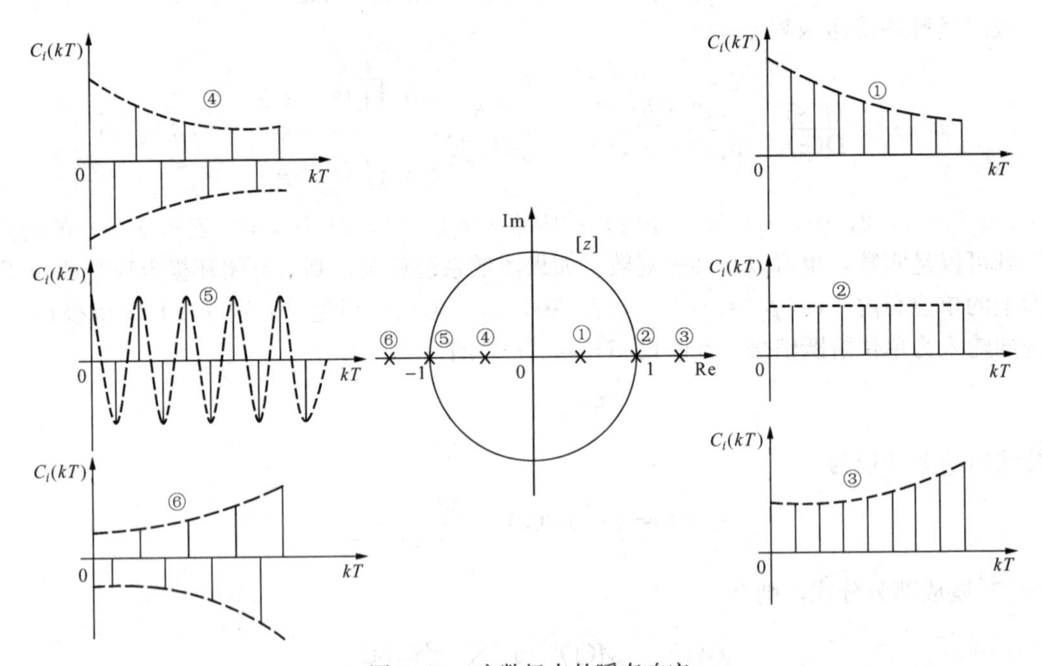

图 7-24　实数极点的瞬态响应

7.8.2　共轭复数极点

如果闭环脉冲传递函数有共轭复数极点 $p_{i,i+1} = a \pm \mathrm{j}b$，可以证明：这一对共轭复数极点所对应的瞬态响应分量为

$$c_i(kT) = A_i \lambda_i^k \cos(k\theta_i + \phi_i) \tag{7-73}$$

式中，A_i，ϕ_i 由部分分式展开式的系数所决定的常数。

$$\lambda_i = \sqrt{a^2 + b^2} = |p_i|$$

$$\theta_i = \arctan \frac{b}{a}$$

（1）若 $\lambda_i = |p_i| < 1$，极点在单位圆之内，这对共轭复数极点所对应的瞬态响应是收敛振荡的脉冲序列，振荡的角频率为 $\frac{\theta_i}{T}$；

（2）若 $\lambda_i = |p_i| = 1$，则这对共轭复数极点在单位圆上，其瞬态响应是等幅振荡的脉冲序列，振荡的角频率为 $\frac{\theta_i}{T}$；

（3）若 $\lambda_i = |p_i| > 1$，极点在单位圆之外，这对共轭复数极点所对应的瞬态响应是振荡发散的脉冲序列，振荡的角频率为 $\frac{\theta_i}{T}$。

复数极点的瞬态响应如图 7-25 所示。

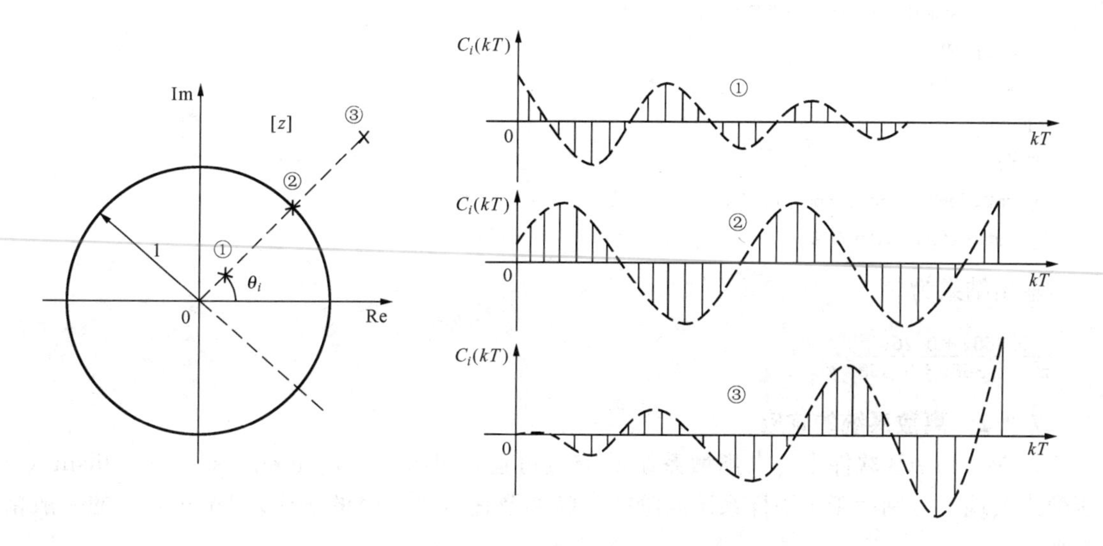

图 7-25　复数极点的瞬态响应

综合所述：采样系统瞬态响应的基本特性取决于极点在 z 平面上的分布，极点越靠近原点，瞬态响应衰减得越快；极点的相角越趋于零，瞬态响应振荡的频率就越低，因此为使系统具有较为满意的瞬态性能，其闭环极点最好分布在单位圆的右半部，且尽量靠近原点。

7.9　MATLAB 在离散控制系统中的应用

MATLAB 在离散控制系统的分析和设计中起着重要作用。无论将连续系统离散化、对离散系统进行分析（包括性能分析和求响应）等，都可以应用 MATLAB 软件具体实现。下面举例介绍 MATLAB 在离散控制系统的分析中的应用。

7.9.1　连续系统的离散化

在 MATLAB 软件中对连续系统的离散化是应用 c2dm（ ）函数实现的，c2dm（ ）函数的一般格式为：

```
c2dm(num,den,T,'zoh')
```

其中，num 表示传递函数分子多项式系数；den 表示传递函数分母多项式系数；T 表示采样周期；zoh 表示零阶保持。

【例 7-16】 已知采样系统的结构图如图 7-26 所示，求开环脉冲传递函数（采样周期 $T=1\mathrm{s}$）。

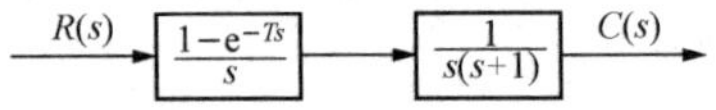

图 7-26　[例 7-16] 系统方框图

解　可用解析法求 $G(z)$

$$G(z)=\frac{z-1}{z}Z\left[\frac{1}{s^2(s+1)}\right]=\frac{0.368z+0.264}{z^2-1.368z+0.368}$$

用 MATLAB 可以方便求得上述结果。

```
% This script converts the transfer function
% G(s) = 1/s(s+1) to a discrete - time system
% with a sampling period of T = 1sec
 clear;
 num = 1;
 den = [1 1 0];
 T = 1;
 [numZ,denZ] = c2dm(num,den,T,'zoh');
 printsys(numZ,denZ,'Z')
```

输出结果为

$$\frac{0.368z+0.264}{z^2-1.368z+0.368}$$

7.9.2　离散系统的响应

在 MATLAB 软件中，求离散系统的响应可运用 dstep（ ），dimpulse（ ），dlism（ ）函数来实现，分别用于求采样系统的阶跃、脉冲及任意输入时的响应。dstep（ ）的一般格式如下

```
dstep(num,den,n)
```

其中，num 表示脉冲传递函数分子多项式系数；den 表示脉冲传递函数分母多项式系数；n 表示采样点数。

【例 7-17】 已知离散系统结构图如图 7-27 所示，输入为单位阶跃响应，采样周期 $T=1\mathrm{s}$，求输出响应。

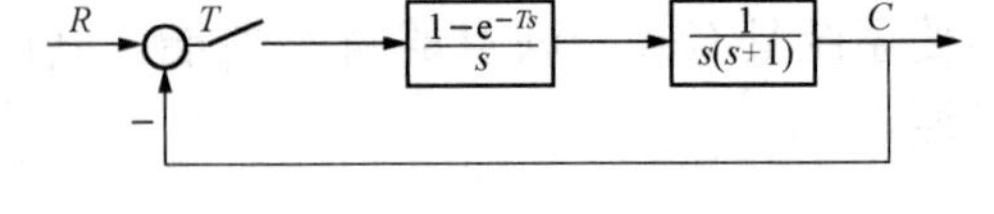

图 7-27　[例 7-17] 系统方框图

解

$$G(z)=\frac{z-1}{z}Z\left[\frac{1}{s^2(s+1)}\right]=\frac{0.368z+0.264}{z^2-1.368z+0.368}$$

$$\Phi(z)=\frac{G(z)}{1+G(z)}=\frac{0.368z+0.264}{z^2-z+0.632}$$

$$C(z)=\Phi(z)R(z)=\frac{z(0.368z+0.264)}{(z-1)(z^2-z+0.632)}$$

$$=0.368z^{-1}+z^{-2}+1.4z^{-3}+1.4z^{-4}+1.14z^{-5}+\cdots$$

用MATLAB中的dstep（）函数可很快得到输出响应，如图7-28所示。

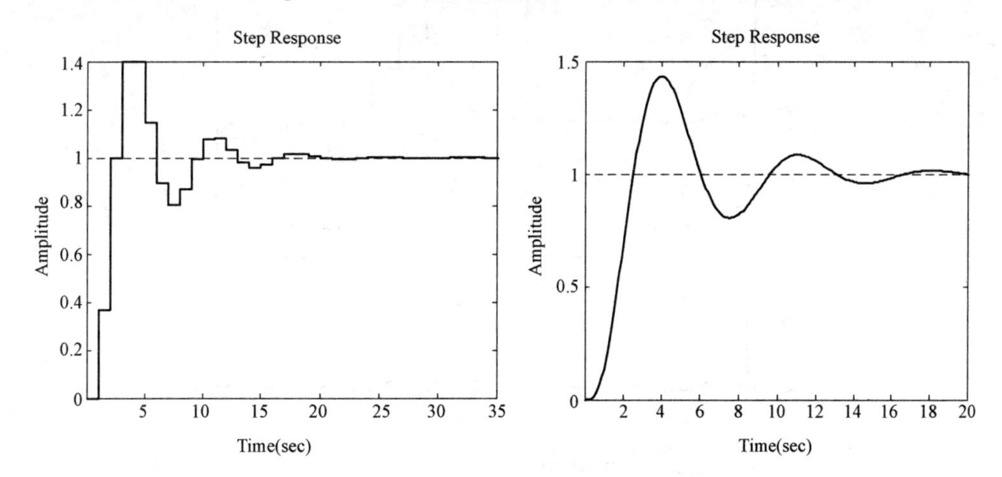

图7-28　离散与连续时间系统阶跃响应

MATLAB程序如下：

```
% This script rather the unit step response, y(kT),
% dor the sampled data system given in example
%
num = [0 0.368 0.264];
den = [1 -1 0.632];
dstep(num,den)
% This script computes the continuous - time unit
% step response for the system in example
%
numg = [0 0 1];
deng = [1 1 0];
[nd,dd] = pade(1,2)
numd = dd - nd;
dend = conv([1 0],dd);
[numdm,dendm] = minreal(numd,dend);
%
[nl,dl] = series(numdm,dendm,numg,deng);
[num,den] = cloop(nl,dl);
t = [0 : 0.1 : 20];
step(num,den,t)
```

【例7-18】　已知系统的传递函数

$$G(s)=\frac{10(s^2+0.2s+2)}{(s^2+0.5s+1)(s+10)}$$

要求绘制连续系统的脉冲响应，以及$T=1$s，0.1s，0.01s时采样系统的脉冲响应。

解　求系统的脉冲响应可利用MATLAB中的impulse（）及dimpulse（）函数，设终端时间为T_f。响应曲线如图7-29所示。

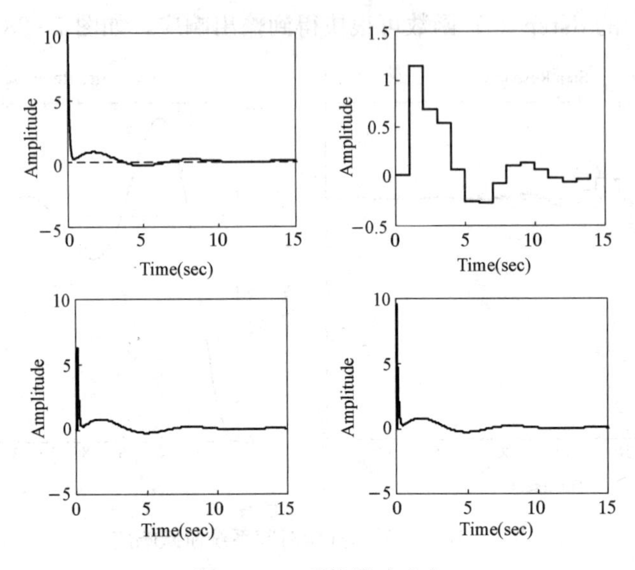

图 7-29 系统脉冲响应

MATLAB 程序如下：

```
num = 10 * [1 0.2 2];
den = conv([1 0.5 1],[1 10]);
clf
subplot(2,2,1)
Tf = 15;
t = [0 : 0.1 : Tf];
impulse(num,den,t);
m = 1;
while m< = 3;
    Ts = 1/10^(m - 1);
    subplot(2,2,1 + m)
    [numd,dend] = c2dm(num,den,Ts);
    [y,x] = dimpulse(numd,dend,Tf/Ts);
    tl = [0 : Ts : Tf - Ts];
    stairs(tl,y/Ts)
    xlabel('Time(sec)')
    ylabel('Amplitude')
    m = m + 1;
end
```

本章小结

实现采样控制首先应将连续信号转换为离散信号，即采样。采样过程可以看作是一种脉冲调制过程。为实现采样控制，必须将采样后的离散信号无失真地恢复为原来的连续信号，采样频率必须符合香农采样定理。理想滤波器能将采样后的离散信号无失真地恢复为连续信号。但实际上不存在理想滤波器，常用的是零阶保持器。

差分方程和脉冲传递函数都是离散系统的数学模型，变换是研究离散系统的有力工具。线性离散系统稳定的充要条件是全部特征根都分布在 z 平面的单位圆之内。应熟练掌握用劳斯判据判断线性离散系统的稳定性的方法。计算连续系统稳态误差的方法可以推广应用于离散控制系统。离散系统的瞬态响应与闭环极点在 z 平面上的分布有密切关系。应用 MATLAB 将连续系统离散化，对离散系统进行分析。

7-1 试求下列函数的 Z 变换

(1) $e(t)=a^{\frac{t}{T}}$；

(2) $e(t)=t^2 \mathrm{e}^{-3t}$；

(3) $E(s)=\dfrac{s+1}{s^2}$；

(4) $E(s)=\dfrac{s+3}{s(s+1)(s+2)}$。

7-2 试求下列函数的 Z 反变换。

(1) $E(z)=\dfrac{10z}{(z-1)(z-2)}$；

(2) $E(z)=\dfrac{-3+z^{-1}}{1-2z^{-1}+z^{-2}}$。

7-3 试确定下列函数的终值：

(1) $E(z)=\dfrac{Tz^{-1}}{(1-z^{-1})^2}$；

(2) $E(z)=\dfrac{z^2}{(z-0.8)(z-0.1)^2}$。

7-4 已知差分方程为

$$c(k)-4c(k+1)+c(k+2)=0$$

初始条件：$c(0)=0$，$c(1)=1$。试用迭代法求输出序列 $c(k)$，$k=0$，1，2，3，4。

7-5 试用 Z 变换法求解下列差分方程：

(1) $c(k+2)-6c(k+1)+8c(k)=r(k)$

$r(k)=1(k)$，　$c(k)=0$　$(k\leqslant 0)$

(2) $c(k+2)+2c(k+1)+c(k)=r(k)$

$c(0)=c(T)=0$

$r(n)=n$，　$(n=0,1,2\cdots)$

(3) $c(k+3)+6c(k+2)+11c\times(k+1)+6c(k)=0$

$c(0)=c(1)=1$，　$c(2)=0$

7-6 设开环离散系统分别如图 7-30 (a)、(b)、(c) 所示，试求开环脉冲传递函数 $G(z)$。

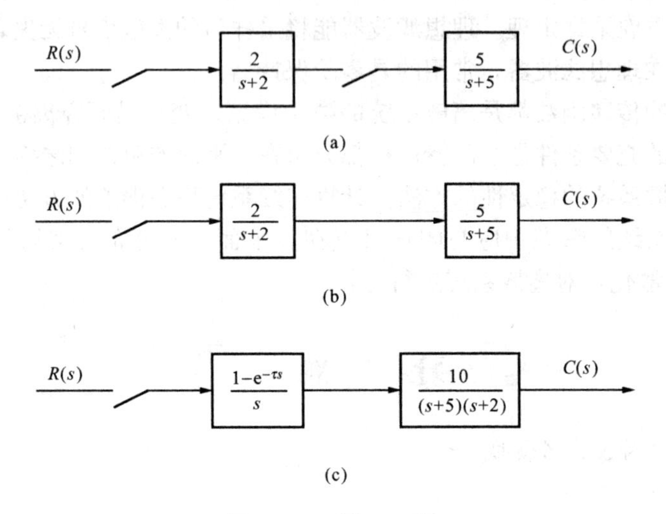

图 7-30　题 7-6 图

7-7　试求图 7-31 所示闭环离散系统的脉冲传递函数 $\Phi(z)$ 或输出 Z 变换 $C(z)$。

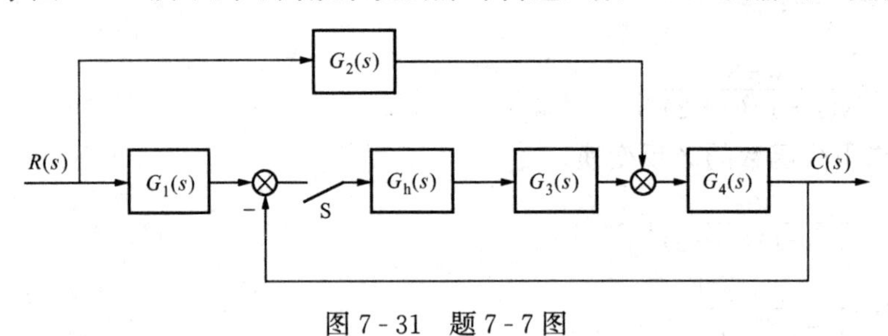

图 7-31　题 7-7 图

7-8　设有单位反馈误差采样的离散系统，连续部分传递函数为

$$G(s)=\frac{1}{s^2(s+5)}$$

输入 $r(t)=1(t)$，采样周期 $T=1\text{s}$。试求：

（1）输出 Z 变换 $C(z)$；

（2）采样瞬时的输出响应 $c^*(t)$；

（3）输出响应的终值 $c^*(\infty)$。

7-9　试判断下列系统的稳定性。

（1）已知离散系统的特征方程为

$$D(z)=(z+1)(z+0.5)(z+2)=0$$

（2）已知闭环离散系统的特征方程为

$$D(z)=z^4+0.2z^3+z^2+0.36z+0.8=0$$

7-10　设离散系统如图 7-32 所示，采样周期为 $T=1\text{s}$，$G_h(s)$ 为零阶保持器，连

$$G(s)=\frac{K}{s(0.2s+1)}$$

试完成：

（1）当 $K=5$ 时，分别在 ω 域和 z 域中分析系统的稳定性；

（2）确定使系统稳定的 K 值范围。

7-11　如图7-33所示的采样控制系统，要求在$r(t)=t$作用下的稳态误差$e_{ss}=0.25T$，试确定放大系数K及系统稳定时T的取值范围。

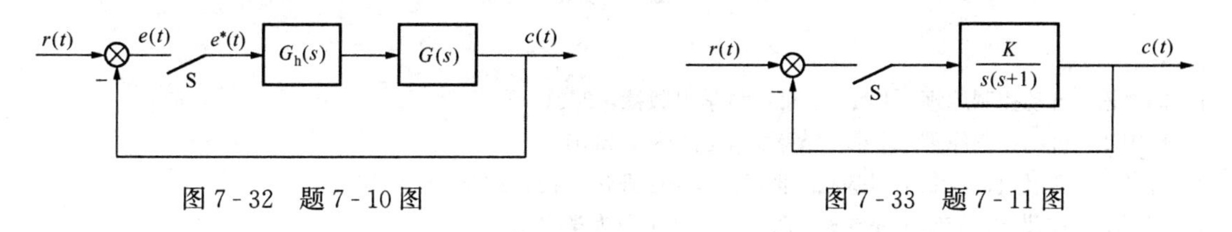

图7-32　题7-10图　　　　图7-33　题7-11图

7-12　设离散系统如图7-34所示，其中$T=0.1\text{s}$，$K=1$，试求静态误差系数K_p、K_v；并求系统在$r(t)=t$作用下的稳态误差$e^*(\infty)$。

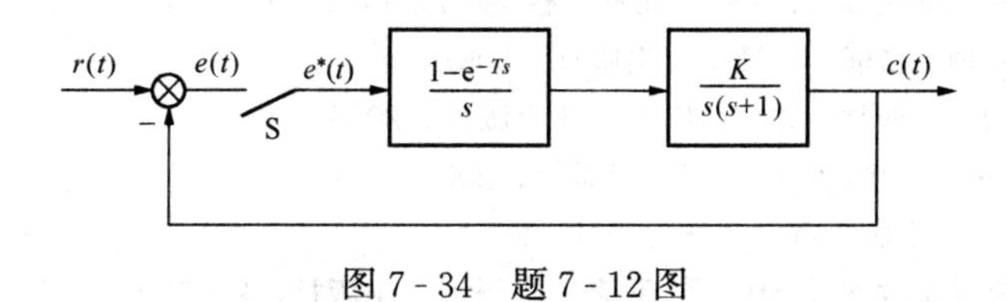

图7-34　题7-12图

参 考 文 献

[1] 胡寿松. 自动控制原理. 4版. 北京：科学出版社，2001.
[2] 徐国凯. 自动控制原理. 北京：清华大学出版社，2001.
[3] 许贤良，王传礼. 控制工程基础. 北京：国防工业出版社，2008.
[4] 周雪琴，张洪才. 控制工程导论. 西安：西北工业大学出版社，1995.
[5] 孟华. 自动控制原理. 北京：机械工业出版社，2007.
[6] 谢克明. 自动控制原理. 2版. 北京：电子工业出版社，2009.
[7] 胡寿松. 自动控制原理简明教材. 2版. 北京：科学出版社，2008.
[8] 任彦硕. 自动控制原理. 北京：机械工业出版社，2007.
[9] 潘丰，张开如. 自动控制原理. 北京：中国林业出版社，2006.
[10] 陈建明. 自动控制理论. 北京：电子工业出版社，2009.
[11] 晁琴. 自动控制理论. 重庆：重庆大学出版社，2001.
[12] 张静. MATLAB在控制系统中的应用. 北京：电子工业出版社，2007.
[13] 裴润，宋申民. 自动控制原理. 哈尔滨：哈尔滨工业大学出版社，2006.
[14] 窦月轩. 自动控制原理. 北京：机械工业出版社，2007.
[15] 将大明，戴胜华. 北京：清华大学出版社，2003.
[16] 何衍庆. 控制系统分析、设计与应用. 北京：化学工业出版社，2003.
[17] 张彬. 自动控制原理. 北京：北京邮电大学出版社，2002.
[18] 王益群，孔祥东. 控制工程基础. 北京：机械工业出版社，2008.
[19] 文峰，贾光辉. 自动控制原理. 2版. 北京：中国电力出版社，2002.
[20] 袁东莉，贾秋玲. 自动控制原理题典. 西安：西北工业大学出版社，2000.
[21] 刘明俊，于明祁，杨泉林. 自动控制原理. 长沙：国防科技大学出版社，2000.